BIOLOGISCHE STUDIENBÜCHER

HERAUSGEGEBEN VON WALTHER SCHOENICHEN · BERLIN

X

EINFÜHRUNG IN DIE
LIMNOLOGIE

VON

DR. V. BREHM

MIT 88 ABBILDUNGEN

BERLIN

VERLAG VON JULIUS SPRINGER

1930

ISBN 978-3-642-48528-2   ISBN 978-3-642-48595-4 (eBook)
DOI 10.1007/978-3-642-48595-4

Vorwort.

Die vorliegende „Einführung in die Limnologie" soll eine rasche Orientierung über die Teilgebiete der Limnologie ermöglichen und solchen, die etwa an hydrobiologischen Kursen teilnehmen, als Behelf bei ihren Arbeiten dienen.

Da der Verfasser seit langen Jahren hydrobiologischer Referent der Internationalen Revue der gesamten Hydrobiologie ist und überdies ebenfalls schon seit einer längeren Reihe von Jahren bei der Abhaltung der Lunzer Kurse mitbeschäftigt ist, glaubt er den recht umfangreich gewordenen und ziemlich zersplitterten Stoff so weit überblicken zu können, um in dem vorliegenden Buch eine entsprechende Auswahl von Tatsachen und Anschauungen bieten zu können.

Dabei wurde in erster Linie auf die große Zahl der Floristen und Faunisten Rücksicht genommen, die sich mit Süßwasserstudien beschäftigen. Dieser Gesichtspunkt ließ es auch geboten erscheinen, die physikalischen und chemischen Teile von den biologischen räumlich zu sondern und diese Abschnitte nicht zu sehr mit mathematischen Darstellungen zu belasten.

Bei der Abfassung des Manuskriptes erfreute ich mich der Hilfe des Herrn Privatdozenten Dr. H. GAMS (Innsbruck), dem ich manche Richtigstellung und Ergänzung bei der Abfassung der Kapitel über Pollenanalyse und Moorforschung verdanke, ferner des Herrn Prof. Dr. A. PASCHER (Prag), der mir überdies eine Anzahl noch nicht veröffentlichter photographischer Aufnahmen aus seinen eigenen Arbeiten überließ, sowie der Hilfe meines alten Freundes Prof. Dr. RUTTNER (Lunz) und seines Assistenten, des Herrn Dr. MÜLLER (Lunz), die den physikalisch-chemischen Teil einer kritischen Durchsicht unterzogen.

Herr Privatdozent Dr. L. GEITLER (Wien) stellte die Aufnahme der *Neptunia* zur Verfügung sowie Präparate, nach denen mehrere Figuren hergestellt wurden, Fräulein MARIE JAEDICKE (Berlin) das Bild „Tintenstriche", Amtsgenosse Dr. IRGANG (Eger) besorgte die Aufnahmen des *Stygodytes* und der *Pithophora* und Prof. Dr. MERKER (Gießen) die von *Niphargus*. Die Abbildungen der *Notholca*-Arten des Baikal stellte Dr. RYLOV (Leningrad) bei, und alle übrigen Aufnahmen machte Kollege Dr. KRAWANY (St. Pölten) und zwar mit der Mikrokamera der Firma LEITZ 4×6. Die Dunkelfeldaufnahmen wurden von ihm durch Anwendung eines Dunkelfeldkondensors — ebenfalls von der Firma LEITZ — gewonnen. Allen Genannten, besonders Dr. KRAWANY, der mir einen großen Teil seiner freien Zeit opferte, sei hier herzlichst gedankt.

Lunz, im Frühjahr 1930.

DR. V. BREHM.

Inhaltsverzeichnis.

I. Physik und Chemie des Süßwassers.

II. Biologie des Süßwassers.

Inhaltsverzeichnis. V

„Das Süßwasser umschließt eine viel größere Skala chemischer und physikalischer Gegensätze als das Meer. In der Größe wechselnd vom Tautropfen bis zu meerartigen Binnenseen und Strömen, in der Bewegung vom stäubenden Katarakt bis zum ruhigen Weiher, in Sedimenten von der Gletschermilch bis zum klaren Alpensee, in der Temperatur von der siedenden Thermalquelle bis zum eisigen Gletschersee, in der chemischen Beschaffenheit vom weichen Regenwasser zum harten Wasser des Kalkgebirges, zu den Salzseen und den miasmenreichen Lagunen tropischer Niederungen, erreicht das Süßwasser in vielen Seen genügende Tiefe, um dem Sonnenlicht den Zugang zu wehren und damit auch für die merkwürdigste Region des Oceans, die abyssische, ein Abbild zu schaffen."

Simroth, Abriß der Biologie der Tiere.

I. Physik und Chemie des Süßwassers.

A. Physik.

1. Eigenschaften des Wassers.

Von den physikalischen Eigenschaften des Wassers, die für das Zustandekommen der Milieubedingungen der verschiedenen Süßwasserbiozönosen von Bedeutung sind, kommen in Betracht:

a) Das spezifische Gewicht. Das spezifische Gewicht entspricht bekanntlich bei $+4^0$ einem Gramm und nimmt von da an sowohl bei steigender, wie bei fallender Temperatur ab. Obwohl diese Abnahme zahlenmäßig sehr gering ist, wie einige nachstehend wiedergegebene Werte erkennen lassen, nämlich:

bei 0^0	beträgt das spez. Gew.				0,999 874
„ 2^0	„	„	„	„	0,999 970
„ 4^0	„	„	„	„	1,000 000
„ 10^0	„	„	„	„	0,999 731
„ 20^0	„	„	„	„	0,998 235

spielen diese Änderungen für die Wasserschichtung eine sehr wesentliche Rolle.

b) Die innere Reibung. Hingegen kommen entgegen einer früher sehr verbreiteten Annahme diese Änderungen nicht in Betracht für die „Schwebevorgänge" (vgl. S. 126), für die nach Ostwald dem Jüngeren die innere Reibung oder Viskosität von ausschlaggebender Bedeutung ist. Wir verstehen darunter den Reibungswiderstand der Wasserteilchen aneinander, der auf jede Verschiebung innerhalb der Wassermasse bremsend einwirkt. Die Viskosität ist in Lösungen der Menge der gelösten Salze proportional und wächst ferner mit sinkender Temperatur. Und zwar ist die Abhängigkeit von der Temperatur, wie einige hier mitgeteilte Zahlen zeigen, viel sinnfälliger als die Beziehung zwischen spezifischem Gewicht und Temperatur, woraus sich auch die Bedeutung der Viskosität für das Schweben ergibt. Denn während eine Temperaturänderung von 25^0 sich beim spezifischen Gewicht erst an der dritten

Dezimalstelle zeigt, ist bei der Viskosität derselbe Temperatursprung mit einer 100 proz. Veränderung des Ausgangswertes verbunden, d. h. Wasser von 0⁰ ist doppelt so zähflüssig wie Wasser von 25⁰.

c) Die Oberflächenspannung. Zu den für den Hydrobiologen wichtigen Eigenschaften des Wassers gehört die Erscheinung, daß an der Grenze zwischen Wasser und Luft die Wasserteilchen der Oberfläche gleichsam eine Haut bilden, die eine nennenswerte mechanische Inanspruchnahme verträgt und die sowohl für Tiere, die im Wasser leben, als für solche die auf dem Wasser leben, als „feste Unterlage" dienen kann. Man vergleiche die Bewegung vieler Wasserschnecken, die, am Wasserspiegel hängend, dieses Oberflächenhäutchen als Kriechfläche benutzen oder den analogen Fall bei der Cladocere *Scapholeberis*.

Umgekehrt können Collembolen auf dem Wasserspiegel sich hüpfend fortbewegen, oder die Wasserläufer, *Velia*, *Hydrometea*, *Gerris*, laufend das Oberflächenhäutchen als Unterlage benutzen. Beobachtet man diese Wasserläufer im Sonnenschein auf seichten, klaren Tümpeln, so geben deren Schattenbilder auf dem Grund des Tümpels ein anschauliches Bild von der Elastizität des Oberflächenhäutchens. Denn jede Fußspitze zeigt sich im Schattenbild von einem Kreis umgeben, der davon herrührt, daß der „surface film", wie dieses Wasserhäutchen oft bezeichnet wird, wie eine elastische Kautschukmembran von jedem aufstehenden Fuß ein wenig eingedrückt wird. Daraus ergibt sich andererseits, daß dieses Häutchen seinem Durchreißen oder Durchbohren einen erheblichen Widerstand entgegensetzt, weshalb alle derartigen Fälle, z. B. das Durchbohren des Oberflächenhäutchens durch die Stielchen der *Chromulina Rosanoffi*, besonderes Interesse der Biologen beanspruchen. Wegen der besonderen Verhältnisse, die im Oberflächenhäutchen (surface film) herrschen, hat man für die Bewohner desselben einen eigenen Namen geprägt, das „Neuston". Man vgl. hierüber RYLOVS „Anleitung zur Untersuchung des Limnoneustons" in Abderhaldens Handbuch der biologischen Arbeitsmethoden, Bd. IX.

Zur selben Kategorie physikalischer Erscheinungen gehören die von BROCHER studierten Phänomene der Unbenetzbarkeit bzw. Benetzbarkeit der Körperoberflächen vieler Organismen. Dieselben hängen mit der leicht zu beobachtenden Tatsache zusammen, daß zwei Körper, die beide vom Wasser benetzbar oder unbenetzbar sind, bei gegenseitiger Annäherung einander anziehen und aneinander haften, während zwei Körper, von denen der eine benetzbar, der andere unbenetzbar ist, einander abstoßen. Man kann diese Verhältnisse an den überaus wechselvollen Bildern der Epibionten studieren, der verschiedenen Mikroorganismen, die sich auf anderen Organismen als Unterlage festsetzen. Zu den unbenetzbaren Tieren gehören z. B. die Cladoceren. Ihre Schalenklappen sind von einer dünnen Luftschicht umgeben, an der das angrenzende Wasser infolge der Oberflächenspannung das uns bereits geläufige Wasserhäutchen bildet. Will daher ein im Wasser befindliches Protozoon sich auf der Cladocerenschale festsetzen, so müßte es nicht nur das Lufthäutchen durchstoßen, das der Cladocerenschale anliegt, sondern es müßte, bevor es diese Lufthülle erreicht, auch noch das Oberflächenhäut-

chen durchreißen, mit dem das Wasser an den Luftmantel der Cladocere
anstößt. Hätten die Infusorien auch eine Lufthülle, so würden sie direkt
eine Anziehung seitens der Cladocere erfahren und sich leicht festsetzen
können. So weckt aber jede Annäherung geradezu einen mechanischen
Widerstand gegen dieselbe, und die Durchstoßung des eben erwähnten
Oberflächenhäutchens geht über die Kraft des Protozoons.

Allerdings beobachtet man gelegentlich auch Ausnahmen. Bei Fäulnisprozessen z. B. spielen sich im Wasser chemische Vorgänge ab, die eine
Herabsetzung der Oberflächenspannung zur Folge haben. In solchen
Fällen kann die Cladocere von Epibionten besiedelt werden. In der Tat
kann man beobachten, daß in solchen Gewässern Cladoceren, die sonst
immer frei von Bewuchs sind, allerlei Protozoen auf ihren Schalenklappen
tragen. Ebenso hängt es wohl damit zusammen, daß die wenigen ausge-
sprochenen Schlammbewohner unter den Cladoceren häufig Epibionten
tragen, so *Ilyocryptus* und *Monospilus*, während die Planktonformen
der Seen frei davon sind, d. h. wenigstens auf den Schalenflächen.
Denn an Kanten oder Spitzen (überhaupt Stellen stärkster Krümmung)
werden die Kapillarphänomene derart beeinflußt, daß eine Anheftung der
Epibionten wieder möglich wird. So ist *Daphnia longispina* im Lunzer
Untersee immer frei von Bewuchs auf den Schalenflächen, kann aber
innen von *Characium gracilipes* befallen sein. Für den Einfluß chemischer Veränderungen des Wassers auf die Oberflächenspannung spricht
auch die Erscheinung, daß in dem H_2S-haltigen Tiefenwasser des Lunzer
Obersees der Ostrakode *Cypria ophthalmica* dicht mit *Thiothrix nivea* und
Lagenophrys ampulla besetzt ist, während Ostrakoden sonst zu den unbenetzbaren Tieren gehören.

Unbenetzbare Organismen. So wie die Cladoceren verhalten
sich im allgemeinen auch die Ostrakoden. Gammariden pflegen unbenetzbar zu sein, abgesehen von den Kiemen, die seit langem schon als
Sitz interessanter Epibionten bekannt sind. Sehr auffallend sind die Verhältnisse bei den Chironomidenlarven, deren Unbenetzbarkeit sehr in die
Augen springt, wenn man die großen roten Formen des Tiefenschlammes
betrachtet; aber die Mund- und Afterregion sind meist reich bewachsen.
Bei der bekannten *Corethra*-Larve wiederum bewirken die Borsten des
Schwanzfächers eine Änderung der Kapillarerscheinungen und können
daher von *Opercularia corethrae* besiedelt werden. Einen Einfluß der
Form auf die Anheftungsmöglichkeit beobachten wir auch bei den im
allgemeinen unbenetzbaren Flügeldecken der Wasserkäfer. Während
nämlich die glatten Flügeldecken der ♂ von *Acilius* und *Dytiscus* fast nie
mit Epibionten besetzt sind, findet man auf den gerippten Flügeldecken
der ♀ dieser Käfer sehr oft Vertreter der Gattung *Discophrya*.

Benetzbare Organismen. Als solche kämen Kopepoden, Oligochäten, dann die Larven von Libellen, Ephemeriden und Plekopteren in
erster Linie in Betracht. *Cyclops viridis* hat ja den Namen wegen der bei
ihm so häufig und so massenhaft auftretenden grünen Überzüge bekommen. Aber dieser Bewuchs ist nicht etwa auf die Bewohner der Kleingewässer und der Uferzone der Seen beschränkt, sondern kann auch im
Plankton inmitten großer Seen beobachtet werden, wofür Massenvegeta-

tion einer *Tokophrya* auf *Heterocope Weismanni* im Chiemsee als Beispiel dienen mag.

Von botanischer Seite wurde dieses Problem kürzlich von SCHERFFEL berührt[1]. Er verweist darauf, daß die Fäden von *Spirogyra*, *Zygnema*, *Mougeotia* sowie von fadenbildenden Desmidiaceen fast nie epiphytische Bacillariaceen tragen, während doch die Fäden von *Cladophora* oder *Vaucheria* oft überreich damit oder mit anderen Epiphyten (Abb. 3) besiedelt sind. Unsere Abb. 1 und 2 zeigen Fälle, in denen eine Microsporaart und eine Chlamydomonadinenpalmella von Epiphyten besetzt sind. Schon 1889 hat der Innsbrucker Botaniker HEINRICHER die Meinung geäußert, daß dies in Membranverschiedenheiten

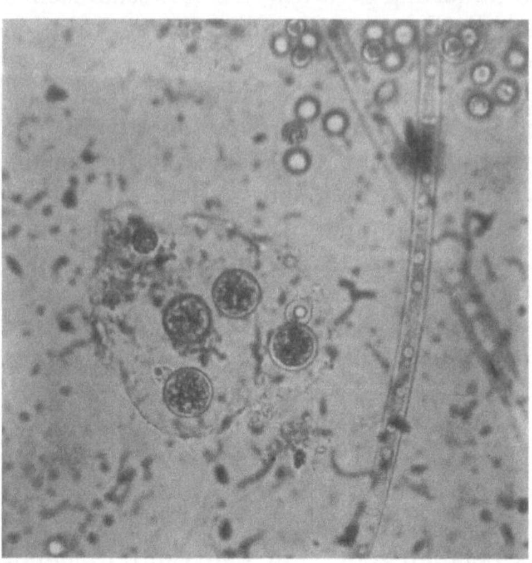

Abb. 1. Chytridiacee auf einer Chlamydomonadinenpalmella parasitierend. (Phot. A. PASCHER.)

begründet sei. CHOLNOKY meinte später, die Ursache dieser Erscheinung sei darin gelegen, daß die Konjugatenzellmembran bei ihrem interkalaren Wachstum kein genügend ruhiges Substrat darstelle, um die Anheftung der Epiphyten zu ermöglichen. SCHERFFEL wieder ist der Meinung, daß die Verschiedenheit der von diesen Algen in das Wasser hinausdiffundierenden Stoffwechselprodukte das ungleiche Verhalten bedinge, da ja gerade unmittelbar an der Membran eine Anreicherung dieser Stoffe eintreten müßte. Da für alle diese Ansichten der experimentelle Beweis fehlt, ist es nicht ausgeschlossen, daß

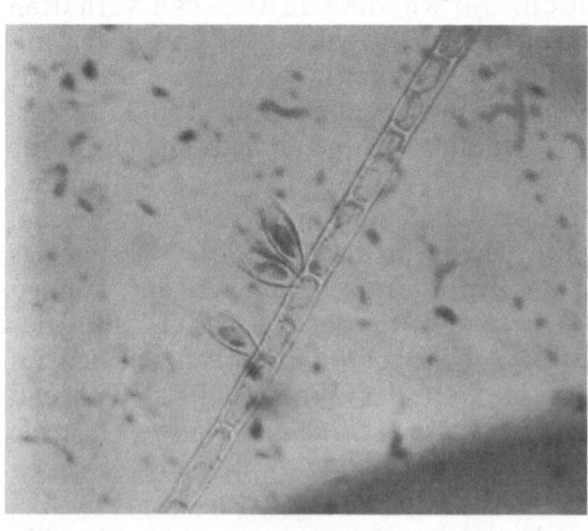

Abb. 2. *Dinobryon epipyxis* auf *Microspora*. (Phot. A. PASCHER.)

der BROCHERsche Gesichtspunkt auch hier maßgebend sei, dem sich übrigens schon der zuerst genannte Autor HEINRICHER genähert hatte.

---

[1] Zur Frage: Warum finden sich auf Konjugaten sozusagen keine Bacillariaceen? (Folia cryptogamica 1. 1925. Szeged in Ungarn.)

Dieselbe Frage wurde übrigens kürzlich auch noch von PASCHER gelegentlich der Entdeckung der *Brehmiella chrysohydra* angeschnitten. PASCHER macht darauf aufmerksam, daß dieser „eigenartige rhizopodiale Flagellat" auf verschiedenen Fadenalgen, aber nicht auf *Oedogonium* angetroffen wurde. „Beim Festsetzen der beweglichen Stadien müssen wohl chemotaktische Beeinflussungen statthaben; es scheint dabei aber nicht die Sauerstoffproduktion des Algenfadens allein eine Rolle zu spielen; ... es scheint die Membranbeschaffenheit der Zellen eine bedeutende Rolle für die Besiedelung zu spielen." Auch diese Zitate lassen nach dem hier gebrauchten Ausdruck „Membranbeschaffenheit" vielleicht an physikalische Faktoren denken.

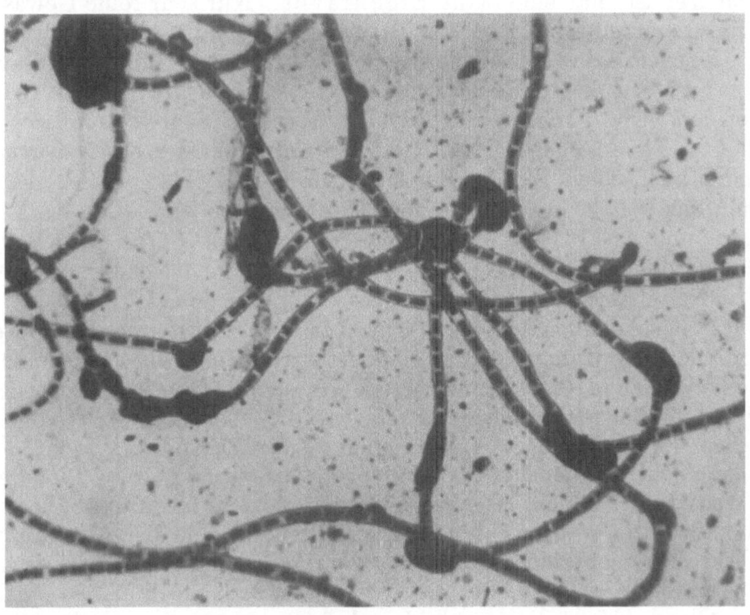

Abb. 3. *Oncobyrsa rivularis* KÜTZ. Verschieden alte Thalli auf Fäden von *Cladophora alpina*. Die Cladophorafäden sind an den von *Oncobyrsa* besetzten Stellen gebogen. Material aus dem Lunzer Seebach, präpariert von Dr. L. GEITLER. Phot. Dr. H. KRAWANY. Vergr. 60fach. (Näheres bei GEITLER: *Cyanophyceae* in PASCHERS Süßwasserflora, S. 133.)

Die „Iris" der Seen. In der älteren Literatur wird oft die Iris der Seen erwähnt, eine biologisch wohl belanglose Erscheinung, die nur ihrer Auffälligkeit wegen hier erwähnt sei. Zuletzt hat LANTZSCH diese Iris am Zuger See beobachtet (und zwar am 1. September 1911) und hat im Archiv für Hydrobiologie nicht nur eine Beschreibung, sondern auch eine Erklärung dieses seltenen Phänomens gegeben (*13*, 570). Wir entnehmen seinen Mitteilungen folgendes: Es handelte sich um „kilometerweit über den See ziehende" Regenbogenstreifen, die dadurch zustande kamen, daß der Seespiegel mit öligen Substanzen überzogen war, und daß der Tau in Form winzig kleiner Tröpfchen dieser Fettschicht aufsaß, ohne mit dem Seewasser zusammenfließen zu können. Sobald die Sonne höher stieg und den Tau zum Verdunsten brachte, verschwand auch die ganze Erscheinung. Schöpfte man aber vorher vorsichtig Oberflächenwasser aus dem vollkommen unbewegten See, so sah man die Tröpfchen in Kugelform der Oberfläche aufsitzen.

d) Optische Verhältnisse. Die Bedeutung, die dem Licht für so viele physiologische Prozesse zukommt — man denke an die Notwendigkeit desselben für die Assimilationstätigkeit der Pflanzen oder an MERKERS Tierversuche —, lassen im vorhinein erkennen, daß quantitative und qualitative Untersuchungen des Lichtklimas unserer Gewässer für den Biologen von großer Bedeutung sind.

Chemisch reines Wasser, das überdies frei von suspendierten Teilchen, optisch leer ist, hat eine blaue Eigenfarbe. Nur sehr reine Gewässer zeigen diese annähernd, z. B. der Blautopf bei Blaubeuren in Württemberg oder der Achensee in Tirol. Schon bei der berühmten „blauen Gumpe", die am Weg zur Zugspitze liegt, tritt ein starker Stich ins Grüne hervor, den wir wohl dem Kalkgehalt des Wassers zuschreiben müssen, da Freiherr v. AUFSESS gezeigt hat, daß kalkhaltiges Wasser von dem druchfallenden Licht einen Teil des Blaus absorbiert und daher grün erscheint. Enthält das Wasser überdies humöse Substanzen, so wird Blau stark absorbiert, und das Wasser nimmt eine gelblichgrüne Farbe an, wie dies bei den norddeutschen Seen der Fall ist, und bei hohem Gehalt an solchen Substanzen geht die Wasserfarbe ins Gelbbraune über.

Diese Erscheinungen können nun aber durch Massenproduktion gewisser Mikroorganismen stark abgeändert werden, und wir sprechen dann von einer **Vegetationsfärbung** des Wassers. Diese kann sozusagen an dem Oberflächenhäutchen haften, wie dies der bekannte Goldglanz mancher Moorgewässer zeigt, auf denen *Chromulina Rosanoffi* lebt, oder der blaue Schleier, der den Wasserspiegel ziert, wenn gewisse Blaualgen eine Wasserblüte bilden. Genau genommen müssen hier zwei Fälle auseinandergehalten werden. Jene Wasserblüten, die eine dicke Haut unter dem Wasserspiegel bilden, wofür die *Palmella*-Stadien von Euglenen und viele Cyanophyceen ein Beispiel bieten, haben gleichmäßige Farbe, keinen Glanz, keinen Farbwechsel und sind unabhängig von der Blickrichtung.

In anderen Fällen sitzen die Zellen auf dem Wasserspiegel und stellen ihre Chromatophoren auf die vom Licht getroffene Seite ein, so daß die Chromatophoren als Lichtreflektoren wirken. Bisher kennt man bei Wasserorganismen (außerhalb des Wassers kommt etwas Ähnliches bei dem bekannten Leuchtmoos vor) zwei solche Fälle, die bekannte Goldmonade *Chromulina Rosanoffi* und die vor kurzem in Kroatien entdeckte *Chromulina smaragdina*, die im Gegensatz zur Goldmonade das Licht smaragdgrün reflektiert (vgl. GICKLHORN: *Chromulina smaragdina*. Arch. Protistenkde. *44*, 1922).

Ein weiteres Beispiel bieten die auf S. 191 erwähnten „Blutseen". Die von *Synedra acus* var. *angustissima* veranlaßte grünliche Färbung des Wassers des Tegernsees macht sich in dessen Abfluß bis zu dessen Einmündung in den Inn bemerkbar. Manche auffallenden Wasserverfärbungen gehen auf Material zurück, das dem See eigentlich fremd ist:

so kann Koniferenpollen das Wasser ganz gelb färben, besonders in den kleinen Seen des Hochgebirges zur Zeit der Krummholzblüte, und vor kurzem hat MORTON eine „Wasserblüte" des Hallstätter Sees beschrieben, die auf die massenhaft eingewehten Sporen eines auf Rhododendron lebenden Rostpilzes zurückzuführen war.

Um sich ein Bild von der Lichtdurchlässigkeit des Wassers zu machen, pflegt man nach dem Vorschlag von SECCHI eine weiße Scheibe von 0,25 m Durchmesser ins Wasser zu senken, bis sie gerade dem Auge entschwindet. Die so ermittelte „Sichttiefe" gibt die Hälfte der Tiefe an, bis zu der die Lichtstrahlen ins Wasser eindringen, da ja die Lichtstrahlen, wenn die Scheibe gesehen werden soll, den Weg bis zur Scheibe und wieder zurück bis zum Auge des Beobachters zurücklegen müssen.

Die Sichttiefen sind in verschiedenen Seen sehr verschieden und wechseln auch im selben See im Laufe des Jahres. In klaren Gebirgsseen ist die Sichttiefe groß. Auch dem Nichtfachmann bekannt ist der Badersee bei Garmisch, auf dessen Grund man die Figur einer Nixe versenkt hat, die der mit dem Boot über den Seespiegel Gleitende sehr gut zu sehen vermag. Als Maximum an Sichttiefe gilt meist der Tahoesee in Kalifornien mit 33 m Sichttiefe, doch wird er vom Baikal noch übertroffen, der 40 m Sichttiefe erreicht[1]; in den klaren Alpenseen wird eine Sichttiefe von 20 m oft erreicht, nicht selten sogar überschritten, während die norddeutschen Seen nur selten eine solche von 10 m erreichen. Diese Unterschiede sind teils durch anorganische Suspensionen im Wasser bedingt, teils werden sie durch die Quantität des Planktons hervorgerufen. Ebendaher rühren zumeist die im Laufe eines Jahres in ein und demselben See sich zeigenden Schwankungen der Transparenz. Eine kurvenmäßige Darstellung, wie sie z. B. BORNER nach seinen im St. Moritzer See im Engadin gemachten Beobachtungen mitgeteilt hat, zeigt, daß während der Stagnationsperioden die Maxima der Transparenz beobachtet werden, während die Zirkulationsperioden, in denen die Suspensionen nicht zum Absatz kommen, Minima von nur 4 m aufweisen.

Wie stark ein Planktonmaximum die Sichttiefe herabsetzen kann, zeigen THIENEMANNS Mitteilungen über die Sichttiefe einiger norddeutscher Seen, in denen im Hochsommer durch eine starke Entfaltung der Cyanophyceen die Sichttiefe weniger als 1 m, in einem Fall — Küchensee in Posen — sogar nur 0,3 m betrug!

Im allgemeinen haben die Gebirgsseen ihre maximale Transparenz im Winter. Unser Diagramm zeigt uns, daß von den beiden Maxima in den Stagnationsperioden das Wintermaximum bei 11 m liegt, während das Sommermaximum mit 6 m sich nicht wesentlich über das für die Frühlingszirkulation beobachtete Minimum von 4 m erhebt. Die Ursache hierfür liegt wohl darin, daß in den Gebirgsseen die Transparenz in erster Linie von den anorganischen Suspensionen abhängt. Diese erreichen aber ihren Höchststand in der warmen Jahreszeit, wenn die Schnee-

---

[1] Im Meere kommen erheblich größere Werte vor. An der dalmatinischen Küste der Adria 50 m!

schmelze im Gebirge erhöhte Wasserzufuhr und mit dieser vermehrte Detrituseinschwemmung bringt. In den Tieflandseen kann ein Transparenzminimum ebenfalls während der warmen Jahreszeit statthaben, ist dann aber irgendeiner Planktonmassenproduktion zuzuschreiben. Ein weiteres, oft an das durch Plankton bedingte Minimum anschließende Transparenzminimum pflegt sich dann hier in den niederschlagsreichen Monaten des Winterhalbjahres einzustellen.

Die bisher in Betracht gezogene Senkscheibenmethode hat nun allerlei Mängel. Sie liefert nur rohe, auf Schätzung basierte und überdies mit individuellen Fehlerquellen belastete Resultate und kann sich naturgemäß nur auf jene Komponenten des Sonnenlichtes erstrecken, für die das menschliche Auge empfindlich ist. Man hat daher schon seit längerer Zeit sich der Lichtempfindlichkeit der photographischen Platte bedient, um Aufschluß über das Eindringen des Lichtes in die Wassertiefe zu erlangen. Neben der Vermeidung der eben erwähnten Nachteile der Senkscheibenmethode bietet dieser Weg den Vorteil, daß er über das Eindringen jener Strahlen Schlüsse zuläßt, welche vom menschlichen Auge nicht wahrgenommen werden können, aber gerade für viele physiologische Prozesse in Organismen von größter Bedeutung sind. Es sind dies die kurzwelligen, ultravioletten Strahlen, die einmal bei der Photosynthese der assimilierenden Pflanzenzelle noch wirksam sind und deren Bedeutung anderseits für die Atmung wasserbewohnender Tiere von MERKEL nachgewiesen wurde.

Aus diesem Grunde muß den spektralphotometrischen Messungen besondere Bedeutung zuerkannt werden, da sie vor allem über die Lichtqualität Aufschluß geben. Wie wichtig dies für die Organismenwelt ist, zeigt die interessante Zone der roten Organismen vieler Seen, die uns ein sehr bemerkenswertes Parallelbeispiel zu der schon lange bekannten Farbenschichtung der marinen Algenflora bietet, welche im Seichtwasser durch grüne, in mittlerer Tiefe durch braune und in großer Tiefe durch rote Formen gebildet wird (vgl. S. 101ff.).

In neuerer Zeit wurde die visuelle und photographische Methode durch elektrische Methoden ersetzt, indem REGNARD Selen, BIRGE eine Thermosäule und SHELFORD eine photoelektrische Zelle benützte. Diese SHELFORDsche Methode beruht auf der Eigenschaft der Alkalimetalle bei Belichtung Elektronen auszusenden und ergab bei abwechselnder Verwendung von K, Na, Cs, Rb sehr genaue Resultate über die Lichtverhältnisse in verschiedenen Gewässern.

2. Erscheinungen am bewegten Wasser.

a) Thermik. Bei 0° geht das Wasser aus dem flüssigen in den festen Aggregatzustand über und erfährt dabei eine erhebliche Volumenzunahme. Der Übergang in den gasförmigen Aggregatzustand ist bei 100° zwangsläufig. Beide Arten des Phasenwechsels verlangen einen großen Energieumsatz, da bei gewöhnlichen Druckverhältnissen die Schmelzwärme des Wassers 80 Kalorien beträgt und die Verdampfungswärme 540 Kalorien.

Aus diesem Verhalten ergibt sich, daß die Energiezufuhr durch Insola-

tion nicht zu so schroffen Temperaturextremen führen kann, wie in der
Luft bzw. auf dem Lande, eine Eigentümlichkeit der Hydrosphäre, auf
deren Bedeutung für die Biologie besonders SIMROTH aufmerksam gemacht hat. Trotzdem spielt die Temperatur des Wassers für den Hydrographen wie für den Biologen eine solche Rolle, daß die Temperaturbestimmungen im Wasser sowie deren Begleiterscheinungen zu den wesentlichen Vorbedingungen limnologischer Arbeiten gehören.

Im Oberflächenwasser bietet dies keine weiteren Schwierigkeiten. Um
aber genaue und verläßliche Temperaturmessungen aus tieferem Wasser
zu erhalten, müssen besondere Methoden angewendet werden. Entweder
bedient man sich da der sogenannten Kippthermometer, oder man nimmt
die Bestimmung in der MAYERschen Schöpfflasche gleich nach deren Aufholen vor. Planmäßige Messungen zeigten, daß es Seen gibt, die das
ganze Jahr über die Wassertemperatur nicht unter 4⁰ sinken lassen. In
ihnen liegt daher immer wärmeres Wasser über kälterem, sie zeigen
immer „direkte Schichtung" und werden nach FOREL als warme Seen bezeichnet, z. B. der Genfer See und die oberitalienischen Seen. In Mitteleuropa, wenn wir vom Hochgebirge absehen, liegt im Sommer wärmeres
Wasser über kälterem, im Winter kälteres Wasser über wärmerem, die
direkte Schichtung weicht der „verkehrten Schichtung". Im Hochgebirge und in Polarländern stoßen wir auf Seen, deren Wasser nie eine
Temperatur von 4⁰ überschreitet, sie sind immer verkehrt geschichtet,
sogenannte kalte Seen.

Der Schichtungswechsel in den gemäßigten Seen ist mit einer Wasserbewegung verknüpft, die biologisch von großer Bedeutung ist. Die im
Frühjahr, so lange die Wassertemperatur unter 4⁰ liegt, einsetzende
Erwärmung der oberen Wassermassen läßt diese zunächst schwerer
werden und in die Tiefe sinken, bis die ganze Wassermasse eine Temperatur von 4⁰ aufweist: Vollzirkulation des Frühjahrs. Die weitere
Erwärmung der oberen Schichten über 4⁰ kann infolge der nun einsetzenden Abnahme des spezifischen Gewichtes kein Absinken mehr veranlassen, der See befindet sich im Stadium der Sommerstagnation.
Setzt im Herbst die Abkühlung der oberen Wasserschichten ein, kommt
es wieder zu einem Absinken derselben, bis endlich die ganze Wassermasse in Bewegung ist — Vollzirkulation des Herbstes —, durch die
schließlich ein Zustand erreicht wird, in dem sie durchweg 4⁰ Temperatur aufweist. Die wieder mit einem Sinken des spezifischen Gewichtes
verbundene Abkühlung der oberen Wasserschichten auf Temperaturen
unter 4⁰ leitet dann zum Zustand der Winterstagnation über.

Nun hat schon vor vielen Jahrzehnten bei Untersuchungen in den
Alpenseen RICHTER eine eigentümliche Erscheinung in dem thermischen
Verhalten der Seen beobachtet. Der Temperaturabfall von der Oberfläche zum Grund ist im Sommer und Herbst kein gleichmäßiger, sondern
in einer im Laufe des Jahres in die Tiefe rückenden Schicht macht sich
ein plötzlicher Temperaturabfall geltend, wie aus den auf S. 92 wiedergegebenen Temperaturprofilen sowie folgenden Zahlenangaben ersichtlich ist. UHLE fand z. B. im Starnberger See im August die Sprungschicht in einer Tiefe von 10 m. Hier war die Temperatur von der

der oberen Schichten noch wenig verschieden, sie betrug 17°. Aber schon in 12,5 m Tiefe wurden nur noch 13,2° gemessen. Im Oktober lag die Sprungschicht in 15 m Tiefe. Mit dieser Verschiebung nach der Tiefe zu wird die Sprungschicht immer weniger markant, um endlich durch die Herbstvollzirkulation völlig verwischt zu werden.

Über das Zustandekommen dieser sehr auffälligen Erscheinung herrscht auch heute noch nicht völlige Klarheit. Nach THIENEMANN bezeichnet die Sprungschicht die Grenze der täglichen Temperaturschwankungen, deren Tiefenlage von der Tiefe des Eindringens der Sonnenstrahlung und von der Tiefe der Wirkung mechanischer Durchmischung des Wassers infolge Windwirkung abhängt. Man bezeichnet die Wassermassen über der Sprungschicht als **Epilimnion**, die Sprungschicht selber als **Metalimnion** und die unter ihr liegende Schicht als **Hypolimnion**.

Studien über die Sprungschicht im Loch Ness, dem klassischen Objekt hydrographischer Studien, führten zur Entdeckung einer weiteren merkwürdigen Erscheinung: WEDDERBORN konnte zeigen, daß dort die über und unter der Sprungschicht befindlichen Wassermassen Schwingungen ausführen; infolgedessen stellen sich nahe der Sprungschicht auffallende Temperaturschwankungen ein, deren Aufeinanderfolge dem Schwingungsrhythmus der schwingenden Wassermassen entspricht. Diese von WATSON als „thermische Seiches" bezeichnete Erscheinung muß sich natürlich darin äußern, daß die Punkte gleicher Temperatur in Ebenen liegen, deren Schräglage um bestimmte Knotenlinien schwankt.

Nach HALBFASS stehen Temperaturunstetigkeiten, wie die Sprungschicht eine darstellt, vielleicht mit Konzentrationsunstetigkeiten in einem kausalen Zusammenhang. LIESEGANG zeigte, daß eine in ein Wasserbad gebrachte Lösung von Koffein-Natrium salicylicum sich in eine Serie scharf gesonderter Schichten gliedert. Die Konzentration derselben zeigt sprungsweise Änderungen. Solche auch an Kolloiden gefundene „heterohaline" Schichtungen können aber thermische Schichtenbildung auslösen.

Noch nicht hinlänglich geklärt ist die Erscheinung, daß das Bodenwasser dicht über dem Grund oft einen Temperaturanstieg von 1—2° aufzuweisen pflegt. Vielleicht hängt dies mit chemischen Umsetzungen zusammen, die sich im Schlamm abspielen. Daß — wenigstens in Seen mit Faulschlamm — im Schlamm ganz eigenartige Temperaturverhältnisse herrschen, zeigen Beobachtungen, die BIRGE im Lake Mendota vorgenommen hat. Hier finden wir im Winter eine Temperaturzunahme bis etwa 5 m Tiefe, während im Sommer die Temperatur bis etwa 3,5 m unter die Schlammoberfläche sinkt, um aber von da ab wieder zu steigen.

Tiefe	12. II.	12. VII.
0	2,3°	19,3°
$^1/_2$ m	4,3	13,8
1	5,8	11,8
$^3/_2$	7,3	10,2
2	8,4	9,5

Tiefe	12. II.	12. VII.
$^5/_2$ m	9,3	9,2
3	9,8	9,0
$^7/_2$	10,5	8,9
4	10,5	9,2
5	10,6	9,6

Als biologischer Faktor kommt die Temperatur besonders zur Geltung, wenn man die Zusammensetzung des Plankton in verschiedenen Jahreszeiten vergleicht. Nicht nur in starken quantitativen Veränderungen der einzelnen Komponenten kommt dies zum Ausdruck, sondern auch darin, daß manche Arten, zeitweise ganz aus dem Plankton verschwinden, indem sie während dieser Zeit irgendwelche Latenzstadien (Abb. 4) durchlaufen. Im Verein mit der Cyclomorphose bedingen diese Erscheinungen die oft sehr auffallenden jahreszeitlichen Unterschiede in der Planktonzusammensetzung.

Es muß einer kurzen Besprechung dieser Verhältnisse zunächst die Bemerkung vorausgeschickt werden, daß man sehr irren würde, wenn man als Winterplankton lediglich ein verarmtes Sommerplankton erwarten würde. Denn den einzelnen Arten, die während des Winters verschwinden, steht eine nicht geringe Zahl solcher gegenüber, die gerade im Winter dominieren oder ausschließlich im Winter auftreten und im Sommer fehlen.

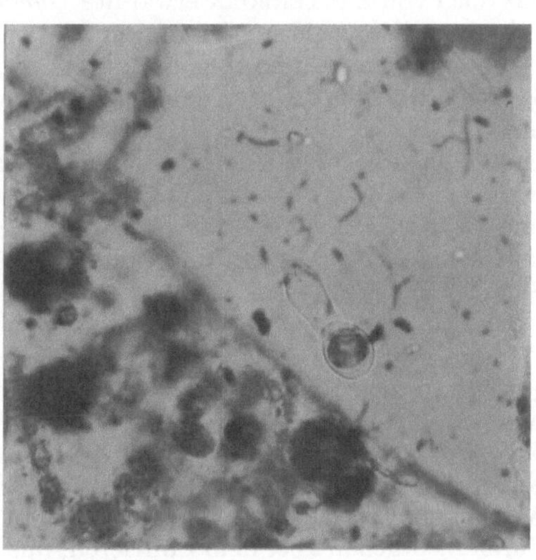

Abb. 4. Cyste von *Dinobryon*, vor der Gehäusemündung in einer Blase eingeschlossen. An der Cyste sind Porus und Stöpsel zu sehen. (Phot. A. PASCHER.)

So verschwinden viele Dauereier bildende Cladoceren im Winter im Plankton, ebenso viele Rädertiere. In manchen Fällen wird die verschwindende Art durch eine verwandte ersetzt. So vertritt im Achensee in Tirol im Winter eine Peridiniumart das dem Sommer angehörende Ceratium und in mehreren mitteleuropäischen Seen, für deren Sommerplankton *Cyclops Leuckarti* kennzeichnend ist, wird dieser im Winter durch *C. strenuus* ersetzt.

Besonders auffallend macht sich der Einfluß der winterlichen Verhältnisse beim Phytoplankton geltend. Aber auch unter den Protozoen, wie bereits LAUTERBORN in seinen 1908 erschienenen Protozoenstudien mitteilt, der *Holophrya nigricans* als „typischen Winterplanktonten" bezeichnet und bei dieser Gelegenheit darauf aufmerksam macht, daß außer diesem Infusor noch *Disematostoma Bütschlii*, *Bursaridium Sche-*

wiakowii, Bicosoeca lacustris, Sphaeroeca volvox und *Gymnodinium tenuissimum* in den Teichen der Rheinebene als psychro- bzw. chimophile Organismen sich erwiesen haben.

In neuerer Zeit hat sich SCHILLER eingehend mit dem winterlichen Organismenbestand der Donaualtwässer bei Wien beschäftigt und als ein Hauptergebnis seiner Untersuchungen die Massenproduktion bei zahlreichen Mikroorganismen während der kalten Jahreszeit hervorgehoben, eine Erscheinung, die ihre Parallele in der gewaltigen Zunahme der Fruchtbarkeit des süßen Wassers sowohl wie des Meeres mit zunehmendem Breitegrad besitzt. Als typische Winterorganismen verzeichnet SCHILLER in seinem Untersuchungsgebiet die Chrysomonaden *Stenocalyx circumvallata, Mallomonas akrokomos,* mehrere *Kephyriopsis-*Arten, zahlreiche *Cryptomonas-*Arten, einige Peridineen, unter denen das oben von LAUTERBORN erwähnte *Gymnodinium tenuissimum* wiederkehrt, endlich mehrere Diatomeen.

Aus diesem Befund folgert SCHILLER: „Die Meinung E. NAUMANNs, daß eine extensive Untersuchung über die extremen Produktionstypen mit Rücksicht auf Phytoplankton im Sommer durchgeführt werden müsse, halte ich bezüglich eutropher Gewässer für irrig, weil bei minimalem Licht und dem Eispunkt nahen Temperaturen sehr viele Chryso- und Cryptomonaden gerade ihre optimalen Lebensbedingungen haben und solche Gewässer oft im Winter stärker und artenreicher als im Sommer besiedelt sind."

Durch Auszentrifugieren des aus geschmolzenem Eise gewonnenen Wassers ergab sich, daß von dieser reichen Organismenwelt nur ein ganz geringer Prozentsatz vom Eis eingeschlossen wird und daß manche Arten dieses Einfrieren ohne Nachteil ertragen. Das sonst so empfindliche *Gymnodinium tenuissimum* verriet schon durch seine schönen goldgelben Chromatophoren seine Lebensfrische, die auch in gleich nach dem Auftauen einsetzenden Zellteilungen ihren Ausdruck fand. Die meisten Formen entgehen aber dem Einfrieren, und experimentell ließ sich durch Gefrierenlassen von Zentrifugenplankton zeigen, wie das langsam wachsende Eis die Organismen vor sich herschiebt. Womit die Kälteresistenz jener Formen, die das Einfrieren ertragen, also der Diatomeen und kaltstenothermen Peridineen zusammenhängt, ist eine offene Frage. Da mehrfach auf eine Koinzidenz des Fettgehaltes der Bäume mit ihrer Widerstandsfähigkeit gegen Frost hingewiesen wurde, und da gerade Diatomeen und Peridineen ausgesprochene Fettbildner sind, läge der Gedanke nahe, daß in ihrem Fettgehalt die Ursache ihrer Kälteresistenz liege. Aber es gibt ja auch Warmwasserformen unter diesen Protophyten, die dieser Annahme widersprechen.

b) Seiches. Als „Seiches" bezeichnet man das Ansteigen des Seespiegels an dem einen Ende, bei gleichzeitiger Senkung desselben am anderen Ende des Sees. Diese Schwankungen erfolgen periodisch, wobei die Länge dieser Perioden von den Dimensionen des Sees abhängig ist. Der Ausdruck „Seiches", der durch FOREL sich eingebürgert hat, ist eigentlich einer Dialektform der Anwohner des Genfer Sees entnommen. Das dem lateinischen „siccus" entsprechende Wort bezieht sich auf die

Trockenlegung eines Uferstreifens an jener Seeseite, an der der Wasserspiegel fällt. Die Beobachtung der Seiches geschieht am besten mit dem Zeiger-Limnimeter von ENDRÖS. Bei diesem führt eine Schnur über eine Rolle; an einem Ende der Schnur hängt ein zylindrisches Gefäß als Schwimmer, am anderen ein Gegengewicht. Ein Zeiger registriert in vergrößertem Maßstab die Wasserspiegelschwankungen, die vom Schwimmer mitgemacht werden.

Gezeiten scheinen in Binnenseen zu fehlen; die als Gezeiten beschriebenen Vorgänge im Michigansee werden als Seiches gedeutet.

Endlich ist unter den hydraulischen Erscheinungen der stehenden Gewässer das Phänomen der taches d'huile zu erwähnen, worunter man glatte Stellen inmitten der gekräuselten Seefläche versteht. Oft ziehen sie wie lange Straßen über den Seespiegel hin, ändern schnell ihre Form und können auch schnell wieder verschwinden. Die Benennung, die wiederum durch FOREL zum Fachausdruck geworden ist, geht auf FORELs Erklärungsversuch zurück, der in diesen taches d'huile die glättende Wirkung von Ölflecken zu erkennen glaubte, die von Dampfern herrührten. Da aber diese Erscheinung sich auch auf Seen zeigt, welche gar nicht von Dampfern befahren werden, und bei denen auch keine Zufuhr ölartiger Substanzen vom Ufer her angenommen werden kann, wurde die Ansicht vorherrschend, daß es sich um Ölausbreitungen handelt, die vom Phytoplankton herrühren. Ein Beweis für die Richtigkeit dieser Ansicht konnte bisher nicht erbracht werden. HALBFASS denkt an thermische Ursachen dieser Erscheinung.

c) Strömungen. Vielleicht mag die in der Hydrobiologie von jeher übliche Antithese „Fließendes Wasser — Stehendes Wasser" daran schuld gewesen sein, daß man im stehenden Wasser immer den Mangel an Bewegung betonte, oder die Vermutung, daß die immerhin vorhandenen Strömungen biologisch nur von untergeordneter Bedeutung seien; jedenfalls hat man bisher in der hydrobiologischen Literatur den Strömungsvorgängen in Seen nur wenig Beachtung geschenkt.

Aber auch in der hydrographischen Literatur finden wir dieses Kapitel stiefmütterlich behandelt, hauptsächlich wohl deshalb, weil es für manche Beobachtungen an geeigneten Apparaten fehlte und weil in anderen Fällen, wo solche Apparate konstruiert waren, deren Anschaffung und Handhabung große Schwierigkeiten bereitet. So tragen viele Mitteilungen, die hierüber in der Literatur vorhanden sind, rein spekulativen Charakter und haben sich zu Lehrmeinungen verdichtet, deren kritische Behandlung auf Grund experimenteller Untersuchungen erst in neuester Zeit eingesetzt hat.

Seit einiger Zeit bedient man sich zur Strömungsmessung des EKMANschen Strömungsmessers: „Die Geschwindigkeit wird bei diesem durch die Zahl der Umdrehungen eines sehr leichten Schraubenpropellers gemessen, der der Strömung ausgesetzt wird. Nach je 33 Umdrehungen fällt eine kleine Metallkugel in ein im Mittelpunkt einer Kompaßnadel befindliches Näpfchen, von wo sie in einer Rinne an der Nordseite der Nadel in die Kombüse läuft, die starr mit dem Strommesser verbunden ist. Diese Kombüse ist in 36 Fächer geteilt, deren jedes also 10 Graden des Kompasses entspricht, und so ist die Richtung sofort zu erkennen, in der der Strom sich bewegt" (HALBFASS).

Während der Niederschrift dieses Buches hat eine umfassende Arbeit über Strömungsvorgänge im Bodensee von WASMUND zu erscheinen begonnen, von der leider nur die Einleitung bei der Abfassung der folgenden Zeilen benutzt werden konnte. Auf diese Arbeit, die zugleich eine Zusammenfassung unserer bisherigen Kenntnisse auf diesem Gebiete bringt, sei vor allem schon deswegen hingewiesen, weil in ihr die Berücksichtigung der bei der praktischen Fischerei erlangbaren Daten eine große Rolle spielt, so daß der für die Strömungsfragen interessierte Leser zugleich eine Anleitung erfährt, wie solche der fischereilichen Praxis entnommene Daten für die Behandlung wissenschaftlicher Probleme nutzbar gemacht werden können.

Hier genauer darauf einzugehen, würde zu viel Raum in Anspruch nehmen, was auch mit Rücksicht darauf vermieden werden soll, daß nach Meinung des Verfassers die Strömungsphänomene ein vorwiegend hydrographisches und weit weniger hydrobiologisches Kapitel darstellen. Daß sie für so manche biologische Frage nicht ohne Bedeutung sind, soll damit natürlich nicht geleugnet werden, es liegt auf der Hand, daß die Verteilung des Planktons davon beeinflußt wird, wie z. B. UTERMÖHL daran zeigen konnte, daß im Winter lebende und abgestorbene Diatomeen in ungefähr gleichen Mengenverhältnissen sich in allen Tiefen finden lassen, daß aber bei länger andauernder Eisbedeckung eine Sonderung der toten Schalen in der Tiefe und der lebenden in den oberen Schichten Platz greift. Es ist ferner gewiß, daß mit Strömungsvorgängen auch der trophische Charakter eines Sees zusammenhängt, und daß Tiefenströme nötig sind, um der Tiefe den Sauerstoff zuzuführen, der für jene Seen nötig ist, in deren Tiefe die bekannten Glazialreliktenkrebse und Coregonen leben. Aber gerade Autoren, die sich mit den Zusammenhängen biologischer Fragen mit den Strömungsverhältnissen beschäftigt haben, kommen übereinstimmend (EKMAN und LUNDBECK) zu dem Resultat, daß die „Wirkungen der Strömung weniger beim biologischen als beim geologischen Teil ihrer Arbeit zur Geltung kommen". Ein Beispiel hierfür bildet die auf S. 111 erwähnte Entstehung der Schalenzone in den baltischen Seen.

Was die Darstellung der Strömungen in Binnenseen so sehr erschwert, ist der Umstand, daß sie nach der Art ihrer Entstehung und nach ihrem Verlauf in verschiedenen Seen außerordentlich verschieden sind, und daß also die aus den klassischen Arbeiten FORELs in die Literatur übernommenen Vorstellungen, die zum Teil auf Beobachtungen im Genfer See basieren, zum Teil rein spekulativer Natur sind, keineswegs überall Geltung haben können.

FOREL nimmt fünf Strömungsursachen an: den Durchfluß, die thermische Konvektion, den Wind, atmosphärische Druckstörungen und Seiches.

Gerade im Genfer See wie auch im Bodensee kommt dem Durchfluß nur sekundäre Bedeutung als Strömungsursache zu, die bald nach der Einmündung kaum mehr zur Geltung gelangt. Die am Leman „bataillere" genannte Erscheinung, wo unter heftiger Wirbelbildung das milchige Flußwasser das klare Seewasser unterteuft, nennt man im Bodensee vor der Rheinmündung „Brech".

Hingegen sind die großen kanadischen Seen typische Durchflußseen, bei denen der Durchfluß die ausschlaggebende Rolle beim Zustandekommen des Strömungsbildes spielt, das der Wind nur dann stark ändern kann, wenn seine Hauptrichtung von der Richtung vom See-Einfluß zum Ausfluß unter beträchtlichem Winkel abweicht.

In Schottland hingegen finden wir wieder Musterbeispiele von Seen, deren Strömungsbild von der Windwirkung beherrscht wird. Im Loch Garry z. B. zeigte sich, daß ein windproduzierter Strom bis in große Tiefen von Luv nach Lee läuft, der einen bis zum Boden reichenden Gegenstrom von Lee nach Luv induziert. Dies natürlich nur, wenn das Wasser keine Temperaturschichtung zeigt, so daß der Wind sozusagen an einer homogenen Masse angreift. Bei Temperaturschichtung hingegen hält sich der Rückstrom fast immer über der Sprungschicht, doch finden sich Anzeichen für zwei den oberen Strömungen parallele Bewegungen unter der Diskontinuitätsschicht, so daß zwei Ströme mit dem Wind und zwei gegen die Windrichtung laufen. Verwenden wir für diese Vorgänge die Terminologie der Hydraulik, so können wir sagen, daß es sich in diesem Fall um eine „windgetriftete liegende Walze mit horizontaler Drehungsachse" handelt, wobei die Epilimnionwalze erster Ordnung durch Reibung und Strahlablösung den darunterliegenden profundalen Walzen zweiter bis $n$ter Ordnung den Drehimpuls gibt. Während sich über die Zusammenhänge von Windwirkung und Durchfluß einerseits und Strömungen im See andererseits schon ganz exakte Aufschlüsse in bestimmten Einzelfällen gewinnen ließen, ist gerade dort der Zusammenhang am wenigsten klar, wo man schon in der früheren Literatur auf Grund theoretischer Erwägungen einen Einblick zu haben glaubte, nämlich bei den durch thermische Bedingungen veranlaßten Konvektionsströmungen. Daß solche vorkommen und wohl auch eine wichtige Rolle spielen können, steht wohl außer Zweifel; aber die näheren Zusammenhänge und Vorgänge bedürfen erst der Aufklärung.

3. Der Wasserhaushalt der Seen.

Der Wasserhaushalt behandelt die Einnahmen und Ausgaben an Wasser, von denen der Wasserstand eines Sees abhängt. Die Wasserzufuhr erfolgt durch Niederschläge auf dem Wasserspiegel, durch oberirdische und unterirdische Zuflüsse. Die Wasserabgabe geschieht durch Verdunstung bzw. durch oberirdische oder unterirdische Abflüsse. Meistens ist die Speisung durch oberirdische Zuflüsse der allein maßgebende Faktor für die Wasserzufuhr. Wo eine erhebliche Zufuhr von Grundwasser, etwa an Austrittsstellen unterseeischer Quellhorizonte, stattfindet, verrät sich diese, soweit sie nicht ohne weiteres sichtbar ist (vgl. Abb. 15), durch eine Phasenverschiebung zwischen Niederschlagskurve und Kurve der Seepegelstände. So hinken die Pegelstandschwankungen im Schaalsee in Lauenburg den Schwankungen der Niederschlagsmenge erheblich nach. Das Maximum der Niederschläge fällt in die Zeit vom

Juni bis Oktober, die höchsten Pegelstände stellten sich vom Februar bis Mai ein. Ähnliche Beobachtungen liegen vom Plöner See vor. Auch eine abnorm hohe Temperatur des Tiefenwassers spricht für Grundwasserzufuhr, da das Grundwasser in der Regel wärmer ist als das Tiefenwasser größerer Seen.

Schwerer als beim Zufluß sind beim Abfluß unterirdische Wasserwege zu erkennen, außer wenn ständig oder zeitweise (Lunzer Obersee) jeglicher oberirdische Abfluß fehlt. Die Wasserführung des oberirdischen Abflusses ist in erster Linie natürlich eine Funktion des Seepegelstandes. Einer erhöhten Zufuhr entspricht dann eine erhöhte Abfuhr. Solche Zeiten raschen Wasserwechsels sind biologisch vor allem von eminenter Bedeutung; abgesehen davon, daß der Abfluß das warme Oberflächenwasser absaugt, bedingt eine solche Durchspülung des Seebeckens empfindliche Veränderungen im ganzen Milieu. Die Abflußmenge bedingt natürlich auch die Zeitdauer, während der das Wasser im See verweilt. Der Quotient aus dem Seevolumen und der auf die Zeiteinheit bezogenen Abflußmenge entspricht der zur völligen Wassererneuerung erforderlichen Zeitspanne: $Z = \dfrac{V}{A}$. Da z. B. der Genfer See 88 920 000 000 cbm Wasser enthält und die Rhone in der Sekunde durchschnittlich 252 cbm Wasser entführt, vergehen 11,2 Jahre, ehe das ganze Wasser des Sees erneuert ist. Natürlich ist bei diesem Wert der eventuell vorhandene unterirdische Abfluß nicht einkalkuliert und ebensowenig die Verdunstungsmenge.

Deren Bestimmung ist aber im allgemeinen, wie auch für den vorliegenden Fall schwer durchführbar; für den vorliegenden Fall deswegen, weil nur jene Wassermenge in Betracht käme, die durch die Verdunstung dem See wirklich entzogen wird. Ein Teil des verdunsteten Wassers kehrt aber alsbald als Niederschlag in den See zurück. Und im allgemeinen ist die Menge des verdunsteten Wassers nicht einwandfrei zu eruieren, weil man den unterirdischen Abfluß nicht kontrollieren kann. Sieht man von diesen Fehlerquellen ab, deren praktische Bedeutung natürlich von Fall zu Fall wechselt, so kann man nach MAURER die Verdunstungsgröße wie folgt ermitteln. Man subtrahiert von der Summe der Zufluß- und Niederschlagsmenge die Abflußmenge; dann ermittelt man die Niveaudifferenz des Seespiegels zu Beginn und am Ende der Beobachtungszeit. Die daraus gefundene Wassermenge (Niveaudifferenz × Wasseroberfläche) wird zur ersten Differenz zugezählt oder von ihr abgezogen, je nachdem, ob der Seespiegel gesunken oder gestiegen ist. Der so gefundene Wert entspricht, von den erwähnten Fehlerquellen abgesehen, der Verdunstungsgröße.

Wärmebilanz: Von den verschiedenen Methoden, den Wärmeinhalt eines Sees zu bestimmen, wird gewöhnlich die von BIRGE angewendet. Dabei wird die mittlere Tiefe des Sees mit der mittleren Temperatur des Wassers multipliziert, um einen auf die Flächeneinheit des Sees beziehbaren Wert des Kaloriengehaltes zu gewinnen. Dieser Wert hat nicht nur für den Biologen Bedeutung, sondern ist zugleich ein vorzüglicher Indikator für den klimatologischen Charakter des Beobachtungsjahres.

Den strengeren Anforderungen des Hydrophysikers werden die Methoden von W. Schmidt, der die Wärmebilanz ganz auf Strahlungsvorgänge zurückführt, besser zusagen, als die mehr den Bedürfnissen des Praktikers angepaßte Methode von Birge. Kalorimetrische Berechnungen für den Sakrowsee bei Potsdam ergaben von August bis Dezember für 1 qm einen Wärmeverlust, der 4 kgm/sec. äquivalent ist. Der gesamte Energieverlust der Oberfläche entsprach dem vierten Teil der Leistung des Walchenseewerkes.

B. Chemie.

Allgemeine Charakteristik der chemischen Verhältnisse des Süßwassers. Mit Recht betont Hesse in seiner „Tiergeographie" (S. 305), daß im Vergleich mit dem Meer die Binnengewässer größere Verschiedenheiten in ihrem Chemismus aufweisen. Im Meere werden durch Mischung die etwa vorhandenen oder entstehenden Differenzen immer wieder ausgeglichen. „Die Binnengewässer dagegen haben fast jedes seinen eigenen Chemismus, entsprechend dem Chemismus ihres Untergrundes und ihres Zuflußgebietes."

Und doch hat man lange Zeit den chemischen Besonderheiten der Binnengewässer recht wenig Beachtung geschenkt. Man hat besonders in biologischen Arbeiten die chemischen Verhältnisse des Wohngewässers sehr beiseite geschoben, ohne dafür eine Motivierung zu geben; erst zwischen den Zeilen kann man in mancher Arbeit den Grund für das Außerachtlassen chemischer Gesichtspunkte herauslesen.

Es scheint da, daß man sich allzu einseitig auf das Gesetz vom Minimum eingestellt hatte, und daß man überdies etwas dogmatisch annahm, daß in einem Gewässer alles da ist, was die Organismen brauchen. „Wie könnte man," äußerte sich ein älterer Autor, „an eine Unterscheidung der Kalk- und Urgebirgsseen denken, wenn wir hören, daß Kerner v. Marilaun in einer dem Kalkwall der Solsteinkette bei Innsbruck entspringenden Quelle Massenvegetation des *Odontidium hiemale* konstatierte, also einer Kieselalge, deren Kieselbedürfnis hier im Kalkgebiet durch die geringen Kieselmengen gedeckt erscheint, die vielleicht von dem aus den Zentralalpen angewehten Staub herrühren." Und ein anderer Autor verweist darauf, daß Nymphäen $NaCl$ aus Teichwasser gewinnen, in dem es quantitativ gar nicht nachweisbar ist. In diesen und ähnlichen Fällen beherrscht den Autor der Gedanke, daß unseren Binnengewässern nichts fehlt, was die Organismen brauchen. Vielfach wurde übersehen, daß nicht nur die Abwesenheit eines Stoffes hemmend wirken kann, sondern auch die Anwesenheit bestimmter Stoffe. So begnügte man sich meist, wenn man überhaupt die chemischen Verhältnisse berührte, damit, daß man das Analysenresultat des Abdampfrückstandes mitteilte, ohne es weiterhin auszuwerten.

Gelegentliche Entdeckungen über die Wirkung bestimmter Stoffe, die sich im Wohnmedium eines Organismus befinden oder fehlen — so z. B. die aufsehenerregenden Versuche von Herbst über Lithium-Larven oder über die Isolierung der *Sphaerechinus*-Blastomeren im entkalkten

Seewasser — gaben wiederholt Anlaß, wiederum Zusammenhänge zwischen chemischer Zusammensetzung des Wassers und der Organismenwelt desselben zu suchen. Aber die extremen Fälle, die man im Laboratorium studierte, schienen in der freien Natur keine Analoga zu besitzen.

So verlegte man nach und nach, einer mächtigen Zeitströmung Rechnung tragend, das Hauptgewicht auf die physikalischen Eigenschaften der Lösungen, auf die Wirkungen des osmotischen Druckes usw. Hierher gehört z. B. die Auffassung der pulsierenden Vakuole als einer Vorrichtung, die dazu bestimmt ist, osmotische Druckdifferenzen auszugleichen. Ihr Fehlen bei marinen Protozoen ist nicht auf das Vorhandensein bestimmter Salze des Meerwassers, etwa des $NaCl$, zurückzuführen, sondern darauf, daß die gelöste Salzmenge des Meerwassers, ohne Rücksicht auf die Qualität der gelösten Salze, das Meerwasser zu einem isotonischen Medium mit den Innenflüssigkeiten der Protozoenzelle macht. Im Süßwasser aber besteht zwischen der Zellflüssigkeit der Protisten, infolge der darin gelösten Exkrete, und dem umgebenden Süßwasser ein Druckgefälle, das durch die periodische Entleerung der pulsierenden Vakuole davor bewahrt bleibt, einen Grad zu erreichen, der zum Platzen der Zelle führen müßte. Doch gelang es vor allem Jacques Loeb, die gleichzeitige Berücksichtigung der chemischen und physikalischen Eigenschaften der Lösungen als notwendig zu erkennen. So zeigte E. Hirsch, daß die Wirkungen verschiedener Salze sehr erheblich durch die in ihnen enthaltenen Metalle beeinflußt werden; daß es unzureichend ist, etwa nur den Chlorgehalt im Wasser zu bestimmen, da es einen großen Unterschied ausmacht, ob das Chlorid als Natrium- oder als Kaliumchlorid vorliegt. Noch komplizierter gestalten sich aber nach demselben Autor die Wirkungen der qualitativen Zusammensetzung des Wassers durch die gegenseitige Beeinflussung verschiedener Ionen. So kann die schädliche Wirkung eines Salzes durch die Anwesenheit eines zweiten Salzes aufgehoben werden. So kann gezeigt werden, daß Salzlösungen von einer weit geringeren Konzentration, als sie im Meerwasser gegeben ist, auf Organismen giftig wirken, auch wenn die mit der geringen Konzentration verbundene Herabsetzung des osmotischen Druckes nicht zur Geltung kommt. Es scheint, daß die qualitative und quantitative Zusammensetzung des Meerwassers derart ist, daß es eine „ausbalancierte Salzlösung“ darstellt, während sich Salzgewässer des Binnenlandes oft nicht ausbalanciert haben, eine „einseitige Versalzung“ aufweisen und daher für die meisten Organismen ein ungeeignetes Milieu sind.

Wenn wir nun — bei einer Einführung in die Limnologie — natürlich nur in aller Kürze jener chemischen Eigenschaften der Binnengewässer gedenken, zu deren Feststellung geeignete einfache Methoden vorliegen und deren Bedeutung für den Biologen zugleich außer Frage steht, so kämen da für uns in Betracht:

1. Bestimmung der gesamten gelösten Substanzen durch das Interferometer;

2. Ermittlung des Elektrolytengehaltes durch Leitfähigkeitsbestimmung;

3. Bestimmung der Wasserstoffionenkonzentration;

4. Bestimmung einzelner wichtiger Komponenten der Lösung: O_2, CO_2, H_2S, SO_4, CaO, Verbindungen von Stickstoff, Phosphor und Eisen.

Die Auswertung solcher Untersuchungen für die Hydrobiologie befindet sich allerdings gegenwärtig noch in ihren Anfängen, vor allem weil bis vor kurzem Arbeitsmethoden fehlten, die solche Untersuchungen gestatteten.

Wie bereits an anderer Stelle erörtert wurde, sind die Binnengewässer vor allem durch ihren Kalkgehalt vom Meere verschieden. Und auch innerhalb der Binnengewässer kann man je nach der Menge des gelösten Kalkes verschiedene Gewässertypen unterscheiden, bei denen die chemische Trennung vielfach mit einer biologischen Hand in Hand geht. So verrät sich Kalkmangel eines Gewässers an dem Vorkommen von *Lobelia Dortmanni* und *Isoetes* in der Ufervegetation, durch das Auftreten der Cladocere *Holopedium gibberum* im Plankton und durch ein auffallendes Zurücktreten der Spongillen und Bryozoen. Daß auch Unioniden gewöhnlich fehlen, ist bei dem zum Schalenbau erforderlichen Kalkbedarf naheliegend; doch wäre der Schluß irrig, daß das Fehlen von Unioniden durch Kalkmangel bedingt sein müsse. So fehlen im Lunzer Seengebiet, das doch in den Kalkalpen liegt, die Unioniden völlig, wahrscheinlich, weil die Gewässer dort zu kalt sind. Daß übrigens diese Zusammenhänge nicht unbedingt zwangsläufig sein müssen, zeigt ein auf die Mollusken bezüglicher Versuch aus dem Arbeitsgebiet der Biologischen Station Lunz. Während das Fehlen der Unioniden in den dortigen Kalkwasserseen überrascht, ist es andererseits wieder selbstverständlich, daß die Bergbäche dortselbst keine Perlmuscheln enthalten. Denn unsere Flußperlmuschel *Margaritana margaritifera* gilt als kalkfeindlich und wird allgemein nur in Urgebirgsbächen angetroffen. Als daher für physiologische Versuche in Lunz Perlmuscheln gezüchtet werden sollten, ergab sich die Notwendigkeit, statt unserer einheimischen Perlmuschel eine amerikanische Gattung *Lampsilis* einzusetzen, die in den Vereinigten Staaten Bäche der Kalkformation bewohnt. Wohl infolge der Transportschäden gingen diese Tiere großenteils ein. Als man aber, ohne besondere Hoffnungen daran zu knüpfen, den Versuch wagte, unsere *Margaritana* in den Lunzer Kalkbächen anzusiedeln, zeitigte dieser Versuch wider Erwarten insoferne einen Erfolg, als die Tiere jahrelang am Leben blieben.

Unter den quellenbewohnenden Turbellarien ist *Dalyellia cetica* eine kalkholde, *styriaca* hingegen eine kalkfeindliche Art. „An die gleiche Biozönose gebunden, können wir beide als den Typus vikariierender Arten betrachten" (REISINGER).

Kurz gesagt, dem Kalkgehalt eines Gewässers kommt für dessen biologische Charakterisierung große Bedeutung zu, weshalb über denselben schon seit langer Zeit und an zahlreichen Gewässern Untersuchungen angestellt wurden. Damit hängt wohl auch die von manchen Autoren erwähnte Abhängigkeit gewisser Eigentümlichkeiten von Organismen vom „geologischen Substrat" zusammen. So zeigen die von WOLF in einer Serpentinquelle gefundenen Exemplare von *Cypridopsis subterranea* ebenso auffallend dünne Schalen wie die Exemplare, die KLIE in Buntsandsteinquellen entdeckte. Vgl. hierzu das über *Potamocypris* auf S. 77 Gesagte! Ferner die Unterschiede der Rädertierfauna, die HAR-RING und MYERS für die Kalk- und Silikatgebiete Nordamerikas nach-wiesen. (The Rotifer Fauna of Wisconsin. IV. Teil.)

Bei Seen mit weichem, kalkarmem Wasser beträgt der *CaO*-Gehalt im Liter nur wenige Milligramm (kleiner Ukleisee bei Plön 2—5 mg!), in Seen mit hartem Wasser erreicht er leicht 100 mg. (Der Lunzer Untersee ent-hält 180 mg Bikarbonat des Kalziums und Magnesiums, wobei die Äqui-valente des *Ca* zu denen des *Mg* sich wie 4:1 verhalten.)

Im allgemeinen treten diesen Karbonaten gegenüber die anderen Salze zurück — in unserem letzterwähnten Beispiel, dem Lunzer Unter-see, entfallen die 180 mg Karbonat auf 200 mg der Gesamtmenge gelöster Salze im Liter —, und da auch im Laufe eines Jahres dieses Mengen-verhältnis der Karbonate zu den gesamten gelösten Salzen keine wesent-liche Änderung erfährt, ist es naheliegend, statt der umständlichen Ana-lysen von Abdampfrückständen einfach auf dem Wege der Leitfähig-keitsbestimmung die Menge der gelösten Elektrolyte zu bestimmen; da diese fast ganz von den Karbonaten gebildet werden, hat man dadurch ein ausreichend genaues Bild von der Karbonathärte des zu unter-suchenden Wassers. — Natürlich wird man vorher erst eine Probeanalyse vornehmen müssen, um sicher zu sein, daß das fragliche Gewässer nicht aus dem Rahmen jener gewöhnlichen Wassertypen herausfällt, die es ge-statten, aus der Elektrolytbestimmung die gewünschten Schlüsse auf den Charakter des Wassers zu ziehen.

Ermittlung des Elektrolytgehaltes durch Leitfähigkeitsbestim-mung. Da die Konzentration der Elektrolyte in unseren Binnengewässern allgemein eine solche ist, daß diese gelösten Elektrolyte praktisch als völlig dissoziiert angesehen werden können, ist das Leitvermögen unserer Gewässer direkt proportional der Äquivalentkonzentration. Nach der von KOHLRAUSCH angegebenen Methode geschieht die Bestimmung unter Zuhilfenahme einer WHEATSTONEschen Brücke mit einem mit Wechsel-strom verbundenen Telephon. Als Widerstandsgefäß benutzt man mit Vorteil eine Tauchelektrode.

Kolloidnachweis durch das Interferometer. So empfindlich nun auch die Methode von KOHLRAUSCH ist — sie gestattet Schwankungen von Bruchteilen eines Milligramms der Elektrolyten im l genau abzulesen, übertrifft somit die Genauigkeit, die man bei Analysen von Abdampf-rückständen erzielt —, so hat sie doch eine gewisse Unzulänglich-keit: sie erfaßt eben nur die Elektrolyte. Es hat sich aber gezeigt, daß der Gehalt an gelösten Nichtelektrolyten in unseren Gewässern keines-wegs ein nebensächlicher Punkt ist. Um auch diesen zu erfassen, ohne sehr umständliche Methoden einführen zu müssen, empfiehlt sich die An-wendung des Interferometers. Das nach F. LÖWE von der Firma ZEISS speziell für hydrobiologische Arbeiten gebaute Instrument, das zum Nachweis von Kolloiden besonders geeignet ist, beruht auf der Inter-ferenz zweier Beugungsspektren, die dadurch entstehen, daß Licht ein-mal durch das zu untersuchende Wasser und weiter durch destilliertes Wasser geschickt wird.

Die Bestimmung der Wasserstoffionenkonzentration. Ähnlich wie
der Karbonatgehalt spielt auch die saure oder alkalische Reaktion eines
Gewässers in der älteren Literatur eine Rolle; doch begnügte man
sich mit vagen Angaben. Die Einblicke, welche die neuere Physiologie
in die biologische Bedeutung dieses Faktors gewährte, verlangte auch
hier exaktere Angaben, die am besten durch die Bestimmung der Wasserstoffionenkonzentration erreicht werden.

Genaue Leitfähigkeitsbestimmungen ließen erkennen, daß auch ganz
reines Wasser etwas dissoziiert ist, und zwar kommt auf $55,10^7 H_2O$-
Moleküle ein einziges dissoziiertes Molekül. In solchem Wasser besteht
nach dem Massenwirkungsgesetz ein Gleichgewichtszustand, der durch
die Gleichung

$$\frac{[H^{\cdot}]\,[OH']}{H_2O} = k$$

gekennzeichnet ist, welche Gleichung, in der k eine Konstante ist, auch
geschrieben werden kann

$$[H^{\cdot}] \cdot [OH'] = kw,$$

wenn wir mit kw das Produkt $H_2O.k$ bezeichnen. Dieses kw, die Dis-
soziationskonstante des Wassers, beträgt bei 18°

$$kw = 10^{-14\cdot14} \ (\text{bei } 22^0 \ kw = 10^{-14}),$$

wenn wir mit $H^{\cdot}$ bzw. OH' das Grammion im Liter bezeichnen. Ist einer
der beiden Werte auf der linken Seite der Gleichung bekannt, so kann
jeweils der andere aus der Gleichung berechnet werden. Aus rein praktischen Gründen verwendet man aber statt der für $H^{\cdot}$ und OH' in Betracht kommenden Werte die zugehörigen Logarithmen, die man mit
p_H bzw. p_{OH} bezeichnet, ohne das selbstverständliche Minuszeichen.
Durch Logarithmieren der obigen Gleichung erhält man also

$$p_H \ | \ p_{OH} = - 14 \cdot 14 \log 10.$$

Ist eine Lösung neutral, so müssen in ihr gleichviel H- und OH-Ionen
vorhanden sein, es muß also auch $p_H = p_{OH}$ sein, woraus sich als Kennzeichen der Neutralität einer Lösung ergibt, daß

$$p_H = 7,07$$

bei 18° sein muß. Daraus folgt weiter als Kennzeichen einer saueren
Lösung

$$p_H < p_{OH} < 7,07$$

und als Kennzeichen einer basischen Lösung

$$p_H > p_{OH} > 7,07.$$

In den für den Hydrobiologen in Betracht kommenden Gewässern
handelt es sich um p_H-Werte, die zwischen den Grenzen 3 und 10 liegen.

Für den Hydrobiologen ist von Wichtigkeit die Pufferung der
Lösungen.

Wenn in einer Lösung neben einer schwachen Säure auch Salze derselben vorhanden sind, etwa Karbonate neben Kohlensäure, aber auch

Phosphate neben Phosphorsäure, so pflegt innerhalb gewisser Grenzen
auch bei Änderungen im Säuregehalt keine nennenswerte Schwankung
des P_H-Wertes einzutreten. Es findet gewissermaßen eine Dämpfung der
für die schwankenden Säuremengen konstruierten p_H-Kurven statt. Ein
völliges Konstantwerden kann natürlich nicht stattfinden, und selbst in
dem gut gepufferten Wasser des Lunzer Untersees kommt es zu Schwankungen zwischen 8,2 und 7,5. Der erste Wert gilt für Wasser, das durch
Assimilation seitens der Planktonalgen alkalischer geworden ist, der
zweite Wert entspricht annähernd dem Gleichgewicht der Karbonat-
lösung.

Übrigens muß man sich angesichts so kleiner Änderungen des P_H-
Wertes immer vor Augen halten, daß der Wert p_H der Wasserstoffzahl
logarithmisch zugeordnet ist, d. h. daß eine Änderung des p_H-Wertes
um ± 1 dem zehnten Teil oder Zehnfachen der Wasserstoffzahl entspricht.

Moorgewässer, also karbonatarme oder karbonatfreie Wässer, sind
schlecht gepuffert, so daß zu erwarten wäre, daß hier die durch Assimi-
lationsprozesse bedingten Schwankungen im CO_2-Gehalt deutlicher zum
Vorschein kommen sollten. Hierüber fehlen noch Beobachtungen. Überdies muß dabei mit einer Überlagerung der Kurve, welche die durch den
CO_2-Gehalt bedingten p_H-Wert ergibt, durch Werte, welche vom Gehalt an organischen Säuren sowie eventuell an freier Schwefelsäure herrühren, gerechnet werden.

Den Einfluß des Karbonatmangels auf die Pufferung zeigen deutlich
RUTTNERS Untersuchungen im Bereich des Lunzer Obersees. Am 18. Oktober 1924 beobachtete RUTTNER im Obersee selbst einen p_H-Wert $=$
7,37. Schlenken, die in dem Schwingrasen liegen, der auf dem Obersee-
wasser schwimmt, zeigen einen Abfall des p_H auf 5,07. Denn das in den
Schwingrasen hineindiffundierende Seewasser wird durch die üppige Vegetation des Schwingrasens und durch dessen Torfgehalt entkalkt; durch
diese hochgradige Entkalkung wird die Pufferung so weit herabgesetzt,
daß der p_H-Wert von 7,37 auf 5,07 herabsinkt. In den dem Seewasser
entrückten Schlenken des benachbarten Rotmooses geht sogar das
p_H auf 4,17 zurück, und im Moorwasser des Rehbergsattels hat R. Fischer gar nur noch 3,6 gemessen.

Die Bedeutung der Pufferung für den Biologen möge an einem Fall
gezeigt werden, den ULEHLA als Elektrosymbiose bezeichnet hat. Er
betrachtet nämlich die Kalk- und Eisenkarbonatumhüllungen an *Oedogonium*-Fäden, die das Eisenbakterium *Sideromonas confervarum* CHOL.
erzeugt, als Schutzeinrichtungen, die dazu bestimmt sind, starke Schwankungen des p_H-Wertes zu kompensieren. Diese Karbonate werden durch
CO_2 als Bikarbonate gelöst, und die dadurch frei werdenden Hydroxyl-
ionen erniedrigen die Wasserstoffzahl. Die Vereinigung *Oedogonium* +
Sideromonas wird daher von ULEHLA als Elektrosymbiose aufgefaßt,
und es wird zugleich darauf verwiesen, daß viele Algen Kalksteine und
Molluskenschalen als Unterlage benutzen und sich so Wohnstätten
sichern, die lokale p_H-Regulatoren darstellen. Freischwebende Algen-
watten dieser Arten treten daher nur in Gewässern auf, in denen die

Gefahr einer p_H-Verminderung unter einen bestimmten Grenzwert (der für *Cladophora* und *Oedogonium* bei 7,4 liegt) nicht vorliegt.

Nur andeutungsweise können wir uns mit der Methodik der p_H-Bestimmung befassen. Für hydrobiologische Arbeiten genügt die kolorimetrische Methode, die auf dem Farbenumschlag bestimmter Indikatoren beruht. Als solche kämen außer dem bekannten Lackmus, dessen Umschlagspunkt mit der Neutralitätsgrenze ($p_H = 7{,}07$) zusammenfällt, z. B. in Betracht:

Methylorange	(Umschlagspunkt bei $p_H = 4{,}5$)
p-Nitrophenol	(,, ,, $p_H = 6{,}0$)
Neutralrot	(,, ,, $p_H = 7{,}1$)
Phenolphthalein	(,, ,, $p_H = 8{,}5$)

Bequeme Feldmethoden sind der Universalindikator der Firma MERCK und die Indikator-Dauerreihen von MICHAELIS und BRESSLAU. (Hier liegt die Fehlergrenze bei etwa 0,3, bei den exakteren Methoden ist sie 10 mal besser.)

Die Methode von SÖRENSEN beruht auf der Möglichkeit Puffergemische von genau definiertem p_H herzustellen. „Durch Zusammengießen zweier verschiedener Lösungen in einem bestimmten Verhältnis werden Gemische von verschiedenem p_H-Wert hergestellt. Wenn nun zu jeweils der gleichen Menge (10 ccm) dieser Gemische eine bestimmte Menge eines Indikators zugesetzt wird und zu derselben Menge (10 ccm) der zu untersuchenden Probe ebenfalls, so wird unter den verschieden stark gefärbten Vergleichsröhren jenes herausgesucht, das der Farbe unserer Probe am nächsten steht. Das p_H unserer Probe setzt man dann gleich dem der Vergleichsröhre."

Bei der Methode von MICHAELIS wird die Menge des zugesetzten Indikators geändert. Die Fehlergrenze beider Methoden liegt etwa bei $\pm\, 0{,}03\ p_H$.

Wenden wir uns nun dem Auftreten bestimmter Stoffe im Wasser zu, so mag der **Sauerstoffgehalt des Wassers** an erster Stelle besprochen werden. In stehenden Gewässern stammt das O_2 größtenteils aus der Luft; das Oberflächenwasser löst im Kontakt mit der Luft O_2 in Mengen, die vom herrschenden Luftdruck und von der Temperatur abhängen. So werden bei 760 mm Barometerstand bei 29^0 5,48 ccm O_2 gelöst, bei 0^0 aber bereits 9,7 ccm. Einen unter Umständen sehr erheblichen Zuschuß an O_2 erfährt das Wasser durch die Assimilation. Sowohl das über geschlossenen Beständen der Ufervegetation (*Elodea*, *Potamogeton*) befindliche Wasser, als auch jene oberen Schichten der freien Wassermasse, in denen das autotrophe Phytoplankton in größerer Menge sich entfaltet, erhalten während der Belichtung O_2 zugeführt in Mengen, über die uns von RUTTNER angestellte Versuchsreihen Aufschluß gegeben haben.

So ist es ganz natürlich, daß die oberen Schichten sich mit Sauerstoff bereichern, sogar noch einen durch die Assimilation des Phytoplanktons bedingten Anstieg der Sauerstoffkurve knapp unterhalb der Oberfläche aufweisen, worauf ein mehr minder gleichmäßiger Abfall dieser Kurve zu beobachten ist, da die Zufuhr von O_2 aus der Luft und seitens des assimilierenden Phytoplanktons mit zunehmender Tiefe immer mehr abnehmen muß. Die Vollzirkulation im Herbst und Frühjahr führt das O_2-reiche Wasser in die Tiefe, wo es während der Stagnation entweder keine nennenswerte Verminderung seines O_2-Gehaltes erfährt (bei den oligotrophen Seen), oder wo eine starke Reduktion desselben stattfinden kann (bei den eutrophen Seen).

Künftige Untersuchungen werden voraussichtlich ergeben, daß der von ALSTERBERG als mehr nebensächlich betrachtete Faktor, nämlich die reduzierende Wirkung der Planktonleichen, in allen Seen eine keineswegs zu vernachlässigende Rolle spielt, während die von ALSTERBERG betonte Zufuhr O_2-armen Wassers durch horizontale Strömungen vom Uferhang weg wohl nur in besonderen Fällen eine ausschlaggebende Rolle spielen wird, nämlich dann, wenn die Bedingungen zum Zustandekommen ganzer Strömungsserien gegeben sind, und dann, wenn das Verhältnis der schlammbedeckten Hangflächen zur freien Wassermasse ein solches ist, daß der durch erstere bedingte Sauerstoffschwund sich quantitativ in der freien Wassermasse auswirken muß. Vorläufig fehlen sichere Anhaltspunkte für das Vorhandensein zahlreicher übereinanderliegender Strömungsserien, die sich ja, wenn sie nicht von unerwartet kleinem Durchmesser wären, in mehreren Knicken der Temperaturkurven zeigen müßten. Die bisher vorliegenden Beobachtungen scheinen mehr dafür zu sprechen, daß die von ALSTERBERG postulierten Strömungen auf das Epilimnion beschränkt sind, und daß unter der Sprungschicht Ruhe herrscht. Hierfür sprechen unter anderem RUTTNERS Untersuchungen im Lunzer Untersee, die erkennen lassen, daß im Epilimnion während des Sommers eine leichte Übersättigung des Wassers mit Sauerstoff eintritt, so daß das Diffusionsgefälle vom Wasser gegen die darüberlagernde Luft verläuft; „der See gibt während der hellen Tagesstunden vielfach Sauerstoff ab, wie eine assimilierende Pflanze". Hingegen tritt im Hypolimnion, dessen wenig durchleuchtete Wassermassen praktisch genommen ruhig liegen, während der Stagnationsperioden ein fortschreitender Sauerstoffschwund ein, der je nach seiner Intensität dazu führt, daß das Seebecken den Charakter eines oligotrophen oder eutrophen Sees annimmt[1].

---

[1] Speziell in eutrophen Seen macht sich unmittelbar über dem Grunde ein rapider Abfall des Sauerstoffgehaltes geltend, der im oder über dem Schlamm zum gänzlichen Schwund des O_2 führen kann. ALSTERBERG bezeichnet diese Erscheinung als Mikroschichtung. Ihre Ursache liegt einmal darin, daß der an reduzierenden Substanzen reiche Schlamm O_2 aus den unmittelbar darüber liegenden Schichten an sich reißt und überdies solche reduzierende Substanzen in das überlagernde Wasser diffundieren läßt. Dieser Mikroschichtung steht das von der Oberfläche bis nahe dem Grunde reichende Gebiet des langsamen O_2-Abfalles als das der Makroschichtung gegenüber. Wir haben bereits oben angedeutet, daß die obersten Wasserschichten von vornherein hinsichtlich der O_2-Versorgung den tieferen Schichten gegenüber im Vorteil sind. Und da ferner die Diffusion des gelösten O_2 von oben nach unten zu langsam erfolgt, um den Vorsprung der oberen Schichten wettzumachen, ist eigentlich die Makroschichtung von Haus aus gegeben. Aber sie ist deutlicher ausgeprägt, als man nach diesen Voraussetzungen erwarten würde, und wird auch durch Vertikalzirkulation mitunter nicht völlig beseitigt. Es muß also in den tieferen Schichten ein Faktor oder ein Faktorenkomplex am Werke sein, der für das Zustandekommen einer ausgeprägten Makro-

Bevor wir dazu übergehen, die Methode der Sauerstoffbestimmung kurz zu skizzieren, müssen wir noch einer Frage gedenken, die von RUTTNER aufgerollt wurde und die die Art der Darstellung des O_2-Gehaltes betrifft. Bisher geschah dies in der Regel durch Angabe von Sättigungsprozenten. Dagegen lassen sich nun verschiedene Einwände erheben.

Einmal ist zu bedenken, daß die Zirkulationsperioden zu keiner vollständigen Sättigung des Wassers mit O_2 führen müssen, während die Angabe des Sauerstoffgehaltes in Sättigungsprozenten dies voraussetzt. Ganz besonders aber ist die Angabe des Sauerstoffs in Sättigungsprozenten zu verwerfen, weil dadurch „das Sauerstoffgefälle in eine beirrende Abhängigkeit von der Temperatur gebracht wird". „Wegen der höheren Absorptionsfähigkeit des Wassers wird bei fallender Temperatur, jedoch gleichem O_2-Gehalt der Sättigungswert ein geringerer sein, während der physiologische Wert des Wassers als Atmungsmedium gestiegen ist." Denn der O_2-Verbrauch steigt nach der VAN 'T HOFFschen Regel mit zunehmender Temperatur. Betrachtet man also den Sauerstoffgehalt als biologischen Faktor, so muß, wenn man nicht ganz schiefe Bilder der tatsächlichen Verhältnisse bekommen will, auf diesen Umstand Bedacht genommen werden. Es genügt, von den durch RUTTNER namhaft gemachten konkreten Fällen nur einen herauszugreifen: „Das Tiefenwasser eines Sees, dessen Temperatur 5º beträgt, hat gegenüber einem solchen mit 8º bei gleichem O_2-Gehalt einen mindestens um 23 vH höheren Wert für die Atmung, es ist physiologisch um diesen Prozentsatz sauerstoffreicher." Wir werden diesen Überlegungen gleich auch bei der Behandlung des O_2-Gehaltes fließenden Wassers begegnen. Es ist nach dem Gesagten auch klar, daß wenigstens in oligotrophen Seen die Sauerstoffabnahme in tieferen Schichten durch die dort herrschende Temperatur reichlich kompensiert wird, soweit die respiratorische Bedeutung des O_2 in Frage kommt, so daß z. B. im Lunzer Untersee während der Sommerstagnation die Schichten nahe dem Grunde günstigere Atmungsbedingungen bieten als das Oberflächenwasser.

Um an einem ganz speziellen Falle den Einfluß der Temperatur auf die Atmungsverhältnisse zu illustrieren und zu zeigen, wie der respiratorische Wert des O_2-Gehaltes eines Wassers mit dessen tatsächlichem O_2-Gehalt in Widerspruch stehen kann, seien die von WESENBERG-LUND über die Respirationsverhältnisse an einigen unter dem Eis überwinternden luftatmenden Insekten gemachten Beobachtungen kurz rekapitu-

---

schichtung sorgt. Man hat dafür bisher allgemein das langsam absinkende tote Plankton verantwortlich gemacht. ALSTERBERG glaubt aber in erster Linie die Zufuhr O_2-armen Wassers aus der Uferregion durch Serien übereinanderliegender Horizontalströmungen als Ursache annehmen zu müssen. Nehmen wir an, es würde durch herrschenden Westwind eine Oberflächenströmung in der Richtung W→O verursacht. Diese induziert eine entgegengesetzt gerichtete Unterströmung. An der Umbiegungsstelle streicht das Wasser über den schlammbedeckten Uferhang, verliert dort O_2 und kehrt sauerstoffarm zur Seemitte zurück. Der Unterstrom des oben geschlossenen Stromkreises induziert einen zweiten Stromkreis unter dem ersten, der Unterstrom des zweiten Kreises einen dritten unter dem zweiten usw. Jeweils an den Umbiegungsstellen muß das Überstreichen des Schlammbelages am Hang einen Sauerstoffentzug im Gefolge haben, und die Summierung aller dieser Vorgänge ergäbe dann die Makroschichtung.

liert, ein Beispiel, das auch dadurch lehrreich ist, daß es zeigt, wie sehr Schlußfolgerungen, die aus Freilandbeobachtungen gezogen wurden, durch den Laboratoriumsversuch überprüft werden müssen.

WESENBERG beobachtete, daß unter dem Eis oft in größerer Menge Wasserwanzen (*Corixa, Notonecta, Nepa*), nicht aber deren Larven lebend angetroffen wurden, ebenso die großen Wasserkäfer *Hydrophilus* und *Dytiscus*, während andere Käfer, wie *Agabus, Ilybius, Haliplus*, als Larven überwintern. Da WESENBERG diese überwinternden Arten mit offenem Tracheensystem immer in Kleingewässern mit grüner Vegetation antraf und weiterhin beobachtete, daß dieselben Arten aus großen Seen mit spärlicher Vegetation vor Einbruch der Vereisung ihre pflanzenarmen oder pflanzenleeren Wohnstätten verließen, um die oben erwähnten Kleingewässer aufzusuchen, schloß er, daß sie dort den Assimilationssauerstoff der Pflanzen aufnähmen. Aber Laboratoriumsversuche zeigten ihm, daß die oben genannten Wasserkäfer und Wasserwanzen im Winter monatelang unter Luftabschluß leben können, während im Sommer dieselben Bedingungen (abgesehen eben von der höheren Temperatur) schon nach wenigen Stunden den Tod der Versuchstiere zur Folge haben. Man wird also annehmen müssen, daß die Atmungsintensität bei tiefer Temperatur so weit herabgesetzt ist, daß die Tiere den durch die Eisdecke bewirkten Luftabschluß ohne weiteres ertragen. Dieselben Verhältnisse konnten übrigens von WESENBERG auch für die mit einem offenen Tracheensystem ausgerüsteten Schmetterlingslarven von *Hydrocampa, Acentropus* und *Cataclysta*, die im Larvenstadium überwintern, festgestellt werden.

Was nun das fließende Wasser betrifft, so muß beachtet werden, daß Quellen im Flachland meist einen sehr geringen O_2-Gehalt aufweisen, während Gebirgsquellen, die, bevor sie das Tageslicht erreichen, lockeren Schutt durchsetzen, oder Quellen in Karstgebieten, die ebenfalls lufterfüllte Hohlräume passieren, ehe sie zutage treten, meist höheren O_2-Gehalt zeigen. Im Bach selbst befindet sich im allgemeinen das Wasser mit dem Partialdruck des Sauerstoffs der umgebenden Luft im Gleichgewicht.

Wo der Bach über einen Untergrund fließt, der starken Pflanzenwuchs aufweist, kann wohl durch Absorption des Assimilationssauerstoffs eine vorübergehende Übersättigung mit O_2 eintreten; wo er über schlammigen Grund fließt, kann es ebenso zu einer Verminderung desselben kommen. Aber die innige Berührung mit der Luft stellt im weiteren Lauf das Gleichgewicht wieder her. Dies wurde durch RUTTNERS O_2-Bestimmung in den Bächen des Lunzer Stationsgebietes festgestellt, durch welche Untersuchungen sich weiter ergab, daß das Bachwasser hinsichtlich seines O_2-Gehaltes sich nicht wesentlich vom Wasser des Epilimnions eines Sees unterscheidet, und daß die vielfach verbreitete Anschauung, daß Wasserfälle und Katarakte infolge der innigen Durchmischung von Luft und Wasser eine Übersättigung des Wassers mit Sauerstoff bewirkten, unzutreffend ist. So konnte bei Lunz oberhalb einer 3 m hohen Kaskade im Bachwasser ein O_2-Gehalt von 12,06 mg bestimmt werden, unmittelbar darunter ein solcher von nur 11,71. Und an einer anderen Stelle oberhalb einer 2 m hohen, mit *Hydrurus* bewachsenen

Schnelle 12,03 mg, unmittelbar darunter 11,93. Hier fand also in beiden Fällen sogar eine Verminderung des O_2-Gehaltes statt. Daß natürlich von diesem für Gebirge und Mittelgebirge in erster Linie geltenden Schema im Flachland abweichende Verhältnisse vorkommen können, liegt auf der Hand. Man hat in langsam bewegtem, verschmutztem Wasser größeren Sauerstoffschwund beobachten können, der durch das Fließen über Wehre oder Mühlräder zum Teil behoben wurde, so an der Eger in Böhmen.

Berühren wir noch kurz die Methodik der O_2-Bestimmung, wie sie für den Hydrobiologen in Betracht kommt. Gewöhnlich erfolgt die Bestimmung nach dem Verfahren von WINKLER, das im wesentlichen auf folgendem Vorgang beruht: Mangano-hydroxyd (weiß) reißt im Wasser gelöstes O_2 an sich und verwandelt sich in das braune Mangani-hydroxyd, das durch HCl in $MnCl_3$ verwandelt wird. Dieses reagiert mit dem zugesetzten KJ unter Freiwerden von Jod. Der sich abspielende Vorgang wird durch die Gleichung $2\,MnCl_3 + 2\,KJ = 2\,MnCl_2 + 2\,KCl + J_2$ wiedergegeben. Die frei werdende Jodmenge wird durch Thiosulfat bestimmt und gestattet einen Rückschluß auf die ursprünglich vorhandene Menge des gelösten Sauerstoffs.

Die Konstruktion der WINKLER-Flasche sowie die Handhabung derselben muß natürlich vor allem darauf bedacht sein, daß vor dem Versetzen mit Salzsäure jeder Zutritt von Luftsauerstoff ausgeschlossen wird. Über die praktische Ausführung der Sauerstoffbestimmung nach dieser Methode vergleiche man EMMERLING: Praktikum der Wasseruntersuchung. Berlin: Borntraeger 1914.

Die Anwendung der WINKLERschen Methode setzt voraus, daß das zu untersuchende Wasser frei von organischen Verbindungen, Eisen, H_2S und von Ammoniak sei[1]. Über den Nachweis dieser Körper sei ebenfalls auf EMMERLINGS Buch verwiesen und hier nur erwähnt, daß der **Ammoniaknachweis** für hydrobiologische Arbeiten am besten mit dem NESSLERschen Reagens erfolgt. Dem in einer Eprouvette befindlichen, zu untersuchenden Wasser wird etwas Natronlauge und Natriumkarbonat zugesetzt. Bildet sich nach mehrmaligem Umschütteln ein Niederschlag, so läßt man diesen sich absetzen, gießt die klare darüber befindliche Flüssigkeit in eine zweite Proberöhre und gibt einige Tropfen des NESSLERschen Reagens zu. Färbt sich die Probe gelb, so hat sie einen mäßigen, färbt sie sich rot, so hat sie einen größeren Gehalt an NH_3. Doch gilt dies nur unter der Voraussetzung, daß die Probe frei von H_2S ist. Denn auch H_2S bedingt bei der angegebenen Versuchsanordnung eine Verfärbung, die jedoch bei Zusatz von verdünnter Schwefelsäure erhalten bleibt, während die von Ammoniak ausgelöste Verfärbung in diesem Falle verschwindet.

Die Notwendigkeit, bei dieser Untersuchung den störenden Einfluß des H_2S auszuschalten, legt es nahe, auch den **H_2S-Nachweis** noch kurz zu erwähnen. Etwa 200 ccm des zu untersuchenden Wassers werden

---

[1] Bei Anwesenheit störender Stoffe versetzt ALSTERBERG die Probe mit 0,5 ccm Bromlösung (zur Oxydierung), die vor dem Versetzen mit den WINKLER-Reagentien durch Natriumsalicylat gebunden wird.

nach Zusatz einiger Kubikzentimeter verdünnter Schwefelsäure auf 60°
erhitzt. In den Hals des Kolbens wird ein mit alkalischer Bleilösung ge-
tränkter Streifen Filtrierpapier gehängt. Dunkelfärbung desselben verrät die Anwesenheit von H_2S. Der H_2S-Gehalt geht meistens auf Eiweiß-
fäulnis zurück und ist gewöhnlich mit hochgradigem Sauerstoffschwund
verbunden. Während der H_2S-Gehalt im Tiefenwasser unserer Seen gewöhnlich unter 0,5 ccm pro Liter bleibt, kann in Seen, deren Tiefenwasser durch Salzgehalt infolge seines Gewichtes eine ruhende, „tote"
Wasserschicht bildet, der H_2S-Gehalt außerordentlich ansteigen. So
wurden im Hemmelsdorfer See bei Lübeck 304 mg pro Liter gemessen,
da in die Tiefen dieses Sees Meerwasser eingedrungen ist. Der Ritomsee
in der Schweiz, dessen Sulfate durch das Bacterium *Microspira desulfuri-
cans* reduziert wurden, weist ebenfalls einen abnorm hohen H_2S-Gehalt
auf. Übrigens kann auch in Seen mit normalem Chemismus lokal eine
beträchtliche Entbindung von H_2S stattfinden, die dann meist durch
Massenvegetation von Schwefelbakterien (*Achromatium, Lamprocystis,
Beggiatoa, Thioploca* usw.) signalisiert wird; im Lunzer Seengebiet z. B.
liegen solche Örtlichkeiten dort vor, wo größere Charamassen abgestorben
sind. Organismen, die, abgesehen von Schwefelbakterien, in H_2S-hal-
tigem Wasser angetroffen wurden, sind *Corethra*, gewisse *Cyclops*arten
und *Cypria ophthalmica*.

ZIEGELMAYER hat auf die quantitative Bedeutung solcher Schwefelbakterien aufmerksam gemacht und berichtet im Biol. Zbl. *43*, 639 (1923)
über Beobachtungen, die er in den Sabinerbergen bei Rom machte.
„In langen Bächen fließt das himmelblau gefärbte Wasser über den
Tuffboden. Da, wo sich das Wasser staut, sammeln sich die Schwefelbakterien in Myriaden. Innerhalb eines Jahres so, daß sich eine ganze
Beggiatoenformation von 0,5—1 m Dicke bildet. ... Diese härten bereits $^1/_2$ Jahr nach ihrem Tode. Sehr interessant ist die Tatsache, daß
die ganzen Dörfer um Tivoli mit all ihren Häusern, Kirchen und den
zahllosen Gartenmauern aus Schwefelbakterien aufgebaut sind. Ich
konnte beobachten, daß man solche Bakteriensteine selbst nahm, die
noch frisch waren, d. h. innerhalb dieses Jahres aus angesammelten, lebenden Beggiatoen sich gebildet hatten. Auch in Rom fielen mir Häuser auf,
die aus *S*-Bakterien gebaut sind."

Seit den klassischen Untersuchungen WINOGRADSKYS kennt man die
Bedeutung des Eisens für viele Mikroorganismen. Zunächst schien sich
die Bedeutung des Eisens darin zu erschöpfen, daß die Eisenbakterien
und einige andere Mikroorganismen die Eigentümlichkeit hätten, Eisen
in Oxydform in erstaunlichem Grad zu speichern. Abgesehen von Bakterien, wie *Leptothrix ochracea* oder *Siderocapsa*, deren auf der Körper-
oberfläche vieler Kleinkrebse beobachteten Kolonien wie Flecke tief-
schwarzen Eisenlackes ausschauen, gehören hierher Flagellaten (*Anthophysa vegetans, Trachelomonas*) sowie gewisse Rhizopoden, wie *Arcella*,
die in ihren Gehäusen *Fe* derart speichert, daß diese Gehäuse in ausgeglühten Präparaten direkt rotgebrannt erscheinen. In manchen Fällen
kann das Eisen durch Mangan vertreten sein, ja aus dem Wasser der
Dresdener Wasserleitung konnte ein Bacterium isoliert werden, das direkt

Mangan speichert, der *Manganaster Dresdensis*. Die Fähigkeit verschiedener Mikroorganismen, eisenkonzentrierend zu wirken, erregte nach ihrer Entdeckung nicht nur aus rein physiologischen Gründen Aufsehen, sondern auch wegen ihrer praktischen Bedeutung, da diese Fähigkeit ebenso nützlich (bei der Bildung von Eisenerzen) wie schädlich sein kann (Verockerung von Wasserleitungsröhren). Bei der Bildung des Röhrenockers glaubte man anfänglich, daß die Eisenbakterien das Eisen der Rohre angreifen. Aber ganz abgesehen davon, daß diese Bildung auch in Röhren auftritt, die nicht aus Eisen bestehen, konnte gezeigt werden, daß auch in Eisenröhren die Eisenbakterien das Eisen aus dem Wasser nehmen, das die Röhren durchfließt, und daß der „Rostbelag" nicht auf Kosten der Röhre entsteht. Der Prozeß verläuft vielmehr immer in der Weise, daß das im Wasser gelöste Eisenoxydulbikarbonat in Eisenoxydhydrat verwandelt wird.

Man hat lange das Interesse diesen „Eisenorganismen" zugewendet, ohne sich um die Frage zu kümmern, inwieweit der Eisengehalt des Wassers auf die übrigen Organismen desselben von Einfluß ist, obwohl doch bereits aus den vorzugsweise an Landpflanzen in Wasserkulturen vorgenommenen Experimenten zur Genüge bekannt war, welche große Bedeutung dem Eisen in einer Nährlösung zukommt, und daß das Eisen nicht nur für die Ernährungsphysiologie allein eine Rolle spielt. Die neuen Arbeiten von E. Uspenski, die im folgenden kurz erwähnt werden sollen, lassen es notwendig erscheinen, auch quantitative Eisenbestimmungen in Gewässern vorzunehmen, die Gegenstand hydrobiologischer Untersuchungen sind.

Freilich genügt die bloße Angabe des Eisengehaltes nicht; vor allem muß hier die Wechselbeziehung zwischen p_H-Wert und Eisengehalt berücksichtigt werden. Wie der Eisengehalt das Vegetationsbild beeinflußt, ergibt sich aus folgenden Resultaten, die Uspenski in Gewässern mit verschiedenem Eisengehalt und mit unwesentlichem Gehalt an organischen Verbindungen gewonnen hat.

Eisengehalt	Leitform
$Fe_2O_3 = 0,2$ mg im Liter	*Cladophora fracta*, außerdem *Oedogonium capillare*, *Thorea ramosissima*
0,5—0,6 ,, ,, ,,	*Rhizoclonium hieroglyphicum*
0,8—1 ,, ,, ,,	*Microspora amoena*
1—2 ,, ,, ,,	*Draparnaldia glomerata*
2—3 ,, ,, ,,	*Leptothrix ochracea*, *Surirella* spec., *Vaucheria uncinata*
5—10 ,, ,, ,,	*Gallionella ferruginea*.

Diese Untersuchungen zeigten weiters, daß die Empfindlichkeit gegen Eisen besonders bei stärkebildenden Algen stark bemerkbar ist; ferner daß innerhalb einer Gattung die einzelnen Arten auffallende Verschiedenheit in ihrem Verhalten bekunden. So ist unter den Spirogyren *S. crassa* besonders eisenempfindlich, unter den Ödogonien *Oe. capillare*.

Zum Eisennachweis bedient sich der Hydrobiologe am besten folgender Methode:

Man säuert die Probe (50 ccm) in einem Visierzylinder mit 1 ccm konzentrierter *HCl* an, versetzt zur Oxydation der Ferroverbindungen mit 1—2 ccm 3 proz. H_2O_2 und setzt nach einigen Minuten 1 ccm Rhodankalium (10 vH) oder gelbes Blutlaugensalz zu. Die entstehende Färbung wird mit ebenso behandelten Verdünnungen eines Standards von bekanntem Fe-Gehalt verglichen.

Der CO_2-Gehalt. Der Verbrauch des CO_2 durch den Assimilationsprozeß sowie die Produktion von CO_2 durch den Atmungsprozeß läßt von vornherein erwarten, daß die Verteilung des Kohlendioxydes im Wasser eine Parallele mit der O_2-Verteilung aufweisen wird. In der Tat ist dies auch der Fall, und schon BRONSTEDT und WESENBERG-LUND haben in dänischen Seen ermittelt: „Die chemische Schichtung für die Kohlensäure hat dieselbe Dauer wie für den Sauerstoff, und beide verschwinden gleichzeitig mit der thermischen Schichtung." Allerdings komplizieren sich die Verhältnisse bei der CO_2-Verteilung durch zwei Umstände: 1. Wird durch Fäulnisprozesse in vielen Seen eine beträchtliche Menge CO_2 erzeugt, und 2. kann ein Teil der freiwerdenden Kohlensäure durch den ja stets vorhandenen Kalk gebunden werden, sowie ja umgekehrt die Assimilation auch Karbonate angreifen kann, um CO_2 frei und nutzbar zu machen.

Man wird daher, um die CO_2-Bilanz richtig zu beurteilen, den Gehalt an freier Kohlensäure und an Bikarbonat gleichzeitig ins Auge fassen müssen und kann dann sehen, wie die CO_2-Kurve in einem eutrophen See geradezu das Spiegelbild der O_2-Kurve darstellt, während in oligotrophen Seen der O_2- und der CO_2-Gehalt von der Oberfläche bis in große Tiefen nahezu gleich ist, da hier die durch Fäulnisprozesse des absinkenden Planktons bedingte O_2-Zehrung und CO_2-Produktion ganz zurücktreten.

Methan. Selbst in Seen von mehr minder oligotrophem Charakter, wie z. B. dem Lunzer Untersee, kann man im Winter in der Uferregion große Gasblasen eingefroren antreffen, deren Inhalt sich leicht als CH_4 verrät, wenn man sie ansticht und das entweichende Gas entzündet. In Kleingewässern, in denen viel Zellulose abgebaut wird — vgl. S. 176 —, spielt das Methan unter Umständen eine ausschlaggebende Rolle für die biologische Charakteristik derselben. Aus nordamerikanischen Seen liegen quantitative Methanbestimmungen vor, die zeigen, daß das Ansteigen des Methangehaltes im Tiefenwasser mit einem Sinken des O_2-Gehaltes Hand in Hand geht.

Phosphate bestimmt man, indem man 50 ccm in einem Kolorimeterzylinder mit 1 ccm einer stark schwefelsauren Ammoniummolybdatlösung und hierauf 4 Tropfen Zinnchlorürlösung versetzt. Die eintretende Molybdänblaureaktion wird mit ebenso behandelten P-Standardlösungen verglichen.

Binnensalzgewässer. Der Chlor- und Sulfatgehalt. Mehr noch als die im Wasser gelösten Karbonate machen sich biologisch die gelösten Sulfate, wie Bittersalz $MgSO_4$, Gips $CaSO_4$, Glaubersalz Na_2SO_4 sowie $NaCl$ geltend. Speziell diese meint man, wenn man von Salzwässern spricht, wobei man von den anderen anorganischen Salzen absieht. Natürlich gibt es zwischen Süß- und Salzwässern alle Übergänge. ROB. FISCHER setzt als Grenze 100 mg $SO_3 + Cl$ im Liter. Z. B.:

Süßwasser	SO_3-	Cl-Gehalt		Salzwasser	SO_3-	Cl-Gehalt
Attersee	19,4	0,0	Mährische		342,4	37,6
Lunzer Untersee .	8,2	4,3	Teiche		588,4	82,4
Bodensee	26,5	0,4				

Als Übergangstypus könnte der Plattensee erwähnt werden, für den folgende Zahlen gelten: 64,5 + 11,6.

Diesen verschiedenen Abstufungen entsprechen auch verschiedene Pflanzengenossenschaften, von denen weiter unten die Rede sein wird. So kann man — ähnlich der biologischen Abwasseranalyse — schon aus dem Algenbestand einen Rückschluß auf den Salzgehalt ziehen. Da man aber doch in vielen Fällen einer genaueren Analyse bedarf, sei hier, wiederum in Anschluß an ROB. FISCHER, angegeben, wie am besten die Chlor- und Sulfatbestimmung vorgenommen wird.

Die Bestimmung des Chlors. Man schüttelt 10 ccm der Wasserprobe mit einigen Tropfen $AgNO_3$ in einem Reagenzglas. Wird die (vorsichtigerweise vorher filtrierte) Probe milchig getrübt, so ist Cl in größerer Menge vorhanden, so daß eventuell eine quantitative Chlorbestimmung sich empfehlen wird.

Bestimmung des Sulfates als SO_3. Die mit HCl angesäuerte Probe — etwa 10 ccm — wird mit einigen Tropfen $BaCl_2$ gemengt. Eine deutliche Trübung zeigt Sulfatgehalt an. Die Trübung erfolgt durch Baryumsulfatausfällung. Der gewogene Niederschlag gestattet rechnerisch die Ermittlung des Sulfatgehaltes. Vielfach genügt aber auch eine nephelometrische Methode, die an Ort und Stelle vorgenommen werden kann, indem man den Trübungsgrad der untersuchten Probe mit dem von Vergleichsröhren in Parallele setzt. Eine ausführliche Darstellung dieses Verfahrens gibt ROB. FISCHER im Mikrokosmos (21. Jahrgang, S. 99), auf den hier verwiesen sei, da diese Zeitschrift überall leicht zugänglich ist.

So wie *Aster tripolium* oder *Plantago maritima* bei schwachem Salzgehalt sich bereits einstellen, während *Salicornia* und *Sueda* bereits einen höheren Salzgehalt ankündigen, ebenso sind *Rhoicosphenia, Synedra pulchella, Navicula amphisbaena, Nitzschia hungarica* schon in schwach salzigem Wasser vertreten, während *Cylindrotheca, Bacillaria paradoxa, Navicula halophila* u. a. in mehr konzentrierten Gewässern leben; ebenso können *Amphiprora paludosa* und *Mastogloia*-Arten als gute Salzindikatoren angesehen werden.

Der Geruch des Wassers. Reines Wasser ist absolut geruchlos. Beimengung gewisser organischer Verbindungen können aber Wasserproben oft einen sehr charakteristischen Geruch verleihen. In bestimmten Fällen kann dieser unschwer auf irgendeinen Organismus zurückgeführt werden, der im Wasser vorhanden ist oder vorhanden war. So haftet Wasserproben, die aus dichten Charabeständen geschöpft waren, der überaus bezeichnende Geruch der *Chara* an. Wasser, in dem sich Oscillarien befinden (ob nur bestimmte Arten oder beliebige Oscillarien?), zeigt einen überaus deutlichen Geruch, der ganz dem Geruch angeriebener chinesischer Tusche gleicht. Wasserproben aus einem Franzensbader Teich, die ganz grün gefärbt waren durch die Massenentfaltung einer *Scenedesmus*-Art, rochen genau so wie frische Spongillen.

II. Biologie des Süßwassers.

A. Allgemeiner Teil.

Herkömmlicherweise sollte an der Spitze unserer Darlegungen eine Festlegung des Begriffes Limnologie gegeben werden. Die Bildung der „Begriffe" ist nur zu oft mit scholastischen Spitzfindigkeiten verbunden, denen wir hier ausweichen wollen. Wer Gefallen an Definitionen und Begriffsanalysen findet, mag das über Umfang und logische Gliederung der Limnologie von WERESTSCHAGIN Mitgeteilte lesen.

Wir begnügen uns damit, unser Arbeitsprogramm so abzustecken, daß wir es als unsere Aufgabe betrachten, die Bewohner der Binnengewässer kennenzulernen, ferner die Lebensbedingungen in diesen Gewässern und als Hauptaufgabe endlich, kausale Beziehungen zwischen beiden Beobachtungsreihen aufzudecken.

1. Die Sonderstellung der Süßwasser-Biologie gegenüber der Meeres-Biologie.

Die Limnologie war bereits vorhanden, bevor man sich über die Definition derselben den Kopf zerbrach, sie existierte aus rein praktischen Gründen. Von jeher war die Wasserfauna seitens der Zoologen bevorzugt gegenüber der Landfauna, da das Wasser einen größeren Formenreichtum aufwies. Dazu kam seit dem Siegeszug der Abstammungslehre ein zweites — allerdings hypothetisches — Moment. Der Ursprung des Lebens wurde im Wasser gesucht, und unter den Wassertieren wurden im allgemeinen die phylogenetisch älteren Formen vermutet. Aus diesem Grunde äußerte E. HAECKEL einmal, daß derselben Entdeckung, wenn sie einmal an einem Landtier und ein zweites Mal an einem Wassertier gemacht worden sei, im zweiten Fall größere Bedeutung zukomme. Derartige Ideen mußten natürlich der Beschäftigung mit Wassertieren besondere Bedeutung beilegen, die sich bekanntlich vorerst nach dem glänzenden Beispiel der Neapeler Station in der Gründung Zoologischer Stationen äußerte. Dabei war „Wasser" für die Zoologen jener Epoche so gut wie synonym mit „Meer". Nur in Ausnahmefällen pflegte man schon in der zweiten Hälfte des 19. Jahrhunderts auch dem Süßwasser sein Augenmerk zuzuwenden, nämlich in jenen Ländern, die, fernab vom Meer gelegen, keine bequeme Möglichkeit hatten, marine Studien zu gestatten. Ein Land, das solchermaßen aus der Not eine Tugend machte, war Böhmen, wo unter dem Einfluß des Zoologen der tschechischen Universität FRIČ Untersuchungen in stehenden und fließenden Gewässern vorgenommen wurden, die heute nach einem halben Jahrhundert noch von Bedeutung sind und sich vor allem dank der histologischen Schulung dieser Zoologen vorteilhaft von vielen Arbeiten späterer Zeit abhoben. Dann erwuchs Interesse für die Süßwasserzoologie auch in jenen Ländern, deren Reichtum an Binnengewässern unwillkürlich zur Untersuchung solcher Anlaß geben mußte, so in der Schweiz (FOREL, ZSCHOKKE), bei der überdies die Abgeschiedenheit vom Meer mitbestimmend wirkte, und in Skandinavien, wo LOVÉNS Seestudien zum Ausgang wichtiger neuerer Arbeiten wurden. So kam es — freilich wesentlich später als am Meere — zur Gründung von Biologischen Stationen an Binnengewässern, deren Bedeutung zumal in solchen Ländern zunehmen mußte, die durch die Kriegsfolgen ihren Kontakt mit dem Meere verloren, wie Österreich. Man vergleiche einmal die Institutsarbeiten von Wien und Graz aus der Vorkriegs- und Nachkriegszeit, um sich von dieser plötzlich erzwungenen Umstellung ein rechtes Bild zu machen. Gerade solche Erscheinungen zeigen die Lebensberechtigung der Hydrobiologie bzw. der Limnologie aufs schlagendste. Es wird aber diese Berechtigung einer gesonderten Existenz der Limnologie erst dann plausibel, wenn man einige allgemeine Gesichtspunkte, welche die Sonderstellung der Hydrobiologie bzw. der Limnologie rechtfertigen, in concreto sich vor Augen hält. Dem sei noch ein Einwand vorausgeschickt, der öfters gegenüber den Autonomiebestrebungen der Limnologen gemacht wird. GRÄTER hat in der Einleitung zu seinen „Kopepoden der Umgebung von Basel" auf die eigentlich unverständliche Erscheinung aufmerksam gemacht, daß die Untersucher der Kopepoden unserer heimischen Binnengewässer wohl über alle möglichen anderen Tiergruppen unserer Gewässer, wie Cladoceren, Ostracoden usw., informiert sind, hingegen meist gar keine Erfahrungen über Bau und Lebensweise der marinen Kopepoden besitzen. Und diese Einseitigkeit hat — damit hat GRÄTER ganz recht — das systematische und morphologische Arbeiten über Kopepoden sehr benachteiligt. Es war aber andererseits verfehlt, wenn in der Folgezeit dieser Übelstand, der notwendigerweise mit dem Arbeiten in einem ganz bestimmten Lebensbezirk verknüpft ist, dazu herhalten sollte, der Limnologie die Existenzberechtigung abzusprechen. Denn der Limnologe treibt nur nebenbei Systematik und Morphologie, und für ihn ist es wichtiger, um bei dem von GRÄTER zitierten Beispiel zu bleiben, die mit seinen Kopepoden in Gesellschaft lebenden Vertreter anderer Tiergruppen zu kennen und zu studieren, als die marinen Verwandten der fraglichen Kopepoden. Das gleichzeitige Betrachten derart verschiedener Organismentypen, die für den vergleichenden Morphologen „heterogenes Material", wenn nicht inkommensurable Größen darstellen, wegen ihres Nebeneinandervorkommens und ihres gegenseitigen Sichausschließens ist gerade der typische Zug der hydrobiologischen Arbeiten, der ihnen eine Sonderstellung in der Biologie zuweist. Wenn nun weiters der Beschäftigung mit den Binnengewässern und ihren Bewohnern gegenüber den analogen Arbeiten auf marinem Gebiet eine selbständige Stellung eingeräumt werden soll, so sind dafür eine Menge von Gesichtspunkten maßgebend, von denen einige auf den folgenden Seiten erörtert werden sollen.

a) Das Süßwasser ein älterer Lebensbezirk als das Meer.

In einer in Vorbereitung befindlichen Tiergeographie will der Verfasser zu zeigen versuchen, daß das Süßwasser einen älteren Lebensbezirk darstelle als das Meer. Ausgangspunkt für diese Anschauung waren Erwägungen tiergeographischer Natur. Vor nicht allzu langer Zeit noch galt die Süßwasserfauna schlechtweg als kosmopolitisch. Noch MRAZEK rechnete z. B. mit der Möglichkeit, daß *Limnocalanus* in Mitteleuropa gefunden werden könnte. Als dann doch die Zahl der Beispiele nicht kosmopolitischer Süßwasserorganismen anschwoll — und die Zahl nicht kosmopolitischer Arten wächst gerade gegenwärtig durch exaktere Untersuchungen immer mehr an, wie am besten eine während der Niederschrift dieser Zeilen im Zoologischen Anzeiger erschienene Abhandlung über die geographische Verbreitung der *Hydra*-Arten deutlich erkennen läßt — wurde wenigstens einem Teil der Fauna der Binnengewässer räumlich beschränkte Verbreitung zugestanden. Aber vom grünen Tisch weg wurde die Grenze zwischen kosmopolitischen und nicht kosmopolitischen Arten auf ökologischer Grundlage gezogen. Litorale Formen und Formen der Kleingewässer mit ihren Dauerstadien sollten die Kosmopoliten darstellen, während die Planktonformen, die zur passiven Übertragung von Haus aus weniger geeignet sind, den nicht kosmopolitischen Anteil der limnischen Fauna repräsentieren sollten. Und doch überzeugt eine flüchtige unbefangene Übersicht über das Tatsachenmaterial, daß die Trennungslinie der kosmopolitischen und nicht kosmopolitischen Elemente nicht eine ökologische, sondern eine systematische ist. So sehen wir z. B., daß die Diaptomiden keine Kosmopoliten enthalten, unbekümmert darum, ob es sich um Planktonformen, wie etwa *D. gracilis*, handelt oder um Bewohner austrocknender Tümpel mit Dauereiern, wie *D. amblyodon*. Und andererseits weisen die Rädertiere fast nur Kosmopoliten auf, ohne Rücksicht darauf, ob es sich um planktische oder litorale Arten handelt. Wenn wir nun diese systematisch geschiedenen Gruppen trennen, so finden wir, daß die kosmopolitischen, das wäre das Gros der Protozoen, die Rotatorien, die Cladoceren, bis zu einem gewissen Grad vielleicht auch die Cyclopen, Tiergruppen darstellen, die als phylogenetisch alt betrachtet werden müssen. Für die Protozoen ist dies von anderer Seite bereits vielfach behandelt worden, für die Rotatorien könnte man die allerdings zur Zeit stark bezweifelte HATSCHEKsche Trochophoratheorie als Hinweis auf hohes Alter benutzen, für Cladoceren möchte ich auf die jüngst von STORCH betonten Beziehungen der Phyllopoden zu den Trilobiten hinweisen. Kurz es hat den Anschein, daß die Süßwasserfauna und ganz besonders der kosmopolitische Teil derselben auf ein höheres phylogenetisches Alter zurückblicke als das Gros der Meeresfauna, dem gerade diese Gruppen ganz oder größtenteils fehlen[1]. Denn von Cladoceren treten im Meere doch nur Vertreter einer kleinen Sondergruppe auf, die Polyphemiden *Podon* und *Evadne*, und

---

[1] In seiner eben erschienenen Arbeit „Die Wanderungen der Fische" (Ergebn. d. Biol. *5.* 1929) sagt SCHEURING auf S. 661: „Haben wir doch heute die letzten Relikte der ältesten ursprünglichsten Fischfamilien durchweg im Süßwasser."

von Rotatorien sind ausgesprochene marine Formen eigentlich nur die Seisoniden, deren nähere Verwandschaft mit den eigentlichen Rotatorien von neueren Autoren ohnehin bestritten wird.

Wieso soll aber gerade das Süßwasser die älteren Elemente der Fauna erhalten haben? Dies wird vielleicht verständlich, wenn wir mit MAC CALLUM annehmen, daß die heutigen Salzmeere erst im Laufe der geologischen Entwicklung unserer Erde zu dem geworden sind, was sie heute sind, und daß die Wasserbecken der präkambrischen und selbst noch der paläozoischen Zeit weit salzärmer waren als die heutigen Meere. Wenden wir uns daher in Kürze einmal dieser

Hypothese von MACCALLUM

zu.

Nach dieser hatte der Ozean früher einen geringeren Salzgehalt als gegenwärtig und geht auch weiterhin einem steigenden Salzgehalt entgegen, da ununterbrochen durch die Flüsse Salze zugeführt werden. Demnach entspräche die Fauna der ältesten uns erhaltenen marinen Sedimente eher einer Brackwasser- als einer Meeresfauna, und die präkambrischen Ozeane wären als Wasserbecken zu denken, die eher großen Süßwasserseen entsprächen als einem Meer im heutigen Sinn des Wortes. Zu jenen Zeiten entsprach also der Übergang aus einem ozeanischen Becken in ein Binnengewässer gar keinem oder nur einem unbedeutenden Milieuwechsel, weshalb das Gros der Fauna der Binnengewässer jenen entlegenen Epochen der Erdgeschichte angehört. Je mehr der Salzgehalt der Meere zunahm, desto schwieriger wurde der Übergang, desto kleiner die Zahl der Tierformen, denen es überhaupt möglich war, diesen Übergang zu vollziehen.

Im Zusammenhang mit dieser Annahme griff nun MACCALLUM eine von BUNGE bereits im Jahre 1889 geäußerte Idee auf und entwickelte die Hypothese, daß Tiere mit geschlossener Blutbahn in ihrem Serum die Zusammensetzung des Seewassers widerspiegeln, in dem ihre Vorfahren gelebt haben. Der Unterschied in der chemischen Zusammensetzung des Blutes der Haie und der Teleostier beruhe einfach darauf, daß die Elasmobranchier dem Silurmeer entstammen, während die Teleostier erst im Jurameer zur Entwicklung kamen. Zahlreiche in der Folge unternommene Untersuchungen ließen wohl in mancher Hinsicht Zweifel daran aufkommen, ob diese Hypothese in der hier mitgeteilten extremen Form Gültigkeit habe. J. MURRAY, der in einer in Int. Revue (5) veröffentlichten kritischen Besprechung dieser Hypothese die dagegen erhobenen Einwände erörtert, kommt zu dem Resultat, daß der höhere Salzgehalt der Süßwasserorganismen im Vergleich zum umgebenden Medium zwar nicht die Zusammensetzung des Meerwassers genau widerspiegle, dem die betreffenden Formen entstammten, daß aber derselbe zum mindesten ein Beweis für die Herkunft aus einem Medium von höherer Salzkonzentration sei.

Diese Behauptung ruht auf folgenden Tatsachen. Während bei den Wirbellosen des Meeres der osmotische Druck der Körperflüssigkeit mit dem umgebenden Medium harmoniert, so daß Sir JOHN MURRAYS dafür geprägtes Wort „more congenial medium" zu Recht besteht, ist bei

Süßwassertieren der osmotische Druck wesentlich größer als im umgebenden Medium, wie z. B. Messungen an *Astacus* gezeigt haben. Daß freilich von einer direkten Widerspiegelung des ursprünglichen Milieus nicht die Rede sein kann, zeigt vor allem der Umstand, daß anscheinend dem osmotischen Druck hier die Hauptrolle zufällt, während die qualitative chemische Zusammensetzung nicht gewahrt bleibt. So haben zwar die Wirbellosen des Meeres auch hinsichtlich der Natrium- und Chlorionen große Ähnlichkeit mit dem umgebenden Meerwasser zu verzeichnen, aber schon die Selachier bleiben in diesem Punkt erheblich hinter ihrem Medium zurück und erreichen den für sie charakteristischen osmotischen Druck durch hohen Harnstoffgehalt des Serums.

Daß Süßwassertiere mit ihrem konzentrierten Serum im verdünnten Wasser leben können, setzt gewisse Einrichtungen voraus, die eine Existenz im verdünnten Medium ermöglichen, und deren Vorhandensein oder deren Entstehungsmöglichkeit Voraussetzung dafür ist, daß die betreffenden Formen überhaupt sich dem Leben im Süßwasser anzupassen vermochten. Als eine solche Einrichtung gilt die pulsierende Vakuole der Protozoen, welche ständig hypertonische Lösungen aus dem Körper herausschwemmt. Vielleicht ist die Unfähigkeit zur Bildung solcher Vakuolen die Ursache, daß gewisse Kreise der Protozoen, wie die Foraminiferen, die Radioloarien, die Silikoflagellaten und Coccolithophoriden, dem Süßwasser fremd geblieben sind.

Diese Funktion der pulsierenden Vakuole übernimmt bei den Metazoen das Exkretionsorgan. Wir sehen, daß die Nephridien der im Süßwasser lebenden Isopoden, Amphipoden, Dekapoden und Kopepoden größer sind als die der marinen Verwandten und können vielleicht auch hier vermuten, daß jenen Formen der Übertritt ins Süßwasser am ehesten möglich war, bei denen eine Funktionssteigerung der Nephridien möglich war. Besonderes Interesse verdienen in diesem Zusammenhang jene parasitischen Kopepoden, die an Fischen parasitieren, welche zeitweise im Meer und zeitweise im Binnenwasser leben, so *Dichelestium sturionis*, das mit seinem Wirt Süß- und Salzwasser wechselt und demnach ein Exkretionsorgan besitzt, daß abweichend gebaut ist von dem jener Kopepoden, die keinem Milieuwechsel unterliegen.

Wo ein Ausgleich des osmotischen Druckes durch Exkretion nicht in Betracht kommt, kann durch Abdichtung gegenüber dem höher konzentrierten oder tiefer konzentrierten Medium eine Schädigung durch osmotische Druckdifferenz verhindert werden. So vermag die Diatomee *Thalassiosira* durch eine impermeable Schleimhülle sich zu schützen, und von zahlreichen Peridineen ist gleiches bereits bekannt. Die als m a r e s p o r c o bekannte Verschleimung des Meereswassers der nördlichen Adria kommt vorzugsweise dadurch zustande, daß sich Peridineen durch Schleimsekretion gegen die Verdünnung des Seewassers schützen, welche durch reichlichen Süßwasserzufluß zur Zeit der Schneeschmelze in den Alpen eintritt. Während z. B. alte und daher von Haus aus zum Süßwasser gehörige Wirbeltiertypen gegen Salzgehaltssteigerung sehr empfindlich sind, verträgt der Aal einen plötzlichen Übergang ohne weiteres, weil er einerseits durch Schleimbedeckung die Kiemen, diese in

erster Linie als Eintrittspforten für Salzlösungen in Betracht kommenden
Teile, abgedichtet hat und überdies in der Lage ist, den osmotischen
Druck seiner Körperflüssigkeit zu ändern. Über die Art und Weise, wie
eine solche Regulierung des osmotischen Druckes stattfinden kann, bestehen im Grunde nur Vermutungen.

Da neben dem quantitativen Merkmal des osmotischen Druckes doch
auch die qualitative Zusammensetzung der Körperflüssigkeit eine Rolle
spielt, hat das ganze hier aufgerollte Problem zwei Seiten. DRIESCH for-
muliert dasselbe durch die Frage: „Liegt dem Organismus, menschlich
gesprochen, mehr daran, seinen Turgor zu bewahren, also Schrumpfen
oder Platzen zu vermeiden, oder seine Säftezusammensetzung? Er kann
in der Tat einer Änderung des Mediums gegenüber Turgor und Säftezusammensetzung bewahren, wenn er in einem Medium mit stärkerem
osmotischen Druck gewisse seiner Moleküle ionisiert und im entgegengesetzten Falle Ionen zu Molekülen zusammentreten läßt. . . . Ganz ähnlich liegt alles, wenn, je nach Änderung des Druckes im Medium, gelöste Stoffe regulatorisch ausgefällt oder feste Stoffe gelöst werden" usw.
(Philosophie des Organischen, S. 191).

Wenden wir uns nach dieser Abschweifung auf physiologisches Gebiet unserem eigentlichen Thema zu, so können wir die Vermutung
äußern, daß die Verhältnisse im Süßwasser mehr einen primären Zustand
darbieten als die ozeanischen Verhältnisse, und daß sich im Zusammenhang damit sowohl der altertümliche Charakter, die systematische Zusammensetzung, der teilweise vorhandene Kosmopolitismus und manche
physiologische Eigenart dem Verständnis näher bringen läßt, wenngleich
das Ganze nur den Wert einer Arbeitshypothese beanspruchen darf.

Sehr bezeichnende Streiflichter auf die Beziehungen zwischen Salzwasser und Süßwasser hat eine Arbeit THIENEMANNS geworfen, deren Inhalt mit den in diesem Buch vorgetragenen Ansichten mehrfach in Widerspruch steht und künftig zur Revision einiger hier vertretener Ideen
führen dürfte. Es handelt sich kurz um folgendes: *Mysis relicta* lebt in
den baltischen Seen nur dann, wenn deren O_2-Gehalt nicht unter 4 ccm
pro Liter beträgt. Andererseits lebt dieselbe Art in der mittleren Ostsee
im Tiefenwasser, dessen O_2-Gehalt nur 1,6 ccm im Liter beträgt, und es
wurde in diesem Milieu sogar ein Massenauftreten von *Mysis* registriert.

Es drängte sich zunächst die Frage auf, ob dies ein nur bei *Mysis* zu
beobachtendes Phänomen ist. Da lag es nahe, vorerst die anderen baltischen Reliktkrebse in dieser Hinsicht zu betrachten. Vermutlich zeigt
Pontoporeia affinis das gleiche Bild, doch reicht das Beobachtungsmaterial nicht aus, um diesen Fall einwandfrei sicherzustellen. Hingegen zeigt wohl *Cordylophora* ein analoges Verhalten. Im Brackwasser
lebt dieser Polyp in stagnierendem Wasser bei mäßigem O_2-Gehalt, im
Süßwasser nur dort, wo rascher Wasserwechsel eine optimale Ausnutzung
des vorhandenen O_2 garantiert (vgl. die Bedeutung der Wasserbewegung
für die Atmung auf S. 72). In diesen beiden Fällen „lebt die gleiche
Tierart in identischer Formausbildung im Salz- wie im Süßwasser, ist
aber im Süßwasser auf Stellen höheren O_2-Gehaltes angewiesen als im
Salzwasser". Die Deutung, die THIENEMANN diesem Befunde gibt, wird

nun unterstützt durch die weitere Tatsache, daß es Arten gibt, bei denen die Süßwasserform normale Atmungsorgane besitzt, die Salzwasserformen diese Organe aber mehr oder weniger stark zurückgebildet haben. So z. B. haben alle Süßwasserhydracarinen ein wohlausgebildetes Tracheensystem, während die systematisch zu ihnen gehörenden, aber im Meer lebenden Arten der Gattungen *Pontarachna* und *Litarachna* sich durch den Mangel eines Tracheensystems auszeichnen. Unter den Culicidenlarven haben *Aedes Zammittii* von Smyrna sowie *Aedes Mariae* von den Balearen — beide Bewohner salzhaltigen Wassers — Larven, deren Kiemen soweit reduziert sind, daß man praktisch genommen von Kiemenmangel sprechen könnte. Weiters wäre der Fall zum Vergleich heranzuziehen, daß dieselbe Art — wie *Chironomus halophilus* — im Süßwasser normale, im Salzwasser reduzierte Kiemen aufweist. Dieser von Lenz im Freien mehrfach sichergestellte Befund erhält seine experimentelle Stütze durch Martinis Versuche mit *Aedes Meigeanus* und *A. nemorosus*. Beide zeigten, in *NaCl*-haltigem Wasser kultiviert, eine deutliche Verkürzung der Kiemen gegenüber Tieren aus Kulturen in salzfreiem Wasser.

Bisher liegt ein Versuch vor, diese Atmungserleichterung im Meerwasser verständlich zu machen, der auf folgender Überlegung beruht. Wasser, das nur Bikarbonat enthält, kann Kohlendioxyd nur lösen; Wasser aber, das Monokarbonat enthält, bindet Kohlendioxyd bei der Verwandlung einer gewissen Menge des Monokarbonates in Bikarbonat. Das ist nun im Meerwasser der Fall. Da ferner im Meerwasser die Menge des Monokarbonates mit steigendem Salzgehalt wächst, nimmt auch die CO_2-Menge, die von diesem Wasser gebunden werden kann, mit steigendem Salzgehalt zu. Es muß also ein Wasser um so geeigneter zur Atmungserleichterung, nämlich zur Unschädlichmachung der ausgeatmeten Kohlensäure sein, je salzreicher es ist.

Alle diese Fälle sprechen dafür, daß die Atmung in salzarmem Wasser erschwert, in salzreichem erleichtert wird. Damit ist nun allerdings die rein physiologische Seite der Frage nur angeschnitten, und es bleibt zu untersuchen, welcher Art diese „Atmungserleichterung" ist, worüber Merker Versuche an *Neomysis vulgaris* angestellt hat. Diese im Brackwasser Norddeutschlands häufige Art starb in Süßwasseraquarien sehr bald ab und zwar auch dann, wenn diese Aquarien während der ganzen Dauer des Versuches mit Sauerstoff übersättigt wurden. Demnach kann wohl Sauerstoffmangel, der etwa durch Blockierung der Sauerstoffaufnahme hervorgerufen wäre, nicht in Betracht kommen und auch die Vermutung, daß etwa der Sauerstoffüberschuß schädigend wirke, wird dadurch entkräftet, daß in Brackwasseraquarien mit Sauerstoffüberschuß eben kein Absterben eintrat. Merker neigt daher zu der Annahme, daß im Süßwasser die Abgabe der Kohlensäure aus dem Körper irgendwie erschwert werde. Für den Limnologen aber hat das von Thienemann aufgerollte Problem eine zweifache Bedeutung: 1. Begünstigt die durch die angeführten Beispiele gestützte und hier wiedergegebene Anschauung die alte Meinung, daß das Meer die Wiege des Lebens sei, und 2. unterstützt sie die schon von Wesenberg-Lund ver-

tretene Anschauung von der Bedeutung des Ostseebeckens als nacheiszeitlichen Zentrums zur Bevölkerung der nord- und mitteleuropäischen
Binnengewässer. Nur erscheint nach dieser Auffassung im Gegensatz zu
WESENBERG, der im Ancylussee ein Akklimatisationszentrum sah, hier
die Sauerstofffrage mehr betont.

Da in diesem Buch mehrfach die Vermutung geäußert wird — vgl.
S. 35 —, daß das Süßwasser gegenüber dem salzreichen Meerwasser
einen älteren Lebensbezirk darstelle, wurde der THIENEMANNsche Gedankengang hier detaillierter wiedergegeben. Vermutlich wird sich der
Gegensatz bei dem Streit um das Altersvorrecht „Hie Süßwasser — hie
Salzwasser“ in der Weise klären, daß diese Frage nicht für alle Organismengruppen einheitlich lösbar ist. So wird man unbehindert durch die
THIENEMANNschen Überlegungen in dem limnischen Charakter der Cladoceren, Euphyllopoden, Rotatorien einen Beweis ihres hohen phylogeneti-
schen Alters erblicken dürfen; man wird aber andererseits rein marine
Typen, wie Brachiopoden oder Echinodermen, nicht als besonders jung
ansehen können; dagegen sprechen ja schon die paläontologischen Erwägungen. Wohl aber wird man sich die Frage vorlegen müssen, wieso die
zuerst genannten Gruppen den Vorteil, den die Zunahme des Salzgehaltes
der Ozeane bot, nicht ausgenutzt haben, sondern ihrem physiologisch un-
günstigen Medium treu geblieben sind. Zur Beantwortung dieser Frage
fehlen heute die notwendigen physiologischen Daten. Es muß erst einmal die Respirationsphysiologie der Cladoceren, Rotatorien usw., da sie
für diese Frage in erster Linie in Betracht kommen, in dem von THIENE-
MANN behandelten Sinne studiert werden, während die Milben und
Mückenlarven — da es sich in beiden Gruppen um sekundäre Wasserbewohner handelt — für unsere Frage von geringerer Bedeutung sind.

b) Das Süßwasser eine verdünnte Lösung.

Der Gegensatz zwischen Süßwasser und Meerwasser, der sich vor allem
darin äußert, daß gewisse Organismen ausschließlich oder größtenteils nur
dem einen der beiden Lebensbezirke zukommen (marin z. B. Phäophyten,
Coccolithophoriden, Radiolarien, Ctenophoren, Echinodermen usw., lim-
nisch Cladoceren, Hydrachniden, viele Insekten), wurde im verflossenen
Jahrhundert der chemisch qualitativen Verschiedenheit der Wohngewässer
zugeschrieben, ohne daß man einen eigentlichen kausalen Zusammenhang
in diesem Tatsachenmaterial aufzeigen konnte. Gegen Ende des 19. Jahrhunderts begann sich der Aufschwung der physikalischen Chemie auch
auf biologischem Gebiet auszuwirken, und man glaubte vor allem in dem
osmotischen Druck des Meerwassers den Schlüssel zur Lösung der hier
vorliegenden Fragen gefunden zu haben; aber so verdienstvoll die besonders durch die Methode der Gefrierpunktserniedrigung an Körperflüssig-
keiten durchgeführten Arbeiten auch waren, man schoß doch übers Ziel
hinaus, indem man einseitig alles physikalisch und nicht chemisch zu erfassen suchte. Nach der neuen Auffassung hätten ja innerhalb gewisser
Grenzen isotonische Lösungen als gleichwertige Medien fungieren können.
Es war aber ein Leichtes, zu zeigen, daß dies nicht der Fall ist, daß vielmehr ein bestimmtes Ion höchst einschneidende Wirkungen haben kann,

auch wenn es in sehr verdünnter Lösung vorliegt, daß hingegen dasselbe Ion bei weit höherer Konzentration wirkungslos bleibt, wenn es — was ja einen noch höheren Wert der Gesamtkonzentration bedingt — durch ein gleichzeitig vorhandenes anderes Ion in seiner Wirkung kompensiert wird, wenn also „eine ausbalancierte Lösung" vorliegt. Hirsch hat diese Verhältnisse für Bewohner von Binnensalzgewässern studiert, und wir können kurz zusammenfassend sagen, daß nach den bisherigen Ergebnissen sowohl die Gesamtkonzentration eines Wassers — vor allem im osmotischen Druck sich physikalisch äußernd —, als auch die Qualität der gelösten Stoffe, also der chemische Charakter des Wassers, wesentliche Faktoren sind, die bei hydrobiologischen Studien berücksichtigt werden müssen. In beiden Punkten steht das Süßwasser und damit das Gros der Binnengewässer dem Meere im schroffen Gegensatz gegenüber. Denn

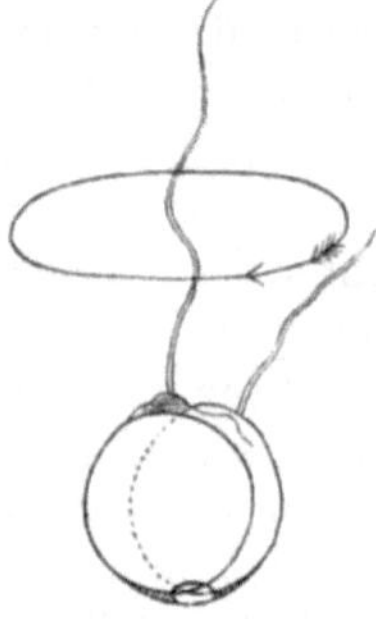 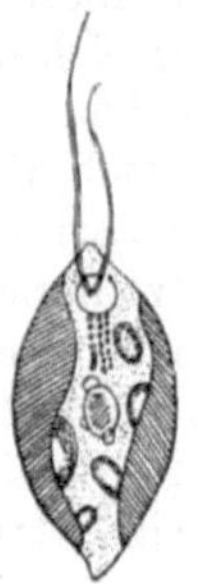 

<table>
<tr><td align="center">Phacomonas pelagica Lohm.
Flagellat unsicherer Stellung mit zwei
gelben Chromatophoren.</td><td align="center">Rhodomonas spec.
Kryptomonade mit rotem
Chromatophor.</td><td align="center">Laboea spec.
Ein Ciliat mit angewachsenem
Gehäuse.</td></tr>
</table>

Abb. 5. Drei von Lohmann im Meer entdeckte Nannoplanktonflagellaten, die nachträglich in identischen oder nahestehenden Formen im Nannoplankton des Süßwassers gefunden wurden. (Nach Lohmann.)

1. ist die Gesamtkonzentration des Süßwassers außerordentlich viel kleiner als die des Meerwassers und

2. ist die Qualität der gelösten Salze eine fundamental verschiedene. Es sei nur auf den Kalkgehalt und die *NaCl*-Armut der Binnengewässer hingewiesen, und die zum Teil damit zusammenhängende Erscheinung, daß im Meer überwiegend kalkspeichernde, im Binnenwasser überwiegend kieselspeichernde Organismen auftreten, wie folgendes Schema zeigt:

<table>
<tr><td align="center">Chrysomonadinae</td><td align="center">Coccolithophoridae</td></tr>
<tr><td align="center">Gehäusetragende Rhizopoden</td><td align="center">Foraminiferae</td></tr>
<tr><td align="center">Spongilliden</td><td align="center">Kalkschwämme</td></tr>
</table>

wobei freilich zu beachten ist, daß dieser Unterschied kein durchgreifender ist: Mollusken, Diatomeen, Silikoflagellaten.

Diese Gegenüberstellung bietet Anlaß, auf gewisse Übereinstimmungen bzw. Unterschiede aufmerksam zu machen, die das Plankton betreffen und auf die Pascher[1] hingewiesen hat (Abb. 4).

---

[1] In seiner Arbeit „Marine Flagellaten im Süßwasser" (Ber. d. dtsch. botan. Ges. *29*. 1911) teilt der genannte Autor mit, daß er in böhmischem Teichplankton

Obwohl wir es hier nur mit der Gegenüberstellung von Meer- und Süßwasser zu tun haben, um die Eigenartigkeit des Süßwassers zu illustrieren, mag an dieser Stelle bereits darauf hingewiesen werden, daß die Verschiedenheiten der beiden genannten Faktoren in verschiedenen Binnengewässern ausreichend sind, um sehr augenfällige Differenzen in der Organismenwelt dieser Gewässer hervorzurufen. RUTTNER hat gezeigt, daß die Hochmoorschlenken im Bereich des Lunzer Obersees ein Wasser enthalten, das gegenüber dem Wasser des unmittelbar angrenzenden Obersees auf ein Zehntel verdünnt ist; gerade dieses Schlenkenwasser ist überreich an Desmidiaceen, an bestimmten Flagellaten und Rhizopoden, deren Vorkommen offenbar an sehr geringe Konzentration der Nährsalzlösung gebunden erscheint. Und daß speziell das Vorhandensein oder Fehlen des Kalkes von Bedeutung ist, zeigt die geographische Verbreitung der *Planaria alpina*, die Kalkwasser bevorzugt, und des *Holopedium gibberum* ZADD., das dem Kalkgehalt ausweicht.

Dabei muß es sich nicht um extreme Verhältnisse handeln, etwa um Kalkmangel gegenüber hohem Kalkgehalt. So zeigte WUNDSCH an westdeutschen Gewässern, daß *Gammarus pulex* in diesen fehlt, wenn der $CaCO_3$-Gehalt unter 9—10 mg im Liter sinkt. Ein Bedürfnis nach viel Kalk aber hat *Gammarus* durchaus nicht; vielmehr liegt der kritische Punkt, der das Vorkommen dieses Krebses ermöglicht bzw. ausschließt,

---

wiederholt einen kleinen Flagellaten angetroffen hat, an dessen Identität mit der marinen *Phacomonas pelagica* LOHMANN kein Zweifel sein kann. Ferner dürften die von LOHMANN als *Calycomonas gracilis* beschriebenen Formen, die jedoch nach PASCHER keine Flagellaten, sondern Rhizopoden sind, dem Meer- und Süßwasser gemeinsam sein. Endlich erwähnt PASCHER das Vorkommen von Schalen kleiner Monaden, die sehr an die Schalen der Silicoflagellaten erinnerten — einmal aber einen Aufbau ähnlich den der Coccolithophoriden hatten —. Weiters muß das Vorkommen eines mit der Gattung *Laboea* LOHMANN identischen oder verwandten Ciliaten im Lunzer Untersee (*teste* RUTTNER) hier bemerkt werden (vgl. Abb. 5) sowie die Mitteilung GRANS vom Vorkommen laboeaartiger Ciliaten, des marinen Ciliatengenus *Lohmanniella* und der *Rhizosolenia Guldbergiana* in norwegischen Seen. Das Vorkommen von Coccolithophoriden im Süßwasser wurde inzwischen von anderer Seite bestätigt — vgl. S. 170 — doch hebt das Vorkommen einzelner seltener Arten den Gegensatz zwischen Meer und Binnenwasser nicht auf. Denn in großen Zügen festgehalten ist der Unterschied zwischen beiden Lebensbezirken ein fundamentaler. Das zeigt deutlich die zweite Arbeit PASCHERS „Eine Bemerkung über die Zusammensetzung des Phytoplanktons des Meeres" (Biol. Zentralbl. 1917). In dieser wird auf die eigentümliche Tatsache aufmerksam gemacht, daß dem marinen Plankton die Chlorophyceen fehlen; denn die gewöhnlich als solche registrierten beiden Gattungen *Halosphaera* und *Meringosphaera* wurden von PASCHER als Heterokonten entlarvt. Eigentümlich ist diese Feststellung einmal deswegen, weil Chlorophyceen an der Zusammensetzung des Süßwasserplanktons hervorragenden Anteil nehmen (vgl. S. 138), und zweitens, weil ja die Chlorophyceen dem Meere nicht überhaupt fehlen, sondern in der Litoralvegetation in fast allen ihren Reihen vertreten sind. Aber das marine Phytoplankton wird nur von Chrysophyten (Chrysomonadinen, Pterospermaceen, Bacillariaceen und Heterokonten) und Pyrrhophyten (Desmomonaden, Cryptomonaden, Dinoflagellaten und Cystoflagellaten) gebildet. Wieso es kommt, daß gewisse, im Meer fast ausschließlich lebende Gruppen, wie die Coccolithophoriden, im Süßwasser ganz vereinzelte Vertreter besitzen oder warum die Chlorophyceen im Meere nur dem Litoral, nicht aber dem Plankton angehören, das sind Fragen, zu deren Lösung gegenwärtig nicht einmal Vermutungen vorgebracht werden können.

innerhalb sehr weichen Wassers, wie die eben erwähnte Zahl zeigt (WUNDSCH, H. H.: Beiträge zur Biologie von *Gammarus pulex*. Arch. f. Hydrobiol. *13*).

c) Das Süßwasser als sekundärer Aufenthaltsort von Organismen.

Betrachtet man die Organismenwelt der Gewässer mit den Augen des Phylogenetikers und des vergleichenden Morphologen, so ist unschwer zu erkennen:

1. daß sich in den Gewässern primäre und sekundäre Wasserformen finden, von denen die sekundären in den meisten Fällen als Rückwanderer bezeichnet werden können, und

2. daß das Süßwasser weit mehr „Rückwanderer" aufweist als das Meer.

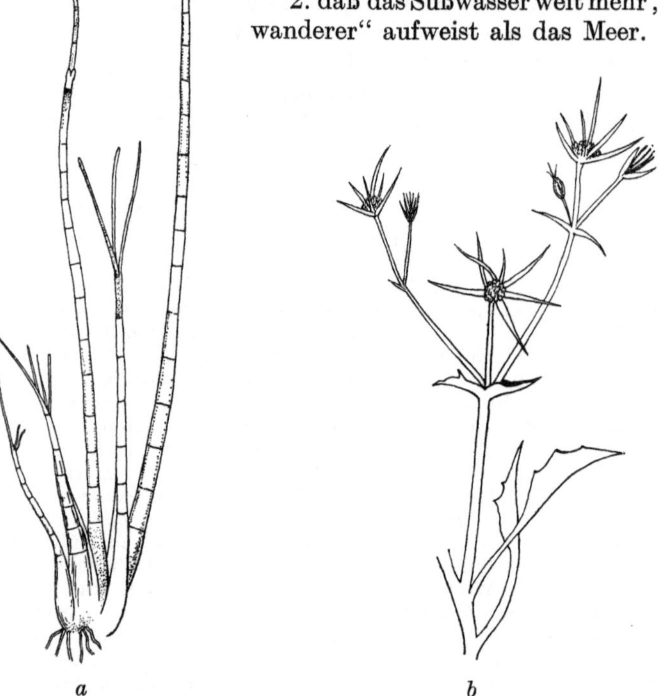

Abb. 6. *Eryngium corniculatum* LAM. *a* submers, *b* xerophytisch. (Nach H. GLÜCK.)

Einfach und großzügig tritt uns diese Erscheinung an der Pflanzenwelt entgegen, wenn wir uns den Grundgedanken des WETTSTEINschen Systems vergegenwärtigen, das in der Herausentwicklung der Phanerogamen aus den Kryptogamen ein von mannigfachen morphologischen und entwicklungsgeschichtlichen Begleiterscheinungen gefolgtes Übergehen vom Wasserleben zum Landleben sieht. Es ist daher ganz einleuchtend, daß die Sporenpflanzen des Wassers größtenteils primäre Wasserbewohner sind, während die Blütenpflanzen desselben Rückwanderer sind, die noch mehr oder weniger die Merkmale des ehemaligen Landlebens an sich tragen und dadurch für den vergleichenden Morpho-

logen zu besonders reizvollen Objekten werden. Wie weit die Rück-
differenzierung gehen kann, zeigt die überraschende Ähnlichkeit von
Limosella mit *Isoetes* (vgl. S. 106) oder die bei Aquariumliebhabern
häufige Verwechslung submerser Sagittarien und Sparganien mit *Vallis-
neria*. Am weitesten haben es in dieser Beziehung wohl die Podostemo-
nazeen gebracht.

Daß das Meer sehr wenig solche Rückwanderer aufweist, zeigt der
Umstand, daß die Makrophyten des Meeres fast durchwegs den Sporenpflanzen angehören, zumeist den Rot- und Braunalgen, während die
Makrophytenbestände des Süßwassers — vielleicht nur die Characeen
ausgenommen — sich aus den verschiedensten Abteilungen der Blütenpflanzen rekrutieren, selbst auch aus solchen Abteilungen, die geradezu

Abb. 7. *Neptunia*, eine Wasserpflanze, die noch ganz den Habitus der verwandten Mimosen besitzt.
Im Vordergrund *Pistia* und *Salvinia*. (Phot. Dr. L. GEITLER, Wien.)

zum Xerophytismus prädestiniert erscheinen, wie *Eryngium corniculatum* (Abb. 6) von Sardinien oder die mit den Mimosen verwandte
Neptunia der Tropen (Abb. 7).

Verwickelter wird das Bild, wenn wir die Tierwelt ins Auge fassen,
vor allem deswegen, weil der Übergang vom Wasser zum Land sich hier
nicht auf einer einzigen großen Linie vollzog, sondern an zahlreichen,
voneinander unabhängigen Stellen zu verschiedenen Zeiten, woraus auch
ein entsprechend mehr verwickeltes und manchmal auch unklares Bild
der Gruppe der Rückwanderer sich ergibt. Wie bei den Pflanzen die
Rückwanderer mehr oder weniger deutlich die Spuren ihres früheren
Landlebens verraten, selbst in so extremen Fällen, wie sie in den Podo-
stemonaceen vorliegen, da ein völliges Gleichwerden mit den Ausgangs-
formen nach dem DOLLOschen Gesetz unmöglich ist, ebenso sehen wir

auch bei den sekundär zum Wasserleben zurückgekehrten Tieren neben einer Menge morphologischer Neubildungen noch Überbleibsel des früheren Baues, die das Studium dieser Tiere besonders anziehend machen.

Zu den unzweifelhaften Rückwanderern gehören wohl die dem Wasserleben angepaßten Insekten-und Insektenlarven, wie ein vergleichendes Studium ihrer Atmungseinrichtungen zeigt. Und hier haben wir gleich wieder einen Beleg für den bereits oben erwähnten Unterschied der limnischen und marinen Organismenwelt. Denn auch hier ist diese in ihrer Formenfülle kaum zu überblickende Schar von Rückwanderern fast ausnahmslos auf das Süßwasser beschränkt. Ist doch von dem Millionenheer der Insekten im Grunde genommen nur eine einzige Art ozeanisch geworden, der oft zitierte *Halobates* und von der durch tägliche Neuentdeckungen ins Unbegrenzte anschwellenden Artenfülle der Chironomiden ist eigentlich nur die artenarme kleine Gruppe der *Clunioninae* marin geworden und auch diese nicht ausschließlich, wie die vor einiger Zeit geglückte Entdeckung von Clunioninenlarven im Lunzer Untersee zeigte.

Suchen wir nach einem plausiblen Grund für diese Bevorzugung des Süßwassers seitens der Rückwanderer, so mag wohl die innige Durchdringung des Festlandes durch das Süßwasser die Ursache sein, wodurch unübersehbar viele Kontaktstellen beider Lebensbezirke hergestellt werden.

d) Fließendes Süßwasser.

Eine weitere Eigentümlichkeit des Süßwassers liegt in dem Vorhandensein fließender Gewässer und in deren Beziehungen zum stehenden Wasser. Man könnte versucht sein, die Meeresströmungen als Parallele heranzuziehen. Aber das Lebensmedium ist bei den Bächen und Flüssen ja nicht die fließende Wassermasse selbst (wenn wir von größeren Fischen absehen), sonderen deren Berührungszone mit dem Untergrund; und dazu fehlt bei den Meeresströmungen das Analogon. WESENBERG-LUND hat in einer eigenen Abhandlung auf die vielen Übereinstimmungen zwischen den Tieren des fließenden Wassers und denen der Brandungszone größerer Seen aufmerksam gemacht; man könnte so versucht sein, auch in der Brandungszone des Meeres einen dem fließenden Wasser entsprechenden Lebensbezirk zu erblicken. Wir werden aber im Kapitel über die fließenden Gewässer sehen, daß nur eine kleine Auswahl der dort heimischen Organismen in der Brandungszone wiederkehrt, und daß die Bäche und Flüsse einen Lebensbezirk darstellen, der weder bei anderen Süßwassertypen noch im Bereich des Meeres ein Seitenstück hat. Die physikalischen Verhältnisse im fließenden Wasser bedingen eine eigenartige Lebewelt in demselben, und die fließenden Gewässer haben überdies eine eigenartige Rückwirkung auf die Organismenwelt der stehenden Gewässer. Es ist seit langem aufgefallen, daß das Süßwasserplankton sich vom marinen Plankton sehr auffällig durch den

Larvenmangel unterscheidet. Wenn man sich einmal vergegenwärtigt, welche Mengen von Trochophoren, Tornarien, Cyphonautes und anderen Bryozoenlarven, von Veligerlarven und Pilidien, von Zoeen und anderen Crustaceenlarven das Meer bevölkern, muß es doch sehr überraschen, daß abgesehen von den Nauplien der Planktonkopepoden keine Larven die freie Wassermasse unserer Seen bevölkern, von ganz vereinzelten, meist fremden Ausnahmen abgesehen. Bei uns käme wohl nur der bekannte *Leptodora*-Metanauplius als solcher Ausnahmefall in Betracht und in jenen Gebieten, in die bereits die *Dreissenia* eingedrungen ist, deren *Veliger*-Stadium. Im übrigen aber sehen wir, daß immer, wo wir nahe verwandte Formen aus dem Süßwasser und dem Meerwasser vergleichen, bei den ersteren die Larvenstadien in die Eientwicklung zurückverlegt sind (*Astacus-Homarus*) oder daß zwar Larvenstadien vorhanden sind, diese aber den Schwebetypus eingebüßt haben, wie die parasitischen Glochidien und Lasidien der Süßwassermuscheln. Beide Erscheinungen lassen sich recht gut mit einer Hypothese vereinen, die bereits vor einem halben Jahrhundert geäußert wurde. Man kann annehmen, der Mangel schwebender Larven im Süßwasser ist dadurch bedingt, daß solche Larven durch die Abflüsse unserer stehenden Gewässer ihrem Medium entführt und schließlich ins Meer getragen würden, wo sie zugrunde gehen müßten. Es scheint mir, daß diese Hypothese eine weitere gute Stütze in einer anderen Eigentümlichkeit des Süßwassers findet, nämlich in der Unterdrückung des Generationswechsels bei der Gattung *Hydra*. Denn auch hier kommt es zu einer Unterdrückung der schwebenden Medusengeneration. Bei den Fällen, in denen Süßwassermedusen auftreten — im mittleren Europa kommt da wohl nur *Microhydra Ryderi* in Betracht — handelt es sich wohl um jüngere Elemente der Süßwasserfauna, und die große Seltenheit dieser Art läßt vermuten, daß die Nichtunterdrückung der Medusengeneration die Entwicklung einer größeren Individuenzahl verhindere, und daß diese Form vor die Alternative gestellt sei, den Ausfall der Medusengeneration noch durchzuführen oder auszusterben.

e) Der Inselcharakter der Süßwasserbecken.

Ein weiterer wesentlicher Unterschied zwischen Meer und Binnengewässer liegt darin, daß das Meer ein einziges zusammenhängendes Ganzes ist, während die Seen und die Flußsysteme disparate Areale darstellen, derentwegen sie schon von älteren Autoren mit Inseln verglichen wurden. Alle die Sonderprobleme, welche die Inseln dem Tiergeographen bieten, kehren hier wieder und stellen den Limnologen vor Fragen und vor Untersuchungen, die dem auf marinem Gebiet arbeitenden Biologen entweder gar nicht oder in anderer Form vorliegen. Die kurze Lebensdauer der Binnengewässer erlaubt hier, das Artbildungsproblem in anderer Form aufzurollen, als dies bei marinen Tieren üblich ist. Es sei erinnert an die Studien SVEN EKMANS über die postglaziale Umwandlung des *Limnocalanus Grimaldi* in den *Limnocalanus macrurus* durch Salzgehaltsänderung, an die ebenfalls postglaziale Herausbildung neuer *Daphnia*- und *Bosmina*-Formen infolge Temperaturänderung nach der Auffassung WESENBERG-LUNDS, an die Entstehung einer neuen *Coregonus*-Art innerhalb weniger Jahrzehnte nach THIENEMANN[1] durch Ände-

---

[1] Dieser Fall wird jetzt angezweifelt.

rung der Ernährungsverhältnisse usw. In ähnlicher Weise mögen die Untersuchungen an Muscheln in Flußsystemen (Kontroverse der KoBELTschen Schule und einiger neuerer Autoren, wie SCHNITTER), an Salmonidenrassen in unseren Alpenseen, an Cladocerenrassen in unseren Seen gedeutet werden können. Es bedingt die Isoliertheit der einzelnen Seen nicht nur deren Bedeutung für tiergeographische Arbeiten, sondern stempelt jeden See zu einer Lebenseinheit, wodurch die Limnologie wiederum einen spezifischen Charakter bekommt. Wohl setzt sich jedes einzelne Gewässer aus verschiedenen Biozönosen zusammen; wenn man aber diese nicht bloß als eine Summe, sondern als eine neue Einheit höherer Ordnung betrachtet — WOLTERECK hat solche Vorstellungen im Anschluß an den Begriff der Ganzheit, wie er in der Philosophie von DRIESCH verwertet wird, entwickelt —, so wird jedes Binnengewässer zu einer individuellen Einheit, und die Limnologie erhält auch dadurch wieder ein spezifisches Gepräge.

f) Die kurze Lebensdauer der Binnengewässer.

Für den marinen Zoologen stellt das Meer einen Lebensbezirk von ungeheurem Alter vor, auch dann, wenn er ein Gegner der Lehre von der Permanenz der Kontinente und Ozeane ist. Denn auch bei Annahme der Hypothese vom Auftauchen und Versinken ganzer Kontinente sind ja die Ozeane nur für den Geographen etwas Neues, ihr Wasser und ihre Lebewelt war bereits vorher da und hat nur durch Transgression eine Verschiebung auf dem Gradnetz des Globus durchgemacht; und ebenso liegen die Dinge bei Annahme der WEGENERschen Verschiebungstheorie.

Bei den Seen aber handelt es sich um ein wirkliches Verschwinden und Neuentstehen, und zwar in verhältnismäßig kurzer Zeit. Sind doch unsere Seen alle jünger als die Eiszeit, und Seen, die ins Tertiär oder noch weiter zurückreichen, wie etwa der Baikal oder der Tanganyika, sind seltene Ausnahmefälle, deren Untersuchung darum um so dankenswerter ist. Ganz richtig hat SVEN EKMAN bei dem Versuch einer Parallelisierung zwischen der marinen und limnischen Fazies betont, daß das, was wir gewöhnlich als „Tiefseefauna" in unseren Binnenseen bezeichnen, in keiner Weise mit dem Abyssal des Meeres verglichen werden kann, sondern daß diesem höchstens die Bodenfauna jener alten Seen an die Seite gestellt werden kann.

Das rasche Entstehen und Vergehen der Seen ist die Ursache, daß ein großer Teil der Organismen derselben — die meisten Protisten, Rotatorien, Cladoceren — kosmopolitischen Charakter haben, da vor allem Formen mit Dauerstadien und dadurch ermöglichter leichter Verschleppbarkeit imstande sind, den immer wiederkehrenden Verlust ihres Wohngebietes zu überdauern, ohne in ihrer eigenen Existenz gefährdet zu sein. Daß das Entstehen der Seen keine nennenswerte Zeit in Anspruch nimmt, ergibt sich von selbst. Das Auskolken eines Sees durch Gletschereis erfolgt, wie die Glazialchronologie zeigt, in wenigen Jahrtausenden, die Entstehungen von Stauseen durch Bergstürze (Brennersee in Tirol, Alleghesee in Italien) ist eine Momentanerscheinung. Die Lebensdauer des Sees hängt dann von der Form der Seewanne ab und von deren Tiefe.

Verhindern Steilufer die Entfaltung einer größeren Ufervegetation, so
wird das Verschwinden des Sees verzögert. Denn das Vordringen der
„Verlandungszone" gegen die freie Wassermasse des Seeinnern ist der
eine wesentliche Faktor, der zum Verschwinden des Sees durch Umwandlung in Moor beiträgt. Der zweite ausschlaggebende Faktor, die Sedimentierung, vor allem durch eingeschwemmten Detritus und durch Plankton-
sedimentation erhöht den Seeboden im Jahre durchschnittlich um 1 mm
in den Alpenseen, so daß einem See von 50 m Tiefe noch eine maximale
Lebensdauer von 50000 Jahren zukommt.

2. Geschichtliches.

Es ist selbstverständlich, daß manche Organismen des Süßwassers und manche
biologische Erscheinungen unserer Binnengewässer schon in frühesten Zeiten das
Interesse des Menschen erweckten und Gegenstand der Beobachtung und schrift-
lichen Berichterstattung wurden. So hat THIENEMANN jüngst gezeigt, daß ARI-
STOTELES sozusagen der Begründer der Abwasserbiologie ist. Über vieles, was
seit den Zeiten des klassischen Altertums bis zum 19. Jahrhundert hinauf auf
hydrobiologischem Gebiete geleistet wurde, bringt der erste Abschnitt in LAM-
PERTS „Leben der Binnengewässer" ausführlichen Aufschluß. Wir wollen, um
nicht zu weitschweifig zu werden, uns bei unserem Abriß der Geschichte der Limnologie auf das beschränken, was seit der Mitte des vorigen Jahrhunderts geleistet wurde, und auch da nur das mitteleuropäische Gebiet berücksichtigen.
Bis zur Jahrhundertwende könnte eine solche Darstellung fast als allgemeingültig
betrachtet werden, da außerhalb Mitteleuropas fast gar nicht hydrobiologisch
gearbeitet wurde. Aber mit Beginn dieses Jahrhunderts nahm eine rapide Entwicklung in Nordamerika ihren Anfang, dessen zahllose Seen und große Ströme
glänzende Untersuchungsobjekte darstellen. Und seit dem Kriegsende setzte
geradezu explosionsartig eine durch die Gründung zahlreicher Versuchsstationen
und neuer Zeitschriften begünstigte Entwicklung hydrobiologischer Forschungs-
zweige in Rußland ein, die bei der Ähnlichkeit der dortigen Gewässer mit den
mittel- und nordeuropäischen auch für uns von nicht zu unterschätzender Bedeutung ist.

Daß wir zum Ausgangspunkt unserer Darstellung gerade die Mitte des 19. Jahrhunderts wählen, hat seinen guten Grund. Der siegreiche Durchbruch des
Deszendenzgedankens gab diesem Zeitpunkt in der geschichtlichen Entwicklung der Biologie eine ganz besondere Bedeutung, die natürlich auch an der
Entwicklung der Hydrobiologie sich bemerkbar machen mußte. Die bedeut-
samen Arbeiten dieser Epoche knüpfen daher an zwei Namen an, die auch für die
Entwicklung der Abstammungslehre von Bedeutung waren: WEISMANN und CLAUS.

Weismann. Es war etwa ein halbes Jahrhundert seit den klassischen Boden-
seearbeiten WEISMANNS verstrichen, als WOLTERECK die Internationale Revue
begründete, deren erstem Heft WEISMANN ein Geleitwort vorausschickte, dessen
Lektüre jedem ans Herz gelegt werden müßte, der ein lebendiges, wenn auch nur
mehr aus der Erinnerung geschöpftes Bild der WEISMANNschen Forschungsrichtung gewinnen will. Sehr treffend sagt WEISMANN in dieser Einleitung zu den
Herausgebern der Revue, die ihn um dieses Geleitwort gebeten hatten: „Sie wollten damit an die Vergangenheit, an einen Ihrer Vorläufer anknüpfen, als Hinweis
darauf, daß auch in der Entwicklung der Wissenschaft stets das Eine aus dem
Anderen hervorwächst, und daß man sich der älteren phyletischen Stadien
wissenschaftlicher Arbeit noch eine Zeitlang bewußt bleiben darf, bis sie dann
ein fester integrierender Teil der Ontogenese geworden sind, nach deren Herkunft man nicht mehr in jedem einzelnen Falle zu fragen braucht. Ich bin Ihnen
für diese pietätvolle Aufmerksamkeit sehr verbunden und kehre gern einmal
wieder in Gedanken zu meinen alten Süßwasserstudien zurück."

Diese Worte mögen auch für die folgende kurze Darstellung das Leitmotiv
bilden. Sie sollen uns immer vor Augen halten, daß die bloße Aufnahme des
gegenwärtigen Standes der Hydrobiologie ohne Kenntnis, wie sie geworden ist,

kein volles Bild derselben gibt. Und wenn es auch ganz natürlich ist, daß die
meisten Entdeckungen nur für die Zeitgenossen mit dem Namen des Entdeckers
assoziativ verknüpft sind und bald zu einem integrierenden Bestandteil der Onto-
genie der Wissenschaft werden, die — ohne mit dem Namen des Entdeckers
belastet zu sein — weitergeführt werden, so mag es als Akt der Pietät aufgefaßt
werden, wenn die folgenden Ausführungen sich um bestimmte führende Persön-
lichkeiten gruppieren.

WEISMANN selbst, um auf ihn zurückzukommen, hat in den sechziger und
siebziger Jahren vorzugsweise an Daphniden den Selektionsgedanken überprüft
und durch Studien an Ostracoden und anderen Süßwassertieren Grund zu seiner
Vererbungslehre gelegt. Es muß auffallen, daß zu einer Zeit, in der die offizielle
Zoologie fast nur von der marinen Fauna Notiz nahm, ein Zoologe gerade in
unserer Süßwasserfauna geeignetes Material fand, dessen Untersuchung weit über
bloß faunistische Fragen hinausgriff.

Bei dem großen Schülerkreis, den WEISMANN um sich versammelt hatte,
konnte es nicht fehlen, daß aus seiner Schule eine ganze Anzahl von Limnologen
der folgenden Generation hervorging. Und da die Arbeitsrichtung im Dienste
der Selektionslehre stand, hatte sie von vornherein biologischen Charakter.

Claus. Auch die Arbeiten von CLAUS wurzeln in der Deszendenzlehre. Aber
während die Arbeiten der WEISMANNschen Schule vor allem Zusammenhang
zwischen Bau und Lebensweise studierten, suchte CLAUS auf dem Weg der vergleichenden Morphologie Stammesreihen zu rekonstruieren. Wie bei WEISMANN
dienten hierzu in erster Linie Kleinkrebse, vor allem Kopepoden. Auch die Arbeiten vieler seiner Mitarbeiter und Schüler bewegen sich in dieser Richtung, und
wir verdanken diesen Arbeiten grundlegende Kenntnisse auf dem Gebiet der
Systematik und Entwicklungsgeschichte. Solche Arbeiten entstanden teils im
Anschluß (GROBBEN, HEIDER), teils in direktem Gegensatz zu CLAUS (SCHMEIL).

Frič und seine Mitarbeiter. Während FRIČ auf paläontologischem Gebiete
gleichfalls im Sinne der Deszendenzlehre arbeitete, inaugurierte er auf hydrobiologischem Gebiete eine jeder spekulativen Richtung abholde Forschungsrichtung, die in vielen Punkten an die faunistisch-biologischen Arbeiten der
neuesten Zeit erinnert. In glücklicher Weise erscheinen bei der FRIČschen Schule
die Arbeiten im freien Feld mit denen im Institut verknüpft. Zur besseren
Durchführung der ersteren gründete FRIČ die erste, allerdings noch primitive,
weil transportable, Station; die Möglichkeiten, die das Institut bietet, werden bei
FRIČ vor allem durch weitgehende Anwendung mikrotechnischer, vor allem histo-
logischer Methoden vertieft. Diesem Umstand verdanken diese Arbeiten, trotzdem sie auch fast ein halbes Jahrhundert hinter uns liegen, ihren Wert für die
Gegenwart, so die Arbeiten von VEJDOVSKY, MRAZEK, THON, HLAVA, KLAPALEK
u. a. Die Tradition dieser Schule hat sich bis zur Gegenwart erhalten, so daß
die neuesten Arbeiten, etwa von KOMAREK oder ZAVREL, nie auf das Niveau
bloßer faunistischer Mitteilung herabsinken.

Die hydrobiologische Station in Plön. Der soeben erwähnte und
von FRIČ in die Tat umgesetzte Gedanke einer Stationsgründung wurde in
Deutschland von ZACHARIAS verwirklicht, der unter Überwindung zahlloser
Hindernisse, offener und geheimer Widerstände im Jahre 1890 am Ufer des
Großen Plöner Sees die erste stabile zoologische Station gründete, nachdem das
DOHRNsche Muster mariner zoologischer Stationen schon in vielen Ländern
Nachahmung gefunden hatte. Zugleich mit dieser Gründung rief O. ZACHARIAS
die erste hydrobiologische Fachzeitschrift, die „Forschungsberichte aus der Bio-
logischen Station zu Plön" ins Leben, die durch ihren Inhalt den zahlreichen
Gegnern der Stationsgründung in Plön die Notwendigkeit dieser Gründung vor
Augen führen sollte. Durch Abhaltung hydrobiologischer Kurse gelang es ZA-
CHARIAS, die Unterrichtsbehörden für die Hydrobiologie zu gewinnen, wie denn
überhaupt die Bedeutung von ZACHARIAS weniger in der wissenschaftlichen als
in der organisatorischen Arbeit liegt. Die Entwicklung, die die Hydrobiologie
mit Anbruch des neuen Jahrhunderts nahm, veranlaßte alsbald ZACHARIAS zu
einer Erweiterung seiner Zeitschrift zu dem heutigen Archiv für Hydrobiologie
und Planktonkunde.

Die Zschokkesche Schule. Zu dieser Entfaltung der Hydrobiologie um die Jahrhundertwende hat vor allem F. Zschokke in Basel beigetragen, teils durch eigene Arbeiten, teils durch die Ausbildung einer Schule jüngerer Zoologen, die ganz die persönliche Note der Zschokkeschen Arbeitsweise trägt. Forels grundlegende Arbeit „Le Leman", die erste eigentliche, groß angelegte Monographie eines Sees, gab Anstoß zu einer weiteren monographischen Arbeit, als deren Objekt von Zschokke der Vierwaldstättersee ausersehen ward. Parallel zu dieser liefen systematische und biologische Untersuchungen über einzelne Tiergruppen, die sich zu einer Sammlung mustergültiger Monographien einzelner Tierabteilungen der Fauna der Schweiz verdichteten und die insofern den Charakter der Zschokkeschen Schule an sich trugen, als sie, alle den Landesverhältnissen Rechnung tragend, die Beziehungen der untersuchten Organismen zur Eiszeit behandelten und so geradezu zur Entwicklung eines Spezialzweiges der Biologie, der Glazialbiologie, führten. Wir werden im Verlauf des Buches wiederholt der Cladocerenarbeiten von Stingelin und Burckhardt, der Kopepodenarbeiten der Brüder Gräter, der Hydracarinenstudien Walters und der Bearbeitung der Bachfauna durch Steinmann gedenken müssen, lauter Vertreter der Zschokkeschen Schule.

Abb. 8. Die Biologische Station Lunz. Links im Hintergrund die Steilwände des Opponitzer Kalkes, rechts die im Frühjahr mit Narzissen bedeckten flachen Wiesenhänge des „Lunzer Sandsteins". Im Vordergrund: Links im Freien meteorologische Instrumente, dann die beiden Glashäuser und das Hauptgebäude mit Laboratorien, Bibliothek und den Arbeitsplätzen für Forscher. Zur Station gehört ferner eine Hütte mit Instrumenten und zwei Arbeitsplätzen am Obersee und das zur Abhaltung von Kursen bestimmte Seelaboratorium am Untersee.

Die „Biologische Station Lunz". (Abb. 8.) Während unter dem Einfluß Forels und Zschokkes die Hydrobiologie in der Schweiz zu führender Stellung gelangte, blieb dieser Zweig der Biologie in den Ostalpen lange brach liegen. Gerade in der Nähe der Universitätsstädte Wien, Graz und Innsbruck untersuchenswerte Binnengewässer fehlten, war auch keine äußere Anregung gegeben, von der traditionellen marinen Zoologie abzugehen. Im Grunde genommen setzte im Gebiet der Ostalpen die hydrobiologische Forschung erst ein, als um 1900 Steuer, angeregt durch marine Planktonstudien, die „alte Donau" bei Wien untersuchte und gleich Zschokke auf Probleme der Glazialbiologie geriet, die dann vom Verfasser dieses Buches gemeinsam mit Zederbauer im Anschluß an Steuer weiterverfolgt wurden. Einen weiteren Gesichtskreis bekamen alle diese Arbeiten, als durch die Munifizenz Dr. KUPELWIESERS die Biologische Station Lunz gegründet wurde. Die erste Einrichtung und Ausgestaltung der Station durch R. WOLTERECK brachte es mit sich, daß die neue Station sich vor allem der experimentellen Methode bediente, um Süßwasserorganismen zum Gegenstand der Vererbung und Artbildungslehre zu machen. Auch hierüber werden die weiteren Ausführungen dieses Buches bei der Behandlung der *Anuraea*-Experimente von KRÄTZSCHMAR, der Cladocerenarbeiten von BEHNING, dem heutigen Leiter der Biologischen Wolgastation in Saratow, und von SCHARFFENBERG, weiters der Arbeiten von WAGLER u. a. zu berichten haben. Auch hier war — vgl. das oben über Plön Gesagte — mit der Stationsgründung die Herausgabe einer neuen Zeitschrift verbunden, die den Absichten ihres Gründers WOLTERECK entsprechend vor allem zwei Ziele verfolgte, durch die sie weit über das von ZACHARIAS gegründete Archiv hinausgriff. Einmal sollte sie eine internationale Zeitschrift sein, in der sich das hydrobiologische Arbeiten auf der ganzen Erde widerspiegeln sollte, und dann sollte die Zeitschrift der Synthese dienen, was besonders dadurch angestrebt wurde, daß neben der Limnologie auch die Ozeanographie, neben den rein biologischen Arbeiten auch die chemisch-physikalischen Arbeiten, die dem Meer und den Binnengewässern gewidmet waren, in gleicher Weise Berücksichtigung finden sollten. Die Gründung dieses Unternehmens geschah glücklicherweise noch zu einer Zeit, da ein solcher kühner Plan Aussicht auf Erfolg haben konnte und auch hatte. Der Ausbruch des Weltkrieges aber drohte alle diese so vielversprechenden Unternehmungen der Vorkriegszeit zunichte zu machen.

Die Biologischen Stationen Plön und Lunz als Institute der Kaiser-Wilhelm-Gesellschaft. Noch während des Krieges starb hochbetagt in Kiel der Gründer und Leiter der Biologischen Station in Plön O. ZACHARIAS. Zu seinem Nachfolger wurde A. THIENEMANN bestellt. Die Lunzer Station mußte, da die Angestellten derselben zum Kriegsdienst eingezogen waren, gesperrt werden. Die Leitung der Lunzer Station war noch vor dem Kriege in die Hände F. RUTTNERS übergegangen und die experimentellen Arbeiten der WOLTERECKschen Schule[1] waren inzwischen in Leipzig fortgesetzt worden. Auch sie wurden durch den Krieg jäh unterbrochen und zum Teil dauernd gestört, da die meisten der daran Beteiligten dem Krieg zum Opfer gefallen sind.

An beiden Anstalten vollzogen sich nun durchgreifende Veränderungen. Die Plöner Station (Abb. 9) wurde zu einem Institut der Kaiser-Wilhelm-Gesellschaft und als solches zu einem reinen Forschungsinstitut, in dem unter der Führung THIENEMANNS einmal der Ausbau der Seetypenlehre erfolgte und ferner die bis dahin ganz brachliegende Erforschung der Dipteren des Süßwassers aufgenommen wurde. Wie in dem WOLTERECKschen Institut hat leider auch der Krieg fast den ganzen Nachwuchs der auf dem Gebiet der Dipterenkunde tätigen Zoologen hinweggerafft, es sei nur an die Namen BAUSE, GRIPEKOVEN, RHODE, POTTHAST erinnert, die uns in den speziellen Kapiteln unseres Buches öfters begegnen werden. Eine weitere wichtige Etappe in der Hydrobiologie haben wir in der ebenfalls von Plön ausgehenden Gründung der „Internationalen Vereinigung für theoretische und angewandte Limnologie" durch THIENEMANN zu verzeichnen. Während WOLTERECKS Revue einen Zusammenschluß der Biologen der ganzen Erde durch ein gemeinsames Publikationsorgan anbahnte, wurde durch diese Vereinigung auch die persönliche Fühlungnahme gewünscht, die durch Versammlungen erreicht werden sollte, die in Abständen von je zwei Jahren abzuhalten wären. Die bisher stattgefundenen Kongresse dieser Vereinigung in Kiel, Innsbruck, Rußland und Italien haben einen über alle Erwartung hinausgehenden Erfolg in dieser Richtung gebracht. Als besonderer Vorteil dieser Unternehmung ist auch der Umstand zu buchen, daß sich der Kongreß nicht an einen Ort bindet, sondern seine Tätigkeit direkt in hydrobiologisch interessante Gebiete verlegt, wie dies in besonders großzügiger Weise bei dem russischen Kongreß geschah, der den Teilnehmern nicht nur die großen Institute des Reiches in Moskau

---

[1] Die Arbeiten WOLTERECKS und seiner Schüler werden seit kurzem in der von WOLTERECK am Seeoner See nördlich vom Chiemsee gegründeten „Hydrobiolog. Station Seeon" fortgesetzt, der im Seeoner See selbst wie in seinen „Trabantenseen" ein reiches Organismenmaterial zur Verfügung steht.

und Leningrad, sowie die biologische Wolgastation in Saratow bekannt machte, sondern die Teilnehmer auch in das Gebiet des Kaspisees, der Kirgisensteppe und des Kaukasus führte.

Gleich Plön nahm auch Lunz nach einer durch die Kriegsverhältnisse bedingten Depression neuen Aufschwung, als die Station als Schwesterstation der Plöner in den Verband der Institute der Kaiser-Wilhelm-Gesellschaft aufgenommen wurde. Obwohl die Anstalten dieser Gesellschaft sonst nur der reinen Forschung dienen, ist in Lunz, da die Station auch mit der Wiener Akademie verknüpft ist, der Lehrbetrieb nicht völlig ausgeschaltet. Es wird für Hörer der Wiener Universität alljährlich im Sommer ein Kurs abgehalten, der abwechselnd immer in einem Sommer Hydrographie und Planktonkunde, im nächsten die Fauna und Flora der übrigen Biocönosen des stehenden und fließenden Wassers behandelt. Die Forschungstätigkeit hat sich den dort gegebenen Verhältnissen entsprechend — es liegen hier auf engstem Raum Gewässer der verschiedenartigsten Typen vor — einmal in der Richtung einer vergleichenden biocönotischen Richtung entwickelt, außerdem stehen pflanzenphysiologische Arbeiten stark im Vordergrund, die für die allgemeine Biologie der Gewässer von beson-

Abb. 9. Die Hydrobiologische Anstalt Plön am „Großen Plöner See".

derer Bedeutung sind. Es genügt hier, auf die Planktonarbeiten und Assimilationsarbeiten von RUTTNER hinzuweisen, sowie auf die chemischen Arbeiten KLEINS und seiner Schüler. Daneben werden systematische Bearbeitungen schwieriger Gruppen durchgeführt, von solchen Arbeiten kämen zahlreiche Abhandlungen von GEITLER und PASCHER in Betracht. Die schon vor dem Kriege begonnenen monographischen Bearbeitungen einzelner Tiergruppen werden dauernd fortgesetzt, so daß den bereits erschienenen Monographien von MICOLETZKY (Nematoden), MEIXNER (Turbellarien), ALBRECHT (Chironomiden des Mittersees) bald andere folgen werden. Endlich sei noch auf die von STORCH und seinen Schülern hier durchgeführten Arbeiten über die Ernährungsmethoden verschiedener Mikroorganismen hingewiesen, die uns im Kapitel „Plankton" unseres Buches näher beschäftigen werden.

Die „Biologische Station am Hirschberger Teich". Obwohl bereits LENDENFELD zur Gründung dieser Station Anregung gegeben hatte, die zur Ergänzung des zoologischen Institutes der deutschen Universität in Prag dienen sollte, kam es erst in neuerer Zeit dazu, dieses Institut weiter auszubauen. Hier arbeitete vor der Gründung der Station Seeon ein Teil der WOLTERECKSchen Schule, später überwiegend Schüler von PASCHER und CORI. Unter LANGHANS nahm die Station Hirschberg gleichzeitig den Charakter eines fischereibiologischen Laboratoriums an.

Wiewohl die vorstehende Skizze der historischen Entwicklung unserer Limnologie sich auf Mitteleuropa beschränken sollte, wäre das gegebene Bild doch sehr unvollständig, wenn wir nicht andeutungsweise auch der Entwicklung dieses Zweiges der Biologie in Nordeuropa gedenken würden. In England lag das Gewicht der hydrobiologischen Bestrebungen dank der insularen Lage und der Beziehungen zu den Kolonien auf marinem Gebiet. Nichtsdestoweniger fanden schon im vorigen Jahrhundert auch die Organismen der Binnengewässer Beachtung seitens systematischer Arbeiter, wie die bekannten monographischen Arbeiten von BRADY (*Crustacea*), MAC LACHLAN (*Trichoptera*) u. a. zeigen. Vielfache Förderung erfuhren diese Bestrebungen in Kreisen, die nicht der Fachwelt als solcher angehörten, wie die Arbeiten von SCOURFIELD über *Crustacea*, von ROUSSELET über *Rotatoria*, von BRYCE über bdelloide Rädertiere usw. dartun. Eigentlich hydrobiologische Arbeiten an Binnengewässern kamen im schottischen Seengebiet zur Entfaltung, und wir werden im folgenden auf manche Ergebnisse der dort gegründeten Lake Survey stoßen.

In Dänemark hatte vor mehr als 100 Jahren in O. F. MÜLLER die Erforschung der Süßwassertierwelt ihren Begründer gefunden. In neuester Zeit hat dort WESENBERG-LUND als Freilandbeobachter Bahnbrechendes geleistet und den in Mitteleuropa tätigen Limnologen manche wertvolle Anregung gegeben. In Skandinavien ist es vor allem das Gebiet der großen Seen in Südschweden, das zum Studium herausforderte. Vor allem sind es hier die konform den ZSCHOKKEschen Arbeiten verlaufenen Studien von SVEN EKMAN über die Bedeutung der Eiszeit für die Süßwasserorganismen, die auch für die Entwicklung der Limnologie in Mitteleuropa von wesentlicher Bedeutung wurden. Auch die Untersuchung der Tiefenfauna des Vättern gewann durch den genannten Autor in methodischer Hinsicht wie auch nach ihren Ergebnissen für die in unserem Buch zu behandelnden Fragen besondere Bedeutung. Es würde zu weit führen, auch die hier geleistete Arbeit auf dem Gebiete der Systematik eingehender zu würdigen, wie sie durch die Arbeiten von LILLJEBORG, G. O. SARS und anderen uns vorliegt. Viele wertvolle Anregungen erfuhr die Limnologie endlich durch die systematisch betriebene Erforschung des Sarekgebirges, sowie durch EINAR NAUMANNS Ausbau der Seetypenlehre.

Daß endlich Finnland, das Land der tausend Seen, schon im vorigen Jahrhundert viele Anregungen gegeben hat, kann nicht überraschen. Die Acta societatis pro fauna et flora fennica sind auch für den in Mitteleuropa tätigen Biologen eine reiche Fundgrube limnologischer Beobachtungen.

B. Besonderer Teil.

1. Grundwasser- und Brunnenfauna.

Fast alle im weiteren Verlauf behandelten Binnengewässer verdanken ihre Existenz dem Grundwasser, das die Hohlräume der äußeren Erdrinde erfüllt, die mikroskopischen, kapillaren Zwischenräume im gelockerten Gestein oder zwischen Sandkörnern sowohl wie die großen Hohlräume der Karstgebiete. Die Grundwasserfauna ist artenarm. Auf einige Bewohner wird in den folgenden Kapiteln verwiesen; hier sei nur auf zwei charakteristische Turbellarien aufmerksam gemacht: *Protomonotresis centrophora* und *Typhloplanella Halleziana*.

Man kann gelegentlich aus den mit Grundwasser durchtränkten Schichten direkt Grundwasserbewohner gewinnen; es wird sich da aber wohl immer um vereinzelte Zufallsfunde handeln. Eigentlich zugänglich wird die Grundwasserfauna nur durch Brunnen und Wasserleitungen.

Seitdem 1882 VEJDSOSKY in einem Brunnen Prags die berühmt gewordene *Bathynella* entdeckte und 1896 STEJNEGER in einem 58 m tiefen

artesischen Brunnen in Texas die seltsame *Typhlomolge Rathbuni* fand,
hat man immer wieder — in der neueren Zeit mit besonderem Erfolg in
der Schweiz — Brunnenwasser untersucht und dadurch viele interessante
Grundwasserbewohner entdeckt. Kopepoden, wie *Parastenocaris fonti-
nalis*, Ostrakoden, wie *Candona eremita*, *Niphargus*-Arten (Abb. 10) usw.
haben sich als typische Brunnenbewohner erwiesen. Man erbeutete diese
Arten in der Regel, indem man ein Planktonnetz auf den Grund des
Brunnenschachtes hinabließ, durch wiederholtes Auf- und Abziehen den
Bodenschlamm aufwirbelte und von den mit aufgewirbelten Organismen
Vertreter in das Netz bekam.

Wie sehr die Fortschritte der Forschung oft einem methodischen
Kniff zu verdanken sind, zeigen die unerwarteten Ergebnisse, die CHAP-
PUIS bei seinen Studien über Grundwasserorganismen einfach dadurch
erhielt, daß er Wasserleitungswasser längere Zeit durch ein Planktonnetz laufen ließ. Hat das Wasser vorher keine Filteranlage passiert, wie

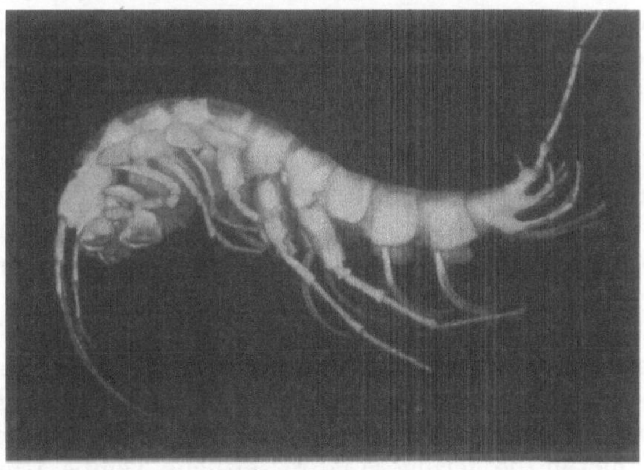

Abb. 10. *Niphargus tatrensis* WREZ. lebt in den Quelltrichtern des Mittersees (Abb. 15),
in Brunnenstuben und im unterirdischen Zufluß des Mausrodelteiches bei Lunz.
(Phot. Prof. MERKER, Gießen. Vergr. 5 fach.)

das eben bei dem Wasser der Fall war, das die Leitung des zoologischen
Instituts in Cluj in Rumänien durchfließt, so bringt es Grundwasserorganismen mit, die dann mühelos dem Netzeimer entnommen werden können. Im vorliegenden Fall z. B. konnte CHAPPUIS aus einem Netzchen,
das er während eines Monats an den Wasserhahn seines Laboratoriums
angeschlossen hatte, Hunderte von Tieren beobachten, darunter 25 verschiedene Crustaceenarten, von denen 15 typische Grundwasserarten
waren. Und von diesen waren zehn neu! Man könnte versucht sein,
diesen verblüffenden Erfolg dem Umstand zuzuschreiben, daß eben die
Balkanhalbinsel ein Gebiet ist, das durch eine abnorm reiche Subterran-
fauna ausgezeichnet ist. Um daher zu zeigen, daß in diesem Fall der Methode das ausschlaggebende Moment zukommt, sei erwähnt, daß KIEFER
dieses CHAPPUISsche Verfahren in Deutschland angewendet hat, in einem
Land, das bekanntermaßen eine äußerst ärmliche unterirdische Fauna

aufweist[1]. Und selbst da versagte die Methode nicht. KIEFER konnte so das Vorkommen von *Bathynella* und *Cyclops unisetiger* nachweisen, ferner das Vorkommen des vorher nur von der Balkanhalbinsel bekannten *Cyclops Kieferi*, ja sogar schließlich einer vorher nur vom Balkangebiet bekannten Gattung, nämlich des Kopepodengenus *Nitocrella*. Es steht demnach zu erwarten, daß die weitere Anwendung dieser Methode in verschiedenen Ländern uns noch reiche Aufschlüsse über die Organismenwelt des Grundwassers bringen wird.

Wasserleitungsorganismen.

Was hier über Wasserleitungsorganismen erwähnt wurde, bezieht sich eigentlich nur auf mitgerissene Grundwassertiere. Ganz anders liegen die Dinge, wenn es sich um Leitungen handelt, die gar nicht von Grundwasser gespeist werden, und wenn man Gewicht auf jene Organismen legt, die in dem Röhrensystem der Leitung selber heimisch geworden sind. KRÄPELIN hat vor längerer Zeit die Hamburger Wasserleitung studiert und das Milieu, das sich hier den Röhrenbewohnern bietet, durch folgende Faktoren charakterisiert: 1. erhöhter Druck, 2. Lichtmangel, 3. daher auch Mangel autotropher Pflanzen, 4. konstant niedere Temperatur, 5. die immer gleichgerichtete mäßige Strömung, die relativer Wasserruhe entspricht, kurzum lauter Bedingungen, die sehr an die in größeren Seentiefen herrschenden Bedingungen erinnern. Da die Hamburger Wasserleitung zur Zeit der KRÄPELINschen Untersuchung noch keine Filteranlagen für das aus der Elbe bezogene Wasser besaß, darf es nicht überraschen, daß damals 61 Tierarten als in der Hamburger Wasserleitung vorkommend nachgewiesen wurden. Dabei erwiesen sich festsitzende Formen, wie Spongillen und die von den Arbeitern als „Leitungsmoos" bezeichneten Bryozoen *Paludicella* und *Fredericella*, in Röhren massenhafter entwickelt als im freien Fluß. Auch für manche andere Arten bieten die geringere jahreszeitliche Temperaturamplitude, die ausreichende O_2-Versorgung und die hier abgewendete Gefahr durch Sand oder Schlamm erstickt zu werden Vorteile gegenüber dem Leben in der Elbe.

Dieses Schema gilt aber nicht allerorts: GUIDO SCHNEIDER z. B. untersuchte die biologischen Wasserleitungsverhältnisse in Reval. Das Wasser wird hier nicht einem Fluß, sondern dem Revaler Obersee entnommen. Die Leitung hat nur 5 Atmosphären Druck, keine konstante Temperatur, sondern weist parallel den Schwankungen des Seewassers eine jährliche Temperaturamplitude von 20⁰ auf. Trotzdem kommt es auch hier zu einer Auslese und einseitigen Förderung gewisser Arten. Manche im See seltene Formen, z. B. *Hydra grisea, Acineta grandis*, waren im Rohr sehr häufig, ja eine in den Röhren gar nicht seltene Art, *Dendrosoma radians*, konnte im See, aus dem sie doch stammen mußte, gar nicht gefunden werden. Über den qualitativen und quantitativen Bakteriengehalt liegen Untersuchungen vor, die RUTTNER an der Prager Wasserleitung, die

---

[1] Die Entdeckung der *Synurella Dershavini* in Brunnen bei Saratow zeigt ebenfalls, daß nicht nur Karstgebiete eine interessante Brunnenfauna besitzen.

mit Moldauwasser gespeist wurde, vorgenommen hat. Ungleich formen-
ärmer ist natürlich die Wiener Hochquelleitung nach den Untersuchungen von SCHWENK.

In mancher Beziehung einfacher gestaltet sich die Materialgewinnung
in Höhlengewässern, wo stehendes oder fließendes Wasser nach derselben
Weise untersucht werden kann wie bei oberirdischen Gewässern. Anders
liegt die Methodik wieder bei der Quellfauna, die nur zum Teil noch
einige Arten des Grundwassers aufweist, weitaus mehr aber Vertreter
aus anderen Lebensbezirken. Wir betrachten daher zunächst die Höhlenfauna und dann erst die Quellfauna, die zugleich den natürlichen
Übergang zu dem Lebensbezirk des fließenden Wassers herstellt.

Höhlenfauna.

Es wird wohl nur ein kleiner Prozentsatz der Leser dieses Buches
in die Lage kommen, in Höhlengewässern limnologische Untersuchungen
vorzunehmen. Wenn dessen ungeachtet diesem Kapitel ein verhältnismäßig großer Raum hier freigegeben wird, so ist dies dadurch begründet,
daß dieses Gebiet auf die meisten einen besonderen Reiz ausübt, und
daß nach Erfahrungen, die bei anderen Publikationen gemacht wurden,
von den meisten Lesern eine ausführlichere Behandlung gerade dieses
Stoffes gewünscht wird.

Der Zauber der Höhlenforschung liegt nicht nur in dem Bewußtsein,
in den lichtlosen Schlünden Gebiete zu betreten, die noch durch keines
Menschen Tritt entweiht wurden, oder die gerade im Gegenteil vor langen
Jahrtausenden von längst entschwundenen Menschenrassen bewohnt
waren, deren Gemälde und Skulpturen uns ein lebendiges Bild vorge-
schichtlicher Kulturen erstehen lassen; er liegt, für den Biologen wenigstens, an den eigenartigen Lebensbedingungen, unter denen die Höhlen-
wesen existieren. Ewige Finsternis, Pflanzenmangel und daher spärliche Nahrung und konstante, tiefe Temperatur zeichnen die Grotten vor
anderen Lebensbezirken aus und fordern zu einem Vergleich mit dem
Leben in der Tiefsee heraus. Freilich gegenüber der Tiefseefauna mit
ihrer Formenfülle bereitet die Höhlentierwelt zunächst eine Enttäu-
schung, da sie jener bizarren Gestalten entbehrt, durch die die Tierwelt
aus den Tiefen des Ozeans dem Laien Bewunderung abringt. Doch verdient die Höhlenfauna deswegen nicht geringere Beachtung. Nur muß
bei ihr in liebevoller Detailarbeit oft erst das gewonnen werden, was uns
die ozeanische Tiefseefauna in fast aufdringlicher Weise verkündet. Es
ist daher kein Wunder, daß die Beschäftigung mit der Höhlenfauna
weiter in die Vergangenheit zurückreicht, als mancher andere Zweig der
Limnologie.

Schon 1689 berichtete VALVASOR in seinem Buche: „Die Ehre des
Hertzogthums Crain" über den Grottenolm, der somit die Ehre für sich
in Anspruch nehmen kann, das am längsten bekannte Höhlentier zu
sein. Um die Mitte des 19. Jahrhunderts wurden eine Anzahl höchst
interessanter Höhlenfische und Höhlenlurche aus Amerika beschrieben,
aber erst seit der Jahrhundertwende wird den Wirbellosen mehr Beachtung geschenkt. Die Untersuchungen ABSOLONs in Albanien, CHAPPUIS

in Rumänien, RAKÓVITZAS und VIRÉS in verschiedenen Teilen der Mittelmeerländer erschlossen eine ungeahnte Artenfülle; diese rasch aufeinanderfolgenden Entdeckungen veranlaßten das fast gleichzeitige Erscheinen zweier reich illustrierter Werke über die gesamte rezente Fauna der unterirdischen Gewässer, auf die sich in erster Linie die folgende Darstellung stützt und die allen, die sich eingehender darüber informieren wollen, als wertvolle Nachschlagwerke empfohlen seien. Es sind dies:

1. SPANDL, HERMANN: Die Tierwelt der unterirdischen Gewässer. Verlag des Speläologischen Instituts Wien 1926.

2. CHAPPUIS, P. A.: Die Tierwelt der unterirdischen Gewässer. Stuttgart, Schweizerbart 1927.

Beide Verfasser betonen die Wichtigkeit von Reusen für den Fang von Höhlentieren, da das Durchstreifen der Höhlengewässer mit Planktonnetz und Käscher oft ungenügende Ausbeute gibt. In einfachster Form genügt wohl ein Planktonnetz mit 20 cm Öffnungsweite, über die kreuzweise zwei Schnüre gespannt sind. Da, wo sich die Schnüre treffen, wird ein Stück Leber oder Milz befestigt. Das Netz wird auf den Wassergrund versenkt und immer nach einigen Stunden aufgeholt.

Als Untersuchungsgebiete kommen vor allem Kalkgebirge in Betracht, die ja regelmäßig große Hohlräume aufweisen, was nicht verwunderlich ist, wenn man hört, daß das reine Wasser des Kaiserbrunnens und der Stixensteiner Quelle der Wiener Wasserleitung dem Gebirge jährlich 4262000 kg fester Bestandteile im gelösten Zustand entführt, was einem Gesteinsverlust von 1570 cbm entspricht.

Nach zwei Richtungen hin verdient die Tierwelt der Höhlen Beachtung: einmal wegen der Anpassungserscheinungen, und in dieser Richtung bewegten sich die Untersuchungen in solchen Zeiten, wo das Anpassungsproblem im Vordergrund der Diskussion stand; dann wieder wegen der Eignung unterirdischer Gewässer, Reliktformen zu erhalten, die dem Systematiker und Tiergeographen bedeutungsvoll sind.

Verweilen wir einen Augenblick bei dem zweiten Gesichtspunkt. Es wird da lohnend sein, einmal all die abnormen Erscheinungen zu überblicken, die durch die Untersuchung unterirdischer Gewässer bekannt geworden sind. Es wird dabei auffallen, daß manche Familien, ja ganze Stämme gar keine kennzeichnenden Vertreter in den subterranen Lebensbezirken aufzuweisen haben, während andere überreich vertreten sind. Während z. B. die rhabdozölen Turbellarien gar keine typischen Vertreter unter der Erde besitzen, sind triklade Höhlen- und Grundwasserarten in großer Zahl vor allem aus den Mittelmeerländern bekannt geworden. Von Oligochäten ist erst ein sicherer Fall bekannt geworden, der in einer bulgarischen Höhle lebende *Pelodrilus Bureschi* MICH, der uns gleich die tiergeographische Bedeutung der Höhlenfauna zeigt, da diese Gattung bisher aus Europa unbekannt war.

An Polychäten, die im allgemeinen doch marin sind, liegen bisher zwei Fälle aus Höhlengewässern vor: in einem Wasserschlinger bei Turkowitsch in der Herzegovina entdeckte ABSOLON eine neue Serpulidengattung *Marifuga* (Abb. 11), und in der Grotte de Ver im Neuenburger

Jura fand DELACHAUX 1919 die *Troglochaeta Beranecki*, einen altertüm-
lichen Polychätentypus, dessen Beziehungen zur Meerestierwelt durch
die Entdeckung einer neuen Archiannelidengattung *Nerillidium* in den
europäischen Meeren durch REMANE bewiesen wurde.

Unter den Krustern haben überraschenderweise die Euphyllopoden
und Cladoceren keine echten Subterranformen aufzuweisen, die Ostrakoden nur wenige und meist nicht besonders bemerkenswerte (*Candona
eremita*); nur die neuerdings als Commensale an *Coecosphaeroma* in fran-
zösischen Höhlen entdeckte Cytheride *Sphaeromicola Topsenti* Paris ist
als Beispiel einer ungewöhnlichen Art hervorzuheben.

Unter den Kopepoden stellen die Centropagiden gar keine, die Cyclo-
piden relativ wenige, die Harpacticiden viele Mitglieder zur Fauna der

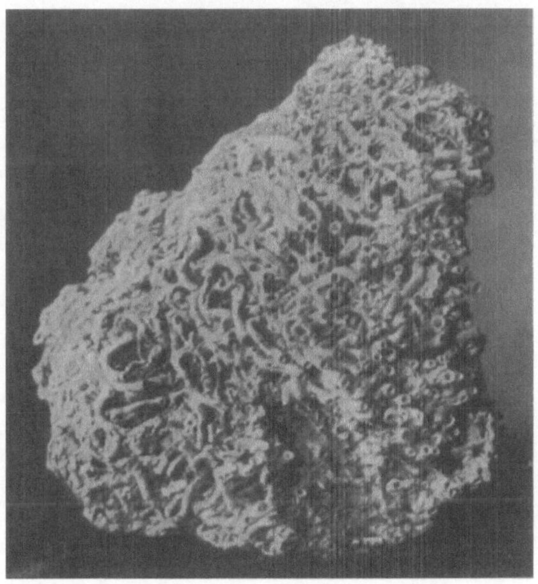

Abb. 11. Kalkröhren der von ABSOLON in albanischen Höhlen entdeckten Süßwasser-Serpulide
Marifuga. (Phot. Dr. H. KRAWANY.) Vergr. $^3/_2$ fach.

unterirdischen Gewässer. Dabei fällt auf, daß sowohl die Cyclopsarten
sowie die Vertreter der Gattungen *Canthocamptus* und *Parastenocaris* aus
den unterirdischen Gewässern Südeuropas auffallende Verwandtschaft zu
südamerikanischen und ostindischen Arten aufweisen. Die Harpakti-
zidengattung *Ceuthonectes* ist bisher überhaupt nur aus Höhlen der Balkanhalbinsel und der Pyrenäen bekannt.

Ausschließliche Höhlen- bzw. Grundwasserbewohner sind die beiden
Syncaridengattungen *Bathynella Vejd.* und *Parabathynella* CHAPP. Im
Jahre 1882 entdeckte VEJDOVSKY bei seinen Untersuchungen der Brun-
nenfauna Prags nur in zwei Exemplaren, von denen überdies eines zu-
grunde ging, ein Tier, das er als *Bathynella natans* beschrieb und dessen
Stellung innerhalb der Crustaceen ungewiß blieb. Durch volle 30 Jahre

wurde dieses Tier nicht mehr gesehen, so daß allmählich Zweifel an dessen
Existenz laut wurden, die gelegentlich eines wissenschaftlichen Kongres-
ses einen Skeptiker zu der Äußerung veranlaßten: „Was, Sie glauben
noch an die Existenz dieses Fabelwesens? Fehlte nur noch, daß jemand
in einem Brunnen am Hradschin lebendige Trilobiten fischte!“ Diese
Äußerung fiel mit Rücksicht auf die inzwischen von SMITH behauptete
Verwandtschaft der *Bathynella* mit permischen und karbonischen Kreb-

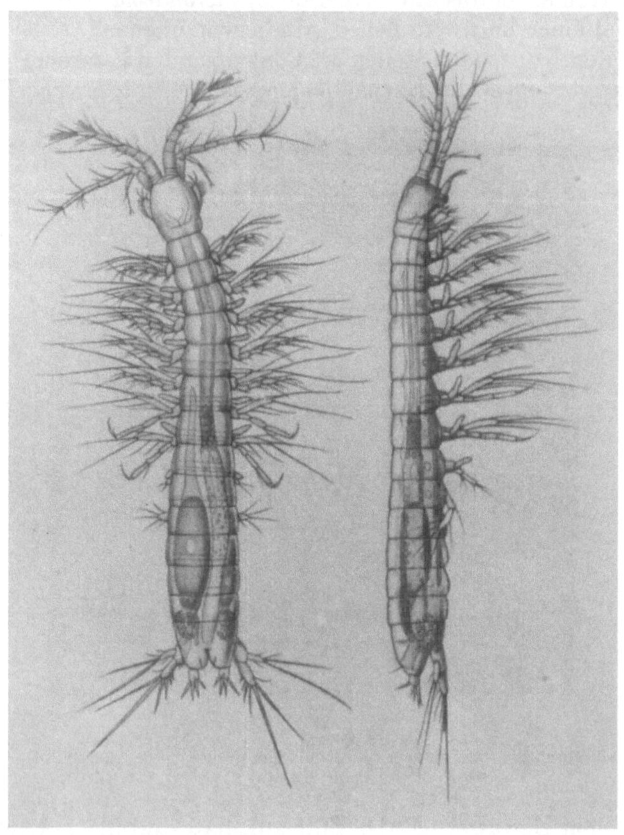

Ansicht von oben.   Ansicht von der Seite.
Abb. 12.   *Bathynella chappuisi Delachaux* ♀. (Nach DELACHAUX.)

sen eines eigenen Typus. 1913 erlebte VEJDOVSKY die Genugtuung der
Wiederauffindung der verschollenen Gattung in der Schweiz durch CHAP-
PUIS, durch welchen Fund die seltsame systematische Stellung der *Bathynella* volle Bestätigung fand. Heute kennen wir bereits zwei Arten dieser
Gattung, außer *B. natans Vejd.* noch *B. Chappuisi Delachaux* (Abb. 12),
die vor allem im südlichen Europa vertreten ist, aber kürzlich auch in
der Reckenhöhle in Westphalen gefunden wurde, und überdies eine
weitere Gattung *Parabathynella* CHAPPUIS, deren eine Art *stygia* CHAPP.

in Serbien entdeckt wurde, während die andere aus einer Höhle am Kasla Lumpur in Hinterindien stammt.

In einer ähnlichen Lage, in der sich vor etwa 20 Jahren die Zoologen gegenüber der *Bathynella* befanden, befinden wir uns gegenwärtig gegenüber der *Thermosbaena mirabilis* MONOD., einem kleinen, in einer unterirdischen Therme in Tunis entdeckten Krebs, der zu keiner der bekannten Krebsgruppen nähere Beziehungen zu haben scheint (s. Abb. 82).

An das Vorkommen der sonst dem Meere angehörigen Polychäten im unterirdischen Süßwasser erinnert das Vorkommen zweier Vertreter der *Mysida*, die überdies eine eigene Familie bilden, die *Lepidophthalmidae*. Es sind dies *Lepidophthalmus servatus* FAGE von Sansibar und *Spelaeomysis Bottazii* CAROLI aus der Grotte „la Zinzulusa" bei Otranto.

In enormer Arten- und zum Teil auch Individuenzahl in unterirdischen Gewässern vertreten sind die Isopoden und Amphipoden. Die Isopoden haben in der durch mehrere Arten im Mediterrangebiet vertretenen Gattung *Stenasellus* uns ein wohl sehr altes Relikt erhalten; auch die Familie der *Cirolanidae* wird vorzugsweise von alten Reliktformen gebildet: die drei europäischen Gattungen *Typhlocirolana* RAC., *Sphaeromides* DOLLF. und *Faucheria* DOLLF. leben durchwegs unterirdisch. Ihr Alter wird vielleicht durch die nahen Beziehungen zu amerikanischen Gattungen, von denen einige überdies marin sind, zum Ausdruck gebracht. Ähnlich sind vielleicht die *Sphaeromidae* zu beurteilen, die im Karstgebiet durch das Genus *Monolistra* GERSTÄCKER, in Frankreich durch *Caecosphaeroma* DOLLF. vertreten sind.

Während sonach — von außereuropäischen Vorkommnissen abgesehen — die Höhlenisopoden vorzugsweise im Mittelmeergebiet auftreten, bieten die Amphipoden auch im mittleren Europa Beispiele für Vertreter der Fauna unterirdischer Gewässer. Schon in der ersten Hälfte des 19. Jahrhunderts begegnen uns Mitteilungen über das Vorkommen des Höhlenflohkrebses *Niphargus* SCHIÖDTE, von welcher Gattung auch noch in England Vertreter bekannt geworden sind, von wo übrigens noch eine zweite Gattung, *Crangonyx* BATE, in einer subterranen Art beschrieben wurde. Durch ihre Größe und Stachelornamentik auffallende, ganz abenteuerliche Amphipoden entdeckte ABSOLON in Höhlen Albaniens und der Herzegovina, die an die Riesenformen des Baikalsees erinnern: *Stygodytes balcanicus* (Abb. 13), *Metohia carinata, Antroplotes herculeanus*.

Die Dekapoden wiederum weisen, wenn wir einmal von außereuropäischen Fällen absehen, eine ausgesprochen zirkummediterrane Verbreitung auf; abermals muß dabei auffallen, daß Vertreter derselben Familie, nämlich der *Atyidae*, auch in der Höhlenfauna Amerikas vertreten sind.

Die Fische sind in den Höhlengewässern Nordamerikas durch fast ein Dutzend Arten von Amblyopsiden vertreten, deren zuerst entdeckte die bekannte *Amblyopsis spelaea* (Abb. 14) aus der Mammuthöhle von Kentucky ist. Auch die *Siluridae* sind durch mehrere Arten in Amerika und durch eine erst kürzlich entdeckte neue Gattung *Uegitglanis Zammaranoi* GIANFERRARI auch in Afrika vertreten. Endlich kennen wir von der Insel Kuba zwei eigenartige Höhlenfischgattungen, *Stygicola* GILL und *Lucifuga* POEY, die wiederum dadurch bemerkenswert sind, daß sie einer

marinen Fischfamilie, nämlich den Brotuliden, angehören. Erwähnen wir
noch, daß unser Grottenolm in Amerika ein Gegenstück in der merkwürdigen *Typhlomolge Rathbuni* aufweist, so haben wir eine Reihe der
auffallendsten Beispiele namhaft gemacht und können die hier gemachten

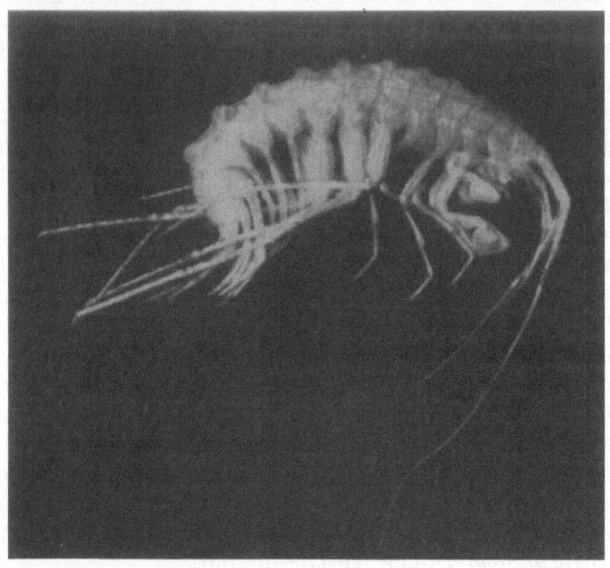

Abb. 13. *Stygodytes balcanicus* ABSOLON. Nach einem vom Entdecker zur Verfügung gestellten
Exemplar. (Phot. Dr. G. IRGANG.)

Mitteilungen zusammenfassend sagen, daß für den Systematiker und
Tiergeographen die Bedeutung der subterranen Wasserfauna einmal
darin liegt, daß viele neue endemische Arten oder selbst Gattungen hier
hausen, daß deren Beziehungen zu fossilen Formen (*Bathynella*), deren

Abb. 14. *Amblyopsis spelaea*, ein blinder Höhlenfisch aus der Mammuthöhle in Kentucky.
(Nach EIGENMANN.)

Zugehörigkeit zu marinen Familien (*Marifuga*, die Höhlenserpulide,
die Höhlenfische von Kuba usw.), deren geographische Verbreitung (Beziehungen zwischen der europäischen und amerikanischen Fauna bei vielen
Höhlenkopepoden, bei den Cirolaniden usw.) dafür sprechen, daß uns die
unterirdischen Gewässer viele alte Formen überlebend erhalten haben.

Wenden wir unsere Aufmerksamkeit ferner auf die biologischen Verhältnisse der Höhlenfauna, so finden wir in den meisten früheren Arbeiten die Angabe, daß die Höhlentiere pigmentlos und blind seien, und daß die Rückbildung der Augen vielfach durch eine gesteigerte Ausbildung der Tastapparate oder der Organe des chemischen Sinnes kompensiert sei.

Der Pigmentverlust ist eine bei den Wasserbewohnern der lichtlosen Tiefen allgemein verbreitete Erscheinung und erreicht in vielen Fällen sehr hohen Grad. Der amerikanische Höhlenkrebs *Cambarus pellucidus* ist derart durchsichtig, daß man die Anwesenheit dieses Krebses in seinem Wohngewässer fast nur an seinem Schatten feststellen kann. Auch die typischen Höhlenfische wetteifern an Pigmentmangel mit dem Grottenolm. Man kann dieses Verhalten zunächst merkwürdig finden, wenn man diese Höhlenkrebse und Höhlenfische mit den marinen Tiefseetieren vergleicht und dann mit ihren landbewohnenden Höhlengenossen. Gegenüber den wasserhellen oder milchweißen Wasserbewohnern unserer Höhlen sind die Tiefseebewohner des Meeres bekanntlich intensiv rot (die Krebse „sehen wie gekocht aus") oder dunkelviolett bis schwarz. Diesen Unterschied zwischen Süßwasser- und mariner Fauna klarzulegen, hieße müßig Hypothesen erfinden. Hingegen ist der Unterschied zwischen der Land- und Wasserfauna der Höhlen eher zu durchblicken; denn bei den Landbewohnern muß das Chitin dicker sein als bei den rein aquatilen Tieren, und die Eigenfarbe des Chitins ruft dann jene dunkle, nicht auf Pigmenten beruhende Farbe hervor, durch welche sich etwa Coleopteren und Myriapoden auszeichnen, oder jene tiefschwarze Diptere *Speomyia Absoloni*, von der ihr Entdecker, der sie ihres absonderlichen Aussehens wegen zuerst für eine Spinne hielt, sagt, sie sei „so dunkel, wie eine in der Tropensonne fliegende Fliege".

Die Rückbildung des Sehorgans hat je nach der Dauer der unterirdischen Lebensweise und der systematischen Stellung bei verschiedenen Formen einen ungleichen Grad erreicht und verschiedene Wege eingeschlagen. Oft werden bei Arten Augen angelegt, die während der Entwicklung einer Rückbildung anheimfallen.

Bei den Vertretern der europäischen Höhlenfauna liegen, wenigstens soweit sie Wasserbewohner sind, keine nennenswerten Beispiele dafür vor, daß die Rückbildung der Augen durch eine kompensatorische Hypertrophie anderer Sinnesorgane wettgemacht werde. Wohl aber kommen derartige Erscheinungen bei den amerikanischen Amblyopsiden vor.

Der Umstand, daß die Höhlen so viele alte Reliktformen beherbergen, ist wohl dadurch begründet, daß die gleichmäßige Temperatur derselben sie zu einer Zufluchtstätte gegen Temperaturextreme machte, so daß ebensogut gegen Wärme wie gegen Kälte empfindliche Formen erhalten bleiben konnten. Auffallend ist die Artenarmut mittel- und nordeuropäischer Höhlen gegenüber denen des Mittelmeergebietes. SPANDL glaubte diese Erscheinung durch den Einfluß der Eiszeit erklären zu müssen, während CHAPPUIS die Ursache darin sieht, daß diese Höhlentiere von vornherein Elemente der mediterranen Fauna waren.

2. Quellen.

a) Hydrographisches.

Die als Quellen bezeichneten Wasseraustritte aus dem Erdboden können, auch wenn wir von den abnormen Fällen, wie sie in den heißen Quellen und Mineralquellen vorliegen, absehen, noch recht verschiedenartige Verhältnisse aufweisen, so daß schon einer der ersten, der sich mit der Biologie der Quellen befaßte, nämlich P. Steinmann, eine Unterscheidung von Rheokrenen = Sturzquellen und Limnokrenen = Tümpelquellen vorschlug.

Eine Rheokrene ist eine Quelle, bei der das Wasser sofort mit stärkerem oder schwächerem Gefälle zu Tal eilt, so daß der feinere Detritus

Abb. 15. Quelltrichter am Südufer des Lunzer Mittersees. Bei niederem Wasserstand werden die ufernahen Trichter zum Teil voneinander isoliert. So ist hier der im Vordergrund befindliche Trichter durch eine trocken gelegte Schlammbank von weiter seewärts gelegenen Trichtern abgesondert. In den Trichtern lebt *Niphargus tatrensis* und eine noch nicht gezüchtete eigenartige Orthocladinen-Larve.

mitgerissen wird, und deren Untergrund steinig ist. Dieser Typus erinnert an die Verhältnisse, die der Gebirgsbach bietet.

Einen besonderen hierher gehörigen Fall stellen die Vauclusequellen der Karstgebiete dar.

Eine Limnokrene ist eine Quelle, bei der das Wasser, anstatt direkt abzufließen, einen Tümpel bildet, der von unten her mit Wasser gefüllt wird und durch einen Überlauf in den Quellbach übergeht. Der Untergrund ist gewöhnlich schlammig bis humös, mit meist reichlicher Phanerogamenflora.

Thienemann unterscheidet ferner noch Helokrenen, bei denen das aufsteigende Wasser keinen Tümpel mit freier Wasserfläche bildet, sondern die ganze Gegend in einen Morast verwandelt. In solchen kann die „Fauna des Feuchten“ besonders zur Entfaltung kommen.

Im einzelnen ist es natürlich oft schwer, eine Quelle durch Anwendung eines dieser drei termini zu kennzeichnen. So kommen z. B. in einem Buchenwald bei Marienbad in Böhmen Grundwasseraustritte vor, die die dort angehäuften Buchenlaubmassen und deren Zerfallsmoder ständig feucht erhalten. Darin leben in ziemlicher Volksstärke Kolonien von *Candona pubescens* KAUFMAN. Das Aussehen dieser Örtlichkeit würde kaum mehr die Verwendung des Ausdruckes Helokrene für sie zulassen. Und doch wird sich schwerlich ein terminus finden lassen, durch den dieser *Candona*-Fundplatz besser bezeichnet würde. Ebenso stößt man auf terminologische Schwierigkeiten, wenn man den Lunzer Mittersee (Abb. 15) unter einer unserer limnologischen Bezeichnungen unterbringen will. Da dieser See eigentlich keinen oberirdischen Zufluß hat, sondern durch zahlreiche am Seeboden austretende Quellen gespeist wird, fällt er eigentlich unter den Begriff Limnokrene. Und doch ist er, schon wegen der Größe des Seebeckens sowie auch wegen seiner Wasserströmungen sehr weit von dem verschieden, was man gewöhnlich als Limnokrene bezeichnet. Es empfiehlt sich daher, und dies gilt nicht allein für Quellen, bei der Behandlung irgendwelcher Biotope des Süßwassers, sich nicht mit der Verwendung irgendeines Terminus zur Kennzeichnung der betreffenden Örtlichkeit zu begnügen, sondern durch Detailbeschreibung dieselbe genauer zu kennzeichnen.

b) Die Lebensbedingungen in den Quellen.

1. Da die Quellen die Verbindung unterirdischen Wassers mit dem Tagwasser herstellen, beherbergen sie oft Mitglieder der subterranen Fauna. Zum Teil werden dieselben mehr als Zufallsfunde zu werten sein, indem einzelne Individuen dieser subterranen Fauna — besonders zur Zeit stärkerer Wasserführung der Quelle — herausgespült werden, zum Teil handelt es sich vielleicht um aktive Auswanderer. BORNHAUSER führt aus Quellen der Baseler Umgebung als Beispiele subterraner Elemente in der Quellfauna an: *Dendrocoelum infernale*, *Planaria vitta*, *Niphargus puteanus*, *Asellus cavaticus* und mehrere Lartetien. Sehr verbreitet in Quellen ist ferner der sonst dem Grundwasser angehörige *Haplotaxis gordioides* HART.

2. Helokrenen stellen vielfach ein Grenzgebiet zwischen Wasser- und Landfauna dar. Demnach stoßen wir hier auf eine Reihe von Vertretern der Landfauna, die mehr minder gut dem Leben im Feuchten oder im Wasser angepaßt sind. Unter den Collembolen, Landmilben und Psychodidenlarven können alle Abstufungen solcher biologischer Formenreihen festgestellt werden.

3. Von dem aus der Quelle sich entwickelnden Bach unterscheidet sich wenigstens die Limno- und die Helokrene durch die Ruhe des Wassers. Dieser Umstand kommt in einem auffallenden Unterschied zwischen diesen Quellen und den Rheokrenen zum Ausdruck. In letzteren finden sich regelmäßig Arten, die, wie *Planaria alpina*, *Melusina*, *Ancylus*, *Protzia* usw., sonst dem fließenden Wasser angehören. Bei Lunz

wurde die ebenfalls sonst mehr im fließenden Wasser vertretene Ostra-
kodengattung *Potamocypris* oft in Quellen angetroffen, merkwürdigerweise sogar — und zwar *P. Wolfi* — in unterseeischen Quellaustritten,
die naturgemäß gar nicht den Charakter der Rheokrenen haben.

4. Die im Laufe eines Jahres nur geringe Schwankungen aufweisende,
tiefe Temperatur des Quellwassers schafft den stenothermen Kaltwasserformen geeignete Lebensbedingungen: *Planaria alpina, Hygrobates
norvegicus* oder die von KERNER in Hochgebirgsquellen Tirols gefundene

Abb. 16. Flottierende Büschel der kaltstenothermen Chrysomonadine *Hydrurus foetidus* aus dem
Lunzer Seebach. (Phot. Dr. H. KRAWANY.) Nat. Gr.

Prasiola Sauteri, eine der auffallendsten arktisch alpinen Algen, die an
noch tiefere Temperaturen gebunden ist als *Hydrurus* (Abb. 16). *Hydrurus*
ist wohl die verbreitetste Kaltwasseralge der Alpen. Doch sei hier auf
einen zweiten kurzlebigen Kaltwasserorganismus, die Chrysocapsale
Celloniella palensis aufmerksam gemacht, der von PASCHER an der ita-
lienisch-kärntnerischen Grenze entdeckt und bisher im nördlichen Alpengebiet nicht beobachtet wurde. Während *Prasiola Sauteri* die Quellen bewohnt, sind *Hydrurus* und *Celloniella* bereits Bachbewohner. Vgl. S. 72, 73.

Infolge der Konstanz der Temperatur fehlt jeglicher Einfluß der
Jahreszeit auf das Tierleben. Die Zusammensetzung der Organismen-

welt ist so ziemlich während des ganzen Jahres die gleiche, und es fehlt meistens auch eine an eine bestimmte Jahreszeit geknüpfte Fortpflanzungsperiode.

5. Über den Chemismus des Quellwassers liegen nicht allzu viele Beobachtungen vor. Viele Autoren begnügten sich mit der Feststellung des Kalk- oder Urgesteincharakters des Bodens, aus dem die Quellen entspringen. Es kommt aber sehr oft vor, daß eine im reinen Kalk entspringende Quelle kalkärmer ist als eine etwa im Sandstein entspringende. Es sind daher chemische Untersuchungen unerläßlich. Während man in letzter Zeit vielfach der Meinung war, daß Kalkmangel oder Kalkreichtum keinen wesentlichen Einfluß auf die Zusammensetzung der Quellfauna hätte, mußten neuerdings viele Beobachter der schon von Born-hauser vertretenen Ansicht beipflichten, daß es Formen gibt, die Kalkwasser auffallend bevorzugen, und solche, die es meiden. Es erweisen sich als kalkliebend:

Planaria alpina und *P. gonocephala*; *Protzia squamosa*, *Gammarus pulex* (dessen Vorkommen in Westdeutschland an einen Mindestkalkgehalt des Wassers von 9—10 mg pro Liter nach Wundsch gebunden ist), *Pericoma calcilega*, viele Mollusken usw.;

als kalkfeindlich:

Pisidium fontinale var. *ovatum*, *Polycelis cornuta*.

Mehr kommt der Unterschied vielleicht noch in der Vegetation zum Ausdruck. Speziell die Moosgattung *Cratoneuron* weist mehrere für Kalkquellen charakteristische Arten auf, die zur Bildung umfangreicher Kalktuffe Anlaß geben, wie solche z. B. von Thienemann auf Rügen aufgefunden wurden. Eine andere Form der Kalkausfällung aus einer Quelle liegt bei der Bildung der Quellkreide vor, die entsteht, wenn kalkreiche Quellen unterseeisch austreten.

Über den Sauerstoffgehalt der Quellen hat Thienemann in Holstein Untersuchungen angestellt, die ergaben, daß der O_2-Gehalt des Quellwassers unterhalb des Sättigungswertes liegt, sogar in vielen Quellen sehr stark; die gleichen Verhältnisse fanden schwedische Autoren in schwedischen Quellen. Die an diese Beobachtungen geknüpfte Vermutung, daß die wasseratmenden Quelltiere nur ein geringes Sauerstoffbedürfnis haben, wird wohl durch die Tatsache, daß bei geringer Temperatur — und die liegt bei Quellen eben immer vor — der Sauerstoffverbrauch der Organismen eo ipso herabgesetzt ist (vgl. S. 25), hinfällig. Ferner ist in anderen Gebieten, z. B. in den Alpen, das Quellwasser reich an O_2, oft nahe der Sättigungsgrenze.

6. Endlich kommen für viele Quellen Mangel an Nährstoffen und die kleinen Dimensionen des Biotops als biologisch bedeutsame Faktoren in Betracht. Man will auf diese Milieuverhältnisse die Kleinheit der meisten Quelltiere zurückführen. Bei der Untersuchung der Quellen in Holstein wurde diese für Trichopteren, Hydracarinen, Käfer und Schnecken festgestellt, und Thienemann fand, daß *Gammarus pulex*, der sonst bei Plön 25 mm lang wird, in den Quellen nur in 16 mm langen Exemplaren auftritt. Experimentell geprüft sind allerdings diese Zusammenhänge nicht, und es fehlt nicht an Freilandbeobachtungen, die in Widersprüche ver-

wickeln. In dem als Limnokrene aufgefaßten Mittersee bei Lunz z. B. tritt der Saibling in einer Zwergrasse auf, während Vertreter anderer Tiergruppen dort wiederum Riesenwuchs aufweisen.

7. Wohl nicht mehr ins Gebiet der Hydrobiologie fällt eine eigenartige Rückwirkung der Quellen auf die Lebensbedingungen ihrer Umgebung, indem sie während des Winters kältemindernd auf ihre unmittelbare Nachbarschaft wirken. In Norddeutschland kommen an Quellen, und zwar eben nur an Quellen, die Schnecken *Trigonostoma obvolutum* und *Lauria cylindracea* vor, deren eigentliche Heimat im Südwesten im Bereich milderer Winter gelegen ist. Sie stellen Relikte einer wärmeren, postglazialen Zeit dar und sind subfossil in Quellkalken noch in Dänemark nachgewiesen worden. In diesem wärmeren Abschnitt der Postglazialzeit — es dürfte sich um das Subboreal handeln — haben sogar Formen, die gegen den Winterfrost noch empfindlicher sind, wie *Azeca Menkeana*, an Quellen Norddeutschlands gelebt, wie deren fossile Überreste zeigen.

c) Der Anteil einzelner Tier- und Pflanzengruppen an der Quellbiozönose.

Unter den vielen Rhizopoden, die BORNHAUSER aus den Quellen der Umgebung von Basel veröffentlicht hat, ist kein Beispiel einer auf Quellen beschränkten Art. Wohl aber fällt auf, daß eine ganze Anzahl der Quellrhizopoden in der Tiefe der subalpinen Seen wiederkehrt. Es handelt sich um stenotherme Kaltwasserformen.

Von Turbellarien wird *Polycladodes alba* von BORNHAUSER als „ausgesprochenstes Quelltier" bezeichnet. STEINBÖCK zitiert als Leitformen der Quellmoose *Ascophora elegantissima*, *Dalyellia microphthalma*, *Castrella truncata*.

Daß *Rhynchelmis limosella* Quellen bevorzugt, hängt wohl mit seiner Natur als stenotherme Kaltwasserform (Glazialrelikt) zusammen. Unter den Kopepoden bevorzugen manche Arten Quellen: so ist *Canthocamptus pilosus* bisher nur aus Quellwasser bekannt; *C. Wierzejskii* ist charakteristisches Element der norddeutschen Quellen und kehrt in der Tiefe der Alpenseen wieder (vgl. *Rhizopoda*). Unter den Ostrakoden ist *Ilyodromus olivaceus* sowie die nur in Nordeuropa heimische *Scottia Browniana* ganz auf Quellen beschränkt. Unter den Hydracarinen sind durch die Untersuchungen norddeutscher Quellen seitens VIETS eine Reihe neuer Arten bekannt geworden, die ebenfalls auf Quellen beschränkt zu sein scheinen: *Athienemannia Schermeri*, *Arrenurus fontinalis*, *Sperchon longissimus*. Auch in den Alpen sind von WALTER mehrere Arten beschrieben worden, die bisher als ausschließliche Quellbewohner gelten müssen, so *Protzia squamosa*.

Unter den Amphipoden der Quellen stoßen wir auf viele Arten, die der Fauna der unterirdischen Gewässer angehören, so vor allem auf die Gattung *Niphargus*. BORNHAUSER leitet seine Mitteilungen über Quellamphipoden mit dem Satz ein: „Nur wenige Formen repräsentieren die Amphipodenfauna der Quellen, so *Gammarus Veneris* HELLER auf

Zypern, drei *Hyale*-Arten in den Kordilleren und der neue augenlose *Typhlogammarus Mrázeki* SCHÄFERNA in Montenegro.“

Wenn wir endlich noch der Insekten gedenken, beginnen wir am besten mit den Trichopteren, denn „an Artenfülle und biologischer Wichtigkeit übertreffen die Quelltrichopteren alle übrigen Insektengruppen“ (BORN-HAUSER). *Ptilocolepus granulatus* und *Crunoecia irrorata* werden mit Recht als ausschließliche Quelltiere namhaft gemacht, daneben allerdings auch andere, für die die Bezeichnung Quellentiere nach ihrem Verhalten in anderen Gegenden nicht zutrifft, wie *Neureclipsis bimaculata*, die BORNHAUSER „zu den regelmäßigsten Erscheinungen in der Quellenfauna“ rechnet. In Böhmen habe ich diese netzspinnende Trichoptere nur in Abflüssen von Teichen gesehen, in denen sie Netze zum Planktonfang spannt. Was sonst an Quelltrichopteren in verschiedenen Arbeiten namhaft gemacht wird, betrifft meist nicht mehr das Quellbecken im engeren Sinne, sondern gehört bereits dem Quellrinnsal an (*Agapetus fuscipes* CT. und *Plectrocnemia conspersa* CT.) oder wird besser der *Fauna hygropetrica* (vgl. S. 181ff) zugerechnet, wie *Beraea maurus* und mehrere *Tinodes-* und *Stactobia*-Arten.

Mit solchen hygropetrischen Arten wären auch eine Anzahl von Dipterenlarven biozönotisch zu vereinigen, so die durch ihre *Agraylea*-artigen Gehäuse (Abb. 17) auffallende *Thaumastoptera calceata*, gewisse *Atrichopogon*-Arten und endlich eine Anzahl von Perikomiden.

THIENEMANN konnte unter 91 in Quellen gefundenen Arten 28 krenobionte, d. h. als typische Quellbewohner zu bezeichnende Arten nachweisen; unter diesen „fallen 3 durch allgemeine Verbreitung unter Massenauftreten in die Augen, die kleine weiße Larve von *Pelopia infortunata*, die blaßvioletten, noch kleineren Larven von *Camptocladius pentaplastus* und die größeren, dunkelviolett geringelten Larven von

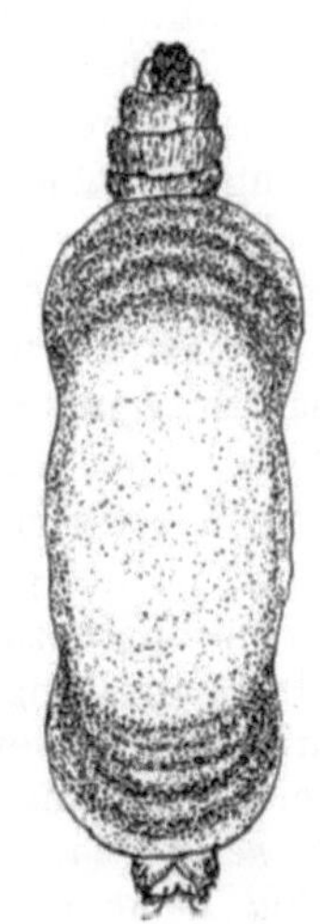

Abb. 17. Larve von *Thaumastoptera calceata* im Gehäuse, von oben, 10:1. (Nach THIENEMANN. Gez. Dr. Fr. LENZ.)

Metriocnemus hygropetricus“. Vielleicht weniger verbreitet sind die *Pelopia*-Arten der *Tetrasticta*-Gruppe, die *Macropelopia*-Arten der *Adaucta*-Gruppe, zwei *Lundströmia*-Arten sowie *Chironomus flavicollis*.

Über die Coleopteren der Quellen liegen viele Angaben vor, doch scheinen keine ausschließlich für Quellen typische Arten vorzukommen. noch weniger typische Elemente stellen andere Tiergruppen bei, z. B. die Nematoden und Rotatorien.

d) Die Herkunft der Quellfauna. Tiergeographisches.

Bei den ersten Untersuchungen der mitteleuropäischen Quellen drängte sich den Fragestellern vorerst die Frage nach der Herkunft der vielen kaltstenothermen Elemente dieser Biozönose auf: „Unwillkürlich suchen wir nach einer plausiblen Erklärung so stark auffallender Fakta, wie das Vorkommen hochalpiner Formen in tiefen Lagen, z. B. *Apatania fimbriata* im Bruderholz, *Partnunia Steinmanni* bei Büren (Nordabhang des Jura, 550 m). Befremdend erscheint das Auftreten sonst alpin, profund, montan und nordisch lebender Tiere in den 240 m ü. M. liegenden Quellen westlich des Rheins sowie die Anwesenheit von *Difflugia piriformis lacustris, Planaria alpina* und *Stenophylax nigricornis* im Kaiserstuhl." Auf die durch derartige Vorkommnisse nahegelegte Frage nach der Herkunft der stenothermen Quellenfauna sieht Bornhauser, dem auch die eben zitierte Stelle entstammt, eine restlos befriedigende Antwort nur gegeben durch eine historische Erklärung, nämlich durch die von Zschokke ausgebaute Theorie von den Trümmern der eiszeitlichen Tierwelt.

Nun ist aber mit dieser Antwort mehr im allgemeinen ein Problem gelöst, hinter dem noch eine Reihe von speziellen Fragen verborgen liegen. Es hat sich nämlich bei der Ausdehnung der Untersuchung auf die Quellen verschiedener Gebiete ergeben, daß die artliche Zusammensetzung der Quellbiozönosen in geographisch getrennten Gebieten sehr verschieden ist. Schon die Untersuchung der Entomostraken der Quellen Holsteins ergab sehr charakteristische Unterschiede gegenüber den Quellen der Alpen und des Alpenvorlandes, Unterschiede, die zum Teil Fingerzeige gaben zur Beurteilung der Herkunft und der Einwanderungszeit einzelner Quellfaunenelemente.

Noch verstärkt wurde der Eindruck dieses auffallenden Unterschiedes, als nachträglich die Hydracarinen der norddeutschen Quellen von Viets studiert wurden. Hier fehlen Anklänge an die süddeutschen Quellen fast ganz, hingegen scheinen die zuerst für Holstein ermittelten Eigentümlichkeiten weit nach Westen und Osten zu reichen, denn von den besonders eigenartigen Typen dieses Gebietes wurde die Hydracarine *Athienemannia* auch in Holland gefunden und der monotype Ostrakode *Scottia Browniana* in Nordrußland. Gerade so auffallende Typen wie *Xystonotus Willmanni, A. Thienemannia Schermeri, Drammenia, Ljania* und *Arrhenurus fontinalis* fehlen den Alpen, ja erreichen zum Teil nicht einmal mehr Mitteldeutschland. Aber auch wo gemeinsame Arten vorliegen, zeigen sich hinsichtlich ihrer Frequenz und Abundanz auffallende Unterschiede. Wer sich genauer hierüber informieren will, muß wohl die Abhandlung von Viets: Hydracarinen der Quellen Mitteleuropas zur Hand nehmen. Hier seien nur einige Zahlen als beredte Zeugen aus dieser Arbeit angeführt.

Es fanden sich

im Harz			in den Alpen		
Hygrobates norvegicus	an 29	Stellen	*Lebertia tuberosa*	an 148	Stellen
Sperchon squamosus	„ 23	„	*Sperchon glandulosus*	„ 124	„
Sperchon brevirostris	„ 21	„	*Lebertia Zschokkii*	„ 91	„
Lebertia Sefvei	„ 21	„	*Panisus Michaeli*	„ 39	„
Lebertia complexa	„ 20	„	*Sperchon denticulatus*	„ 35	„
Sperchon glandulosus	„ 10	„	*Partnunia Steinmanni*	„ 33	„
Panisus Michaeli	„ 9	„			

Wir sehen also eine völlige Verschiebung der Frequenzverhältnisse.

3. Das fließende Wasser.

a) Biozönotische Gliederung des fließenden Wassers.

Verfolgt man einen Wasserlauf von seiner Quelle bis zu seinem Übertritt ins Meer, so drängt sich von selbst eine Gliederung auf, die in erster Linie auf die Unterschiede im Gefälle und in der Wasserführung Rücksicht nimmt und die zuerst von den Fischereibiologen terminologisch festgehalten und durch gewisse vorherrschende Fischarten auch zoologisch charakterisiert wurde. Es ist dies die Unterscheidung einer Forellen-, Äschen-, Barben- und Bleiregion.

1. Die Forellenregion ist durch starkes Gefälle, ungleichmäßige Wasserführung, geringen Pflanzenwuchs, durch feste Fels- und Steinblöcke im Bachbett und tiefe Temperatur des hier noch reinen Wassers ausgezeichnet. Sie führt ihren Namen wegen des häufigen Vorkommens der Bachforelle (*Trutta fario*) neben der noch *Cottus gobio*, *Phoxinus laevis* und *Nemachilus barbatula* öfters angetroffen werden. Von botanischer Seite wurde noch eine Zweiteilung derselben vorgeschlagen: a) die *Hildenbrandia*-Region von der Quelle bis zur Talau; b) die *Lemanea*-Region, der Weg durch die Talau.

2. Die Äschenregion mit geringerem Gefälle, zunehmendem Pflanzenwuchs und nur bei Niederwasser noch zutage tretenden Steinen hat nicht mehr die konstant tiefe Temperatur wie die Forellenregion. Neben der Äsche (*Thymallus vulgaris*), die ihr den Namen gab, lebt hier besonders *Squalius cephalus*.

3. Die Barbenregion entspricht nach gewöhnlichem Sprachgebrauch bereits einem Fluß, nicht mehr dem Gebirgsbach, wie die beiden ersten Regionen. Das Flußbett ist kiesig oder sandig, die Ufervegetation ist reich, die Temperaturschwankungen sind erheblich größer. Der Charakterfisch ist *Barbus fluviatilis*.

4. Die Bleiregion umfaßt die meist stark durch Sinkstoffe getrübten Flüsse und Ströme der Ebene, deren Wasser im Sommer sehr hohe Temperaturen erreichen kann. Neben dem typischen Fisch *Abramis brama* treten besonders Cypriniden auf.

Während im Unterlauf die chemischen und Temperaturverhältnisse in verschiedenen Stromgebieten keine nennenswerten Unterschiede aufzuweisen pflegen, sind diese Faktoren im Bereich des Oberlaufes von großer Bedeutung und erfordern daher eine spezielle Besprechung.

Außer den Versuchen, einen Bach bzw. Flußlauf nach seiner Fischfauna oder nach seiner Rotalgenflora biozönotisch zu gliedern, muß hier noch ein weiterer solcher Fall herangezogen werden, über den bereits eine umfangreiche Literatur existiert, der noch keineswegs in allen Punkten völlig klargestellt ist und der verschiedene Zweige der Limnologie betrifft. Es ist dies die charakteristische Verteilung der Bachtricladen.

In den neunziger Jahren fand W. Voigt, daß in verschiedenen westdeutschen Gebirgen die Planarienfauna der Bäche eine gewisse Regelmäßigkeit erkennen läßt, die eine Erklärung verlangt, die von Voigt auch gegeben wurde. Er fand, daß in den Quellen dieser Bäche und in dem unmittelbar anschließenden obersten Stück des Bachlaufes *Planaria alpina* (Abb. 18) lebt, in der mittleren Bachstrecke *Polycelis cornuta* und in dem wärmeren Unterlauf *Planaria gonocephala*. Nach VOIGT war in den kalten Wasserläufen während der Eiszeit und beim Abklingen dieser Zeit nur *Planaria alpina* vorhanden; mit dem Eintritt milder Temperatur drang in diese von *P. alpina* bewohnten Bäche *Polycelis cornuta* ein und verdrängte die *alpina*, die sich der Erwärmung des Wassers ausweichend in die unterirdischen Wasserläufe der Quelle zurückzog, wenn die Quelle selber nicht mehr zusagende Bedingungen bot. Wo sich diese Möglichkeit nicht bot, starb *P. alpina* aus. *Polycelis cornuta* wird vom Unterlauf her durch die bachaufwärts vorrückende *Planaria gonocephala* bedrängt, so daß das räumliche Nebeneinander dieser Turbellarienvorkommnisse ein zeitliches Nacheinander widerspiegelt, wenigstens nach der VOIGTschen Deutung; sicher aber geben uns die Planarienregionen eines Bachlaufes Gebiete mit verschiedenen Temperaturen wieder, da THIENEMANN feststellte, daß *alpina* in Wasser von 10—11° jährlicher Temperaturamplitude lebt, *P. cornuta* in solchem mit 14—15°, *P. gonocephala* in solchem mit 23—24° solcher Amplitude.

Ganz entsprechend diesen Beobachtungen zeigten sich die Verteilungsverhältnisse im Erzgebirge, im Lausitzer und im Isergebirge, so daß man damit rechnen konnte, ein überall gleichartiges Bild vorzufinden.

Bald aber wurden Fälle bekannt, die mit dieser Schablone nicht übereinstimmten und deren Aufklärung zu einer Vertiefung unserer Kenntnisse über die Entstehungsgeschichte der Turbellarienregionen unserer fließenden Wässer führen mußte.

So zeigte sich, daß in den Sudeten und in der Tatra die *P. cornuta* fehlt. THIENEMANN suchte dies zu erklären, indem er *P. cornuta* als einen vor der Litorinazeit vordringenden Einwanderer ansah, der mit rasch vorstoßendem linken Flügel nordwärts wanderte, begünstigt

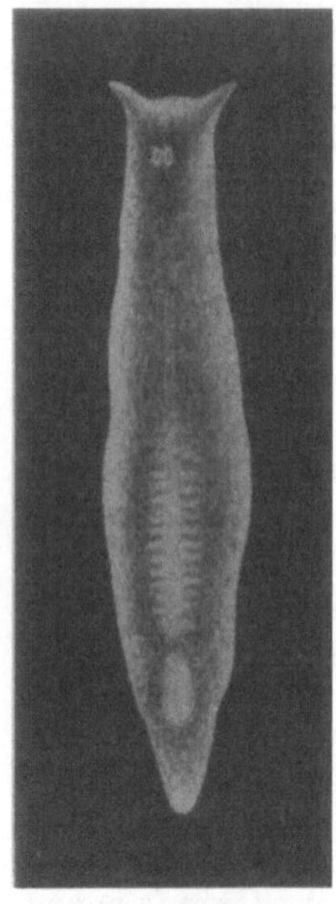

Abb. 18. *Planaria alpina* DANA. (Nach MICOLETZKY.) Vergr. 5 fach.

vom Rheinlauf. Er stellt *P. cornuta* so in Parallele mit *Niphargus* und *Barbus fluviatilis*, die ähnliche Verbreitungsbilder zeigen. Gegen diese Auffassung wandte sich KRZYSIK, der *P. cornuta* bei Danzig entdeckte. Und THIENEMANN verweist hier abermals auf eine Übereinstimmung mit der Verbreitung von *Barbus fluviatilis*, der mit Überspringung des ganzen zwischen Elbe und Weichsel gelegenen Gebietes im äußersten Nordosten Deutschlands wieder vorkommt. „Sollte die baltische Endmoräne hier die Verbreitungsschranke bilden?" fragt THIENEMANN. Aber auch diese Möglichkeit wurde jüngst von KLIE gefährdet, der für das genannte Zwischengebiet zwei *cornuta*-Kolonien nachwies, die allerdings nach seiner Auffassung durch Verschleppung entstanden sein können. Wenn aber diese Möglichkeit zu Recht besteht, dann können vereinzelte Ausnahmefälle die ursprüngliche Deutung THIENEMANNS nicht umstoßen.

Ein zweiter schon früher bekannt gewordener eigentümlicher Fall betrifft die *alpina*-Kolonien auf Rügen, wo die beiden anderen Arten fehlen. Daß dieses Fehlen nicht auf ungünstige Lebensbedingungen zurückzuführen ist, zeigen die gelungenen Einbürgerungsversuche, die THIENEMANN auf Rügen vorgenommen hat. Daß dort nur *alpina* vorkommt, hat vielmehr seinen Grund in der Fähigkeit dieser Art, sich dem Leben im Grundwasser anzupassen. Als während der Litorinazeit die Temperaturen des an der Oberfläche vorhandenen Wassers zu hoch wurden, zog sich *alpina* in die Tiefe zurück, wo sie heute noch reichlich anzutreffen ist, und von wo aus sie in die Bäche der Halbinsel Jasmund gerät.

Diese Neigung zur subterranen Lebensweise hat aber auch weit im Süden der *P. alpina* das Überdauern ungünstiger Zeitläufe ermöglicht und dort zu interessanten morphologischen Änderungen geführt. Nicht nur, daß viele dort heimische Kolonien der subterranen Lebensweise den Schwund des Körper- und Augenpigmentes verdanken (var. *corsica*, var. *bathycola, anophthalma*), zeigen manche statt eines einzigen Pharynx deren mehrere (bis zu über 30!) und wurden als besondere Arten beschrieben: *P. montenegrina, anophthalma, teratophila*. STEINMANN deutet dies als Folge wiederholter und nicht zu Ende geführter Querteilungen, mit denen diese Kolonien auf die ungewohnten äußeren Verhältnisse reagierten.

Schließlich sei in diesem Zusammenhang erwähnt, daß in Japan von KABURAKI ein ganz analoges Verteilungsbild der Bachtricladen nachgewiesen wurde, indem von der Quelle ab aufeinanderfolgen: *Planaria vivida, Polycelis auriculata, P. gonocephala*.

b) Chemische Verhältnisse.

Kalkgehalt. Die meisten Beobachter machen Unterschiede geltend zwischen Kalkwasser- und Urgebirgsbächen. Im Kalkwasserbach treten viele Moose zurück; wo sie auftreten, wie z. B. *Cratoneuron* im Bach des Halltales bei Innsbruck, sind sie derart von feinem Kalkschlamm durchsetzt, daß sie nicht die günstigen Lebensbedingungen bieten, wie die Moosbüschel (*Fontinalis, Cinclidotus*), die im Urgebirgsbach fluten.

Wo im Lunzer Gebiet Bäche besonders kalkreich sind — dort im Gegensatz zu den organismenarmen Dolomitbächen —, treten einige Meter unter der Quelle Sinterbildungen auf. Biozönotisch ist wohl auch eine gewisse Armut an Arten zu bemerken, doch fallen darunter interessante Formen auf, wie die kalkröhrenbildende Desmidiacee *Oocardium stratum* oder Vertreter der röhrenbauenden Larven von *Rheotanytarsus*. Während letztere bei Lunz mehr vereinzelt auftreten, werden von anderen Gegenden *Rheotanytarsus*-Röhrentuffe gemeldet, die in $1^1/_2$ Jahren um 1 cm an Mächtigkeit gewannen.

Sauerstoffgehalt. Wenn auch der Sauerstoffgehalt der Bäche normalerweise recht groß ist, so wird er doch vielfach überschätzt, da man allgemein anzunehmen geneigt ist, daß die Durchmischung des lebhaft bewegten Wassers mit Luft zu einer Übersättigung an O_2 führe. RUTTNER zeigte, daß dies durchaus nicht den Tatsachen entspricht: „So ergaben sich an einer etwa 3 m hohen Kaskade folgende Werte: Unmittelbar oberhalb 12,06 mg, an der untersten Stufe 11,71 mg. Dasselbe Ergebnis hatten Messungen, die an einer 50 cm hohen, mit *Hydrurus* bewachsenen Schnelle im Seebach ausgeführt wurden. Der Sauerstoff betrug oberhalb 12,03 mg, unterhalb 11,93 mg. In beiden Fällen war also keine O_2-Anreicherung, sondern eine Abnahme desselben eingetreten."

Daß trotzdem die alte Annahme, es lägen in solchen Bergbächen besonders günstige Atmungsbedingungen zugrunde, zu Recht besteht, liegt nach Ruttner einmal daran, daß diese Bäche großenteils das ganze Jahr über kaltes Wasser führen, und daß infolge der tiefen Temperatur das O_2-Bedürfnis der lebenden Organismen herabgesetzt erscheint, und dann daran, daß das rasch bewegte Wasser die im Umkreis eines jeden atmenden Organismus entstehenden O_2-armen Höfe gleich wieder zum Verschwinden bringt, oder besser gesagt, schon im Moment des Entstehens wieder beseitigt.

c) Die Temperatur- und Nahrungsverhältnisse in Bächen, deren Lauf durch Seebecken unterbrochen ist.

Während im deutschen Mittelgebirge die auf S. 69 angeführten Bachregionen sozusagen allmählich ineinander übergehen, ist im Alpengebiet eine überaus auffällige Differenzierung der Bergbäche in zwei Typen dadurch veranlaßt, daß der Bach in seinem Verlauf einen See passiert. Ruttner hat diese zwei Typen als den sommerkalten Bach und den sommerwarmen Bach unterschieden und gleichzeitig betont, daß diese beiden Fälle nicht nur durch die Temperatur, sondern auch durch die Ernährungsbedingungen sehr stark voneinander verschieden sind.

Als Beispiel diene der Seebach bei Lunz vor seinem Eintritt in den Lunzer Untersee (sogenannter Einrinn) und der Bach, wie er den Untersee verläßt (Ausrinn).

Im Einrinn geht die Temperatur während des Sommers kaum merklich über das Intervall 6—9° heraus. Flora und Fauna zeigt streng kaltstenothermen Charakter (*Hydrurus*!).

Nährmaterial für Tiere ist hier um so spärlicher vorhanden, als der Bach vorher stellenweise unterirdisch durch Schotter fließt, der wie eine Kläranlage wirkt.

Im Ausrinn hingegen kann die Sommertemperatur 20° überschreiten, da der Bach das warme Oberflächenwasser des Sees absaugt. Dieses abgesaugte Wasser enthält ferner große Mengen von Phytoplankton und auch Zooplankton, so daß den Tieren des Ausrinnes ein kontinuierlicher Nahrungsstrom zur Verfügung steht. Die Folge davon charakterisiert Ruttner mit den Worten: „Besonders zur Zeit der maximalen Planktonentwicklung im Herbst bilden aus dem Abfluß entnommene Moosrasen eine lebende Masse von Insektenlarven, Milben, Gammariden usw." Von hier stammt die in Abb. 19 abgebildete *Amphinemura*.

In besonders schöner Weise zeigt sich der Gegensatz zwischen sommerwarmen und sommerkalten Bächen, wenn zwei derart verschiedene Bäche zusammenfließen, wie es z. B. bei der Einmündung des eben

erwähnten warmen Ausflusses aus dem Lunzer Untersee in die kalte Ybbs
der Fall ist. Wie Krawany[1] gezeigt hat, ist auch unterhalb der Mündung
das Seebachwasser vom Ybbs-
wasser getrennt und mit ihm die
Fauna. Denn noch eine Strecke
weit ist das Seebachwasser zoologisch durch das Vorkommen
der *Hydropsyche angustipennis* gekennzeichnet, während deren Mangel einerseits, wie das Vorkommen von *Rhyacophila vulgaris*,
Micropterna nycterobia und *Halesus
auricollis* andererseits das Ybbs-
wasser verraten.

Wenn auch nicht so auffallend
wie im Gebirge, ist auch im flache-
ren Land diese Erscheinung zu
verzeichnen, wenn etwa größere
Teiche in einem Bachlauf zwischen-
geschaltet erscheinen. Im west-
lichen Böhmen konstatierte ich
beim Zu- und Abfluß des Regen-
teiches bei Kuttenplan und des
großen Egerer Stadtteiches durch-
schnittliche Temperaturdifferenzen
von 2—3⁰, und für die Abfluß-
fauna erwies sich das reiche Vorkommen der Fangnetze der *Neureclipsis bimaculata* als typisch, die
das ausgeschwemmte Teichplankton ebenso abfangen wie im Ausrinn
des Lunzer Untersees die Fangnetze der *Hydropsyche angustipennis*[2].

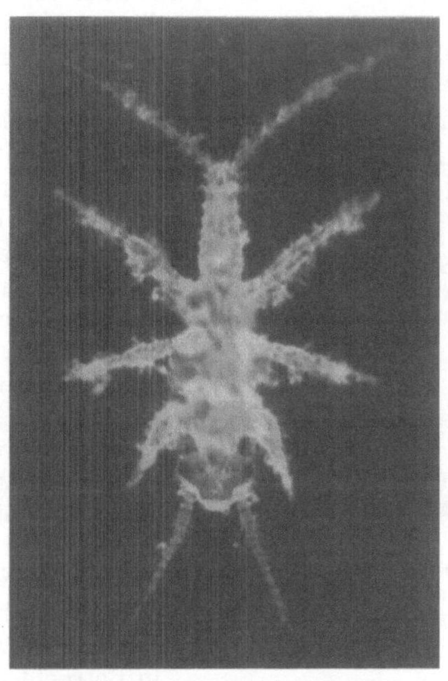

Abb. 19. *Amphinemura Standfussi* aus dem
Ausrinn des Lunzer Untersees.
(Phot. Dr. H. Krawany.) Vergr. 20 fach.
Die reiche Beborstung dieser moosbewohnenden
Art wirkt als Detritusfänger.

d) Die morphologischen Eigentümlichkeiten
der Bergbachflora und -fauna.

Der Bergbach zeigt zwei typische Wohnbezirke: die vom rasch dahinschießenden Wasser überspülten Steine und die im Wasser flottierenden
oder den Steinen aufsitzenden Moosbüschel bzw. Moospolster.

Auf blanken Steinen bilden Chamäsiphoneen, *Phaeodermatium*, *Phormidium* und *Hildebrandia* flächenhafte Überzüge.

Im stärksten Wasserstrudel flottieren die olivfarbigen Büschel von
Hydrurus oder dunkelgrüne Wassermoose, wie *Fontinalis, Cinclidotus*.

Diese Vegetation spiegelt ein zweifaches Verhalten dem fließenden
Wasser gegenüber wieder, das uns in noch ausgeprägterer Weise bei der

---

[1] Man vergleiche die Abbildung und Tabelle bei Krawany: Trichopterenstudien im Gebiet der Lunzer Seen. Internat. Rev. 1928, S. 239.

[2] Neuere Untersuchungen von H. Krawany zeigen, daß die bisher allgemein übliche Auffassung dieser Fangnetze als Planktonfänger wenigstens für
die Verhältnisse im Lunzer Seebach nicht zutrifft.

Fauna der Bäche begegnen wird, nämlich: Ein Teil weicht dem Anprall des Wassers durch flächenhafte Entwicklung möglichst aus (*Phaeodermatium*, *Hildenbrandia*), ein anderer nimmt den Kampf mit den Kräften des fließenden Wassers auf, in unserem Falle die Moose durch besondere Ausbildung der mechanischen Gewebe. Hierfür bieten die Versuche von Fuchsig gutes Belegmaterial, der durch Zugfestigkeitsproben an *Fontinalis*-Sprossen, die einerseits aus fließendem, andererseits aus stehendem Wasser entnommen waren, zeigte, daß die *Fontinalis*-Sprosse aus Bächen weit stärkeren Zugwirkungen durch angehängte Gewichte ausgesetzt werden können als *Fontinalis*-Sprosse, die im ruhenden Wasser des Sees gewachsen waren.

Abb. 20. *Ecdyurus venosus* aus dem Seebach bei Lunz. (Phot. Dr. H. Krawany.) Vergr. 2fach.

Die flächenhafte Entwicklung der Bachtiere, die angeschmiegt an Steine leben, hat nach Steinmann eine zweifache Bedeutung, einmal die, daß „abgeflachte Tiere dem Andrang des Wassers eine schiefe Ebene entgegenstellen, welche bewirkt, daß die horizontal gerichtete Strömung als niederdrückende, anpressende und nur in geringerem Grad als wegschiebende Kraft in Betracht kommt". Dann den Vorteil der Vergrößerung der Adhäsionsfläche, da „ein abgeflachtes Tier bei gleichbleibendem Volumen an Breite gewinnt, was es an Höhe verliert". Es ist interessant, zu verfolgen, wie die verschiedensten Tiergruppen diesen Prinzipien Rechnung tragen. Unter den Würmern sind die Planarien von Haus aus so gebaut, daß sie den vom Leben im Bach gestellten Anforderungen entsprechen, und sie stellen daher einen überall vertretenen Bestandteil der Bachfauna ganz im Gegensatz zu den sonst in den verschiedensten Biozönosen so reich vertretenen, hier aber fehlenden Rundwürmern. *Euspongilla lacustris*, die im Lunzer Untersee geweihartig verzweigte Stöcke bildet, tritt im Abfluß desselben nur in Krusten auf, und ähnliches beobachtete

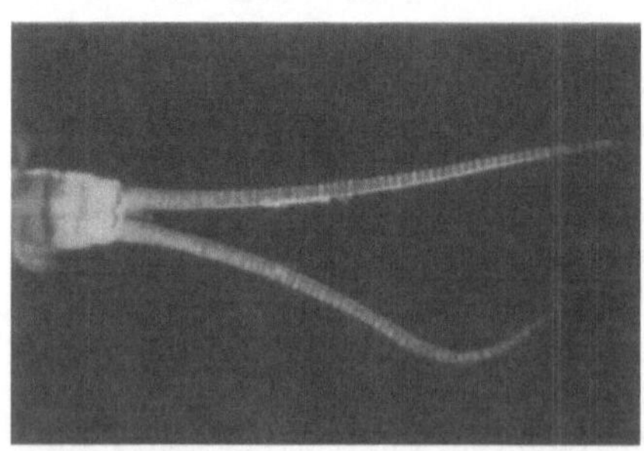

Abb. 21. *Baetis* spec. aus dem Lunzer Seebach. Der mittlere Cercus ist ganz verkümmert. Die Ursache dieser in Alpenbächen allgemein üblichen Verkümmerung ist unklar. Vgl. Fußnote auf S. 77. (Phot. Dr. H. Krawany.) Vergr. 20fach.

ich für *Plumatella* in Teichen des nördlichen Böhmerwaldes und deren Abflüssen. Ebenso paßt sich *Fredericella sultana* im Abfluß des Königssees bei Berchtesgaden den Verhältnissen des fließenden Wassers an.

Unter den Mollusken ist das einer phrygischen Mütze gleichende Gehäuse von *Ancylus fluviatilis* ein oft zitiertes Beispiel. Steinmann will bei demselben einen zahlenmäßig darstellbaren Zusammenhang zwischen Abflachung und Schrägstellung des Gehäuses und dem Wasserdruck gefunden haben. Es ist wohl ein Zeichen dafür, daß dieser Gehäusetypus eine sehr glückliche Lösung des hier gestellten Anpassungsproblems darstellt, wenn wir sehen, daß ganz der gleiche Bauplan bei einem ganz anderen Tierstamm wiederholt wird, nämlich bei den Gehäusen der Köcherfliege *Thremma gallicum*. Sonst zeigt unter den Insektenlarven vor allem eine ganze Anzahl von Perliden (*Perla maxima* usw.) und von Ephemeriden (*Ecdyurus*! Abb. 20) die Abflachung des Körpers verwirklicht. Noch auffallender bei der allerdings nicht in Bergbächen, sondern in Flüssen heimischen *Prosopistoma*-Larve (Abb. 22). Dazu kommt in diesen Fällen noch eine Verlagerung der selber ganz flachgedrückten Beine in die Körperebene. Flächenhafte Gehäuse kommen bei gewissen Trichopterenlarven dadurch zustande, daß an die zylindrische Wohnröhre seitwärts flache Steinchen angesetzt werden, Flügelsteine, so bei *Silo, Goera, Lithax*. Vielfach wird diesen Flügelsteinen auch die Bedeutung von Belastungssteinen zugeschrieben. Gewichtsvermehrung zeigen in Lunzer Gebirgsbächen auch Bachostrakoden durch erhöhte Kalkeinlagerung in die Schalen, wodurch diese Tiere in Versuchsgefäßen wie Sandkörner zu Boden sinken.

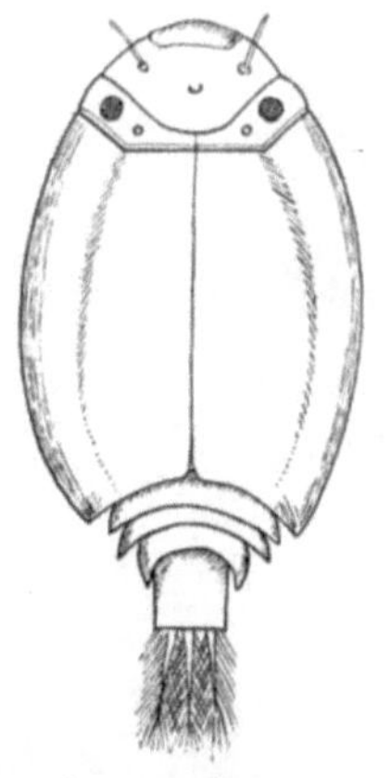

Abb. 22. *Prosopistoma*-Larve, eine Ephemeridenlarve, deren Abflachung ihren Entdecker zu dem Irrtum verleitete, ein mit *Apus* verwandtes Tier vor sich zu haben.

Bei fast allen bisher zitierten Beispielen wird überdies für einen ausgiebigen Randkontakt gesorgt, der dazu bestimmt ist, das Unterspültwerden der Tiere zu verhindern, und der, wenn er gut ausgebildet ist, das ganze Tier wie einen Saugnapf an seiner Unterlage festsitzen läßt. Über dieses Prinzip, wie es an der marinen *Patella* realisiert ist, hat bereits Goethe seine Bewunderung geäußert, und wir finden es in allerlei Variationen im Süßwasser wieder. Eigentliche Saugnapfbildung, also ein Mittel, das nicht dem Wasserdruck auszuweichen erlaubt, sondern gegen ihn anzukämpfen, finden wir im Süßwasser selten, bei uns nur an den Vertretern der Dipterenfamilie der *Blepharoceriden*, die vor allem durch die Gattung *Liponeura* (Abb. 23) bei uns vertreten ist, während in tropischen Gebirgsbächen Fische und Kaulquappen mit Haftapparaten reichlich vertreten sind. Bei der in den Hochgebirgen Innerasiens heimischen Dipterengattung *Deuterophlebia* (Abb. 24) sind zwar keine Saugnäpfe vorhanden, aber parapodienähnliche Körperanhänge können durch Einstülpung ihres distalen Teiles vorübergehend in Saugnäpfe verwandelt werden, die es diesen Tieren ermöglichen z. B. im Altai an Stellen stärkster Strömung neben Blepharoceriden zu leben.

Endlich käme die Fixierung der Gehäuse in Betracht; während viele Tanytarsiden transportable Gehäuse bauen, sind die Gehäuse der bachbewohnenden Arten der Gattung *Rheotanytarsus* an der Unterlage befestigt.

Die **Atmungsverhältnisse** bieten im fließenden Wasser nur insofern besondere Verhältnisse, als Formen vorliegen, die weder Kiemen-,
noch diffuse Hautatmung aufweisen und die — was ja im schnell strömenden Wasser unvermeidlich ist — nicht imstande sind, den Wasserspiegel aufzusuchen, um atmosphärische Luft zu schöpfen. In dieser
Lage befinden sich die Käfergattungen *Helmis* und *Hydraena*, die ventral
eine dünne, kapillare Lufthülle tragen, welche mit dem umgebenden
Wasser osmotisch in einem Sauerstoffaustausch steht. Und noch einen
anderen Atmungstypus, der besonders für Bäche mit starken Schwankungen des Wasserstandes von Bedeutung ist, müssen wir hier verzeichnen, die von NADINE PULIKOVSKY an der vorhin genannten *Deuterophle-*

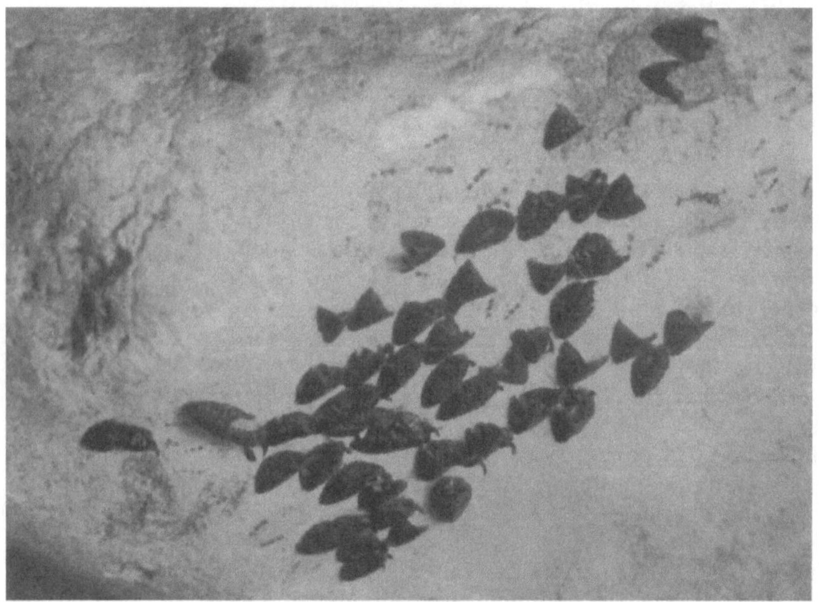

Abb. 23. *Liponeura cinerascens* var. *minor* BISCHOF.
Puppenexuvien an einem Dolomitblock aus dem Lechner-Graben bei Lunz. (Phot. Dr. H. KRAWANY.)

bia entdeckten Kutikularkiemen, die nach weiteren Studien der genannten Verfasserin wohl auch bei den Blepharoceriden und Simuliiden vorliegen. Der Umstand, daß die unbeweglichen Puppen dieser Dipteren bei
wechselnder Wasserführung ihres Wohngewässers bald untergetaucht,
bald ober dem Wasserspiegel leben, veranlaßte eine Untersuchung der
Atmungsorgane dieser Tiere, und es zeigte sich, daß die „Atmungshörner"
dieser Puppen ein Luftkammersystem besitzen, das ebenso zur Aufnahme von O_2 aus dem Wasser wie aus der Luft geeignet ist. Eine andere
Anpassung an das **zeitweise Trockenliegen des Bachbettes** zeigt
nach NORDENSKJÖLD die unserem *Ancylus* ähnliche *Gundlachia mori-
candi*, deren pantoffelförmige Gehäuse während der Trockenzeit einen
Verschlußdeckel der Gehäusemündung aufweisen. Die Pantoffelform des

Gehäuses ist übrigens wie die *Ancylus*-Form eine Anpassung an das
fließende Wasser, und es spricht wiederum für die Brauchbarkeit dieser
Form, daß dieselbe durch eine geologische Epoche hindurch und überdies
beim Übergang von der nördlichen auf die südliche Halbkugel sich erhalten hat. (*G. francofurtana* lebte im Untermiozän bei uns, heute leben
die *Gundlachia*-Arten in Südamerika und Tasmanien.)

Die Ernährungsbedingungen sind in den oberen Bachabschnitten
für die Tiere im allgemeinen ungünstig. Für gewisse Formen wurde festgestellt, daß sie die Diatomeenüberzüge auf den Steinen abweiden, so für
Deuterophlebia und eine noch unbestimmte Orthocladine aus dem Lunzer
Seebach. Größere Arten leben räuberisch von den kleineren. Wo aber
das Wasser genügend Nahrungsteilchen mit sich führt, treten Arten auf,
die in der Lage sind, das Wasser abzufil-
trieren. NEEDHAM und LLOYD haben in
einer sehr instruktiven Skizze die verschiedenen Möglichkeiten festgehalten: das Abfiltrieren durch Mundteile (*Simulium*),
durch Beine (*Brachycentrus*) oder durch
Fangnetze (*Hydropsyche*).

Die Moosfauna unterscheidet sich sowohl hinsichtlich des Artbestandes, wie
auch ihrer morphologischen Eigentümlichkeiten sehr stark von der Steinfauna. Vor
allem fällt beim Auswaschen der Moosrasen
das Vorkommen von Ostrakoden auf, vorzugsweise von Angehörigen der Gattung *Potamocypris*, die der Steinfauna völlig fehlen.
Daß diese Bachostrakoden an der zweiten
Antenne keine Schwimmborsten haben, ist
eine Parallele zu dem Mangel der Schwimm-
haare bei den bachbewohnenden Hydracarinen. Mit diesem Schwimmhaarverlust
wurde früher die Cercusrückbildung bei
Baetis verglichen. Vgl. Abb. 21. Ob die bereits (S. 19) erwähnte stärkere Kalkeinlagerung bei Ostrakodenschalen eine allgemeine

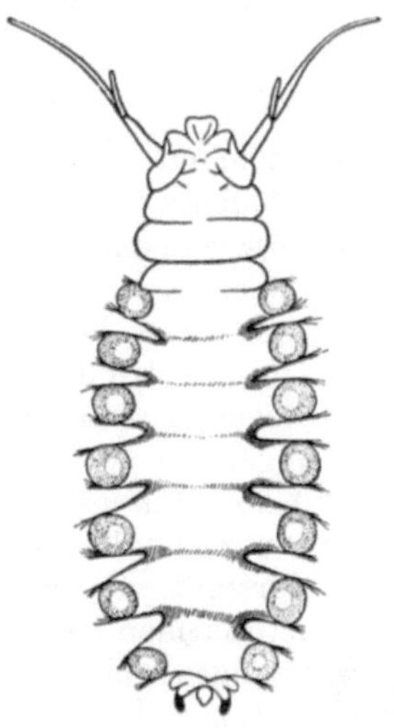

Abb. 24. Larve der Dipterengattung
Deuterophlebia aus innerasiatischen
Sturzbächen. Die parapodienartigen
Körperanhänge können saugnapfartig
eingestülpt werden.
(Nach NADINE PULIKOVSKY.)

Erscheinung darstellt, bedarf noch der Nachprüfung. Moosrasen, die
zeitweise trockenliegen, beherbergen stellenweise Harpacticiden und
Tardigraden: so leben in *Cinclidotus*-Rasen des Lochbaches bei Lunz, eines
intermittierenden Baches, *Moraria muscicola* und mehrere *Macrobiotus*-
Arten. Das Gros der Moosbewohner setzt sich aus Chironomidenlarven
und Hydracarinen zusammen, für die übereinstimmend von verschiedenen Beobachtern zwei Eigentümlichkeiten angegeben werden: die
geringe Körpergröße und Haftapparate bzw. Retentionsorgane.

Unter den Bachchironomiden ist *Thienemanniella* mit 1,7 mm Länge
ein oft zitiertes Beispiel für die Kleinheit der hier hausenden Mückenlarven; allerdings ist dies ein extremer Fall! Die meisten Orthocladinen sind erheblich größer und nur am Maßstab ihrer nicht im Bach

lebenden Verwandten gemessen kann da von Kleinheit gesprochen
werden.

Bezüglich der Milben liegen Maßangaben von CH. WALTER vor, die
wiederum erkennen lassen, daß die bachbewohnenden Arten kleiner sind
als ihre Verwandten im stehenden Wasser.

Als Haltevorrichtungen bzw. Retentionsorgane kommen vor allem
die Krallen der Nachschieber bei den Chironomiden in Betracht, die
vielleicht durch ihre Anzahl, ihre Größe und sekundäre Zähnelung eine
Steigerung ihrer Bedeutung gegenüber den Formen aus stehendem Wasser
erkennen lassen. Bei den Hydracarinen kommt die oft auffallende Entwicklung der Fußkrallen in Betracht, der z. B. die Gattung *Calonyx*
ihren Namen verdankt. Rückbildung der Krallen, wie sie z. B. am vierten
Beinpaar der seebewohnenden *Teutonia* vorkommt, fehlt demnach bei
Bachmilben.

e) Die Fauna der Strudellöcher.

Nachdem man in Nordamerika in wassererfüllten Kolken auf Felsen
rasch strömender Gewässer den typischen Wohnplatz der Larven von
Aedes atropalpus entdeckt hatte, gelang es MARTINI im Schwarzwald eine
analoge Biozönose aufzufinden, so daß es sich wohl um eine Erscheinung
von allgemeinerer Bedeutung handeln wird. Die von MARTINI untersuchten Fälle betreffen Felslöcher, die im Frühjahr unter dem Wasserspiegel liegen, später aber von Regenwasser gespeist werden und im
Schatten gelegen vor Austrocknung geschützt sind. Ausdrücklich betont
MARTINI den Organismengehalt dieser Kolke, der ja auch die condicio
sine qua non für die gleich zu erwähnenden Dipterenlarven dieser Biozönose darstellt. Es sind also wohl diese Kolke anders beschaffen als
die nährstoffarmen Regenwassertümpel auf Felsen im Gebirge, die durch
Stephanosphaera gekennzeichnet sind. Im Schwarzatal im Schwarzwald
fanden sich zwei Leitformen dieser Biozönose, die Larven der *Theobaldia
glaphyroptera* SCHINER, einer vorher in Dipterologenkreisen als „spuk-
haft auftretende Erscheinung" bekannten Art, und der neuen *Culex
torrentium* MARTINI.

Diese Strudellöcher enthalten unbewegtes Wasser und stellen also
ein dem rasch dahinschießenden Wasser des Bergbaches ganz entgegen-
gesetztes Milieu dar. Sie sind aber nicht die einzigen „Stillwasserbezirke"
oder „lenitischen Gebiete" des Baches. Teils finden wir in seitlichen
Buchten des Baches einen kaum bewegten Wasserspiegel, auf dem sich
Gyriniden und Wasserläufer, zumeist *Velia*-Arten, tummeln, teils bilden
Pflanzenbestände, z. B. Dickichte von *Veronica Beccabunga*, im Bachbett
Stellen mit nahezu ruhendem Wasser, das vor allem von *Gammarus*,
dann von Trichopteren- und Dipterenlarven bevölkert wird.

f) Fluß und Strom.

Vom eigentlichen Bach (der Forellen- und Äschenregion entsprechend) unterscheidet sich der Fluß durch das geringere Gefälle, die der
zunehmenden Breite und Tiefe entsprechende größere Wasserführung,
durch die größeren jahreszeitlichen Temperaturschwankungen sowie

durch den winterlichen Eisabschluß und die andersartige Beschaffenheit des Ufers und Grundes. Dazu kommt noch eines: der Einfluß des Kulturlebens, der es mit sich bringt, daß fast alle unsere Flüsse kein natürliches Bild mehr zeigen. Uferregulierungen, Benutzung der Wasserstraße als Verkehrsweg durch Dampfer, Veränderung der Wasserbeschaffenheit durch Zufuhr von Stoffen aus den verschiedensten industriellen Unternehmungen haben bereits zu sehr umgestaltend gewirkt, als daß wir vom Fluß ein gleichwertiges Bild entwerfen könnten wie vom Bergbach.

Über zwei große Flußgebiete Europas liegen bisher Untersuchungen vor. In den ersten Jahren dieses Jahrhunderts hat LAUTERBORN den Rhein von seiner Quelle bis zu seiner Mündung einer mustergültigen Untersuchung unterzogen, und vor kurzem erschienen BEHNINGS Arbeiten über die Wolga. Ungeschrieben ist leider bisher die Hydrobiologie der Donau geblieben. Von einigen Flußsystemen sind Einzelteile bearbeitet, so das Mündungsgebiet der Donau durch ANTIPA, der mittlere Main durch STADLER, die Oder bei Breslau durch HARNISCH u. a.

Wenn wir an einem konkreten Beispiel uns die hydrobiologischen Verhältnisse eines Flusses bzw. Stromes vor Augen führen wollen, so bietet uns eigentlich LAUTERBORNS Rheinarbeit die einzige Möglichkeit; und zwar kommt da die Flußstrecke von Basel abwärts in Betracht. Der Oberrhein (Strecke Basel—Bingen, 362 km) ist noch durch eine ziemliche Strömungsgeschwindigkeit ausgezeichnet, deren Durchschnittswert auf dieser Strecke von etwa 4 Sekundenmeter auf 1 Sekundenmeter sinkt. Der Oberrhein zeichnet sich noch durch eine reiche Algenvegetation aus: „Mit Ausnahme von *Lemanea* sind hier alle Gattungen unserer Süßwasserflorideen vertreten. *Thorea ramosissima* flutet oft in über armlangen Büscheln an Holzwerk. *Bangia atropurpurea* bildet an den stets bewegten Schaufelrädern von Schiffsmühlen dichte rötliche Behänge, die Krusten von *Hildenbrandia* und *Lithoderma* überziehen die Steine der Tiefe.“ Wir sehen also noch ein reichliches Vorkommen lithophiler Arten, die stromabwärts immer mehr zurücktreten müssen, je mehr das feste Substrat den lockeren Sandbänken und dem Schlickboden weicht. Die grünen Strähne der *Cladophora glomerata*, der häufigsten Alge des Rheines, bekleiden alle Landungsbrücken, und zarter grüner Flaum verschiedener Fadenalgen überzieht die verschlickten Steine der Uferböschung.

Als Mittelrhein durchzieht der Rhein von Bingen bis Bonn das durch seine landschaftlichen Reize bekannte 124 km lange Engtal. Der felsige Untergrund, die Stromschnellen würden dem Rhein hier den Charakter eines Gebirgsflusses verleihen, wenn nicht die jährlichen Temperaturschwankungen hier das Vorkommen der für Gebirgsflüsse charakteristischen stenothermen Kaltwasserarten ausschalten würden. Er entspricht in diesem Teil der Barbenregion.

Hingegen ist der nun folgende bis zur Mündung 370 km lange, als Niederrhein bezeichnete Abschnitt ein Beispiel eines Tieflandstromes. Für ihn sind die weiten Schlickflächen typisch, deren Oberfläche mit einem zarten bräunlichen Filz von Diatomeen und Blaualgen überzogen ist und die von Oligochäten- und Chironomidenlarven durchsetzt sind. Die Larven der Eintagsfliegengattungen *Palingenia* und *Polymitarcys* graben in Sand und Schlickablagerungen ihre Gänge. Zu Millionen durchwirbeln gleich einem Schneegestöber diese Eintagsfliegen zur Flugzeit die Luft und haben bereits SWAMMERDAMM als klassisches Untersuchungsobjekt gedient.

Ziemlich weit landeinwärts von der Mündung reicht, begünstigt durch die Gezeiten, der Einfluß des Salzwassers. Im Mündungsgebiet des Rheins entfalten sich da als sichere Leitformen auf dem festen Substrat der Uferbauten die zierlichen Bäumchen der *Cordylophora lacustris* sowie die Krusten von *Balanus und Membranipora*.

Über die Planktonverhältnisse in den einzelnen Stromabschnitten vgl. das Kapitel Potamoplankton auf S. 154.

Mit den biologischen Wirkungen der Gezeiten im Mündungsgebiet der Ströme sind wir besonders durch HENTSCHELS Studien an dem Unterlauf der Elbe bekannt geworden. Zwischen Hochwassergrenze und Niederwassergrenze entwickelt sich hier eine als „Schorre" bezeichnete Region, wo gute Sauerstoffverhältnisse, oft durch Detritusablagerung auch gute Ernährungsbedingungen bestehen, wo aber Temperaturschwankungen, die Gefahr des Austrocknens und im Winter die Gefährdung durch Eisablagerung vielen Organismen den Aufenthalt unmöglich machen.

Weiters kommen die Tidenströme als Planktonbeweger in Betracht, ganz besonders aber als Verteiler lebenswichtiger Stoffe. Die Bodenfauna sowie die Schorrefläche genießen da eine regelmäßige und reichliche Zufuhr von nährstoffreichem Detritus.

In vielen Punkten von den Verhältnissen im Rhein abweichend gestaltet sich das Bild bei der Wolga. Vor allem ist die wesentlich geringere Geschwindigkeit selbst im Ober- und Mittellauf ein wichtiger Faktor; dementsprechend kommt es im oberen Teil dieses Stromes vielfach zur Entwicklung einer üppigen Phanerogamenvegetation im Flußbett, die stark an Verhältnisse im stehenden Wasser erinnert: *Myriophyllum, Elodea* usw. Der alljährlich wiederkehrende Eisabschluß durch eine bis 1,5 m dicke Eisdecke bedingt im Verein mit der geringen Strömungsgeschwindigkeit eine Anreicherung des Wassers mit lebensfeindlichen Gasen im Winterhalbjahr. Weiters macht sich hier eine viel einschneidendere Wirkung des Mündungsgebietes geltend. Denn alle 26 Wolgaamphipoden, alle Cumaceen und Mysideen, ferner *Jaera Nordmanni, Hypania invalida, Archaeobdella Eismonti* und noch etliche Mollusken sind typische Kaspiformen, die nicht etwa nur auf das Mündungsgebiet der Wolga beschränkt, sondern zum Teil fast im ganzen Stromgebiet verbreitet sind, wie *Dreissena polymorpha, Corophium curvispinum, Dikerogammarus haemobaphes* und *Metamysis Strauchi*. Hingegen fehlt der Wolga der gewöhnliche *Gammarus pulex*, ein Zeichen, daß hier der Einfluß des Kaspischen Meeres sogar über die bodenständige Fauna den Sieg davongetragen hat. Nicht gering ist aber auch die Zahl der nordischen Arten, die durch die Wolga eine unerwartet weit nach Süden reichende Verbreitung erfahren haben, wie *Bythotrophes, Limnosida* usw.

Nicht seinem ganzen Verlauf nach, sondern nur an einzelnen bezeichnenden Stellen hat HARNISCH das Flußsystem der Oder studiert. Wir entnehmen seinen kurzen Mitteilungen (Hydrobiologische Studien im

Odergebiet. Schriften f. Süßwasser- und Meereskunde 1924) folgende wesentliche Feststellungen.

Die Gebirgsbäche des Quellgebietes werden durch *Planaria alpina, Sperchon glandulosus, Apatania fimbriata, Drusus discolor* und *Silo*-Arten gekennzeichnet.

Im Vorland verschwinden die genannte *Planaria, Silo* und der genannte *Sperchon*. Für die beiden ersten stellen sich *Planaria gonocephala* und *Goera pilosa* ein.

Im hügeligen Gelände (z. B. an der Neiße bei Ellguth) haben die Temperaturschwankungen den Grad der Ebene erreicht. *Planaria gonocephala* und *Ancylus* sind verschwunden, während *Ecdyurus* hier noch ebenso vorkommt wie im Gebirgsbach. Recht bezeichnend werden hier verschiedene *Trichocladius*-Arten, die ganz die Fauna der Buhnensteine des Stromes der Ebene beherrschen. Auch *Ephemerella ignita, Isopteryx, Ithytrichia* können als Leitformen gelten.

Allerdings, wo durch Verengerung des Querschnittes auch beim Bach der Ebene die Strömungsgeschwindigkeit zunimmt, da kehren auch gewisse Bergbachformen wieder, wie *Hydropsyche, Goera pilosa, Orthocladius Thienemanni, Simulium*[1]. „Welche Existenzbedingungen" — fragt bei dieser Feststellung HARNISCH — „haben sich auf dieser Strecke rascher Strömung geändert? Temperatur und allgemeiner Chemismus des Wassers bleiben sicher konstant; eine Vermehrung des O_2-Gehaltes ist unwahrscheinlich, sie müßte sich zudem noch eine Strecke weiter als die rasche Strömung in der Fauna äußern." Es kann wohl, meint HARNISCH, nur die Strömung als solche Ursache dieser Erscheinung sein, aber nicht als direkt, sondern als indirekt wirkender Faktor, indem sie einer großen Menge von Organismen die Existenz unmöglich macht und so die anderen, eben diese Arten rascherer Strömungsstellen vor einer Konkurrenz schützt, der sie an ruhigeren Stellen des Baches erliegen.

Ebenfalls als Stellen starker Strömung, aber wohl auch günstigerer Sauerstoffverhältnisse sind die Wehre anzusehen. Das Substrat, das sie bieten, mit *Cladophora*-Büscheln bewachsene Steine, wird von mehreren *Orthocladius*-Arten sowie von *Thalassomyia glabripennis* bevölkert.

Die Sand- und Schlammfazies des Flusses der Ebene tritt uns in zwei Formen entgegen. In ruhigeren Buchten und Seitenarmen kommt es zur Ausbildung von Schlammbänken, die von *Trichotanypus* und *Chironomus Thummi* bewohnt werden, also sich gar nicht mehr von einer Stillwasserfauna unterscheiden und da und dort sogar saproben Charakter annehmen. Im freien Strom aber, wo es zur Ablagerung reinen Sandes kommt, der höchstens „mit einem minimalen Hauch feinsten Schlammes überzogen ist", treten fast nur Chironomiden auf, wie *Polypedilum, Paratendipes, Phaenopsectra, Microtendipes abbreviatus, Stictochironomus* und

---

[1] Eine hübsche Parallele für dieses lokalisierte Vorkommen von *Simulium*-Larven an Stellen rascher Strömung bietet die Fauna der Franzensbader Moorlandschaft. Die Teiche und trägen Wasserläufe dieser völlig ebenen Gegend sind natürlich frei von *Simulium*; aber die vertikalen Abzugsröhren, in denen das Wasser die Teiche verläßt, sind innen ganz mit *Simulium*-Puppen überdeckt, daß man fast an keiner Stelle das Holz der Röhre sieht.

die räuberischen *Cryptochironomus*-Larven. Ganz besonders ist aber für die extreme Ausbildung dieser Fazies, wo die leichte Verfrachtbarkeit des Materials und die Armut an Nährstoffen fast alle anderen Tiere ausschließt, eine noch unbestimmte Chironomidenlarve, deren „Mundteile geradezu an das Abschaben von Sandkörnern angepaßt zu sein scheinen", sehr kennzeichnend.

4. Die stehenden Gewässer (Seen).

a) Einteilung der Seen.

Die meisten stehenden Gewässer kommen dadurch zustande, daß das fließende Wasser Hohlformen der Erdoberfläche passiert, die es als See erfüllt. Dabei kann die Entstehung der Hohlform sehr verschiedenartig sein; es kann sich um Eintiefungen handeln, die auf tektonische Vorgänge zurückzuführen sind (Totes Meer), oder um Auskolkungen durch das Eis, oft kombiniert mit Abdämmung durch den Wall einer Stirnmoräne (Alpenrandseen); das Seebecken kann durch Aufstauung eines Baches durch einen Bergsturz (Brennersee in Tirol) oder durch Verlegung des Bachlaufes mit vulkanischem Material entstanden sein oder durch Deckeneinbruch im verkarsteten Terrain (Mostarsko-blato, Skutarisee). Sehr oft verdankt ein Seebecken seine Entstehung dem Zusammenwirken verschiedener Faktoren. So ist z. B. der Walchensee ein tektonisch bedingter See, dessen Formen nachträglich durch die Wirkungen der Eiszeit verändert wurden.

So interessant nun auch die genetischen Verhältnisse der Seewanne für den Hydrographen sind, für den Hydrobiologen kommen mehr die morphometrischen Verhältnisse in Betracht, ferner die Eigenschaften des Wassers, das die Wanne erfüllt, und endlich die Umwandlungserscheinungen, denen die Seen unterliegen und die schließlich und endlich dazu führen, daß die wassererfüllte Hohlform wieder verschwindet, indem sie mit festem Material ausgefüllt wird.

Über die physikalischen und chemischen Eigenschaften des Wassers ist im ersten Teil des vorliegenden Buches das Nötige mitgeteilt, so daß es hier genügt, einige Daten über

b) Morphometrische Verhältnisse

mitzuteilen. Die erste Aufgabe der Morphometrie der Seen ist die Feststellung des Bodenreliefs. Dabei ist es nötig die Maximaltiefe zu ermitteln, ferner die Tiefenverhältnisse außerhalb des Tiefenmaximums, besonders die Feststellung etwa vorhandener unterseeischer Barren. Die Feststellung der Maximaltiefe ist für die Erforschung der Tiefenfauna von Bedeutung, das Studium des Bodenreliefs macht oft erst fazielle Unterschiede in der Bodenfauna verständlich. Denn, wenn auch in der Regel die Seewanne ein einheitliches Becken darstellt, kann dasselbe doch sekundär in gesonderte Abschnitte getrennt sein, die auch biologisch sich differenzieren können. Solche Verhältnisse hat ZSCHOKKE für den Vierwaldstätter See ermittelt, wo am Seeboden liegende Moränenzüge faunistisch verschiedene Seeabschnitte trennen. Solche Fälle können auch durch in den See hinein vorrückende Deltaschottermassen geschaffen werden, besonders wenn dieselben von zwei einander gegenüberliegenden Seiten aufeinander zuwachsen und so den See sanduhrartig einschnüren und schließlich entzweischneiden. Wir sehen diesen Vorgang in statu nascendi beim Zeller See im Pinzgau (Salzburg), wo die beiden Seehälften, obwohl sie in der Mitte noch ausgiebig in Kommunikation stehen, bereits eine faunistische Differenzierung erkennen lassen; wir sehen diesen Vorgang bereits abgeschlossen beim Brienzer und Thuner See in der Schweiz. Das ehemals einheitliche Seebecken ist dort durch die Deltaschotterbrücke, auf der heute Interlaken liegt, in zwei Seen zerlegt worden, eben den Brienzer und Thuner See, und die Trennung ist mit einer zunehmenden Verschiedenheit der Organismenwelt der genannten beiden Seen verknüpft.

So kann die Erforschung des Bodenreliefs nicht nur über die augenblicklich herrschenden Verhältnisse Aufschluß geben, die für mancherlei biologische Erscheinungen kausale Bedeutung haben, sondern es kann die Ermittlung der Bodenreliefverhältnisse auch Aufschlüsse über genetische Vorgänge liefern, deren Entschleierung wiederum für den Biologen wichtig ist. Denn der Lebenslauf einer Seewanne — etwa beginnend mit dem glazial ausgeschliffenen Felsbecken bis zum völligen Verschwinden des wassergefüllten Hohlraumes durch Verlandung — ist natürlich von biologischen Veränderungen begleitet, die teils durch die Umgestaltung der Wanne bedingt sind, teils selbst wieder auf diesen Umwandlungsprozeß ihren Einfluß ausüben. So ist es naturgemäß, wenn die rein morphometrischen Arbeiten mit solchen kombiniert werden, die auf die genetischen Vorgänge abzielen; das sind aber in erster Linie Schlammuntersuchungen sowie Untersuchungen der Sedimente des ehemaligen Seebodens. Und deren Auswertung zur Rekonstruktion der Klimageschichte greift wiederum in den Arbeitsbereich des Biologen und Biogeographen über. Mehr als sonst erscheint daher die folgende Trennung in drei Kapitel als unnatürliche Zerreißung eng verketteter Untersuchungen, eine Zerreißung, die nur im Interesse einer bequemeren Darstellung geschieht.

Feststellung der morphometrischen Verhältnisse. Zur Feststellung der morphometrischen Bodenverhältnisse ist ein tunlichst dichtes Netz von Lotungspunkten erforderlich. Zur genauen Darstellung der Isobathen gehört aber außerdem eine hinlängliche Genauigkeit der durch die Lotung gewonnenen Tiefenzahlen; deren Genauigkeit hängt natürlich vor allem von den angewendeten Methoden ab, weshalb diese hier kurz erwähnt werden sollen:

Die gewöhnliche Methode, ein Lot zu versenken und die Tiefe direkt an den Marken der abgelaufenen Leine abzulesen oder durch ein Zählrad registrieren zu lassen, über das der Lotungsdraht läuft, bietet insofern Schwierigkeiten, als im Sommer durch Abtreiben des Bootes oder durch Strömungen im Seewasser der Lotungsdraht leicht aus der senkrechten Richtung gebracht wird. Dieser Fehler wird am besten vermieden, wenn man die Lotung vom Eis aus vornimmt. Einmal ist die Positionsbestimmung des Beobachters sicherer, dann sind Lageveränderungen des Lotungsdrahtes nahezu ausgeschlossen. Ein je nach dem Grad der gewünschten Genauigkeit mehr oder minder dichtes Netz von Lotungspunkten auf der Eisfläche gestattet dann eine genaue Einzeichnung der Isobathen in die Seekarte.

Eine zweite Methode, die Schrägstellung des Lotungsdrahtes als Fehlerquelle auszuschalten, wird besonders bei Messung größerer Tiefen, also vor allem bei Meeresuntersuchungen angewendet und besteht in folgendem: Oberhalb des Lotgewichtes wird an der Lotleine eine unten offene Glasröhre angebracht, deren Innenwand mit Silberchromat bedeckt ist. Zunächst kann in die mit Luft erfüllte Röhre natürlich kein Wasser eindringen. Mit zunehmender Tiefe aber wird durch den steigenden Wasserdruck die Luft in der Röhre komprimiert und dadurch dem Wasser der Eintritt gestattet. Das rote Silberchromat wird, soweit es mit dem Wasser in Berührung kommt, gelb gefärbt, und man kann dann aus der Länge des gelb gefärbten Streifens den Wasserdruck bzw. die Tiefe berechnen, in der sich das Lot befunden hat.

Die weitaus rascheste und bequemste Methode ist aber durch das BEHMsche Echolot verwirklicht. Das von einem unter Wasser abgegebenen Schuß durch Reflexion der Schallwellen am Grunde hervorgerufene Echo wird von einem Telephon aufgefangen. Die zwischen Abgabe der Schüsse und Eintreffen der Echowelle verstrichene Zeit, die in Hundertsteln einer Sekunde abgelesen werden kann, ermöglicht die Tiefenberechnung. Diese vorerst für marine Verhältnisse geschaffene Vorrichtung (sie wurde zuerst von der Meteorexpedition angewendet, die im Atlantik 67 000 Tiefenbestimmungen vornahm) wird gegenwärtig für die Verhältnisse in Binnenseen umkonstruiert. Die Vorversuche ergaben auch da vollen Erfolg.

Natürlich entspricht das so durch Lotungen gewonnene Bild kaum mehr dem der ursprünglichen Seewanne, es müßte denn sein, daß der gelotete See sich noch in der ersten Phase seiner Entwicklung, im Jugendalter (nach FOREL), befinde. In den meisten Fällen aber wird die ursprüngliche Hohlform bereits durch allerlei Sedimente verdeckt sein, der See wird sich in der zweiten Phase, dem Reifealter, befinden, wenn er nicht gar schon die dritte Phase, das Greisenalter, erreicht hat. Im Reifealter hat sich bereits eine Uferbank gebildet, und der Seeboden ist merklich eingeebnet; doch sind die ursprünglichen Formen der Wanne noch nicht gänzlich verdeckt. Im Greisenalter hingegen besteht das Seebecken aus einer zentralen horizontalen Ebene, die von der Uferbank eingerahmt wird.

c) Das Altern der Seen.

Wir wollen dieses „Altern" der Seen an drei Beispielen kurz illustrieren, die uns zugleich Material an die Hand geben, um das Kapitel der Schlammuntersuchungen flüchtig zu streifen. Die FORELsche Unterscheidung von fünf Phasen — den oben erwähnten drei Phasen folgt als vierte noch das Stadium, in dem der Seeboden bereits soweit aufgefüllt ist, daß er von litoraler submerser Vegetation besiedelt werden kann, und als fünftes Stadium die Umwandlung in einen Sumpf — nahm ihren Ausgang von Beobachtungen am Genfer See; dementsprechend sei auch hier ein subalpiner See als erstes Beispiel behandelt, der Lunzer Untersee. Die von GÖTZINGER entworfene Bodenfazieskarte läßt uns drei Sedimente erkennen, welche die vom eiszeitlichen Gletscher ausgeschliffene Wanne verhüllen:

1. Vor dem Einrinn des Seebaches baut sich ein mächtiger Deltaschotterkegel in den See hinaus vor, aus grobem Gerölle bestehend.

2. Die Schlammbänke der Uferbank. Diese wurden früher allgemein als das von der Brandung abgebröckelte Ufermaterial angesehen; gerade aber die Untersuchungen, die GÖTZINGER am Lunzer Untersee anstellte, zeigten, daß diese Bänke organogenen Ursprungs sind. Denn abgesehen davon, daß man direkt das massenhafte Vorkommen von Molluskenschalenfragmenten — und in uferferner Lage auch *Chara*-Stückchen — feststellen und weiters beobachten kann, wie die Kalkfällung an assimilierenden Blättern zu dieser Bildung beiträgt, beweist die chemische Zusammensetzung des Uferbankschlammes seine organogene Herkunft: Er besteht auch dort aus Kalziumkarbonat, wo der anstehende Uferfels dolomitisch ist, oder wo die Nähe der ausstreichenden Sandsteinschichten eine andere Zusammensetzung erwarten ließe. Übrigens konnte auch durch Bohrungen gezeigt werden, daß die von der alten Theorie geforderte Abrasionsterrasse als Unterlage der Uferbanksedimente fehlt, und daß die dort mit Bändertonen belegte Felsunterlage den Neigungswinkel des aufsteigenden Ufers fortsetzt.

3. Der Schwebschlamm. Dieser unterscheidet sich, wie das nachstehend mitgeteilte Analysenresultat zeigt, vom Uferbankschlamm durch geringen Kalk- und großen Kieselgehalt.

	Schweb	Seekreide vom Ufer
Glühverlust	32,19	43,80
SiO_2	27,94	4,23
CaO	17,50	50,94
Fe_2O_3	6,90 }	
Al_2O_3	11,97 }	2,00

Die Ursache dieses Unterschiedes wird zum Teil durch Betrachtung der Mikrophotogramme klar, die GÖTZINGER von diesen beiden Schlammarten reproduziert hat.

Wir sehen da dem Schwebschlamm viele Diatomeen — besonders Melosiren — beigemengt, die abgesunkenem Plankton angehören; außerdem enthält der Schlamm wiederum vom Plankton herrührende Cladocerenbestandteile, vor allem Bosminenschnäbel. Es handelt sich beim Schwebschlamm also um eine vorwiegend planktogene Bildung, deren Herkunft der hohe SiO_2-Gehalt und der Gehalt an organischer Substanz verrät.

Überblicken wir diesen Befund, so können wir sagen, daß der subalpine See seine ersten Phasen dadurch erreicht, daß einmal die Gebirgsbäche große Geröllmengen zuführen, daß organogene Uferbankbildung und Planktonsedimente im zentralen Teil der Wanne sein Volumen verkleinern und ihn einer morphologischen Gleichförmigkeit zuführen. Daß diese Prozesse sehr schnell vor sich gehen können, zeigen die vielen

erloschenen großen Seen des Alpenvorlandes, die in der kurzen Spanne
Zeit, die seit dem Zurückweichen des Würmeises verstrichen ist, bereits
großen Torflagern Platz gemacht haben, wie z. B. der Rosenheimer See.

Anders liegt die Sache bei den seichten, flachen Seen des Tieflandes,
wie sie uns durch die baltischen Seen gegeben sind. Einmal fehlt hier
die starke Zufuhr von Schotter durch die einmündenden Bäche bzw.
Flüsse, so daß die Ausfüllung des Seebeckens mehr durch die Organismen
erfolgt. Hat die Erhöhung des Seebodens durch pflanzlichen Detritus
soweit stattgefunden, daß die submerse Pflanzenwelt sich über den ganzen Seeboden ausbreiten kann, nimmt die Verlandung einen um so
rascheren Verlauf, indem die vom Ufer gegen das Zentrum vordringende
Vegetation (*Phragmites, Scirpus, Typha* usw.) den See in einen Sumpf
verwandelt, der von Flachmooren eingesäumt ist.

· Noch anders verläuft der Verlandungsprozeß bei den Humusgewäs-
sern, den Braunwasserseen. Typisch ist das Vordringen schwimmender
Pflanzenverbände, von *Sphagnum*-Teppichen oder von Schwingrasen,
die am Ufer festhängen und floßartig vom Wasser getragen werden.
Ausläufer von *Menyanthes, Comarum, Carex* bilden förmliche Führungs-
und Festigungslinien für die schwimmenden Pflanzenverbände, die die
Seefläche in ein Hochmoor umwandeln[1]. Der Boden solcher Seen aber

---

[1] **Verlandung und scheinbare Verlandung.** Es gilt demnach als Regel, daß
die Seen im Laufe der Zeit verschwinden, einmal dadurch, daß die Zuflüsse
Schlamm und Sand einführen, der den Seeboden erhöht, dann zweitens dadurch,
daß das auf dem Seeboden sich ansammelnde abgestorbene Plankton den Seeboden erhöht, und drittens dadurch, daß die Ufervegetation vom Seeinnern Besitz ergreift. Der dritte Fall kann in zweifacher Weise eintreten. Der eine Modus
vollzieht sich, sobald der See seicht geworden ist: „Der kritische Punkt ist erreicht, wenn die Tiefe so gering und damit die Lichtstärke am Seegrund so groß
geworden ist, daß die untergetauchten Litoralpflanzen den ganzen Seeboden er-
obern können" (THIENEMANN). Es kann aber die Verlandung durch Litoralpflanzen über tiefem Wasser erfolgen, indem litorale Pflanzenverbände als zusammenhängende Decke sich über den Wasserspiegel seewärts vorschieben
und so die freie Wasserfläche beträchtlich einengen, während unter der schwimmenden Decke das Wasser noch weit uferwärts reicht. Das Schwimmen solcher
Decken wird besonders auffällig, wenn sich größere Stücke loslösen und als oft
mit Bäumen versehene schwimmende Inseln vom Wind getrieben bald da, bald
dort im See zu sehen sind. Oft zitierte Beispiele solcher schwimmender Inseln
sind das „Schwimmende Land von Waakhusen" bei Bremen, die Insel von Ilmola
in Finnland usw. Im Almsee in Oberösterreich befindet sich eine solche schwimmende Insel, die vor einigen Jahren gegen den Ausfluß trieb und diesen zu ver-
stopfen drohte. Es gelang, sie durch eingerammte Pfähle im Boden festzunageln.
(Abbildung im Jahrb. d. Oberösterr. Musealvereins, Linz 1928.) Im Lunzer Obersee existieren solche Schwimmrasen, die einseitig an einer Insel angewachsen
sind. Tritt Hochwasser ein, so wird der Teil am freien Ende gehoben, während
der an der Insel verankerte Teil unter Wasser gerät.

Man hat solche Schwingrasen gewöhnlich als Anzeichen einer rasch vor sich
gehenden Verlandung angesehen, bis GAMS zeigte, daß die Verlandungsbestände
„nicht notwendig Vorposten sein müssen, sondern auch Nachhuten bei einem
Zurückweichen der Ufer sein können". Die Erforschung der nacheiszeitlichen
Klimaverhältnisse hat gezeigt, daß etwa im Subboreal allgemeine Senkungen der
Seespiegel eintraten, die auf weiten Uferflächen die Bildung sogenannter simul-
taner Schwingrasenbildung zur Folge hatten. Ein späteres Steigen der Seespiegel
hob diese Decken von ihrer Unterlage ab und verwandelte sie in schwimmende
Schwingrasen, die dem Beschauer das Bild einer seewärts vordringenden Schwing-

wird sehr rasch erhöht durch Sedimente, die nicht abgesunkenen Planktonresten ihren Ursprung verdanken, sondern die durch Absinken ausgeflockter Humuskolloide entstehen. Man bezeichnet dieses Sediment mit einem nordischen Ausdruck als Dy im Gegensatz zu dem an organischen Stoffen reichen Planktonsedimenten baltischer oder eutropher Seen, für welche Sedimente sich der Fachausdruck Gyttja (spr. Jyttja) eingebürgert hat. In typischen oligotrophen Alpenseen überwiegt das anorganische Sediment das organische, es kommt zu keinen Fäulnisprozessen. Natürlich existieren zwischen diesen drei Schlammtypen Übergänge; gerade bei dem hier als Muster eines subalpinen Sees herangezogenen Lunzer Untersee wird das Schwebsediment von Ruttner nicht mit Unrecht als „Plankton-Gyttja“ bezeichnet, obwohl es viel anorganisches Material enthält.

Um über den Charakter dieser Schlammsedimente Aufschluß zu bekommen, bedient man sich verschiedener Typen von Schlammstechern. Denn da der Entwicklungsgang eines Sees mit Veränderungen in der Schlammqualität verknüpft ist, genügt es nicht, eine Probe rezenten Schlammes zu gewinnen, wie ihn jedes Grundnetz mitbringt, sondern es ist nötig, über den Wechsel der Schlammfazies Aufschluß zu bekommen. Dies ermöglichen die Schlammstecher, die im Grunde genommen alle auf dem Prinzip beruhen, daß eine nach Art einer Kanüle unten spitz abgeschrägte Röhre durch ihr Gewicht sich in den Boden einbohrt. Der durch den Druck komprimierte, überdies meist durch seine Zähigkeit an der Innenwand des Rohres haftende Schlamm kann dann in Stangenform dem Rohr entnommen werden und gibt je nach der Tiefe des Eindringens ein für einen größeren oder kleineren Sedimentationszeitraum geltendes Schlammprofil. Dabei kommen nicht nur auf längere Zeiträume bezügliche Faziesänderungen zum Vorschein, sondern Nipkow konnte durch Studien im Züricher See zeigen, daß dort sogar der Wechsel zwischen Sommer- und Winterhalbjahr durch eine Art Jahresringbildung im Schlammprofil sich widerspiegelt, in dem dann helle und dunkle Schichten wechseln. Über das Plankton des Züricher Sees liegen seit einigen Jahrzehnten Beobachtungen vor, die gezeigt haben, daß die Zusammensetzung des Planktons in dieser Zeit einige einschneidende Veränderungen erfuhr. Auch diese konnten von Nipkow im Schlammprofil nachgewiesen werden, wodurch zugleich eine genaue zeitliche Fixierung der Schlammzonen möglich wurde. Solche Schlammprofile lassen einmal schon in der Beschaffenheit des Schlammes als solchen Rückschlüsse auf die Seegeschichte zu, indem man etwa den Übergang von überwiegend anorganischem Schlamm zu ausgesprochener Gyttja und damit den Übergang des oligotrophen Sees in einen eutrophen See konstatieren kann. Man kann ferner an Einschlüssen verschiedener Seeorganismen (Rhizopodenschalen, Cladocerenephippien, *Sialis*-Kiefer, Prothorakalhörnern von *Corethra* usw.) Aufschluß über die Organismen-

---

rasendecke vortäuschen. Gams kommt zu dem Resultat, daß „die von Potonié nur als seltene Ausnahme angeführte simultane Schwingrasenbildung keineswegs selten, sondern mindestens bei den mesotrophen Humusschlammseen durchaus die Regel ist“.

welt des Sees in seinen früheren Entwicklungsphasen gewinnen, sowie
durch die eingebetteten Pollenkörner Rückschlüsse ziehen auf die Pflanzenwelt des angrenzenden Geländes und dadurch ferner auf die klimatischen Verhältnisse zur Zeit der Sedimentation der betreffenden
Schlammschicht und auf den Zeitpunkt der Ablagerung derselben. Es
seien zur Illustrierung dieser Verhältnisse wiederum konkrete Beispiele
angeführt:

d) Die Pollenanalyse. Die Mikrofossilien der Sedimente.

Wir haben an verschiedenen Stellen unseres Buches auf die Tatsache
hingewiesen, daß die hydrographische und biologische Charakteristik
eines Seebeckens nur eine Momentaufnahme eines Entwicklungsprozesses
darstellt. Dieser Prozeß mag in den meisten Fällen eingesetzt haben mit
der durch Gletschereis bewirkten Herstellung der Hohlform des Seebeckens und mag als abgeschlossen gelten, sobald weite Moorflächen das
Areal des erloschenen Sees einnehmen. Sowie die Stammbäume der
Phylogenetiker oft durch vergleichend morphologische Studien gewonnen
wurden, ergab sich auch das Bild vom „Altern der Seen" durch Vergleich von Seen, die in diesem Entwicklungsprozeß ungleich weit fortgeschritten waren. In gewissen Fällen konnte das räumliche Nebeneinander solcher Entwicklungsstadien um so leichter in eine zeitliche Aufeinanderfolge umgedeutet werden, wenn die zeitliche Aufeinanderfolge
geologisch auf der Hand liegt; ein solches Beispiel bieten die in den
höchsten Teilen der Alpen gelegenen Seenreihen, die von einem Gletscher
gespeist werden, und von denen der am gletscherfernen Ende gelegene
See natürlich am längsten existiert, während das Becken des dem
Gletscher zunächst gelegenen Sees zuletzt eisfrei wurde und daher erst
seit kurzer Zeit besiedelt sein kann. Durch solche vergleichende Untersuchungen hochalpiner Seen hat schon RINA MONTI die Besiedelungsgeschichte derselben zu ermitteln versucht, und in exakterer Weise hat
KREIS diesem Gedanken bei seiner Untersuchung der Jöriseen in der
Schweiz Rechnung getragen.

Aber diese Seen sind Spezialfälle und gestatten keine lückenlose
Parallelisierung mit den großen subalpinen Seen oder denen vom baltischen Typus. Hier kam eine Forschungsrichtung zu Hilfe, die eigentlich
ganz andere Ziele verfolgte, die Pollenanalyse.

Bereits 1893 hat C. A. WEBER die ersten Pollenanalysen ausgeführt,
dem später G. LAGERHEIM folgte. Aber erst durch L. v. POST, der die
Methoden von den genannten übernommen und weiter ausgebaut hat,
gelangte die Pollenanalyse zu der ihr heute zukommenden Bedeutung für
die Klarstellung der Chronologie der Nacheiszeit und für die Ermittlung
des Klimaverlaufs der unserer Gegenwart vorausgehenden Zeitabschnitte.
Die Behandlung der Proben geschieht bei kalkarmen Torfen und Gytt-
jabildungen mit verdünnter Kalilauge, bei kalkreichen mit Salzsäure,
bei Schieferkohlen mit Salpetersäure und bei sand- und tonreichen
Proben mit Flußsäure. Daß die Pollenkörner in diesen Proben so wohl
konserviert sind, daß sie eine verläßliche Bestimmung erlauben, ist
im Gegensatz zu einer weit verbreiteten Ansicht nicht dem Pektingehalt

der Membran, als vielmehr korkartigen Substanzen zuzuschreiben (H. Gams).

Die graphische Darstellung dieser Ergebnisse bezeichnen wir als Pollendiagramm. Der Vergleich von solchen Pollendiagrammen von verschiedenen Örtlichkeiten einer Gegend läßt viele gleichartige Erscheinungen — das Auftreten oder Verschwinden bestimmter Pollenarten — erkennen, aus denen sich eine Gleichaltrigkeit bestimmter Horizonte sogleich ergibt.

Ferner gestattet der Wechsel der Pollenarten einen Rückschluß auf klimatische Veränderungen; wir sehen z. B. im Alpengebiet gleich nach dem Zurückweichen der Gletscher fast nur Pollen des Knieholzes, später folgen Birke und Fichte, ein postglaziales Klimaoptimum gibt sich durch oft reichliches Auftreten von Eiche und Linde zu erkennen. Allerdings ist die Waldentwicklung von Gebiet zu Gebiet verschieden. Doch wird es beim Aufschluß alter Seesedimente möglich, die einzelnen Schichten in die Chronologie der Nacheiszeit einzuschalten, besonders, wenn eine Parallelisierung mit deutlich geschichteten Moorprofilen, in denen archäologische Funde gemacht wurden, durchführbar ist. Für die Entwicklungsphasen des Sees geben zwar die Pollenkörner selber keinen Aufschluß, wohl aber die Mikrofossilien, die neben den Pollenkörnern nachweisbar sind. Wie diese zur Rekonstruktion einer Seegeschichte verwendet werden können, soll an der gekürzten Wiedergabe eines Bohrprofiles vom Rotmoos bei Lunz erläutert werden. Das Beispiel stammt aus der neuen Arbeit von Gams: Die Geschichte der Lunzer Seen, Moore und Wälder (Internat. Rev. d. ges. Hydrobiol. u. Hydrogr. *18*, 1922), wo weitere Beispiele und Details eingesehen werden mögen.

Das vom Lunzer Obersee durch eine Felsrippe getrennte Rotmoos entspricht einem erloschenen See, der neben dem Obersee gelegen war. Ein auf 6 m abgeteuftes Profil zeigte von unten nach oben folgende Verhältnisse:

600 cm: Bänderton der letzten Eiszeit. Fast fossilleer.

550 cm: Interstadiale Algengyttja, gebildet in einem See, wie die Pediastren, Pisidienschalen usw. erkennen lassen. Von den 35 Desmidiaceen, 6 Protococcalen usw. kommen heute nur noch wenige im benachbarten Obersee, nicht eine einzige Art im Rotmoos selbst mehr vor. Die meisten der in diesen Proben gefundenen Arten leben heute ober der Baumgrenze in den Zentralalpen.

500 cm: Stadiale Tongyttja: sehr fossilarm. *Pediastrum integerrimum* verrät noch offenes Wasser.

400 cm: Das hier neu auftretende *Pediastrum angulatum* und viele Cladocerenschalen lassen erkennen, daß noch viel offenes Wasser vorhanden war. Aber der See beginnt bereits durch Sphagneta zu verlanden, wie die Sphagnumblättchen dann die Gehäuse der *Callidina angusticollis* und vor allem die „Hochmoortönnchen", die Gehäuse von *Ditrema flavum*[1] erkennen lassen.

350 cm: Gyttja des atlantischen Tannenmaximums. Fauna und Flora ähnelt bereits sehr den heutigen Verhältnissen. Der Hochmoorwassercharakter wird u. a. durch *Amphitrema* und besonders durch das vorher nur aus einem hanno-

---

[1] Diese Rhizopodengehäuse wurden schon früher beobachtet, aber entweder ihrer wahren Natur nach nicht erkannt und mit dem kein Präjudiz schaffenden Namen „Hochmoortönnchen" bezeichnet oder aber direkt falsch diagnostiziert als „*Nephelis*-Kokons" gebucht.

veranischen Moor und ostpreußischen Blänken beschriebene *Coelastrum conglomeratum* gesichert.

300 cm: Organismenarmer *Scheuchzeria*-Torf mit zahlreichen Schlenken. Die darüber liegenden Schichten leiten zu den rezenten Verhältnissen über.

Kehren wir nun zur Stratigraphie des Seeschlammes (S. 87) zurück!

Leider versagt diese stratographische Untersuchung des Schlammes in den meisten Fällen, weil die Lagerung der Sedimentschichten durch die Tätigkeit von Organismen gestört oder gänzlich beseitigt wird. So konnte in den norddeutschen Seen nirgends die schöne Zonenbildung gefunden werden, die im Züricher See nachweisbar war. Wenn auch die meisten Bodenorganismen mehr auf dem Schlamm als im Schlamm leben, so stören sie doch schon die ruhige Sedimentierung, und manche greifen doch tiefer; vor allem Tubificiden gelangen in etwas tiefere Schichten. Teils das Wühlen im Boden, teils die Verwendung des Schlammes zum Röhrenbau (*Tanytarsus, Microtendipes*), nicht zum wenigsten aber das „Sich-Hindurchfressen" durch den Schlamm bedingt Umlagerungen des Schlammaterials, so daß die ursprüngliche Struktur der Ablagerungen (Abb. 25) eigentlich nur dort erhalten bleiben kann, wo die Tätigkeit der Bodentiere ausgeschaltet oder auf ein Minimum restringiert ist. Durch die Anwesenheit von Bodentieren wird der Schlamm immer mehr oder weniger koprogen um-

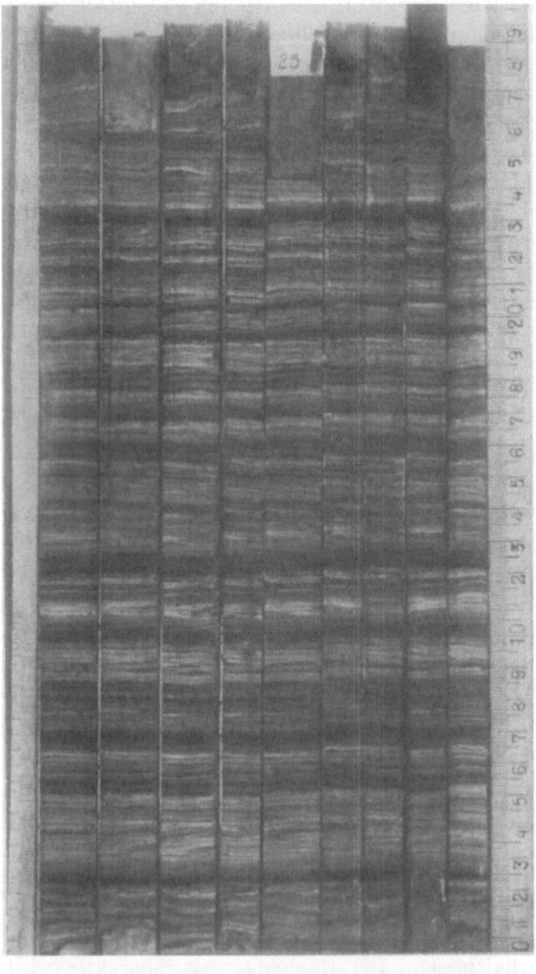

Abb. 25. Mikroschichtung im Schlammsediment eines Sees, dargestellt durch nebeneinander gereihte Längsschnitte durch einen Ausstich. (Phot. Dr. PERFILIEV.) Aus LENZ.

gestaltet und wird dadurch eigentlich erst zu dem, was der Ausdruck Gyttja wiedergibt. Gerade im Lunzer Untersee, den wir oben als Beispiel einführten und dessen Schwebschlamm als Planktongyttja bezeichnet wurde, geben die zahllosen zierlichen Exkrementkügelchen, die ihre Entstehung den Oligochäten und Chironomiden verdanken, die volle Berechtigung, dieses immerhin noch an anorganischem Material reiche Sediment als Gyttja zu bezeichnen.

Der Einfluß solcher schlammbewohnender Organismen läßt im allgemeinen drei Horizonte in den oberen Schlammassen erkennen: 1. Die Kontaktzone; sie stellt die selten mehr als 1 cm dicke Schicht der eben erst sedimentierten Substanzen dar, enthält vielfach noch lebendes Algenmaterial, viel „amorphen" Detritus und wenig Kotballen. „Daß solche überhaupt vorhanden sind, erklärt sich daraus, daß die meisten Bodentiere ihren Darm auf die Oberfläche entleeren; die Tubificiden z. B. stecken ihr Hinterende über die Schlammoberfläche hinaus und die Exkremente müssen natürlich auf die Oberfläche fallen" (LUNDBECK). — Unter dieser Schicht liegt eine mehrere Zentimeter bis über 1 dm mächtige Schicht, die überwiegend aus Exkrementkugeln besteht, aber auch noch viel amorph-flockige Bestandteile enthält. Erst unter dieser Lage verrät der Schlamm durch eine hellere Farbe das Zurücktreten der organischen Massen und das Vorwiegen von Kalk, eventuell Sand (mineralisierte Schicht).

Ein derartiges Schlammprofil wird vor allem für eutrophe Seen Geltung haben. In oligotrophen Seen werden die amorphen flockigen Bildungen neben den Kotballen stark zurücktreten, da das spärlicher gelieferte organische Sediment so ziemlich ganz den Darmkanal der auf diese geringe Nahrungsmenge angewiesenen Bodentiere passieren wird. In Seen mit Dyschlamm wird wieder umgekehrt das ausgeflockte Material die Exkremente weitaus überwiegen, weil das Dysediment für die Ernährung untauglich ist und daher die Bodentierwelt sehr spärlich ist.

Überdies spielen natürlich auch Bakterien bei den chemischen Umsetzungen im Schlamm eine große Rolle. Es sei nur auf die chitinabbauende Tätigkeit des *Bacillus chitinovorus* hingewiesen. Doch tritt dieser Faktor in Gewässern mit Dyschlamm wieder zurück, da hier der humöse Charakter und die Eisenimprägnierung der Sedimente die Bakterienflora nicht zur Geltung kommen lassen. So muß auch aus diesem Grund in Dygewässern die Sedimentation irreversibel sein im Gegensatz zu Gewässern, die Gyttja ablagern.

e) Seetypen.

Seit dem Erscheinen des klassischen Werkes „Le Leman" von FOREL hat sich die Auffassung dieses Altmeisters der Seekunde immer mehr Bahn gebrochen, daß jeder See eine Individualität besitze, die einer vergleichenden Seenkunde sehr hemmend im Wege steht. Andererseits zwang und zwingt das Bedürfnis des Menschen das ihm vorliegende empirische Material zu ordnen und womöglich kausal zu analysieren, immer wieder, an die Stelle eines chaotischen Nebeneinanders einzelner Seebeschreibungen ein System der Seen zu setzen. Ein Versuch in dieser

Richtung liegt in der von THIENEMANN und NAUMANN geschaffenen Seetypenlehre vor, die hier kurz gestreift werden soll, ehe wir an die Behandlung einzelner Beispiele gehen. Es ist zugleich lehrreich, die Entstehungsgeschichte dieser Forschungsrichtung dabei im Auge zu haben.

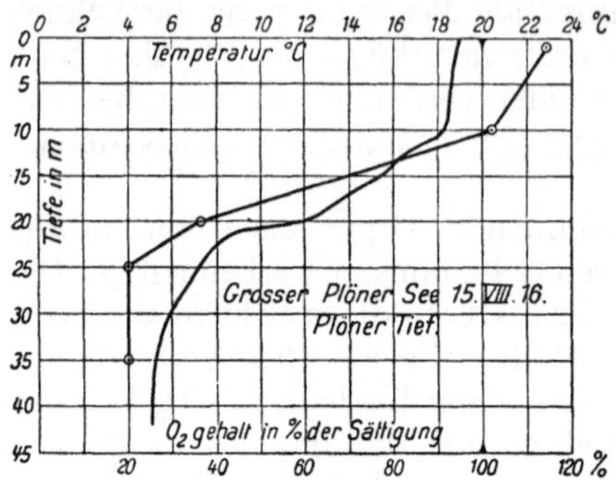

Abb. 26. Temperatur- und Sauerstoffschichtung in einem See des baltischen Typus im Sommer. (Nach THIENEMANN.)

Es war THIENEMANN aufgefallen, daß die Seen Norddeutschlands und die großen Seen der Alpentäler schon in der Zusammensetzung ihres Planktons, dann in ihrer Fischfauna, ganz besonders aber in der Tiefenfauna außerordentlich verschieden sind. Diese Feststellung wurde — wie ganz naheliegend — zunächst als ein tiergeographisches Faktum aufgefaßt. Im weiteren Verlauf seiner Studien stieß aber THIENEMANN bei der Untersuchung der Eifelmaare auf die überraschende Tatsache, daß dort baltische und subalpine Seen, wie man diese beiden Typen zunächst genannt hatte, nebeneinander vorkommen, daß also die Annahme, die beiden Seetypen gehörten tiergeographisch gesonderten Gebieten an, zum mindesten sehr unwahrscheinlich sei. Dieser Befund leitete zugleich auf die richtige Spur; THIENEMANN erkannte, daß hier nicht ein tiergeographisches, sondern ein ökologisches Problem vorliege, und er erkannte weiters, daß der Sauerstoffgehalt bzw. Sauerstoffmangel des Tiefenwassers Ursache des Zustandekommens der oben erwähnten beiden Seetypen sei (Abb. 26 und 27). Damit war zugleich die Notwendigkeit gegeben, an Stelle der durch ihren geographischen Beigeschmack leicht irreführenden Bezeichnungen „baltisch" bzw. „subalpin" neue Termini einzuführen. Als solche wählte THIENE-

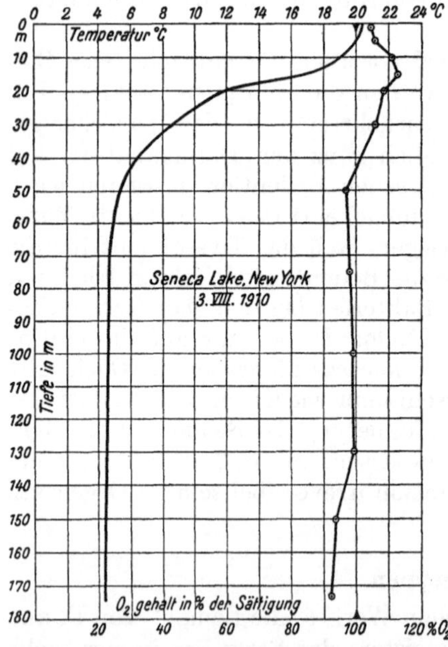

Abb. 27. Temperatur- und Sauerstoffschichtung in einem See des subalpinen Typus im Sommer. (Nach THIENEMANN.)

MANN „*Chironomus*-Seen" für baltische Seen und „*Tanytarsus*-Seen" für subalpine. Inzwischen hatte sich noch von einem anderen Gesichtspunkt aus eine systematische Gliederung der Seetypen ergeben. EINAR NAU-

MANN hatte mit Rücksicht auf den Nährwert des Wassers drei Typen unterschieden, für die die Bezeichnungen **eutroph, oligotroph** und **dystroph** eingeführt wurden, und von denen sich der erste ungefähr mit den *Chironomus*-Seen deckt, der zweite mit den *Tanytarsus*-Seen, während der dritte einen anderen Fall darstellt, der THIENEMANN nicht vorgelegen hatte. Da diese drei Typen „Idealfälle" oder Grenzfälle darstellen, machte sich bald das Bedürfnis nach Bildung weiterer Typen geltend, auf die aber in der folgenden Darstellung nur flüchtig eingegangen werden kann. Nach dem augenblicklichen Stand der Untersuchungen ergäbe sich etwa folgende Übersicht:

I. Eutrophe oder Chironomus-Seen. Das Wasser ist reich an Pflanzennährstoffen, daher **reiche Planktonproduktion**. Besonders häufig **Wasserblüten** von Schizophyceen. Das absinkende Plankton bedingt am Seegrund die Bildung eines an organischen Substanzen reichen Schlammes, **Gyttja**; die sich darin abspielenden Reduktionsprozesse veranlassen im Tiefenwasser starke Sauerstoffzehrung, so daß völliger Sauerstoffschwund eintreten kann. Also gleichsinniger Verlauf der O_2 und der Temperaturkurve. Die Makrophytenvegetation zeigt normal die Aufeinanderfolge eines *Phragmites-*, *Schoenoplectus-*, *Potamogeton-* und *Chara*-Gürtels, was durch die meist breite Uferbank der im allgemeinen flachen Seen begünstigt wird.

Je nach dem Grad der im Hypolimnion eintretenden Sauerstoffzehrung kann der eutrophe Typus eine weitere Gliederung nach THIENEMANN erfahren, die dadurch interessant ist, daß sie auch in der Fauna zum Ausdruck kommt.

O_2 fehlt	O_2 sehr gering	O_2 gering	O_2-Gehalt etwas größer
Corethra	*Corethra* und *Chironomus plumosus*	*Corethra* und *Chironomus Liebeli-bathophilus*	keine *Corethra* mehr, sondern nur *Chironomus Liebeli-bathophilus*.[1]

---

[1] Eine andere, durch Nannoplanktonuntersuchungen gewonnene Einteilung eutropher Seen versuchte UTERMÖHL, der **Humusschlammseen** von **Faulschlammseen** unterscheidet.

Kennzeichen der Humusschlammseen ist die auffällige Diatomee *Centronella Reicheltii*, deren Auftreten begleitet zu werden pflegt von *Thiopedia rosea*, *Macromonas mobilis*, von Arten der farblosen Flagellatengattungen *Distigma* und *Astasia*, von verschiedenen Peridineen und Cyanophyceen. Nicht nur das Plankton, sondern auch die Schlammflora bietet Anhaltspunkte zur Trennung dieser beiden Seeuntertypen, da der Humusschlamm von großen Mengen von Purpurbakterien, *Mikrospira*-Arten und *Oscillatoria Lauterborni* bewohnt wird, die dem zweiten Typus fehlen. In diesem, dem Faulschlammsee gilt als Charakterform des Planktons die Kieselalge *Stephanodiscus Hantzschii*.

Das Nebeneinandervorkommen von Seen, die in ihrem Entwicklungsprozeß ungleich weit fortgeschritten sind und also verschiedene Trophiestufen repräsentieren, konnte auch aus den Verbreitungsverhältnissen bestimmter Fische erschlossen werden.

WILLER z. B. stieß auf diese Übergangstypen bei seinen Studien über die geographische Verbreitung der kleinen Maräne *Coregonus albula*. Dieses im Randgebiet der Ostsee lebende Glazialrelikt bewohnt nur 10 vH der Seen dieser Gegend. WILLER unterschied dort drei Seetypen, die er als den „oberländischen, den ermländischen und den masurischen Typus" bezeichnete und die nach seinen eigenen Angaben in folgender Weise den THIENEMANNschen Typen entsprechen:

Diese Gliederung stützt sich auf Beobachtungen in Norddeutschland; ob sie auch für andere Gebiete, etwa Nordamerika, gilt, müssen künftige Beobachtungen lehren.

Beachtenswert ist, daß die von THIENEMANN als Leitformen verwendeten Larven auch morphologisch die Abstufung des O_2-Gehaltes widerspiegeln. *Corethra* mit ihren eigenen Luftreservoirs entspricht am besten dem völligen Sauerstoffmangel, die *Chironomus*-Larven der *Plumosus*-Gruppe verraten durch den Besitz der Kiemenschläuche am zehnten Seg-

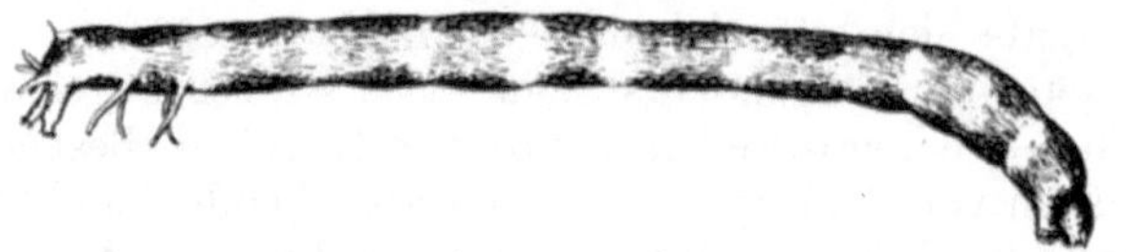

Abb. 28. Larve von *Chironomus Liebeli-bathophilus* KIEFF 7 : 1.
(Nach THIENEMANN. Gez. Dr. Fr. LENZ.)

ment ihre Eignung zum Aufenthalt in besonders O_2-armen Gewässern, während die *Bathophilus*-Gruppe (Abb. 28) diese Schläuche bereits nicht mehr besitzt.

Man hätte natürlich auch Vertreter anderer Tierklassen zur Charakterisierung des eutrophen Sees heranziehen können. So hat z. B. SCHNEI-DER gezeigt, daß von den Nematoden *Trilobus gracilis* die *Chironomus*-Seen kennzeichnet, hingegen *Ironus ignavus* die *Tanytarsus*-Seen (und wohl auch die *Sergentia*-Seen), und UTERMÖHL gibt an, daß Massenentwicklung von *Stephanodiscus* ein Kennzeichen der eutrophen Seen ist.

II. Sergentia-Connectens-Seen. Während man ursprünglich nur die *Chironomus*- und *Tanytarsus*-Seen unterschied, ergab sich durch Untersuchung norwegischer Bergseen und des Lunzer Untersees in den Alpen die Existenz eines weiteren Typus, der, was die Nährstoffverhältnisse anbelangt, eine Mittelstellung zwischen eutrophen und oligotrophen Seen darstellt, in seiner Tiefenfauna aber nicht etwa ein Gemenge der beiden genannten Seetypen, sondern einen eigenartigen neuen Fall. Charaktertiere dieser Seen sind die durch ihre großen Augen leicht kenntlichen weinroten Larven von *Sergentia*, dann Larven von *Stictochironomus* und vor allem zwei quantitativ zwar sehr zurücktretende, aber überaus charakteristische Larven, nämlich *Monodiamesa bathyphila* und *Didiamesa miriforceps*.

Die Auffindung der *Didiamesa miriforceps* im Aokikosee in Japan

<hr>

der oberländische Typus deckt sich mit dem eutrophen, der ermländische mit dem oligotrophen, der masurische aber umfaßt Seen, die im Begriff sind, vom oligotrophen zum eutrophen Typus überzugehen. Nun fällt es auch leicht, zu verstehen, warum *Coregonus albula* gerade nur im masurischen Seetypus vorkommt. Es sind dies jene Seen, die gerade die Umformung vom oligotrophen Stadium in das eutrophe durchmachen und so den Sauerstoffreichtum des Tiefenwassers mit Planktonreichtum vereinigen.

Durch kulturelle Einflüsse kann dieser Prozeß erheblich beschleunigt werden, wie das Beispiel des Züricher Sees zeigt, und sowohl in den Alpen (Luganer See), wie im norddeutschen Tiefland (Lucin in Mecklenburg) kommen Fälle vor, in denen ein See sich aus oligotrophen und eutrophen Abschnitten zusammensetzt.

zeigte, daß Seen vom *Sergentia*-Typus eine in der paläarktischen Region wohl weitverbreitete Erscheinung darstellen. In manchen Fällen zeigen sie durch Vorkommen bestimmter Tanytarsiden bereits eine gewisse Annäherung an den folgenden Typus, z. B. der Lunzer Untersee durch *Stempellina Bausei* als Leitform.

III. Tanytarsus- = oligotrophe Seen. Das Wasser ist arm an Pflanzennährstoffen, Planktonentwicklung ist gering, im Plankton überwiegen die Chlorophyceen die Schizophyceen. Tiefenschlamm arm an organischer Substanz, und da sich hier keine erheblichen Fäulnisprozesse abspielen, ist das Tiefenwasser sauerstoffreich. Die schmale Uferbank gestattet nur eine geringe Entwicklung der beim eutrophen See angeführten Makrophytengürtel. Die Fauna ist durch Tiefencoregonen ausgezeichnet und durch Tanytarsiden im Schweb. Im mittleren Europa ist *Lauterbornia coracina* die kennzeichnende Tanytarside.

Diesem Typus entsprechen z. B. das Weinfelder Maar in der Eifel und die meisten Alpenseen.

Besondere Fälle des oligotrophen Typus stellen wohl die *Lobelia-Isoetes*-Seen und die Orthocladinen Seen dar.

Die *Lobelia-Isoetes*-Seen sind zu- und abflußlose Heideseen auf ausgelaugtem Sandboden. Über diese liegen bisher nur Untersuchungen aus Norddeutschland vor, die von botanischer Seite gepflogen wurden, so daß zu deren Charakterisierung nur angeführt werden kann, daß die in den oben erwähnten Seetypen üblichen Makrophytenzonen hier fehlen, und daß an deren Stelle eine aus *Lobelia Dortmanna, Isoetes, Litorella, Subularia* und *Sparganium Friesii* gebildete Vegetation tritt. Im Plankton leben charakteristische *Staurastrum*-Arten.

Als *Orthocladius*-Seen werden Seen des hohen Nordens und der Alpen bezeichnet, deren Bodenfauna keine *Chironomus*-Arten und nur spärliche Tanytarsidenvorkommnisse aufweist, aber reichlich von Orthocladinen bewohnt ist. Wodurch dies bedingt ist, ist noch unbekannt. Seen dieser Art sind von Spitzbergen und Nowaja Semlja bekannt, in den Alpen sind die Schweizer Jöriseen und der Lunzer Mittersee hierher gehörig.

IV. Dystrophe Seen = Braunwasserseen. Wasser arm an anorganischen Salzen, aber reich an Humusstoffen, daher gelb (kognakfarbig nach NAUMANN) bis kaffeebraun. Das Bodensediment bildet sich großenteils aus ausgeflockten Humuskolloiden: Dy. Diese bedingen wiederum starke Sauerstoffzehrung in der Tiefe, daher O_2-armes bis O_2-freies Tiefenwasser. Makrophytengürtel im Litoral kaum entwickelt, Ufer meist von *Sphagnum* und *Menyanthes* umsäumt. Charakterformen der Fauna: *Einfeldia insolita* (*Diptera*), in nordeuropäischen dystrophen Seen (Seen der kaledonischen Fazies nach GAMS, wo auch *Holopedium, Polyphemus* und *Latona* häufig sind) typische Algenflora. Die dystrophen Seen der Alpen haben mit den nordischen gemeinsam den Reichtum an Chrysomonaden, Desmidiaceen und *Pediastrum tricornutum*.

Es wurde bereits betont, daß diese hier in erster Linie im Anschluß an THIENEMANN wiedergegebene Einteilung der Seen der Mannigfaltigkeit der tatsächlich vorhandenen Seetypen nicht ganz gerecht zu werden vermag, auch wenn wir vorläufig einmal von der persönlichen Note absehen, die den meisten Seen eignet. Man wird wohl bei Berücksichtigung noch anderer chemischer und physikalischer Faktoren eine weitere Gliederung durchzuführen gezwungen sein, z. B. wenn man den Kalkgehalt als solchen ins Auge faßt. Im allgemeinen gelten die dystrophen Seen als kalkarm, die eutrophen als kalkreich, während beim oligotrophen Typus kalkarme und kalkreiche Seen unterschieden werden. Es wird aber gewiß bei allen drei Typen je einen kalkreichen und kalkarmen Untertypus geben, und diese Typen werden sich auch in ihrer Biologie unterscheiden. Bei den oligotrophen Seen wird der kalkarme durch *Holopedium* gekennzeichnet sein (St. Gotthardseen) und durch einen *Trentepohlia*-Gürtel in der Nebelzone (Böhmerwaldseen, einige kleine Hochgebirgsseen des Zillertales). Daß auch bei Braunwasser, d. h. Humusseen, ein erheblicher Kalkgehalt vorliegen kann, so daß der sonst für diese Seen übliche Ausdruck „dystroph" sinnwidrig wird, zeigt der Lunzer Obersee, der in Farbe, Sauerstoffverteilung und Dybildung etwa dem dystrophen Typus entspricht, der aber durch seinen Kalkgehalt und sein reiches organisches Leben (vor allem reiches Nannoplankton) ganz im Widerspruch zu diesem Typus steht. Auch für das Vorkommen kalkarmer eutropher Seen sprechen manche Beobachtungen.

Auf einen weiteren Mangel der hier mitgeteilten Seeneinteilung macht übrigens Thienemann selbst aufmerksam, indem er („Die Binnengewässer Mitteleuropas", Fußnote auf S. 202) bemerkt: „Sollten auch dystrophe Seen mit O_2-Verhältnissen wie beim oligotrophen Typus existieren, so würden auch die Braunwasserseen in zwei verschiedene Gruppen zerfallen."

Es ist also wohl zu erwarten, daß die Untersuchung weiterer Seen, vor allem einmal außerhalb Mitteleuropas[1], noch manche Ergänzung und Änderung unserer Seeneinteilung bringen wird. Eben mit Rücksicht darauf, daß die Seetypenlehre so sehr im Fluß ist, fand sie hier nur eine kurze Darstellung, und es sei von den mannigfachen neuen Vorschlägen, wie solche von einigen russischen Autoren und von Alm und Valle gemacht worden sind, hier nur auszugsweise im Anhang die neueste Seenklassifikation von Valle beigefügt.

Die nach der Zusammensetzung der Profundalfauna vorgenommene Gruppierung finnischer Seen durch Valle unterscheidet:

Eutrophe Seen.

Meistens in fruchtbaren Tonboden eingebettet mit reichlicher Ufervegetation. Schlamm als Gyttja entwickelt. Hierher:

1. Der Plumosus-See. Die Chironomiden überwiegen die Oligochäten. *Ch. plumosus* besonders typisch.

---

[1] Ein Beispiel dafür, daß außerhalb Mitteleuropas das faunistische Bild sich anders gestalten kann, bieten etwa die norwegischen *Stictochironomus*-Seen, in denen die genannte Mückenlarve von einer zweiten, dem analogen norddeutschen Seetypus fehlenden Art begleitet wird, von *Fournieria norvegica*. Man muß bei der Ausdehnung der Seetypenforschung auf größere Gebiete eben immer mit einer Übereinanderlagerung ökologischer und tiergeographischer Verhältnisse rechnen.

2. Der Tubifex-See. *Tubifex*-Arten treten neben Chironomiden stark hervor. Diese Seen haben meist flache Ufer und stellenweise ziemliche Tiefe.

3. Der Tubifex-Corethra-See. Durch das Hinzukommen von *Chir. bathophilus* und *Corethra* ausgezeichnet.

4. Der Tubifex-Pontoporeia-See. Schroffuferige, tiefe Seen, für die *Chironomus salinarius*, *Stictochironomus* und *Sergentia* außer den in der Bezeichnung genannten Leitformen typisch sind.

Mesotrophe Seen.

Meist in Moränen oder Åserboden eingelagerte Seen, deren Boden mit Dygyttja bedeckt ist. Gegenüber der ersten Gruppe fällt das häufigere Vorkommen von Pisidien auf.

1. Der Pisidium-Corethra-See. Neben mehreren Pisidien-Arten und *Corethra* sind oft Tanypinen vorherrschend.

2. Die Lumbriculus-Relikten-See. Hier ist das Auftreten der bekannten Reliktenkrebse *Mysis*, *Pontoporeia* und *Pallasea* typisch.

3. Der Pisidium-Sergentia-See.

Oligotrophe Seen.

Meist flache Braunwasserseen mit Dyschlamm.

1. Der Pisidium-See. Neben verschiedenen Pisidien sind Leitformen *Monodiamesa*, *Didiamesa*, weniger *Stictochironomus*.

2. Der Stictochironomus-Pisidium-See. *Stictochironomus* tritt stärker hervor, *Pisidium* zurück.

3. Der Sialis-See. Verschiedene Chironomiden, wie *Ch. bathophilus*, *Cladopelma* sind häufig, ebenso *Sialis flavilatera*. *Corethra* und Pisidien sind selten.

4. Der Stictochironomus-See. Das Profundal ist fast nur von *Stictochironomus* bevölkert.

VALLE bringt seine Seetypen mit der Bodenbeschaffenheit des Seegeländes in Zusammenhang, worauf hier nicht näher eingegangen werden kann.

f) Beschreibung bestimmter Einzelfälle der Seetypen.

1. Der Lunzer Untersee als Beispiel eines oligotrophen Sees vom *Sergentia*-Typus.

Daß gerade der Lunzer Untersee als erstes Beispiel gewählt wird, hat seinen Grund darin, daß er ein Beispiel besonders reicher biozönotischer Gliederung darstellt, wie sie bei Seen der anderen Typen kaum irgendwo vorliegt. Daß übrigens die von anderen subalpinen Seen bisher vorliegenden Beschreibungen nichts Analoges zu berichten wissen, wird wohl nicht daran liegen, daß der Lunzer See einen günstigen Ausnahmefall darstellt, sondern an der unzureichenden Methodik bei der Untersuchung anderer Seen. Einige flüchtige Besuche, die man einem See abstattet, und noch viel weniger eine einmalige Untersuchung des Untersuchungsobjekts lassen unmöglich alle biozönotischen Eigenartigkeiten und Gesetzmäßigkeiten eines Gewässers erkennen, nicht einmal dann, wenn man bereits an einem Schulbeispiel, wie es der Lunzer See ist, den Blick für das zu Erwartende geschärft hat.

Wir bekommen ein gutes Bild von dem Biozönosenwechsel und dessen Abhängigkeit von äußeren Bedingungen, wenn wir einmal vom Ufer aus Schritt für Schritt bis zur größten Tiefe vordringen, wobei wir der Kürze und Einfachheit halber nicht die exaktere Darstellung zugrunde legen, die RUTTNER gegeben hat, indem er den hier mitgeteilten Biozönosen ein Einteilungsprinzip überordnete, das die Abhängigkeit von äußeren Bedingungen besser zum Ausdruck brachte, während die hier versuchte Darstellung lediglich die topographische Aufeinanderfolge der einzelnen Biotope bzw. Biozönosen wiedergibt.

Den äußersten Teil des Sees charakterisiert — soweit nicht ein Rollschotterstrand vorliegt, der natürlich nur ein sehr spärliches Leben aufweist — ein Steinstrand, der von Steinen mittlerer Größe gebildet wird, die so fest gelagert sind, daß sie von der Brandung nicht gerollt werden können. Jene Steine, die bei einem Pegelstand von + 20 cm inundiert sind, aber bei einem Pegelstand von + 10 cm bereits trocken liegen, bilden die **Tolypothrix-Zone,** weil sie alle von den braunen Büscheln der *Tolypothrix penicillata* bewachsen sind. Das abwechselnde Trockenliegen und Überschwemmtwerden, die großen Temperaturdifferenzen, denen diese Zone ausgesetzt ist, die scheuernde Wirkung des Eises beim Auftauen des Sees machen den meisten Pflanzen und Tieren den Aufenthalt in dieser Region unmöglich. Nur Vertreter der bdelloiden Rotatorien, Nematoden und Tardigraden stellen einige Leitformen bei. Durch das Hinzutreten von *Scytonema myochrous* geht die *Tolypothrix*-Zone über in die **Rivularia-Zone,** welche die Steine zwischen den Niveauflächen + 10 und — 10 umfaßt, so daß diese Steine nie ganz austrocknen, da der Pegelstand nie so tief sinkt, daß sie nicht wenigstens durch kapillar angesaugtes Wasser feucht bleiben. Einschneidend auf die Organis

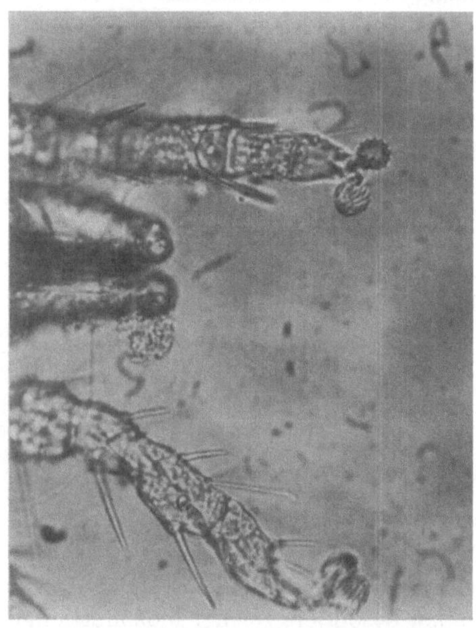

Abb. 29. *Soldanellonyx Chappuisi* WALTER.
aus der Krustensteinregion des Lunzer Untersees.
An dem unteren Bein zeigen die Endkrallen in charakteristischer Seitenansicht die Form einer Soldanellenblüte, das obere Bein zeigt die eine Kralle in Aufsicht.
(Phot. Dr. H. KRAWANY.)   Vergr. 500fach.

menwelt wirkt in dieser Zone der Wellenschlag. Diesem leisten die flachen schokoladefarbigen Flecken der *Calothrix parietina*, die den noch mehr im Seichtwasser gelegenen Steinen aufsitzen, ebensogut Widerstand wie die halbkugeligen harten Lager der *Rivularia Biasolettiana*, zwischen denen Büschel von *Schizothrix gypsophila* gedeihen.

In den Krusten der Rivularien leben typische Chironomidenlarven, vor allem die durch Borstenbüschel leicht kenntlichen *Cricotopus*-Arten, ferner *Phaenocladius*- und *Clunio*-Arten. Quantitativ sehr zurücktretend, aber für diese Region sehr kennzeichnend sind die Süßwasser-Halacariden, die in unserem Fall durch *Soldanellonyx* (Abb. 29), *Lohmanella* und *Halacarus* vertreten sind. Auffallenderweise fehlen im Lunzer See jene minie-

renden Insektenlarven, auf die die Entstehung der sogenannten **Furchen-
steine** (Abb. 30) zurückgeführt wird, die an manchen Seen — z. B. am
Waller See bei Salzburg — massenhaft am Ufer liegen. Auch leben hier
in der Brandungszone des Sees nur wenige Tiere des fließenden Wassers,
z. B. der Käfer *Hydraena riparia*, während bei anderen Seen sich dieser
Einschlag sehr stark geltend macht. Recht bezeichnend für diese und
die folgende Zone ist das kleine tiefschwarze Turbellar *Dalyellia Foreli*.

Schizothrix-Zone. Auch die Steine, die unter dem Niveau — 10
liegen, sind mit Krusten bedeckt; aber diese Krusten, die von *Schizothrix
fasciculata* (Abb. 31) und *Sch. lacustris* gebildet werden, sind weiche,
dicke, spongiöse Krusten, deren Hohlräume einem reichen Tierleben
Unterschlupf gewähren: Harpacticiden, Chironomidenlarven und vor

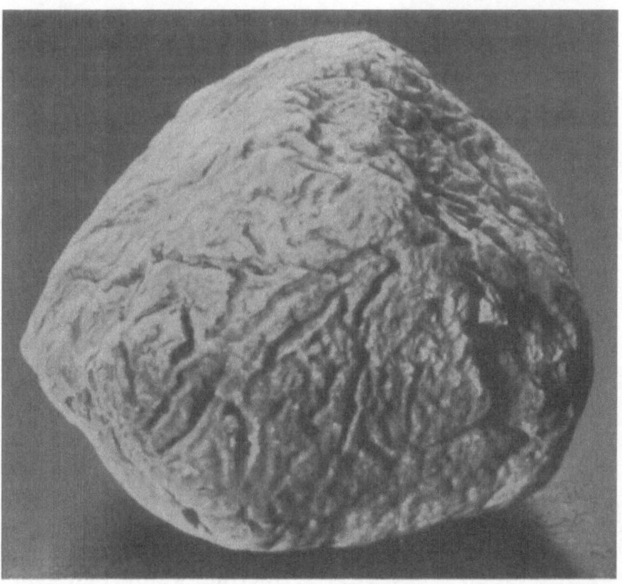

allem mehrere Arten von Floscularien können als Leitformen dieser
Fazies angesprochen werden. Dieser *Schizothrix*-Gürtel geht bis zu
einer Tiefe von 2—3 m hinab, von wo ab durch stärkere Sedimentation schlammbedeckter Boden beginnt; vielfach erreicht der Krustensteingürtel schon früher sein Ende, um der schlammbedeckten Uferbank
Platz zu machen, die bei etwa 2—3 m Tiefe plötzlich in den Schar-Abfall
übergeht. Die geringe Tiefe im Bereich der flachen Uferbank ermöglicht
Makrophyten ihr Fortkommen, die aus dem Wasser auftauchen (*Phragmites* am Ufer, *Schoenoplectus* mehr seewärts) oder wenigstens den Wasserspiegel noch mit den Schwimmblättern erreichen (*Potamogeton natans*).

Zygnemaceen-Tabellaria-Zone. Dieser Teil, der etwa mit dem Beginn der submersen Makrophyten endet, ist besonders durch Zygnema-

ceen und Tabellarien gekennzeichnet. An den Schilfstengeln haften massenhaft *Ophrydium*-Kugeln, die Stengel des *Potamogeton natans* sind oft ganz in Watten der *Oscillatoria Borneti* verfilzt, während in den Schwimmblättern minierende Chironomidenlarven hausen.

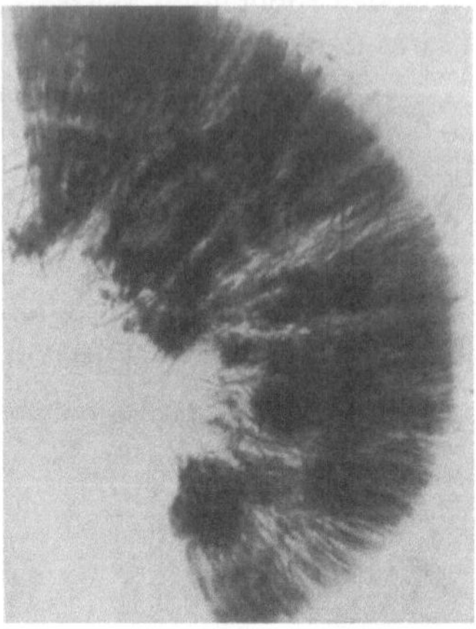

Bulbochaete-Cymbella-Zone. Diese Zone umfaßt die in einer Tiefe bis zu 8 m lebenden submersen Makrophyten und läßt wiederum eine Dreiteilung erkennen, indem zu oberst eine aus *Chara rudis* gebildete obere Charazone ausgebildet ist, auf die in mittlerer Tiefe eine Elodeazone folgt, die nach unten hin von einer aus *Chara contraria* gebildeten unteren Charazone abgelöst wird.

Trotz der anscheinend gleichartigen Lebensbedingungen in der *Bulbochaete-Cymbella*-Zone sind die drei Unterabteilungen auch zoologisch differenziert. So ist z. B. die obere *Chara*-Zone vorwiegend von *Cyclocypris laevis*, die untere von *Cyclocypris serena* bewohnt, *Elodea* wiederum wird vorwiegend von *Oxyethira* und *Graptoleberis* bewohnt, und zwei Arten sind bisher ausschließlich an *Elodea* gefunden worden, nämlich *Acrorhynchus neocomensis* (Turbellar) und *Apsilus vorax* (Rotator.) (Abb. 32), so daß die Annahme naheliegt, es handle sich bei diesen Arten um ursprünglich dem See fremde, mit *Elodea* eingeschleppte Elemente. Für *Apsilus* wurde sogar die Einschleppung aus Amerika wahrscheinlich gemacht, da auch die wenigen anderen Funde dieser Art (Böhmen, Rußland) an *Elodea* gemacht wurden.

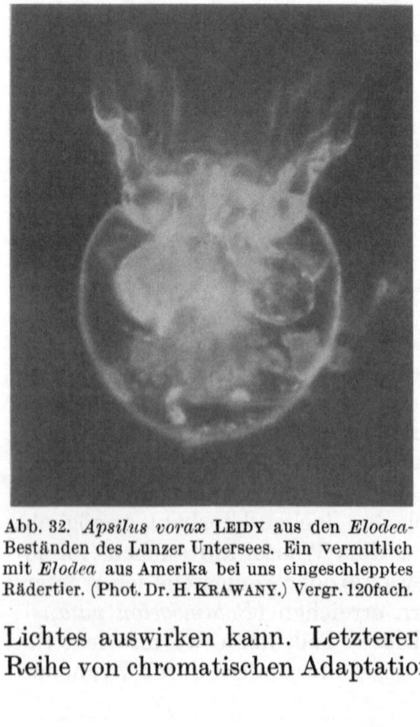

Fontinalis-Zone. In einer Tiefe von 8—15 m schließt sich der unteren *Chara*-Zone ein *Fontinalis*-Gürtel an, der, teils in, teils unter der Sprungschicht liegend, durch konstant tiefe Temperatur ausgezeichnet ist und in dem sich ganz besonders auch die Abnahme der Lichtintensität und vor allem die Ausschaltung des langwelligen Lichtes auswirken kann. Letzterer Faktor macht sich in einer ganzen Reihe von chromatischen Adaptationen geltend, die von GEITLER gerade

Abb. 31. *Schizothrix fasciculata* NÄG. aus dem Lunzer Untersee. Präparat von Dr. L. GEITLER. (Phot. Dr. H. KRAWANY.) Vergr. 40fach.

Abb. 32. *Apsilus vorax* LEIDY aus den *Elodea*-Beständen des Lunzer Untersees. Ein vermutlich mit *Elodea* aus Amerika bei uns eingeschlepptes Rädertier. (Phot. Dr. H. KRAWANY.) Vergr. 120fach.

im Lunzer Untersee entdeckt wurden und die wohl den typischsten Zug der *Fontinalis*-Zone darstellen. Schon an den Diatomeen dieser Zone — und die Diatomeen sind außerordentlich reich vertreten, so daß RUTTNER geradezu von einer Diatomeenzone spricht — fällt das sattbraune Kolorit der Chromatophoren auf. Besonders augenfällig ist dann aber die meist intensiv rote Farbe der hier gedeihenden Cyanophyceen (*Oncobyrsa, Chamaesiphon, Oscillatoria, Merismopedia*), Rhodophyceen (*Batrachospermum*) und Flagellaten (*Rhodomonas rubra, Cryptomonas pyrenoidifera*), neben denen einige intensiv blaue Formen (*Cryptomonas coerulea* und ein *Amphidinium*) besonders auffallen.

Bevor wir auf die tierischen Komponenten der *Fontinalis*-Zone zu sprechen kommen, sei ausdrücklich darauf verwiesen, daß hier die im Dämmerlicht der Seetiefe hausende Gesellschaft roter Organismen keine lokale Erscheinung ist, sondern allgemeine Geltung hat. Es liegt im Grunde genommen derselbe Fall vor wie im Meer, wo ja auch die grünen Algen die ufernächsten Wasserpartien bevorzugen, die Braunalgen bereits das tiefere Wasser, während die Rotalgen in noch größerer Tiefe ihr Maximum erreichen, wo bereits eine starke Absorption des Lichtes überhaupt und der langwelligen Strahlen im besonderen Platz gegriffen hat. Fast gleichzeitig mit GEITLER fand PASCHER in anderen Seen ganz analoge Verhältnisse, und weiters hat LAUTERBORN an unterseeischen Felswänden im Bodensee abermals Verhältnisse angetroffen, die im Wesen derselben Erscheinung zuzurechnen sind, die aber, weil sie ganz andere Organismen betreffen als in den von GEITLER und PASCHER studierten Fällen, erst recht zeigen, daß in diesen chromatischen Adaptionen eine Erscheinung von allgemeiner Bedeutung vorliegt.

Die unerwartete Entdeckung LAUTERBORNs gab Anlaß, daß im Bodensee von ZIMMERMANN und im Lunzer See von GEITLER der Ökologie und Soziologie dieser Tiefseepflanzen weiter nachgegangen wurde. Die Ergebnisse waren so interessant, daß es sich lohnt, hier näher darauf einzugehen. Ziehen wir zunächst die Verhältnisse des klassischen Fundorts heran, die unterseeischen Molassewände des als Überlinger See bezeichneten Nordwestteiles des Bodensees.

Nur die Steilabstürze der Felsen, auf denen kein Sediment haften kann, bieten dieser merkwürdigen Flora ein geeignetes Substrat. Zunächst fällt das Zurücktreten grüner Arten gegenüber den braunen und roten Algen auf. Vergleicht man Algenkrusten, die nur $1\,^1/_2$ m unter dem Wasserspiegel dem Fels aufsitzen, mit denen aus etwa 30 m Tiefe, so können wir ein Zurücktreten der grünen Algen von 90 vH auf 17 vH konstatieren. Dieser Florenwechsel gestattet folgende aufeinanderfolgende Assoziationen zu unterscheiden:

<table>
<tr><td>von 0—10 m Spirogyra adnata Association</td><td rowspan="3">Fissidens grandifrons—Epithemia Hyndmanni</td><td>Schizothrix fasciculata
Rhizoclonium longiarticulatum</td></tr>
<tr><td>von 10—20 m Hildenbrandia—Bodanella
Association</td><td>Aegagropila profunda</td></tr>
<tr><td>von 20—35 m Cladophora profunda — Chamaesiphon incrustans Association</td><td>Gongrosira</td></tr>
</table>

Noch deutlicher kommt aber die Biozönosenbildung bei der Betrachtung dieser Pflanzenverbände auf kleinstem Raum zum Vorschein. Was sich längs der ganzen Felswand im großen feststellen läßt, kommt hier in besonders prägnanter Weise zum Ausdruck:

Die Unebenheiten der Felswand lassen drei Biotope unterscheiden: die vorspringenden Kanten und Ecken, die von *Cladophora profunda* besiedelt sind, die Höhlungen, die mit den braunen Krusten der hier neu entdeckten Phäophycee *Bodanella Lauterborni* besetzt sind, und endlich die tiefen Nischen im Gestein, in denen *Hildenbrandia rivularis* gedeiht. Bei der Entdeckung der oben erwähnten Mikrophytenbiozönose der *Fontinalis*-Region erhob sich die Frage, ob diese Farbstoffeigentümlichkeiten darauf zurückzuführen sind, daß — was die Entdeckung der chromatischen Adaption der Cyanophyceen nahe legte — in diesen tieferen Wasserschichten das langwellige Licht stark absorbiert ist, so daß die Organismen hier mit dem kurzwelligen Licht sich abfinden müssen, oder ob nicht der qualitative Lichtunterschied die Ursache ist, sondern die Abnahme der Intensität des Lichtes. Die Befunde auf kleinstem Raum, wie sie ZIMMERMANN mitteilt, sprechen für die zweite Möglichkeit. Denn im Bereich eines Steinbrockens, wie er ihn abgebildet hat, herrscht natürlich kein Qualitätsunterschied des Lichtes, wohl aber haben die vorspringenden Stellen noch ein Optimum des Lichtgenusses aufzuweisen und sind daher von der Grünalge *Cladophora* besiedelt, die halbschattigen Stellen beherbergen die Braunalge *Bodanella* und die dem Licht am meisten entzogenen Eintiefungen sind endlich der Standort der Rotalge *Hildenbrandia*[1]. Wir sehen genau die Wiederkehr der Farbenabfolge, wie wir sie oben bereits für die marinen Küstenalgen notiert haben.

Eine Eigentümlichkeit dieser Tiefenflora ist weiter deren Mangel an Sexualorganen. *Chantransia, Bodanella, Fissidens grandifrons* kamen immer ohne Fortpflanzungsorgane zur Beobachtung. Die charakteristische Färbung dieser Region kommt ferner nicht nur dadurch zustande, daß die Braunalgen und Rotalgen die Grünalgen verdrängen, sondern weiters dadurch, daß Formen, die sonst nicht rot gefärbt sind, rote Pigmente entwickeln. LAUTERBORN glaubte diesen Fall besonders an der von ihm verzeichneten *Gongrosira codiolifera* demonstrieren zu können, die an den oberen Partien dieser Felswände in der normalen grünen Form wächst, hingegen in der Tiefe durch eine rote Variante ersetzt sein soll. ZIMMERMANN meint, daß diese „rote *Gongrosira*" auf eine Verwechslung mit *Chantransia* im konservierten Zustand zurückzuführen wäre. Aber wenn auch dieser Fall keine Gültigkeit hätte, so bleibt immer noch die Feststellung ZIMMERMANNS übrig, daß „die Cyanophyceen samt und sonders nicht die bei ihnen sonst vorherrschende blaugrüne Farbe zeig-

---

[1] Damit hängt wohl auch die Beschränkung der *Hildenbrandia* auf die im Waldesschatten liegenden oberen Bachläufe zusammen, während der Bach im offenen Gelände mehr *Lemanea* aufweist. Von ihr sagte kürzlich ein Botaniker: „Noch vor einigen Jahren galt *Hildenbrandia* als große Seltenheit, so daß man vorschlug, sie unter Naturschutz zu stellen. Heute gilt sie als gemeinste Alge der Gebirgsbäche, die nur dann auszurotten wäre, wenn man den Wald verschwinden ließe."

ten, sondern es waren fünf violett bis pfirsichrote und zwei stahlblaue Formen mit rötlichem Einschlag." Diese Angaben decken sich auffallend mit dem oben mitgeteilten Befund aus der *Fontinalis*-Zone. Insbesondere muß auffallen, daß in beiden Fällen neben der vorherrschend roten Farbe einzelne blaue Typen auftreten.

Im Lunzer Untersee fand GEITLER an Felsen der Tiefe *Chantransia chalybaea* var. *profunda*, *Gongrosira de Baryana* und *Bodanella Lauterborni*, dann eine Reihe von Diatomeen mit der für die Tiefendiatomeen kennzeichnenden dunklen, rotbraunen Färbung, darunter das seltene, für die Alpen neue *Gomphonema abbreviatum*, weiters purpurrote Blaualgen, nämlich die neue *Chlorogloea purpurea*, dann *Pleurocapsa minor* und *Chamaesiphon amethystinus*. Endlich ist hier eine vielleicht zum Teil endolithisch lebende *Hyella* vorhanden, die als *H. fontana* var. *maxima* beschrieben wurde. All diese Arten wachsen hier nicht nebeneinander, sondern durcheinander, so daß, wie GEITLER berichtet, „Zellmosaike entstehen, die durch die verschiedene Färbung der einzelnen Komponenten sich oft sehr farbenprächtig ausnehmen. Dies ist der Fall, wenn die gelbgrüne *Gongrosira*, die purpurrote *Pleurocapsa* und die blaugrüne *Hyella* ihre Fäden durcheinanderschlingen".

Merkwürdigerweise fehlt der Lunzer Tiefenflora die *Hildenbrandia*, die hier aber im Seeausfluß lebt, und weiters fällt auf, daß im Lunzer See trotz günstiger Lichtverhältnisse diese Tiefenflora, die im Bodensee bis 35 m hinabsteigt, schon in 15 m Tiefe endet.

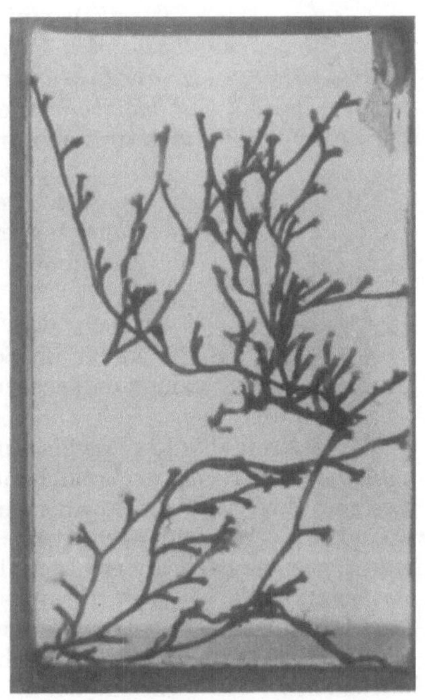

Abb. 33. *Fredericella sultana* BLBCH. aus dem Lunzer Untersee. (Phot. Dr. H. KRAWANY.) Vergr. 2 fach.

Fredericella-Zone. Innerhalb des *Fontinalis*-Gürtels folgt noch ein Gürtel, der habituell an einen Makrophytengürtel erinnert, aber von den bäumchenförmigen Kolonien des Moostieres *Fredericella sultana* (Abb. 33) gebildet wird. Besondere pflanzliche Leitformen liegen nicht vor; der Lichtmangel läßt in dieser Tiefe ohnehin keine nennenswerte Vegetation mehr aufkommen. Recht charakteristische Tiere der *Fredericella*-Zone scheinen zwei Hydracarinen zu sein, *Piona Brehmi* und *Lebertia dubia*, die aber auch in der letzten noch zu besprechenden Region, dem Schweb, angetroffen werden.

Schweb. Was von der Seewanne innerhalb des *Fredericella*-Gürtels liegt, ist mit einem überaus feinen Schlick bedeckter Boden, der Schweb, der von einer sehr charakteristischen Tierwelt bevölkert wird, während die autotrophe Pflanzenwelt bei der minimalen Lichtmenge, die hier noch eindringt, nur durch die Diatomee *Campylodiscus noricus* repräsentiert wird. Daß dafür die Bakterienflora sehr reich entwickelt ist, ergibt sich aus dem auf S. 175 über chemische Umsetzungen, die durch Bakterien veranlaßt werden, Mitgeteilten. Die Tierwelt des Schwebs setzt sich, abgesehen von den für einen *Sergentia*-See typischen Chironomidenlarven (s. S. 94), zusammen aus *Otomesostomum auditivum*, *Peloscolex ferox* und *Limnomermis austriaca*, ferner einer Reihe von Ostracoden (*Cytheridea lacustris, Limnicythere sancti Patricii*) und Harpacticiden (*Canthocamptus Wierzejskii, echinatus, Schmeilii*), einigen Wassermilben (*Hexalebertia* cf. *Theodorae, Piona Brehmi*), *Pisidum fossarinum* und zwei *Pontigulasia*-Arten, von welchen die eine, *P. bigibbosa*, auch anderwärts als „Tiefseerhizopode" angetroffen wurde (Abb. 34).

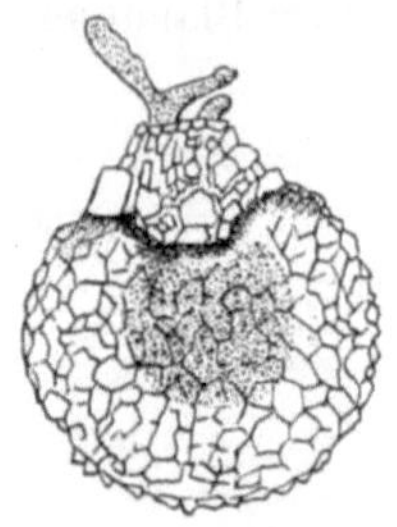

Abb. 34. *Pontigulasia bigibbosa* PEN. aus der Tiefe des Lunzer Untersees.

Die Ruhe des Wassers — Stillwassergebiet — wie die konstant tiefe[1] Temperatur, werden wohl die zwei auslesenden Faktoren sein, die für diese Art der Zusammensetzung der Schwebfauna maßgebend sind.

Neben dem häufigen *Otomesostomum* tritt als Seltenheit im Schweb auch *Planaria torva* auf, ein Vorkommen, das kein zufälliges zu sein scheint, da MEIXNER dieselbe Art auch in der Tiefe des Traunsees beobachtete.

Die Seekreidebänke. Das Flachufer, dem die oben behandelten Facies angehören, wird von Seekreidebänken gebildet, die selbst wieder von einer charakteristischen Organismenwelt bevölkert werden. Diese vorzugsweise im Windschatten abgelagerten mächtigen Kalkmassen sind nicht abgelagertes Erosionsmaterial, sondern sind Anhäufungen biogen entstandener Kalkmassen, die teils durch Bikarbonatspaltung bei der Assimilation submerser Pflanzen entstehen und an deren Bildung zum geringeren Teil auch Schneckenschalen beteiligt sind. Als schlechter Nährboden ist die Seekreide der Uferbänke nur mit geringem Pflanzenwuchs versehen, und auch das Tierleben ist ärmlich. *Ephemera danica* lebt hier in unterirdischen Gängen, *Sialis flavilatera* bevorzugt dieses Gelände, und auf der Schlammoberfläche leben die wegen der ihnen anhaftenden Schlammteilchen vom Untergrund schwer unterscheidbaren Larven der *Caenis lacteella*.

2. Vergleiche mit anderen Seen desselben Typus.

Wir haben an dem Beispiel des Lunzer Sees ein Bild vom Typus eines subalpinen Sees entworfen, und es erhebt sich nunmehr die Frage, inwieweit die hier beschriebenen Züge auch in anderen Alpenseen wieder-

---

[1] Die konstant tiefe Temperatur macht die Seetiefe auch in anderen Seen zu einer Zufluchtstätte für gewisse Glacialrelikte. Ein treffliches Beispiel bietet das Vorkommen des sonst nur hochalpinen und arktischen Turbellars *Castrada luteola* im Wörthersee, wo es von REISINGER und STEINBÖCK entdeckt wurde.

kehren, also Charakterzüge des subalpinen Seetypus sind. Wir wollen daher Vergleiche mit anderen Seen der Alpen anstellen, müssen aber bereits im Vorhinein feststellen, daß dies trotz der umfangreichen einschlägigen Literatur nur in sehr beschränktem Maße möglich ist.

Wir wissen zwar ziemlich viel über das Netzplankton unserer Alpenseen, aber nur von ganz wenigen Seen etwas über das Nannoplankton. Damit fehlt aber schon ein wesentliches Stück zur Beurteilung der Trophiestufe. Über die litorale Flora und Fauna liegt überhaupt wenig Beobachtungsmaterial vor, und dieses läßt fast durchwegs die feinere biozönotische Differenzierung vermissen. Über die Bodenfauna ist etwas mehr veröffentlicht worden, aber meist mit Vernachlässigung ganzer Tiergruppen.

Wenn nach dem Wunsch des Herausgebers das vorliegende Buch auch Anregung zu eigenen Arbeiten geben soll, so liegt hier bereits ein umfangreiches Arbeitsprogramm vor. Denn eine unseren Gesichtspunkten Rechnung tragende allseitige Erforschung eines Seebeckens ist derzeit noch ein für viele Einzelfälle dringendes Bedürfnis.

Um einerseits zu sehen, in welchen Punkten sich die bisher studierten Seen von unserem Musterbeispiel unterscheiden und dabei andererseits auch zu zeigen, wo noch empfindliche Lücken vorliegen, seien einige Fälle aus der Literatur herausgegriffen und in tunlichster Kürze mitgeteilt.

1. Der Hallstätter See[1] (8 km lang, 2 km breit, 125 m tief). HAEMPEL unterscheidet nur drei Gürtel: 1. *Dichothrix*- und *Schizothrix*-Zone = Krustensteingürtel; 2. eine Zone der höheren Wasserpflanzen; 3. die *Elodea*- und *Chara*-Zone, sehr reich an Dipterenlarven und Mollusken (*Valvata*); wie im Lunzer See ist *Graptoleberis* auch hier an *Elodea* gebunden. Diese dritte Zone endet mit der 15-m-Isobathe. Die Bodenfauna scheint mit der des Lunzer Sees teils übereinzustimmen: *Cytheridea*, *Canthocamptus Wierzejskii*, Tanytarsiden; doch läßt HAEMPELS Liste Charakterformen wie *Otomesostomum Limnicythere*, *Stempellina*, *Didiamcoa*, *Sergentia* vermissen. Ob diese Formen wirklich fehlen und dadurch ein Unterschied gegeben ist, müssen künftige Untersuchungen lehren. Ganz bestimmt aber liegt in der Zusammensetzung des Plankton ein Unterschied vor, da dem Lunzer See *Leptodora* und *Bythotrephes* fehlen.

Was die litoralen Fazies betrifft, läßt die HAEMPELsche Darstellung vor allem die durch ihre roten Organismen gekennzeichnete *Fontinalis*-Zone vermissen und auch *Fredericella* scheint mehr eine diffuse Verbreitung im Schweb aufzuweisen; vielleicht liegt die schlammbewohnende var. *Duplessisi* vor.

2. Grundlsee (6 km lang, 1 km breit, 69 m tief). Hier vermißte HAEMPEL die Krustensteinregion und unterscheidet nur noch eine *Potamogeton*- und eine *Chara*-region. Eine eigene *Fontinalis*-Zone scheint wiederum zu fehlen, obwohl *Fontinalis* in der *Chara*-Zone als akzessorischer Bestandteil nicht selten ist. Diese *Fontinalis*-Büschel beherbergen eine Fauna, deren Vertreter im Lunzer See teils an *Elodea* sitzen (*Oxyethira*), teils bereits dem Schweb angehören (*Stempellina Bausei*). Dies entspräche ganz gut der Mittelstellung der *Fontinalis*-Zone zwischen *Elodea*-Gürtel und Schweb. Die Mitteilungen über die Schwebfauna enthalten gar nichts Charakteristisches. Im Plankton fällt wiederum *Leptodora* und *Bythotrephes* auf.

3. Millstätter See (12 km lang, etwa 1 km breit, 140 m tief). Über die Krustensteinregion liegen keine Angaben vor. Es werden unterschieden eine

---

[1] Nach HAEMPEL: Zur Kenntnis einiger Alpenseen. (Internat. Rev. d. ges. Hydrobiol. u. Hydrogr. 1918 ff.)

Phragmites-, Potamogeton- und *Isoetes*-Zone. *Isoetes*[1] soll dabei die *Chara* verdrängt haben und deren Stelle einnehmen. In der Tiefenfauna kehrt nur *Canthocamptus Wierzeijskii* aus der Liste der Lunzer Profundalfauna wieder. Freilich scheint hier der subalpine Charakter des Sees zweifelhaft, da HAEMPEL von einem massenhaften Vorkommen der Larven von *Chironomus* der *Plumosus*-Gruppe spricht. Das Plankton (über das Nannoplankton liegen allerdings keine Angaben vor!) zeigt allerdings keine Anzeichen vorgeschrittener Eutrophierung; es fehlen wasserblütebildende Cyanophyceen, es fehlen die vielen einzelligen Grünalgen eutropher Gewässer, es fehlen die Melosiren![2]

4. Attersee (20 km lang, 2 km breit, 170 m tief). Hier dürften die Zonen der Krustensteinregion wohl entwickelt sein, da HAEMPEL von Furchensteinen mit Krusten von *Schizothrix, Calothrix* und *Rivularia* spricht. Hingegen wird für die Makrophyten angegeben, daß eine deutliche Zonenbildung fehlt. Bemerkenswert ist die Konstatierung einer vegetationslosen Sublitoralzone, die zwischen der 12-m- und der 25-m-Isobathe liegt und die der Zone der toten Muscheln in den baltischen Seen und im Lake Mendota entspricht. Da hier, wie im Lunzer See größere Muscheln fehlen, hat diese Zone nicht jenen auffallenden Charakter wie in den baltischen Seen; sie entspricht dem Molluskenreichtum der *Elodea* und unteren *Chara* im Lunzer See und begreift noch die oberen Schwebpartien in sich, da eine ganze Reihe von Charakterformen der Schwebregion des Lunzer Untersees hier wiederkehren. Die Schwebregion entspricht — abgesehen davon, daß sie etwas artenreicher ist und den Typus des Tanytarsus-Sees reiner ausgeprägt aufweist, was aus dem Mangel von *Sergentia, Monodiamesa* und *Didiamesa* hervorgeht — sehr gut den Verhältnissen unseres Vergleichsobjektes.

Vergegenwärtigen wir uns, was ein flüchtiger Überblick über diese wenigen ostalpinen Seen ergibt: Ohne Zweifel haben — wir sehen dabei absichtlich von einem Vergleich der physikalischen und chemischen Verhältnisse ab — die hier angegebenen Seen so viel Gemeinsames, daß sie als Vertreter eines bestimmten Seetypus, des oligotrophen, subalpinen Typus, angesehen werden können. Aber wir sehen, daß jeder See das Augenblicksbild aus einem Prozeß darstellt, der von einem oligotrophen zu einem eutrophen See führt. So weicht unser Musterbeispiel des Lunzer Untersees durch das Vorkommen von *Sergentia* und *Didiamesa* bereits vom Hallstätter und Attersee ab, ebenso der Millstätter See durch das Vorkommen der Chironomiden aus der *plumosus*-Gruppe. Eine größere Zahl einschlägiger Untersuchungen wird wohl eine kontinuierliche Stufenfolge und deren Abhängigkeit von chemischen und physikalischen Faktoren erkennen lassen.

Schwieriger wird es vielleicht sein, eine andere Erscheinung zu erklären, nämlich das Fehlen einzelner, sonst allgemein verbreiteter Arten in bestimmten Seen. Vorläufig ist diese Erscheinung bei Planktonuntersuchungen aufgefallen, sie wird aber natürlich ebenso bei anderen Biozönosen verbreiteter sein, als die bisherigen Untersuchungen festzustellen erlaubten.

Wenn wir Planktonlisten aus unseren Alpenseen vergleichend überblicken, so finden wir eine auffallende Monotonie. Es ist ein Dutzend von Rädertieren und Kleinkrebsen, die in allen Seen so regelmäßig wiederkehren, daß jedes Fehlen derselben in einem See auffallen muß. Wir haben an unseren Beispielen dies für *Bythotrephes* und *Leptodora* bemerkt, die in bestimmten Seen, z. B. Lunzer See, Achensee, fehlen, ohne

---

[1] Ein Irrtum: *Isoetes* wurde mit *Litorella* verwechselt!
[2] Nur *Botryococcus* deutet etwas auf Gehalt an organischen Verbindungen hin.

daß diese Seen irgendwelche Milieueigentümlichkeiten gemeinsam hätten, die man für diesen Mangel verantwortlich machen könnte. Aber es gibt noch drastischere Fälle:

Wohl jeder subalpine See beherbergt die Gattung *Diaptomus*, nur der Achensee nicht; der Erlaufsee weist sogar ein *Cyclops*-freies Plankton auf. Bei der allgemeinen Verbreitung der genannten zwei Formen in Seen mit den verschiedenartigsten Milieuverhältnissen muß wohl zuerst die Vermutung ausscheiden, daß irgendein chemischer oder physikalischer Faktor der betreffenden Seen das Fehlen dieser Arten bedinge. So bleiben zwei Möglichkeiten. Entweder:

1. die betreffenden Arten konnten den See nicht besiedeln, da sie ihn nicht erreichen konnten. In diesem Fall müßte aus der geologischen Geschichte des Sees und aus seiner Besiedelungsgeschichte die Erscheinung erklärt werden, sie gehörte dann in das Gebiet der historischen Tiergeographie, oder

2. die betreffenden Arten hätten den See wohl erreichen können, bzw. könnten ihn heute noch erreichen; aber die vorhandenen Organismen des Sees nutzen die Existenzbedingungen so aus, daß ein neuer Einwanderer daselbst nicht festen Fuß fassen kann. Die in Betracht kommende Biozönose, in unserem Fall das Plankton, befindet sich im stabilen Gleichgewicht, das nicht durch zufällige vereinzelte Eindringlinge gestört werden kann.

Die Entscheidung darüber, ob in diesem oder jenem Fall die erste oder die zweite Möglichkeit als Erklärungsursache in Betracht kommt, ist nicht so leicht zu treffen, als es im ersten Augenblick scheint. Denn die Fähigkeit, in eine Biozönose eventuell auf Kosten gewisser Komponenten derselben einzudringen, kann nicht für alle Organismen von vornherein abgelehnt werden. Ob aber eine bestimmte Art innerhalb einer Biozönose von bestimmt umschriebenem Charakter sich einnisten kann, müßte von Fall zu Fall experimentell entschieden werden. Daß der Fall überhaupt vorkommt, steht außer Frage. Wir wissen ja, daß *Elodea* sogar sehr erfolgreich anderen Wasserbewohnern Konkurrenz machen kann, und es hat fast den Anschein, als ob mit *Elodea* auch ein Rotator in die europäische Fauna eingedrungen sei, der merkwürdige *Apsilus vorax*, der bisher immer an *Elodea* sitzend angetroffen wurde, ein Zeichen, daß sein Eintritt in eine neue Biozönose minder aggresiv erfolgt und nur unter dem Protektorat der *Elodea* ermöglicht wird. Aber wie gesagt, Freilandbeobachtungen lassen da immer eine Menge Zweifel offen, wie folgender Fall zeigt: Seit den achtziger Jahren des abgelaufenen Jahrhunderts bis kurz vor Kriegsbeginn, mit anderen Worten von den ersten Untersuchungen in diesem See durch IMHOFF bis zu den Arbeiten MIKOLETZKYS war das Plankton des Attersees im Salzkammergut oft Gegenstand der Untersuchung, und manchem dieser Untersucher sind ganze Planktonserien zur Durchsicht vorgelegen, so auch dem Schreiber dieser Zeilen; aber keinem dieser Beobachter kam dabei je ein Exemplar der *Daphnia cucullata* unter. Aber vor kurzem beobachteten HAEMPEL und PESTA nacheinander das Vorkommen der *cucullata* im Attersee. Soll man nun annehmen, daß diese Art erst eingeschleppt wor-

den sei, oder daß sie ein zeitlich so beschränktes Auftreten habe, daß sie
leicht der Beobachtung entgehen kann, wenn nicht kontinuierliche Fang-
serien untersucht werden, oder soll man mit der Möglichkeit rechnen,
daß *D. cucullata* in verschiedenen Jahren solche Schwankungen in der
Volkszahl zeigte, daß sie in Jahren mit schwacher Entwicklung der Beobachtung entgehen konnte?

Eine bündige Antwort auf solche Fragen wird erst möglich sein, wenn
wir über lange Zeiträume sich erstreckende regelmäßige Mitteilungen
über die Zusammensetzung des Planktons der Seen haben werden. Das
noch sehr dürftige Material, das in dieser Hinsicht vorliegt, scheint für
eine weitgehende Konstanz der Planktonzusammensetzung zu sprechen.
Nur aus dem Züricher See liegt eine Nachricht über plötzliche Veränderungen des Phytoplanktons vor:

Im Jahre 1896 erschien plötzlich in diesem See in großen Mengen
Tabellaria fenestrata, 1898 folgte *Oscillatoria rubescens*, und beide herrschen bis heute im Phytoplankton des Sees vor; 1905 gesellte sich *Melosira islandica* hinzu und 1907 *Stephanodiscus Hantschii*. Mit Rücksicht auf das auf S. 94 über diese Kieselalge Mitgeteilte kann man
dieses Jahr als das der endgültigen Eutrophierung dieses Sees ansehen.
Aber schon die explosionsartige Entfaltung der *Tabellaria* im Jahre 1896
bildet einen Wendepunkt in der Entwicklungsgeschichte dieses Sees.
Denn von diesem Zeitpunkt an erscheinen in den Schlammprofilen
— vgl. S. 90 — schwarze Schichten als Kennzeichen der einsetzenden
Eutrophierung.

Hingegen zeigte das Plankton des Lunzer Sees seit 1905 keine Veränderung, weder einen Zuwachs, noch einen Abgang. Und gleiches kann
man wohl auch vom Achensee in Tirol behaupten, dessen Plankton vom
Verfasser in den Jahren 1901/02 studiert wurde. Da die damals beobachtete Zusammensetzung des Planktons nicht mit den Angaben har-
monierte, die B. HOFER einige Jahre vorher über das Achenseeplankton
machte, gab Verfasser der Vermutung Raum, den HOFERschen Angaben
liege eine Materialverwechslung zugrunde. Demgegenüber wurde wiederholt, so zuletzt von PESTA, behauptet, daß ja das Achenseeplankton
sich entsprechend geändert haben könnte — und zwar handelt es sich
hier um den eventuellen Verlust zweier nicht zu übersehender Formen,
nämlich der Gattung *Diaptomus* und der *Anuraea aculeata*. Nun bot
sich aber Gelegenheit, in längeren Intervallen das Achenseeplankton
wieder zu überprüfen und zwar 10 Jahre bzw. 20 Jahre nach der ersten
Untersuchung, und da zeigte sich nicht die geringste Änderung.

Nach diesen hier mitgeteilten Erfahrungen scheint es dem Verfasser
wahrscheinlicher, daß bei Unterschieden in den Faunenlisten unzurei-
chende Beobachtungen vorliegen, als daß wirkliche Veränderungen vor-
gekommen sind. So fehlt nach der oben zitierten Arbeit von HAEMPEL
im Millstätter See im Plankton die Gattung *Bosmina*, eine Erscheinung,
die im Bereich der ganzen Alpen wohl vereinzelt dastünde! Ferner wird
für das Litoral zwar das Vorkommen der Gattung *Chydorus* angegeben,
aber nur *Ch. sphaericus* namhaft gemacht. In Proben aus dem Millstätter See, die 5 Jahre später gesammelt worden waren als die HAEM-

PELschen Proben, fand sich nicht nur *Bosmina* im Plankton, sondern es fiel ferner das häufige Vorkommen großer, lebhaft gefärbter Exemplare des *Chydorus globosus* in dem litoralen Material auf, vor allem in dem, das den *Myriophyllum*-Beständen des Sees entstammte. Es wäre sehr merkwürdig, wenn diese beiden Arten neu hinzugekommen wären, um so mehr, als eine leider nicht hinlänglich genau datierte, aber wahrscheinlich aus der Zeit vor den HAEMPELschen Aufsammlungen stammende Probe ebenfalls schon *Bosmina* enthielt.

Wenn wir nun nochmals auf die oben angeschnittene Frage nach dem unerwarteten Fehlen einer Art zurückkommen, so können wir mit HEROLD[1] allgemeine Überlegungen resumierend sagen: Es gibt vier Gründe für das Fehlen irgendeiner Art an einem Biotop:

1. Historischer Grund: Das sich ausbreitende Tier ist noch nicht bis an den betreffenden Biotop gelangt.

2. Chorologischer Grund: Das Tier ist bis in die Nähe des Biotops vorgerückt; am Biotop und in seiner unmittelbaren Umgebung herrschen aber klimatische Bedingungen, die eine weitere Ausbreitung behindern.

3. Topographischer Grund: Das Tier ist in der ganzen Umgegend des Biotops verbreitet, unüberschreitbare Schranken halten es aber vom Biotop selbst fern.

4. Ökologischer Grund: Das Tier ist wie beim dritten Fall verbreitet, aber einzelne chemische, physikalische oder biologische Verhältnisse verhindern eine Besiedelung durch die Art.

Die Anwendung dieses Schemas auf einen Süßwasserorganismus hat sehr schön THIENEMANN in seiner Studie: *Holopedium gibberum* in Holstein (Zeitschr. f. Morphol. u. Ökol. d. Tiere. 1926) gezeigt. Der Wegfall des historischen Grundes ergibt sich aus der weiten Verbreitung des *Holopedium* in der paläarktischen und nearktischen Region. Der chorologische Grund entfällt, da ein Vergleich der klimatischen Faktoren im Bereich der *holopedium*freien Seen einerseits und der von *H.* bewohnten andererseits gar keine Unterschiede erkennen läßt. Auch Verbreitungshindernisse, wie sie der topographische Grund vorsieht, sind absolut keine vorhanden, so daß nur der vierte Grund, der ökologische, in Betracht kommen kann. Eine Gegenüberstellung der physikalischen und chemischen Eigenschaften der Gewässer mit und ohne *Holopedium* läßt dann alsbald erkennen, daß kalkarme Gewässer das für *Holopedium* geeignete Milieu sind. Inwiefern dann, was noch zu untersuchen bliebe, das Überschreiten eines bestimmten *CaO*-Gehaltes das Fortkommen des *Holopedium* ausschaltet, ist im Grunde genommen eine Frage, die bereits mehr den Physiologen als den Hydrobiologen interessiert[2].

---

[1] HEROLD, W.: Untersuchungen zur Ökologie und Morphologie einiger Landasseln. Zeitschr. f. wiss. Biol. (A) 1925.

[2] Nach der Niederschrift dieser Zeilen erschien DECKSBACHs Abhandlung „*Holopedium gibberum* im europäischen Teil der U.S.S.R.“ (Arch. f. Hydrobiol.), die alle THIENEMANNschen Ergebnisse bestätigt und 28—30 mg/Liter als obere *CaO*-Grenze für das Vorkommen des *Holopedium* feststellt.

3. Der Plöner See als Typus des eutrophen Sees.

Wie schon erwähnt, gestaltet sich gegenüber dem typischen oligotrophen See im eutrophen See trotz der größeren Formenfülle die vertikale Zonengliederung viel weniger mannigfaltig. Man wird sich damit begnügen müssen, eine Dreiteilung vorzunehmen, wie sie im Anschluß an frühere Autoren zuletzt J. LUNDBECK vorgeschlagen hat; demzufolge hätten wir zu unterscheiden: 1. die litorale Region; 2. die sublitorale Region, die im Bereich der baltischen Seen auch die bezeichnende Benennung „Zone der toten Muscheln" führt; 3. die profundale Region.

Die Litoralzone. Sie umfaßt jene peripheren Teile des Seebodens, die grüne Vegetation tragen. Sie würde also, mit unserem vorigen Beispiel, dem Lunzer See, verglichen, alle Zonen von der *Tolypothrix* bis einschließlich der *Fontinalis*-Zone, also bis zu einer Tiefe von 18 m umfassen. Die untere Grenze dieser Litoralzone hängt, da sie gemäß unserer Definition dem Areal der assimilierenden Pflanzen entspricht, von der Tiefe ab, bis zu der das Licht eindringt, ist also von See zu See verschieden, im allgemeinen jedenfalls viel weniger tief als in den subalpinen Seen. In unserem Fall endet sie bei 7 m Tiefe und läßt im allgemeinen wenigstens zwei Gürtel erkennen, den der nicht submersen Vegetation, die sich wie überall in einen äußeren Schilfgürtel und einen seewärts davon gelegnen Gürtel der Schwimmblattpflanzen — hier vorwiegend von *Potamogeton* gebildet — gliedert und den Gürtel der submersen Vegetation, der von untergetauchten Laichkräutern und von etwa 3—7 m Tiefe ab von *Chara* gebildet wird.

Mannigfaltiger als der vertikale Fazieswechsel sind die nebeneinander existierenden Pflanzenverbände mit ihren tierischen Begleitern, da im Ufergebiet schotterige Stellen, Sandstrand, Schilfbestände, ungleich weit fortgeschrittene Verlandungsgebiete, wechseln, was eben eine prägnante einheitliche Kennzeichnung der litoralen Zone erschwert, wenn nicht unmöglich macht.

Wo Steinstrand vorliegt, zeigt sich der schleimige grüne Algenbewuchs dieser Steine von *Trichocladius*, *Tanytarsus*-Arten und Culicoidinen in erster Linie bevölkert, während für das sandige Ufer *Cryptochironomus*-Arten als Leitformen gelten können. Sowohl der Stein- wie der Sandstrand zeigt ganz verschiedene Biozönosen, je nachdem, ob er einem Brandungsufer angehört oder einer windgeschützten Bucht. WESENBERG-LUND hat diese Differenzierung in seiner Abhandlung „Die litoralen Tiergesellschaften unserer größeren Seen" (Internat. Rev. d. ges. Hydrobiol. u. Hydrogr. 1908) für den dänischen Furesee scharf herausgearbeitet, und seine Feststellungen sind auch für die baltischen Seen und den Wigrysee in Polen bestätigt worden. Für den Steinstrand gelten WESENBERGS Worte: „Es ist ganz, als ob ich die Gesellschaft der Bäche von den Brandungsufern eines größeren Sees beschrieben hätte." *Nemura*-Arten, *Ecdyurus*, *Goera*, *Tinodes*, *Platambus maculatus*, *Ancylus* sind, um nur einige zu nennen, Leitformen des der Brandung ausgesetzten Steinstrandes, und die Parallele mit einem Bergbach wäre eine vollständige, wenn nicht im Seelitoral wegen der hier obwaltenden Temperaturschwankungen die stenothermen Kaltwasserformen der Bachfauna ausgeschaltet wären.

Viel ärmer ist die Sandfauna der Brandungsufer. Die Beweglichkeit des Untergrundes ist zum Teil direkt an dieser Verarmung der Litoralfauna schuld, zum Teil indirekt, da sie keine Vegetation aufkommen läßt. Als Charaktertiere werden von WESENBERG und THIENEMANN angeführt: die fast ganz in Sand vergrabene Larve der Libelle *Gomphus vulgatissimus*, die Köcherfliegenlarve *Molanna*[1] mit ihren flachen Sandgehäusen, die oben erwähnten Cryptochironominen und wenige andere. Von den Dipterenlarven ist *Stictochironomus histrio* kennzeichnend für die Ufersandzone.

Bis zu einer Tiefe von 2 m gehen die von *Scirpus* und *Phragmites* gebildeten Schilfbestände, in denen nach LUNDBECK verschiedene Turbellarien besonders häufig auftreten: *Polycelis*, *Dendrocoelum* und *Planaria*.

Bis zum *Chara*-Abfall, also etwa bis 4 m Tiefe, reichen dann Makrophytenbestände, die mit ihren Schwimmblättern oder Blütenständen noch die atmosphärische Luft erreichen, vor allem *Potamogeton*-Arten. Hier ist die Heimat der minierenden Chironomiden (*Phytochironomus*, *Endochironomus*, *Cricotopus*), sowie zahlloser Kleinkrebse (*Sida*) und vieler Würmer.

Bei der nun folgenden Region submerser Gewächse pflegen meist auf die mehr uferwärts wuchernden Phanerogamen (*Potamogeton*, *Myriophyllum*, *Elodea*) im Bereich der Scharkante üppige Characeenteppiche zu folgen, in denen das reichliche Vorkommen von *Asellus*, *Hydra*, *Pelopia*-Arten und Orthocladinen zu verzeichnen ist.

Es sei hier in Parenthese eingeschaltet, daß diesem inneren Gürtel des Litorals, also der Zone der submersen Pflanzen, produktionsbiologisch die größte Bedeutung zukommt. An unserem Paradigma, dem Plöner See, können wir dies an der Hand einiger Daten illustrieren, die wir LUNDBECKS oben zitierter Arbeit entnehmen. Während z. B. in $1\,^{1}/_{2}$ m Tiefe das Lebendgewicht der auf einem Quadratmeter lebenden Tiere zu 50,4 g bestimmt wurde, ergab eine analoge Gewichtsbestimmung aus der *Chara*-Zone über 300 g!

Die Sublitoralregion (Abb. 35) oder die Zone der toten Muscheln (kurz auch Schalenzone genannt). Diese Region scheint, wenigstens in der hier beschriebenen Form, eine Eigentümlichkeit der baltischen bzw. eutrophen Seen zu sein[2], die, abgesehen von den Seen des norddeutschen Tieflandes, auch im Lake Mendota in Nordamerika nachgewiesen werden konnte. Da sie mit dem Aufhören der grünen Vegetation beginnt, liegt ihre obere Grenze in verschiedenen Seen nicht in der gleichen Tiefe. (Den 12 m unserer Skizze steht im Fursee in Dänemark eine Tiefe von 20 m als oberer Rand dieser Zone gegenüber!) Das auffällige Verschwinden

---

[1] Denselben Gehäusetypus finden wir bei der mit *Molanna* verwandten japanischen Gattung *Kizakia!* Vgl. das auf S. 77 über *Gundlachia* Gesagte!

[2] O. GASCHOTT berichtet (Die Mollusken des Litorals im Gebiete der Ostalpen. Internat. Rev. d. ges. Hydrobiol. u. Hydrogr. *17*, 319): „Große Schalenbänke treten an einigen Stellen im Würm- und Ammersee auf.“

der Litoralfauna und das eigenartige Gepräge dieser Zone hängt zum Teil sicher mit den veränderten Außenbedingungen zusammen. In den sublitoralen Bezirk fällt nämlich die Sprungschicht und der Beginn des Abfalles der Sauerstoffkurve.

Das Merkwürdigste dieser sublitoralen Zone ist „die geradezu unglaubliche Menge von leeren Molluskenschalen, die hier in den Seeboden eingeschlämmt und ihm aufgelagert sind" (THIENEMANN). Diese Schalenbank, die im Sublitoral den inneren See wie ein Gürtel umzieht, ist in manchen Seen, z. B. im Madü, durchsetzt mit Seeerzkugeln (s. S. 172). Diese Schalenzone ist hinsichtlich ihrer Genese seit ihrem Bekanntwerden wiederholt der Gegenstand eingehender Überlegungen und Untersuchungen gewesen. WESENBERG sprach sich dahin aus, daß es alte Bildungen wären, aus einer Zeit stammend, da die Maximalentwicklung des Molluskenlebens infolge eines tieferen Wasserstandes in unseren Seen tiefer

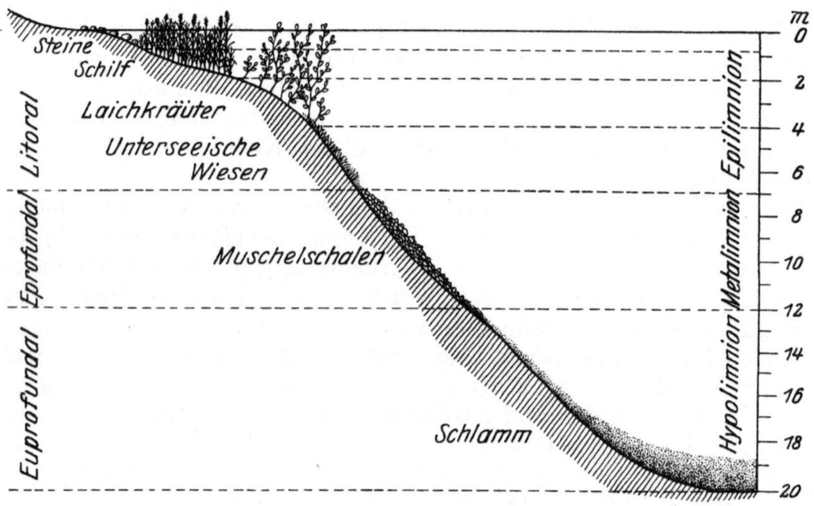

Abb. 35. Seeprofil mit Boden- und Freiwasserzonen. Stark schematisiert. (Nach LENZ.)

lag als heute. LUNDBECK und einige andere Untersucher halten diese Muschelbänke für rezent und machen für deren Entstehung vor allem die Beförderung leerer Schalen durch Tiefenströmungen, welche dem Windstau ihre Entstehung verdanken, verantwortlich. Die Fauna dieses Gürtels ist gekennzeichnet durch das Vorherrschen gewisser Mückenlarven, so von *Allochironomus, Limnochironomus, Polypedilum, Microtendipes*; dann durch Zunahme der Gattungen *Tanypus* und *Sialis*, durch die beiden Milbenarten *Arrhenurus nobilis* und *Mideopsis orbicularis* und endlich durch die Nematodengattung *Monohystera*, derentwegen W. SCHNEIDER diesen Gürtel geradezu als *Monohystera*-Zone bezeichnet.

Die „profundale Region". Als profundal bezeichnet man in den eutrophen Seen der norddeutschen Tiefebene vom Typus des Plöner Sees die Schlammablagerungen, die von der Muschelzone umsäumt werden. Die Lebensbedingungen gleichen ganz denen in subalpinen, oligotrophen

Seen bis auf die an anderer Stelle erwähnte Sauerstoffzehrung und den anders gearteten Schlamm, der hier als Gyttja entwickelt ist. Diesen beiden abweichenden Faktoren sind augenscheinlich die beträchtlichen Unterschiede in der profundalen Fauna dieser beiden Seetypen zuzuschreiben.

Was übrigens den Schlamm betrifft, unterscheidet LUNDBECK zwei Typen, die wiederum durch eine Isobathe, und zwar die 20-m-Isobathe, getrennt sind. Der Tiefenschlamm oberhalb dieser ist durch die Tierwelt koprogen umgebildet; darunter liegt eine stark ausgefaulte Unterschicht. Unterhalb der 20-m-Isobathe liegen Sedimente, die nicht koprogen umgebildet sind, weshalb auch die hellere Unterschicht fehlt. Die Besiedelung dieser zweiten, der größeren Tiefe angehörigen Fazies ist wesentlich ärmer als die der ersten.

Stellen wir nun die Tiefenfauna unserer beiden gewählten Beispiele, des Lunzer und des Plöner Sees, einander gegenüber, so ergeben sich sehr auffallende Unterschiede, die aber nur zum Teil biozönotischer Natur sind, zum Teil vielmehr dem Umstand zuzuschreiben sind, daß diese Seen zwei tiergeographisch verschiedenen Gebieten angehören. So sind die für so viele Seen Norddeutschlands bezeichnenden baltischen Reliktenkrebse (vgl. S. 217) oder die so bemerkenswerten beiden Tiefseemilben dieser Seen, nämlich *Huitfeldia rectipes* und *Piona paucipora*, dem Lunzer See so gut wie allen anderen Alpenseen fremd, weil es sich da um nordische Arten handelt, die in die alpinen Seen nicht vordringen konnten. Hingegen sind die Larven von *Chironomus-Liebeli-bathophilus* und *Ch. plumosus*, dann die Nematoden *Trilobus gracilis* und *Chromadora Leuckarti* durch die Milieuverhältnisse bedingte Leitformen des eutrophen Seetypus und charakterisieren diese auch außerhalb des Gebietes der norddeutschen Tiefebene. Ebenso, wenn auch vielleicht nicht so scharf, erweisen sich auf diesen Typus eingestellt: *Tubifex tubifex, T. Hammoniensis, Canthocamptus crassus, Candona neglecta* u. a. m.

4. Der Waldai-See in Rußland, ein Beispiel eines dystrophen Sees.

Obwohl dystrophe Seen in Nordeuropa recht verbreitet sind, scheint der in der Überschrift genannte See der einzige zu sein, bei dem der Versuch gemacht wurde, eine biozönotische Gliederung durchzuführen, die einen Vergleich mit unseren beiden anderen Beispielen gestattet. Wenn dieser Vergleich nur teilweise durchführbar ist, so liegt das vor allem an der geringen Tiefe dieses Sees, so daß die ganzen Biozönosen der Tiefe hier fehlen. Ferner gestattet der Mangel eines Stein- oder Felsstrandes keine Parallele mit dem äußersten Litoral der subalpinen Seen.

Nach der von mehreren russischen Hydrobiologen vorgenommenen Untersuchung dieses Sees unterscheiden wir hier folgende Zonen:

1. Ein außerhalb des Wasserspiegels gelegenes *Sphagnetum*, das von *Parastenocaris brevipes, Canthocamptus gracilis, Epactophanes Richardi, Cyclops nanus, Aelosoma niveum, Dissotrocha macrostyla, Habrotrocha lata, Macrotrachella quadricornigera, Adineta vaga, Cephalobus elongatus*, um nur die Leitformen zu nennen, bewohnt wird. Diesem Gürtel folgt

2. ein submerses *Sphagnetum*, das wie das erste von einer reichen Desmidiaceenflora bewohnt wird und durch eine Abnahme der Harpacticiden (ausgenommen *Parastenocaris!*), sowie durch *Chaetogaster Langi* und *Vejdovskyella* charakterisiert ist. Nun folgt ein breiter Gürtel, der nach seinem Bodenbewuchs als

3. *Calliergon*-Gürtel bezeichnet werden könnte, da dieser von *Calliergon giganteum* gebildet wird, in dessen Gesellschaft als zweite Leitform *Dimorphococcus lunatus* auftritt. Diese Zone kann nach den Makrophyten in zwei Unterabteilungen geteilt werden, da mehr uferwärts *Carex lasiocarpa* und *rostrata* in Beständen auftreten, die zahlreichen Cyanophyceen und Floscularien Stützpunkte bieten, während mehr seewärts *Equisetum*-Bestände vorhanden sind, die wieder verschiedenen *Bulbochaete*- und *Coleochaete*-Arten, sowie der Gattung *Chaetosphaeridium* als Unterlage dienen. Zoologisch ist dieser *Equisetum*-Gürtel durch *Actinolaimus macrolaimus* gekennzeichnet.

4. Noch weiter seewärts ist der Boden mit *Drepanocladus Sendtneri* bedeckt, doch wird diese Zone von den russischen Autoren als *Botryococcus*- oder *Rivularia*-Zone eingeführt, da diese Mikrophyten für diesen Teil des Sees sehr kennzeichnend sind. Die Makrophytenvegetation gestattet auch diesen vierten Gürtel in zwei Unterabteilungen zu gliedern, da nach außen hin *Potamogeton* und *Polygonum amphibium* vorherrschen, während seewärts *Sparganium Friesii* das Bild beherrscht.

5. Die zentralen Teile des Sees zeigen keinen Bodenbewuchs mehr. Dieser vegetationsfreie „offene Boden“ wird vorzugsweise bevölkert von: *Ilyocryptus sordidus*, *Otomesostomum auditivum*, *Olisthanella Palmeni*, *Plectus communis*, *Limnodrilus* spec., *Cyclops fimbriatus* und *Ironus ignavus*.

5. Über einige außereuropäische Seen.

So interessant es auch wäre, die bei uns unterschiedenen Seetypen, die Zusammensetzung der uns geläufigen Biozönosen und Fazies solchen gegenüberzustellen, die tiergeographisch oder klimatisch anderen Gebieten angehören, so ist dies leider doch kaum möglich, da — abgesehen von einigen Arbeiten über Seen Nordamerikas — gar keine entsprechenden Untersuchungen vorliegen. Und die amerikanischen Seen spiegeln, wie zu erwarten, die uns aus Europa geläufigen Verhältnisse wieder. Sind sie ja, wenn wir uns auf den Standpunkt der WEGENERschen Verschiebungstheorie stellen, die unmittelbare Fortsetzung der europäischen Seen, wie ja schon die dortigen Vorkommnisse der baltischen Reliktenkrebse nahelegen.

Ein Versuch, die biozönotische Gliederung eines größeren Sees durchzuführen, wurde von ANNANDALE bei dem Biwasee in Japan vorgenommen. Da aber viele Daten über die Chemie und Physik des Wassers aus diesem See fehlen und überdies leider die Mikrofauna unberücksichtigt blieb, ist es schwer, einen Vergleich mit unseren Seen zu ziehen. Doch sei das Wesentlichste aus dieser Arbeit (The Macroscopic Fauna of Lake Biwa. Annotationes Japonicae *10*. 1922) hier mitgeteilt. Im Litoral wird eine Felsenfazies (*Rupicolous*-Assoziation) und eine Sumpffazies unterschieden. Als Felsenbewohner kommen vor allem Spongien und Bryozoen in Betracht. Hierbei ist der Formenreichtum der Spongien überraschend, durch den der Biwasee alle anderen bekannten Seen übertrifft. Neben prachtvollen grünen Kolonien der paläarktischen *Spongilla lacustris* lebt hier noch eine zu *Ephydatia* hinüberleitende Art *S. semispongilla*, die bisher nur aus Japan und China bekannt ist, dann die der amerikanischen *spinosa* nahestehende *S. inarmata*, ferner die von den Philippinen und aus Yünnan bekannte

S. Clementis und *fragilis*. *Ephydatia* ist durch die Art *Mülleri* vertreten; nur in zwei Exemplaren fand ANNANDALE die neue *Heteromeyenia Kawamurae*, die wiederum mit amerikanischen Arten verwandt ist. Weitere Leitformen der Felsenfazies sind flachgedrückte Ephemeriden und Plekopterenlarven, sowie eine auffallende Käferlarve aus der Familie der Parniden, endlich eine ganze Anzahl von Hirudineen, deren der Biwasee nicht weniger als 15 Arten aufweist.

Dort, wo nicht felsiges Ufer vorliegt, sondern litorale Vegetation, entfaltet sich ein reiches Kleintierleben, über das leider keine Angaben vorliegen. Nur die im Biwa endemische Viviparidengattung *Heterogen*, sowie der Cyprinodonte *Haplochilus melastigma* werden als Leitformen genannt.

Was ANNANDALE als „Non abyssal Benthic Association" bezeichnet, scheint sich einigermaßen mit unserem Begriff des Sublitorals zu decken. Daß von hier das reichliche Vorkommen von allerlei Mollusken gemeldet wird, von vielen Unioniden und von *Corbicula* und *Heterogen*, erinnert an die Zone der toten Muscheln in den baltischen Seen. Als charakteristisch wird erwähnt, daß diese Schalen regelmäßig mit kugelförmigen Kolonien der *Spongilla Clementis* besetzt sind, die von den japanischen Fischern als Kai-no-Kuso (= Molluskenexkremente) bezeichnet werden, eine Erscheinung, die in Asien sehr verbreitet zu sein scheint, da wir derselben im Tiberiassee und auf Celebes wieder begegnen. Ferner wird ein neuer endemischer Oligochät, *Kawamuria iaponica*, aus dieser Zone erwähnt.

Als „Abyssal Benthic Association" wird endlich das Profundal behandelt, das als Leitformen aufweist *Bdellocephala Annandalei*, ein triklades Turbellar, dann den Tiefenegel *Ancyrobdella Biwae*, die schon erwähnte *Kawamuria* und endlich zwei Molluskengattungen *Valvata* und *Pisidium*. Die Insektenlarven blieben leider undeterminiert.

Um einen Vergleich mit den unsrigen Seen besser durchführen zu können, untersuchte der Verfasser Tiefenproben aus dem Aokikosee in Japan, da gerade vom Biwa keine zu erlangen waren. Da der Aokiko ein kälterer und wohl auch sonst vom Biwa abweichender See ist, können die nachfolgenden kurzen Mitteilungen nicht ohne weiteres als Ergänzung zu den Mitteilungen ANNANDALES aufgefaßt werden, aber sie gestatten wenigstens einen weiteren Blick auf die Verhältnisse bei japanischen Seen. Im Aokiko wurde zunächst von LENZ das Vorkommen von *Didiamesa* festgestellt, was darauf schließen läßt, daß dieser See unserem *Sergentia*-Typus nahesteht, wenn nicht gleichkommt. Andere Dipterenlarven waren in dem Material leider nicht vorhanden. Hingegen zeigten sich reichlich ein Tiefenharpacticide *Canthocamptus Nakai*, der mit *C. Wierzejskii* aus der Tiefe unserer Alpenseen verwandt ist, und zwei parthenogenetische *Candona*-Arten, sowie eine *Cythere*, die offenbar mit unserer *lacustris* identisch ist. Wenn wir diese Ausbeute mit der Tiefenfauna des Lunzer Sees (vgl. S. 104) vergleichen, so vermissen wir Oligochäten, ein dem *Otomesostomum* entsprechendes Turbellar, die Limnicytheren und Tiefenhydracarinen. Ob solche dort wirklich fehlen oder nur nicht erbeutet wurden, kann nach der einzigen Probe nicht bestimmt behauptet werden. Jedesfalls muß aber noch ein auffallender Reichtum des Schwebschlamms an Diatomeen hervorgehoben werden.

ANNANDALE vergleicht seine Ergebnisse mit solchen aus einigen anderen Seen. Von diesen Vergleichsdaten verdient wohl das meiste Interesse, was über den Tiberiassee in Palästina erwähnt wird. Es zeigt sich, daß trotz der weiten räumlichen Trennung, trotz der Zugehörigkeit zu verschiedenen tiergeographischen Regionen und trotz einer nicht unwesentlichen Differenz in den äußeren Bedingungen (der Tiberias-See ist etwas brackisch!) gewisse gemeinsame biozönotische Züge wiederkehren. Sowie im Biwa das wärmere Wasser der Uferzone in der Organismenwelt manche südliche Art aufweist, während die Tiefenfauna paläarktischen Charakter zeigt, so läßt sich auch für den Tiberias-See ein südlicher, hier äthiopischer Einschlag neben der bodenständigen Fauna nachweisen. So ist schon im ersten Jahrhundert unserer Zeitrechnung von JOSEPHUS FLAVIUS das Vorkommen des ägyptischen Fisches *Clarias* erwähnt und durch unterirdische Wasserzusammenhänge zu deuten versucht worden. Diese allerdings irrtümliche Deutung gehört wohl zu den ersten Anfängen einer Tiergeographie. In beiden Seen hat die Felsenfazies gleichen Charakter, ja es kehren im Tiberias-See sogar die eigentümlichen Spongillenkugeln auf Molluskenschalen wieder, die im Biwa von *S. Clementis* gebildet werden, im Tiberias-See von *Cortispongilla Barroisi*. Es scheint sich bei diesen Fällen um weiter verbreitete Verhältnisse zu handeln, die vielleicht künftige Untersuchungen auch an anderen asiatischen Seen, die im Zwischengebiet liegen, werden erkennen lassen. Dafür spräche wohl auch der Umstand, daß die von WELTNER aus Celebes beschriebenen Kolonien von *Pachydictyum globosum* ein getreues Abbild der eben erwähnten Spongillenkugeln zu sein scheinen.

Was allerdings die vertikale Gliederung betrifft, so glaubt ANNANDALE, daß „eine Gliederung der Fauna in bathymetrische Zonen" hier nicht durchführbar ist. Doch gibt er selber gewisse Fälle einer solchen an, sucht aber deren Bedeutung zu entkräften, wenn er z. B. sagt, daß die Beschränkung der *Pyrgula Barroisi* auf die Seetiefe dadurch zu erklären sei, daß diese Art eigentlich dem See fremd sei und zur Jordanfauna gehöre, aber im See in der Tiefe lebe, da der Jordan im See seine Selbständigkeit bewahre, so daß die Jordanrinne im See als faunistischer Fremdkörper liege, was auch durch die Beschränkung der beiden Arten *Cortispongilla Barroisi* und *Plumatella auricomis* auf die Flußrinne im See nahegelegt wird. Was er sonst als Tiefenformen nennt, *Daphnia Lumholtzi*, *Ectinosoma Barroisi*, *Laophonte Mohammed*, kann allerdings nicht gut als typische Tiefentierwelt angesehen werden, sondern muß durch irgendwelche örtliche Bedingungen vom Uferwasser ferngehalten werden.

g) Produktionsbiologische Untersuchungen.

Wie der kurze Bericht über die Geschichte der Planktonforschung zeigt (S. 122), galt dieser Forschungszweig gerade anfänglich sowohl bei marinen Arbeiten (HENSEN) wie bei solchen an Süßwasserseen (APSTEIN) vor allem der Frage, welche Menge organischer Substanz erzeugt die freie Wassermasse pro Flächeneinheit und welcher volkswirtschaftlicher Wert kommt ihr demnach zu. Schon vor der Entdeckung des Nannoplanktons erklärte man auf Grund der Ergebnisse quantitativer Planktonforschung, daß ein Karpfenteich den gleichen Wert repräsentiere wie eine gleich große Fläche guten Weizenbodens.

Die alte Methode, die Planktonproduktion einfach nach dem „Rohvolumen" abzuschätzen, wurde bald verlassen, da sie zwei erhebliche Fehlerquellen besitzt. Läßt man nämlich das konservierte Plankton, das aus einem bestimmten Wasserquantum abfiltriert wurde, in einem Meßzylinder sich setzen, so ergibt ein vorwiegend aus sperrigen Diatomeen bestehendes Plankton ein größeres Volumen als ein Plankton, das aus sich leichter aneinander legenden Formen besteht. Und selbst wenn diese Fehlerquelle ausgeschaltet wäre, gäbe das gewonnene Resultat immer noch ein falsches Bild, da der Futterwert — und auf diesen zielen ja die produktionsbiologischen Arbeiten in erster Linie ab — bei einem großenteils aus verkieselten Zellmembranen bestehenden Plankton natürlich wesentlich kleiner ist als bei einem gleichen Quantum stärke- oder fettführender Zellen mit Zellulosemembranen. Deshalb pflegt man jetzt gewöhnlich den Gehalt an organischer Substanz zu bestimmen, den das zu untersuchende Planktonquantum aufweist. Weiters aber kompliziert sich die ganze Sache noch dadurch, daß ja noch zu ermitteln ist, wie sich die produzierte Menge organischer Substanz im Laufe der Zeit ändert und innerhalb welches Zeitraumes sie sich erneuert. Hierzu ist aber nicht nur die Kenntnis der Lebensdauer der einzelnen Planktonorganismen erforderlich, sondern auch deren

„Vernichtungskoeffizient", durch den das Verhältnis der Konsumenten zu den Produzenten geregelt wird.

In großen Gewässern überwiegt die im Plankton produzierte organische Substanz weitaus die im Litoral und am Boden gebildete. In manchen Gewässern, zumal in flachen mit einem ausgedehnten Litoral, spielt aber auch die von der bodenständigen Flora und Fauna erzeugte Substanzmenge eine große Rolle und man hat teils aus theoretischen (SVEN EKMAN bei seinen Studien über die Bodenfauna des Vättern), teils aus praktischen Gründen (s. ALM und JÄRNELFELD) versucht, die quantitativen Untersuchungen auch auf die Organismenwelt des Ufers und des Bodens zu übertragen. Es ist klar, daß hier nicht mit der gleichen Genauigkeit gearbeitet werden kann wie bei Planktonarbeiten. Immerhin kann bei günstiger Bodenbeschaffenheit, die ein einwandfreies Arbeiten mit dem Bodengreifer erlaubt, annähernd ermittelt werden, welche Anzahl einzelner Arten pro Quadratdezimeter anzutreffen ist, und EKMAN hat in seiner Vätternarbeit die Besiedelungsdichte des Seegrundes im Vättern in verschiedenen Tiefen und Regionen des Vättern sehr anschaulich vor Augen geführt, indem er in natürlicher Größe auf 1 qdm großen Tafeln die makroskopischen Leitformen zur Darstellung brachte. Für die Mikroorganismen kann natürlich diese Methode nicht in Betracht kommen; daß da nur Zahlenmaterial geboten werden kann, zeigt schon die Angabe MICOLETZKYS, daß im Lunzer Untersee ein etwa handflächengroßer Stein aus der Schizothrixzone auf seiner dem Wasser zugekehrten Seite über 5000 Nematoden-Exemplare zu beherbergen pflegt.

h) Hochgebirgsseen.

Obwohl der Begriff „Hochgebirgssee" mit den hier behandelten Seetypen nicht in Parallele gestellt werden kann, da die Aufstellung dieses Begriffes auf ganz andere Gesichtspunkte zurückzuführen ist, soll hier doch ein besonderes Kapitel über Hochgebirgsseen eingeschaltet werden, weil seit dem Erscheinen des grundlegenden Werkes „Die Tierwelt der Hochgebirgsseen" von ZSCHOKKE (1900) der Begriff Hochgebirgssee sich in der Terminologie dauernde Geltung verschafft hat und die Beibehaltung desselben aus praktischen Gründen gesichert erscheint.

Wir verstehen im allgemeinen unter Hochgebirgsseen perennierende Wasseransammlungen, die oberhalb der Baumgrenze liegen. Wir werden daher die auf S. 191 behandelten Blutseen, die den periodischen Gewässern angehören, hier nicht mit einbeziehen. Wir wollen ferner zugeben, daß örtliche Verhältnisse auch die Höhengrenzen tiefer legen lassen können. So hat der Lunzer Obersee, obgleich er nur 1100 m hoch liegt, viele Eigentümlichkeiten, die es gestatten würden, ihn als Hochgebirgssee zu bezeichnen.

Als biologisch bedeutsame Eigenschaften der Hochgebirgsseen führt PESTA an:

1. Die geringe Flächenentwicklung, die meist über 500 m Länge und 300 m Breite nicht hinausgeht.

2. Die steinige Uferbeschaffenheit. Meist wird das Ufer von öden Geröllhalden eingenommen. Auf Pässen und Hochjöchern kommen wohl in Almböden eingebettete Gewässer vor, deren Ufer von anrainenden grünen Matten gebildet werden, aber meist ist diese grüne Uferfläche nur ein dünner Überzug über steinig sandigem Untergrund, der am Uferabbruch deutlich zutage tritt. Litorale Verlandungszonen fehlen. Der Grund der meist nicht mehr als 15 m tiefen Seen ist steinig sandig.

3. Das Wasser ist außerordentlich transparent, und wenn es zeitweise getrübt ist, so rührt dies von mineralischem Detritus her. Für die Transparenz mag der Blausee bei Kandersteg ein Musterbeispiel abgeben, dessen Wasser eine Sichttiefe von 34 m ergab, die aber horizontal gemessen werden mußte, da der See nur 10 m tief ist. Im Lac bleu d'Arolla wurde gar der Wert 60 m ermittelt.

Seen aber, die mit Gletschermilch gespeist werden, weisen eine dementsprechend geringe Transparenz auf. In einem See im Kanton Glarus, der den bezeichnenden Namen Milchspühlersee führt und der über 2200 m hoch gelegen ist, beträgt die Sichttiefe nur 80 cm. Und nicht viel größere Werte findet man in den meisten Seen, deren Name Weißsee, Lac blanc, Lej alo bereits die Beschaffenheit des Wassers verrät.

4. Die Eisbedeckung und damit der Lichtabschluß dauert 6—12 Monate. In der eisfreien Zeit pflegt bei einigen Seen das Oberflächenwasser im Laufe eines Tages keine großen Temperaturamplituden aufzuweisen (stetig kalt temperierte Becken), während andere, die periodisch kalt temperierten, bei Besonnung einen erheblichen Temperaturanstieg aufweisen, dem in der Nacht Abkühlung bis zur Eisbildung folgen kann.

5. Das Wasser ist arm an gelösten Substanzen. Über die Sauerstoffverhältnisse liegen keine ausreichenden Beobachtungen vor.

Über die Dauer des Eisabschlusses seien einige Daten mitgeteilt. Es dauert die Eisbedeckung beim Oberen Arosasee 150—160 Tage, beim St. Bernhardsee 211—330 Tage und bei dem 2640 m hoch gelegenen Lej Sgrischus 240—365 Tage. Ja vom Lej della Pischa (2780 m) ist bekannt, daß er jahrelang vom Eis bedeckt sein kann.

Die Flora der Hochgebirgsseen ist vor allem durch eine Abnahme der Artenzahl mit zunehmender Höhenzunahme gekennzeichnet, die aber mit keiner Abnahme der Individuenzahl verknüpft zu sein braucht. Übrigens können noch Seen, die infolge ihrer Höhenlage die denkbar ungünstigsten Bedingungen aufweisen, reichliches Leben beherbergen, wie der oben erwähnte, oft jahrelang mit Eis bedeckte Lej della Pischa, in dem *Melosira italica*, *Dalai-Lama tibeticus*, *Tabellaria fenestrata* und *Oscillatoria tenuis* gefunden wurden. Man sieht aus diesem Beispiel, daß auch derart ungewöhnliche Gewässer durch keine besonderen Arten ausgezeichnet sind. Denn der als *Dalai-Lama tibeticus* MEISTER beschriebene Organismus, dessen Zugehörigkeit zu den Kieselalgen noch zweifelhaft ist, „scheint im Hochgebirge ziemlich verbreitet zu sein" (HUBER). Nach einer mündlichen Mitteilung von H. GAMS ist *Dalai-Lama* nichts anderes als eine Chrysomonadenzyste.

Die Vegetation ist unter solchen Verhältnissen eine sehr dürftige. STIRNIMANN berichtet von den Seen des Grimselüberganges, daß sie meist einen schmalen Moosgürtel in der Uferregion aufweisen, an dessen Zusammensetzung dortselbst *Hypnum purpurascens* und *Solenostoma amplexicaule* besonders beteiligt sind. Diese Moosstreifen sind hauptsächlich der Sitz der Tierwelt, über die der genannte Autor aus seinem Untersuchungsgebiet berichtet.

Die Rhizopoden sind durch eine große Artenzahl vertreten, aber es fehlen die filosen Formen, so die sonst so weit verbreitete Gattung *Euglypha*. Ferner ist die große Zahl jener Arten auffallend, die in subalpinen Seen Tiefenbewohner sind, hier aber im Litoral leben, darunter z. B. *Pontigulasia bigibbosa* (Abb. 34). An Turbellarien werden *Planaria alpina* und *Mesostoma lingua* namhaft gemacht, und es wird darauf verwiesen, daß das genannte *Mesostoma* im Tien-Schan noch in 3500 m Seehöhe angetroffen wurde. Sehr artenreich erweist sich die Gruppe der Tardigraden. Die Dipterenlarven sind reichlich vertreten. Entsprechend den chemischen Verhältnissen treten die Chironomiden eutropher Gewässer zurück, Tanytarsiden sind häufiger, vorherrschend aber sind Orthocladinen und die Gattung *Corynoneura*. Das Vorherrschen der Orthocladinen teilen die Hochgebirgsseen mit arktischen Gewässern. Unter den Milben fällt neben dem Auftreten kaltstenothermer Formen, wie *Lebertia rufipes*, das öftere Vorkommen von Halacariden (*Lohmannella*, *Soldanellonyx*) auf.

Neben der Frage nach der qualitativen Zusammensetzung der Organismenwelt kommt noch die nach der Biologie der Hochgebirgsseebewohner in Betracht. Als spezifische Züge werden von PESTA die Abänderung der Fortpflanzungsverhältnisse, sowie die so häufige Rotfärbung angesehen. Die Kürze der Zeit, die hier dem aktiven Leben zur Verfügung steht, zwingt dazu, daß dizyklische oder polyzyklische Arten monozyklisch werden, worauf zuerst ZSCHOKKE hingewiesen hat. Der Vergleich verschiedener Kolonien desselben Tieres läßt diese Tendenz deutlich erkennen. So zeigt *Cyclops strenuus* in den Seen des Tieflandes und selbst noch im Vierwaldstätter See zwei weit auseinanderliegende Maxima, Juni und Dezember-Jänner, wobei das zweite, im Winter liegende besonders stark ausgeprägt ist. Mit zunehmender Höhenlage des Wohngewässers rücken die beiden Maxima näher aneinander und liegen z. B. im Achensee in den Monaten Juni und Oktober. Und im eigentlichen Hochgebirge verschmelzen sie in eines.

Auf S. 124 ist von der Erscheinung die Rede, daß bei den sonst hyalinen Planktonorganismen oft eine intensive Rotfärbung beobachtet werden kann. Da diese Erscheinung speziell bei Hochgebirgsseen zur Beobachtung kommt, kann sie nicht mit Unrecht zu den charakteristischen Erscheinungen dieser gerechnet werden, und es handelt sich da nur noch um die Aufdeckung der kausalen Zusammenhänge.

Um die allgemeine Verbreitung dieses Phänomens zu beleuchten, sei erwähnt, daß ZSCHOKKE dasselbe für die Hochgebirgsseen der Westalpen, der Verfasser und PESTA für die Ostalpen konstatierte, ferner daß Verfasser intensive Rotfärbung bei *Pedalion fennicum* in dem 3000 m hoch gelegenen Sarry Göll in Kleinasien, bei Boeckelliden aus hochgelegenen Andenseen und bei einem nicht näher bestimmten Rotator aus einem Hochgebirgssee in Yünnan beobachtete.

Analoge Beobachtungen, die am Achensee gemacht wurden, ließen der Vermutung Raum geben, daß diese roten Farbstoffe „Licht in Wärme umsetzen", indem sie die Wellenlänge transformieren. Diesen Gedanken legte der Umstand nahe, daß solche Färbungen auch in den Polarländern, bei uns im Tiefland während des Winters, bei Tiefseetieren und überwinternden Zygoten beobachtet werden. Ferner bestärkte in dieser Meinung die Beobachtung Tischlers, daß anthokyanhaltige Laubhölzer in höherem Grade winterhart sind als anthokyanfreie.

Einen anderen Gesichtspunkt brachte Klausener zur Diskussion, als er die Rotfärbung der „Blutseen" durch *Euglena sanguinea* behandelte (vgl. S. 192). Er sieht in dem Hämatochrom eine Schutzvorrichtung gegen die plasmaschädigenden Wirkungen des ultravioletten Lichtes, und da mit zunehmender Höhenlage auch die ultraviolette Strahlung zunimmt, muß diese Rotfärbung im Hochgebirge besonders zur Geltung kommen. Auch für den Hämatochromgehalt der Dauerzellen vieler Chlorophyceen, Peridineen, sowie der *Trentepohlia*-Zellen fand diese Annahme Anklang, während Senn in dem Hämatochrom einen Reservestoff sieht, vergleichbar der Stärke. Jüngst hat Geitler (Studien über das Hämatochrom von *Trentepohlia*. Österr. botan. Zeitschr. 1923) diese Frage wieder aufgegriffen und kommt — für *Trentepohlia* wenigstens — zum selben Resultat wie Senn. Doch macht er den Zusatz: „Daß es außerdem als Lichtfilter, welches die kurzwelligen Strahlen des Spektrums auffängt, wirkt, ist sicher. Ob dies aber von wesentlicher biologischer Bedeutung ist und man daher von einem Lichtschutz reden kann, ist fraglich." Die Beziehungen zwischen Licht und Hämatochrom sind aber ganz in dem Sinn wie zwischen Licht und Stärke. Es ist also Hämatochrom nach Geitler ein Reservestoff, der bei *Trentepohlia* infolge ihres Überganges zum Landleben gebildet wird. „Der Zustand," — sagt diesbezüglich unser Autor — „in dem man *Trentepohlia*-Arten normalerweise im Freien findet, entspricht dem Dauerzustand anderer Chlorophyceen. Die Anpassung an das Landleben zeigt sich bei ihnen darin, daß dasjenige Stadium, welches bei im Wasser lebenden Formen nur vorübergehend auftritt, bei ihnen zum vorherrschenden geworden ist. Eine Zelle von *Trentepohlia*, die dicht mit Hämatochrom angestopft erscheint, unterscheidet sich physiologisch in nichts von einer Dauerzyste einer *Chlamydomonas* oder eines *Haematococcus*."

Wenn wir uns vergegenwärtigen, daß erstens einmal nicht alle Bewohner von Hochgebirgsseen durch Rotfärbung auf die Höhenlage ihres Wohnortes reagieren, sondern meist nur Copepoden und gewisse Rotatorien, daß Rotfärbung auch in überhitzten Almtümpeln bei *Diaptomus* und *Euglena* zur Beobachtung gelangt und ebenso in Tümpeln mit derartiger Trübung, daß ein Lichtfilter kaum nötig sein dürfte, so wird man wohl annehmen müssen, daß das Phänomen der Rotfärbung keine einheitliche Erscheinung ist, sondern eine Zusammenfassung verschiedener, vielleicht ganz heterogener Vorkommnisse, deren Klärung noch Zukunftsmusik ist.

i) Talsperren.

Einen eigenartigen, in der Natur nicht verwirklichten Typus stehender Gewässer bilden die Talsperren. Energiegewinn aus den Wassermassen eines gestauten Bachlaufes gab die Veranlassung zur Erbauung solcher; die Frage, ob diese großen Wasserreservoirs nicht auch noch fischereiwirtschaftlich ausgenutzt werden könnten, bot THIENEMANN Anlaß, die biologischen Verhältnisse solcher Talsperren in Westfalen zu studieren. Von den natürlichen Seen weichen die Talsperren durch folgende Verhältnisse ab:

1. Nur ganz kurze Zeit, oft nur einige Tage, fließt die Sperre an der Oberfläche ab. Die ganze übrige Zeit an der Sohle des Staudammes. Dadurch entstehen vertikale Strömungen, die das warme Oberflächenwasser in die Tiefe ziehen, was einen Temperaturausgleich zwischen Oberflächen- und Tiefenwasser zur Folge hat, der aus folgenden Daten unseres Gewährsmannes ersichtlich ist.

Versesperre	in 1 m Tiefe 14,2⁰	in 19 m Tiefe 13,2⁰
Glörsperre	„ 1 „ „ 14,2⁰	„ 20 „ „ 13,5⁰
Ennepesperre	„ 1 „ „ 15,0⁰	„ 23 „ „ 13,9⁰

2. Die Ausnutzung der gestauten Wassermenge verlangt enorme Wasserspiegelschwankungen. Der Wasserspiegel sinkt gewöhnlich vom Frühjahr ab, um im Winter seinen tiefsten Stand zu erreichen. Es ist klar, daß mit dem Sinken des Wasserspiegels auch eine erhebliche Verkleinerung der Wasseroberfläche der Sperre verknüpft ist. So hatte z. B. die Glörsperre

im März eine Stauhöhe von 28,7 m und einen Wasserspiegel von 24 ha
„ November „ „ „ 12,3 „ „ „ „ „ 4 „

Bei dieser Verkleinerung des Wasserspiegels wurde in diesem Falle eine Bodenfläche von 20 ha trocken gelegt. Es kann sich daher nicht der übliche Scharabhang bilden; die immer unter dem Wasser befindlichen Hänge haben dieselben Organismen wie die Tiefe. Im Grenzgebiet kommt fast nur *Plumatella* vor. Die zeitweise trocken gelegten Stellen werden von *Bidens*, *Gnaphalium* und *Mentha* besiedelt, die dann bei Unterwassersetzung zugrunde gehen und dem Wasser Nährstoffe liefern. Die Grundfauna setzt sich aus Oligochäten, Pisidien und Tanytarsiden zusammen; die Puppenhäute der letzteren kann man zur Flugzeit geradezu vom Wasserspiegel abschäumen.

Schon mit Rücksicht auf die Besiedelungsgeschichte unserer natürlichen Seen war es wissenswert, wie sich denn eigentlich die Besiedelung eines solchen neu entstandenen Wasserbeckens gestaltet. Die Annahme, daß die Organismenwelt des gestauten Baches das Hauptkontingent beistellte, erwies sich als irrig. Nur einige Hydracarinen und Tanytarsiden aus dem Bach blieben auch der Talsperre treu. Sonst herrschen aus benachbarten stehenden Gewässern eingeschleppte Formen vor, aber aus typischen Seen stammende Elemente fehlen. Ganz planlose Unterschiede benachbarter Talsperren zeigen, daß hier der Zufall die Hauptrolle spielt. Die zufällig als erste hineingelangten Keime nehmen von dem Wasser Besitz und erschweren späteren Neuankömmlingen die Möglichkeit, sich einzubürgern. Allerdings ist es ja auch noch fraglich, ob die bisher vorliegenden Befunde bereits den Zustand eines biozönotischen Gleichgewichtes darstellen.

Im großen und ganzen näherten sich die von THIENEMANN untersuchten Talsperren dem oligotrophen Seetypus, weil sie sich ihrem Plankton nach als *Dinobryon-*, ihrer Grundfauna nach als *Tanytarsus*-Seen klassifizieren ließen. Nur bis zu einem gewissen Grade kann dies von der Marienbader Talsperre behauptet werden, die mit den oligotrophen Seen im O_2-Gehalt und in der Tiefenfauna viele Übereinstimmung zeigt. Denn der Sauerstoffgehalt war im Oberflächen- und im Tiefenwasser wenig verschieden (an einer Stelle z. B.: Oberfläche 8,8 mg im Liter, in der Tiefe 8,2 mg) und relativ hoch. Das massenhafte Vorkommen der *Calopsectra fuscicauda* KIEFF. kennzeichnet diese Sperre als einen *Tanytarsus*-See, der durch häufiges Vorkommen großer roter, gestielter Hydren an die subalpinen Seen erinnert. Nach dem Plankton entspricht die Sperre ganz den von mir als *Mallomonas*-Seen bezeichneten großen Moorgewässern dieser Gegend; wie in diesen traten neben Massenvegetation von *Mallomonas* nacheinander Wasserblüten von *Anabaena* und später *Aphanizomenon* auf, und die Häufigkeit von *Volvox, Daphnia* und *Diaptomus vulgaris* erinnerte, so wie die erwähnten Wasserblüten, an die Verhältnisse in eutrophen Seen. Vielleicht spricht sich in diesen Differenzen die biozönotische Unausgeglichenheit dieser noch neuen Lebensstätten aus.

k) Plankton.

Historisches.

Schon lange hatte man sich mit den meist als „Auftrieb" bezeichneten Planktern des Meeres beschäftigt, ehe sich der von HENSEN geprägte Ausdruck Plankton einbürgerte, durch welchen die keiner nennenswerten Eigenbewegung fähigen Organismen dem Nekton, das ist den sich aktiv bewegenden Formen, gegenübergestellt werden sollen. Freilich, wenn man das Plankton als den Inbegriff aller „willenlos treibenden" Organismen bezeichnete oder sagte, das Plankton schwebe im Wasser wie der Staub in der Luft, so liegt darin für viele Plankter eine nicht geringe Übertreibung. Im Meere ist es bei der Vielgestaltigkeit des marinen Lebens oft schwer eine Grenze zwischen Plankton und Nekton zu ziehen; im Süßwasser aber kann man wohl das Nekton mit der Fischfauna identifizieren und alle übrigen Formen dem Plankton zurechnen.

Nachdem HENSEN das marine Plankton hinsichtlich seiner Anpassungserscheinungen studiert und seine quantitative Verteilung in Untersuchung gezogen hatte, übertrug APSTEIN die gleichen Gesichtspunkte und Arbeitsmethoden auf das Studium des Süßwasserplanktons. Das Erscheinen seines Buches „Das Süßwasserplankton" leitete 1900 ein in Fach- und Laienkreisen gleich um sich greifendes Interesse für das Plankton ein, das noch dadurch gesteigert wurde, daß von einigen Seiten die volkswirtschaftliche Bedeutung des Planktons in überschwänglicher Weise betont, daß von ZACHARIAS die spezielle Berücksichtigung des

Planktons im Unterricht gefordert wurde usw. Diese ständige Betonung des Wortes Plankton führte unwillkürlich zu einer falschen Einstellung zu diesem Begriff, die dazu verleitete, die Planktonkunde, die ja nur ein spezielles Kapitel der Hydrobiologie darstellt, als gesonderte Disziplin zu betrachten. Aus dieser Zeit stammt der Titel einer der führenden Fachschriften, das „Archiv für Hydrobiologie und Planktonkunde". Heute ist dieser *Furor planktonicus* abgeebbt, und wir können die Entwicklung der Planktonkunde einer kurzen historischen Betrachtung unterziehen, die uns die Gliederung unseres Stoffes erleichtern wird.

Vor dem Erscheinen des eben erwähnten APSTEINschen Buches beschränkte sich die Untersuchung des Süßwasserplanktons darauf, den Artbestand festzulegen. Typisch für jene Zeit sind O. E. IMHOFFs Publikationen über das Plankton der Alpenseen. Die abfällige Kritik, die IMHOFFs Arbeiten heute erfahren, übersieht meist, daß alle Arbeiten vom Standpunkt ihrer Zeit aus beurteilt werden müssen. Es war damals keineswegs sicher, daß alle Alpenseen eine so monotone Organismenwelt haben, wie sich nachträglich herausstellte; und dieses Faktum mußte eben auch einmal erst festgestellt werden. Und wenn man IMHOFFs Arbeiten oft vorhielt, daß darin gerade die interessantesten Formen meist nur mit einer Genusangabe erledigt werden, so muß man bedenken, daß bei dem damaligen Stand der Systematik unserer Kleinkrebse und Rädertiere eine exakte Bestimmung kaum möglich war, und daß der Verzicht auf eine Artbestimmung einer falschen Bestimmung unter allen Umständen vorzuziehen ist.

Die schärfsten Urteile über die faunistischen Arbeiten dieser Art stammen aus der Zeit der quantitativen Periode, und es sei gleich vorweggenommen, daß die Begeisterung für die quantitativen Arbeiten bald ebenfalls ins Gegenteil umschlug, so daß dem Ausdruck „statistische, d. h. quantitative Planktonarbeit" bald ebenfalls jener verächtliche Beigeschmack innewohnte, wie vorher der Bezeichnung „faunistische Planktonarbeit". Die Planktonarbeiten, die im Anschluß an APSTEINs Buch erschienen, drohten in endlosen Zahlenreihen zu ersticken, und die quantitative Planktonuntersuchung wurde sozusagen erst wieder lebensfähig, als durch die Einführung der Zentrifuge zur Planktongewinnung von LOHMANN das Nannoplankton entdeckt wurde. So wie seinerzeit von APSTEIN die HENSENschen Arbeitsmethoden auf das Süßwasser übertragen wurden, ebenso wurde jetzt die LOHMANNsche Methode von RUTTNER und WOLTERECK zuerst bei Süßwasserstudien angewendet und führte hier ebenso wie vorher bei marinen Arbeiten zu überraschenden Ergebnissen, von denen weiter unten die Rede sein wird. Wenn auch kausale Studien durch Freilandbeobachtungen und durch Bearbeitung konservierten Materials denkbar sind — die Arbeiten WESENBERGs, des Typus eines Freilandbiologen, die den Anbruch der kausalen Periode der Planktonforschung einleiten, sind ja dieser Art —, so verlangt man doch bei exakten kausalen Arbeiten das Experiment. Aber verschiedene Hemmungen standen dem lange entgegen, vor allem die Überzeugung, daß man Plankton nicht züchten könne. Die vielen Mißerfolge, die dieses

Vorurteil nachgerade zum Dogma werden ließen, und für die man sich alle möglichen theoretischen Ursachen zurecht gelegt hatte, hatten zumeist ihren wahren Grund in dem Mangel einer entsprechenden Ernährung. Als Krätzschmar durch Verabreichung von *Chlorella*-Reinkulturen als Nahrung sogar in kleinen Uhrschälchen *Anuraea aculeata* zu züchten vermochte, war der Bann gebrochen. Man sah ein, daß der beschränkte Wohnraum kein Hindernis für das Gedeihen der Plankter ist, und bald zeigte Woltereck, indem er Zentrifugenplankton als Futter für Rotatorien und Entomostraken verwendete, wie irrig die bisherigen Annahmen waren und zugleich, wie eine geänderte Methodik ganz ungeahnte Fortschritte ermöglichen kann. Nur zum Teil stehen jedoch diese experimentellen Arbeiten im Dienst der Limnologie — etwa, wenn experimentell das Verhalten einzelner Plankter gegenüber chemischen und physikalischen Faktoren geprüft wird, wie dies in neuester Zeit besonders in Rußland geschieht. In vielen anderen Versuchsreihen sind diese Planktonstudien ein Kapitel der Vererbungs- und Abstammungslehre geworden und liegen bereits außerhalb des Gebietes der Limnologie. In diesem Stadium befindet sich die Planktonkunde während der Niederschrift dieser Zeilen, so daß dieser kurze historische Abriß der Planktonkunde abgeschlossen werden kann, um für die Behandlung einiger wichtiger limnologischer Abschnitte aus diesem Gebiet Raum zu gewinnen.

Die Farbe der Planktonorganismen.

Im allgemeinen sind die Plankter farblos, und ihre Farblosigkeit wurde von den ersten Beobachtern als Schutzanpassung gedeutet. In der Folge wurden zahlreiche Ausnahmefälle bekannt, die zu einem allzu großen Skeptizismus verleiteten. Die bei gewissen Cladoceren auftretenden Farben wurden seinerzeit von Weismann als „Schmuckfarben" bezeichnet, weil der genannte Forscher glaubte, daß diese Farben im Dienste der geschlechtlichen Zuchtwahl stünden. Gegen diese Weismannsche Anschauung hat schon vor Jahren Frič eingewendet, daß bei *Holopedium gibberum* die Entwicklung der Farben mit der sexuellen Vermehrung nicht zusammenfalle. Der Nachweis, daß Schmuckfarben bei der asexuellen *Bosmina*-Kolonie des Achensees in Tirol auftreten und hier überdies nur an den Embryonen, ließ Weismanns Ansicht wohl als endgültig widerlegt erscheinen. Doch versuchte Scheffelt die Situation nochmals zu retten, indem er, als er einen dem Achensee-Fall analogen Fall im Titisee beobachtete, annahm, daß diese Färbungen der letzte Rest der zum Verschwinden gebrachten Sexualperiode seien, eine Annahme, die von vornherein sehr unwahrscheinlich ist und durch die Beobachtungen über Embryonenfärbung im Achensee eigentlich unannehmbar wird.

Wenn man überhaupt von einem Farbenproblem beim Plankton sprechen will, so muß man doch wohl den ersten Beobachtern rechtgeben, die ihren Blick durch Ausnahmefälle nicht trüben ließen und die Farblosigkeit, die Hyalinität des Plankton als dessen normales Aussehen betonten. Fast jede in einem größeren Wasserbecken gewonnene Probe beweist dies, wie nicht minder die vielen Namen, die gerade bei Planktern diese Eigenschaft betonen (*Daphnia hyalina, Hyalodaphnia, Hyalobryon, Asplanchna* = die Eingeweidelose usw.). Welchen Grad diese Hyalinität erreichen kann, zeigt am besten die Diatomee *Attheya Zachariasi*, die in frischen Proben meist übersehen wird und gewöhnlich erst beim Eintrocknen des Präparates sichtbar wird, wenn sich ihre Schalen mit Luft füllen. Das mag wohl auch schuld daran sein, daß diese auffällige Art sich lange den Blicken der Hydrobiologen entzog und so spät entdeckt wurde, ein hydrobiologisches Seitenstück zur bekannten *Spirochaete pallida*.

Das Formproblem.

Mehr noch als die Durchsichtigkeit hat die Gestalt der Plankter von Anfang an die Aufmerksamkeit der Beobachter erregt und zur Erklärung herausgefordert. Daß bei vielen Planktern der Körper Stacheln trägt oder sonst welche Auswüchse, wurde zuerst als ein Mittel zur passiven Verschleppung gedeutet, obwohl man sich hätte wohl sagen müssen, daß gerade die Schweber im freien Wasser am allerwenigsten in die Lage kommen können, etwa durch Zugvögel verschleppt zu werden.

Um die Jahrhundertwende entwickelte WESENBERG-LUND seine Schwebetheorie, derzufolge alle diese Auswüchse dazu dienen sollen, ihren Trägern das Schweben zu erleichtern. Einen Beweis für die Richtigkeit seiner Auffassung sah WESENBERG in den cyclomorphen Veränderungen, d. h. in den Veränderungen der Größe und Form, die die Plankter im Laufe eines Jahres aufzuweisen pflegen. WESENBERG glaubte diese periodischen Veränderungen als indirekt von der Temperatur abhängig betrachten zu müssen, wofür so ziemlich das ganze Beobachtungsmaterial sprach. Er nahm nämlich an, daß die durch die Temperaturänderungen des Wassers bedingten Änderungen des spezifischen Gewichtes des Wassers diese Formveränderungen auslösen. Das Schweben ist ja im Grunde genommen nichts anderes als ein sehr langsames Sinken, und die Änderungen des spezifischen Gewichtes müssen eine Änderung der Sinkgeschwindigkeit der suspendierten Teilchen zur Folge haben. Diese Änderung kann aber durch entsprechende Formveränderung der schwebenden Körper kompensiert werden.

Bevor wir dieser Änderungen gedenken, müssen wir noch einer kleinen Umgestaltung gedenken, welche die WESENBERGsche Schwebetheorie durch OSTWALD den Jüngeren erfahren hat. OSTWALD machte darauf aufmerksam, daß die Unterschiede des spezifischen Gewichtes des Wassers in unseren Seen zu gering sind, um einen solchen Einfluß zu haben, wie ihn WESENBERG voraussetzte. So ist z. B. der Temperaturkoeffizient für die Änderung des spezifischen Gewichtes

$$\text{bei } 25^0 = 0{,}997098$$
$$\text{,, } 100^0 = 0{,}95863$$

Hingegen ist ein anderer von WESENBERG übersehener Faktor, die innere Reibung oder Viskosität, die gerade auf Sinkvorgänge einen sehr merklichen Einfluß ausübt, von der Temperatur in hohem Grade abhängig; denn bei 25^0 ist die innere Reibung des Wassers nur mehr halb so groß wie bei 0^0. So hat nun OSTWALD die WESENBERGsche Schwebeformel so umgestaltet, daß die Sinkgeschwindigkeit Σ eine Funktion des Quotienten

$$\frac{\text{Übergewicht}}{\text{Formwiderstand} \times \text{Viskosität}}$$

darstellt, in dem der Quotient aus Querschnitt und Volumen des sinkenden Körpers den sogenannten Formwiderstand bedeutet und der Quotient aus Temperatur und Salzgehalt die innere Reibung. Wird Σ möglichst klein, so nähert sich die Sinkgeschwindigkeit immer mehr dem Grenzwert O, sie geht ins Schweben über. Demnach wächst das Schwebevermögen mit wachsender Horizontalprojektion und mit steigendem Salzgehalt und sinkt mit abnehmendem Volumen und zunehmender Temperatur. Da die anderen Eigenschaften des Wassers keine erheblichen Schwankungen aufweisen, kommt im Medium fast nur die Temperatur in Betracht. Jede Änderung derselben muß aber, soll das Schwebevermögen unverändert bleiben, durch eine gleichsinnige Änderung der Horizontalprojektion beantwortet werden.

Diesen Forderungen entsprechen nun nicht nur die vielen Beobachtungen, die WESENBERG bei der Entwicklung seiner Schwebetheorie im „Biol. Zentralbl." und in vielen späteren Arbeiten mitteilte, sondern auch eine ganze Reihe von Beobachtungen, die LAUTERBORN an seinem klassischen Studienobjekt, der *Anuraea cochlearis*, machte. Endlich konnten zugunsten der WESENBERGschen Auffassung alle Mitteilungen über das Ausbleiben der Cyclomorphose in sommerkalten Seen (BREHM im Achensee, WESENBERG in isländischen Seen) bewertet werden. Bevor wir an die Kritik dieser Auffassung gehen, seien einige Schulbeispiele aus diesem Beobachtungsmaterial mitgeteilt.

Als Schwebeeinrichtungen wurden gedeutet:

a) Speicherung spezifisch leichter Stoffe, wie solche etwa die Luftblasen der einzigen Insektenlarve des Plankton, der *Corethra plumicornis*, darstellen. Vielfach werden auch die Ölkugeln, die besonders in den Kopepoden vorkommen, als Schwebeeinrichtung gedeutet. Aber da sie ja auch bei Nichtplanktern unter den Kopepoden vorkommen, kann man sie wohl nicht gut als Anpassungserscheinungen bezeichnen, sie fallen wohl eher, wenn man sie ökologisch klassifizieren will, unter die Rubrik „Ausnutzungsprinzip" nach BECHER. Noch problematischer ist die Einreihung der früher als „Gasblasen", als Airosomen usw. bezeichneten Einschlüsse vieler Planktonblaualgen. Der Umstand, daß diese vermeintlichen Gasvakuolen der Gattung *Gloeotrichia* fehlen, mit Ausnahme der im Plankton lebenden Art *G. echinulata*, bestärkte frühere Autoren (KLEBAHN) in dieser Ansicht. In neuerer Zeit hegt man darüber mancherlei Zweifel, weil diese jetzt gewöhnlich als „Pseudovakuolen" bezeichneten Gebilde manchen schwebenden Blaualgen fehlen, andererseits bei solchen erhalten bleiben, die im Wasser absinken, und endlich vor allem, weil sie, wie LAUTERBORN zeigte, bei Sapropelorganismen (vgl. S. 177) sehr verbreitet sind.

Erst während dieses Buch geschrieben wurde fanden Untersuchungen über die Bedeutung des spezifischen Gewichtes der Planktonorganismen für das Schweben statt. FRANKENBERG war es aufgefallen, daß *Corethra* jede Gewichtszunahme durch Nahrungsaufnahme dadurch kompensiert, daß sie die Tracheenblasen vergrößert. Und zwar geschieht dies so rasch, daß man wohl die Vermittlung eines nervösen Reizes annehmen muß. Für diese Annahme spricht auch das Experiment. Wurden *Corethra*-Larven durch Stanniolringe beschwert, so sanken sie wohl zunächst zu Boden, schwebten aber bald nachher wieder im Wasser, nachdem eine entsprechende Vergrößerung der Tracheenblasen eingetreten war.

In anderer Weise hat LUNTZ das hier vorliegende Problem behandelt. Er züchtete *Brachionus Bakeri* und *Euchlanis* in warmem und kaltem Wasser und bestimmte sodann die Sinkgeschwindigkeit der Warmwasser- und der Kaltwasserexemplare der beiden genannten Arten. Es zeigte sich, daß die Warmwassertiere langsamer sanken als die Kaltwassertiere der gleichen Art. Es lag daher nahe anzunehmen, daß bei den Warmwasserkulturen eine Verminderung des spezifischen Gewichtes eingetreten war. Eine Bestimmung desselben ergab auch für die Kältetiere den Wert 1,025 und für die Wärmetiere 1,02. Da in den vorliegenden Fällen die Tiere aus beiden Kulturen keine Formverschiedenheit aufwiesen, lag der Gedanke nahe, daß die Verminderung des spezifischen Gewichtes im warmen Wasser bei jenen Arten auftrete, die den verminderten Reibungswiderstand des Wassers nicht durch eine entsprechende Formveränderung kompensieren können. Untersuchungen an Freilandtieren sprachen ebenfalls für diese Annahme. Denn Frühlings- und Sommerexemplare von *Brachionus Bakeri*, die verschieden geformt waren und durch ihre Formverschiedenheit den geänderten Verhältnissen im Wasser Rechnung tragen konnten, zeigten dasselbe spezifische Gewicht, während bei *Euchlanis*, die in der kalten und warmen Jahreszeit in gleich geformten Individuen auftrat, ein Sinken des spezifischen Gewichtes von 1,027 auf 1,02 eintrat.

Daß man aber diese Ergebnisse nicht für das Plankton überhaupt verallgemeinern darf, zeigten weitere Untersuchungen von LUNTZ an Daphnien, bei denen der starke Einfluß der Temperatur auf Frequenz und Schwimmbewegung so zur Geltung kommt, daß das spezifische Gewicht keine entscheidende Rolle mehr spielt. Man wird von den kommenden Experimenten erwarten dürfen, daß die kompensierende Veränderung des spezifischen Gewichtes für Organismen in Betracht kommt, die einer nennenswerten Eigenbewegung ermangeln und keine Cyclomorphose aufweisen.

b) Während das Vorhandensein spezifisch leichter Stoffe eine Schwebeeinrichtung wäre, welche die Form des schwebenden Körpers nicht beeinflußt, ist das Vorhandensein von Schwebegallerten eine Sache, die den Planktern schon eher ein charakteristisches Gepräge verleihen könnte. Als solche Schwebegallerten sind von verschiedenen Autoren in Anspruch genommen worden: die Gallerten der im Plankton lebenden *Chroococcus*- und *Microcystis*-Arten; die Gallerten vieler im Plankton

lebender *Protococcales*, wie *Hofmania, Kirchneriella, Ankistrodesmus* u. a.
Dabei spricht zugunsten dieser Auffassung der Umstand, daß bei *Ankistrodesmus* die Planktonarten in viel höherem Grad zur Gallertausschei-
dung neigen als die nicht schwebenden Arten, wie ein Vergleich der
schneebewohnenden Art *A. Vireti* mit der Planktonart *A. lacustris* zeigt
(vgl. Abb. 36a und b).

Ähnliches Verhalten begegnet uns bei den Desmidiaceen wieder, wenn
wir sehen, daß gewisse Planktonarten der Gattung *Staurastrum* mit breiten Gallerthüllen umgeben sind, und zwar bezeichnenderweise gerade
solche, bei denen die als Schwebefortsätze gedeuteten Auswüchse minder
gut entwickelt sind. Die den Heterokonten zugehörige Gattung *Botryococcus* weist ebenfalls Gallertbildung auf und überdies Ölspeicherung.
Unter den tierischen Planktern finden wir Gallertbildungen bei vielen
Rotatorien (pelagische Floscu-
larien, *Conochilus, Conochiloides,
Mastigocerca setifera*), unter den
Krebsen bei dem ganz vereinzelten Fall des *Holopedium gibberum*.

c) Weitaus am meisten fanden als Schwebeeinrichtungen
alle jene Körperfortsätze Beachtung, denen man — wie
oben erwähnt — eine aus-
schlaggebende Rolle als Brems-
vorrichtungen beim Sinken der
Organismen zuschreiben zu müssen glaubte. Wir brauchen nur
in einer Süßwasserflora die Bilder der einzelligen Grünalgen-
gattungen *Lagerheimia, Chodatella, Franceia, Lauterborniella*
aufzuschlagen, oder der analog

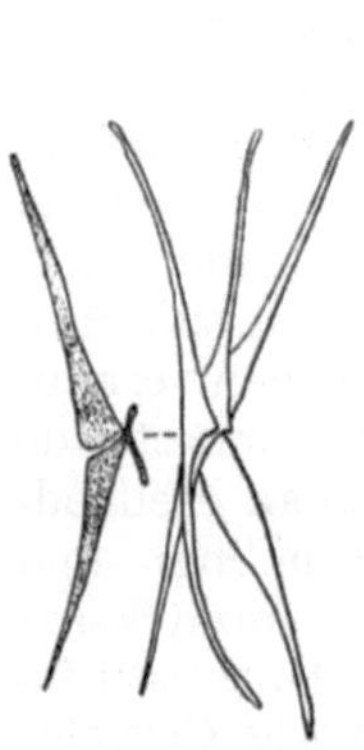

Abb. 36a. *Ankistro-
desmus Vireti* auf
Schnee lebend.
(Nach PASCHER.)

Abb. 36b. *Ankistrodes-
mus lacustris* im Plank-
ton vorkommend.
(Nach PASCHER.)

gebauten Heterokontengattungen *Centritractus, Pseudotetraedron*, oder
der bereits erwähnten Diatomee *Attheya Zachariasi*, um ein hinlängliches
Bild dieser Planktontypen vor uns zu haben. An anderen Planktern
haben seitens verschiedener Autoren die „Hörner" der Gattung *Ceratium*, die starren Panzerfortsätze der Rädertiergattungen *Notholca, Anuraea, Schizocerca* und *Brachionus*, ferner die beweglichen Körperanhänge
der Gattungen *Triarthra, Polyarthra* und *Pedalion* dieselbe Deutung gefunden, die schließlich auch den Helmen der Daphniden, dem Schwanz-
stachel des *Bythotrephes*, den Antennen der Diaptomiden und noch so
mancher anderen Oberflächenvergrößerung tierischer Körper unterlegt
wurde.

In allen diesen Fällen legte man Gewicht auf die Vergrößerung der
Horizontalprojektion, die durch diese Oberflächenvergrößerung erzielt
werden sollte und die in anderen Fällen auch dadurch gewährleistet
wurde, daß durch Kolonienbildung das Fallschirmprinzip zur Geltung

kommt, das im Meere an den Medusen in vorbildlicher Weise verwirklicht ist.

Die gleich Schneeflocken im Wasser schwebenden zierlichen Sterne der *Asterionella gracillima* (Abb. 37) sollen dem Fallschirmprinzip besonders dadurch Rechnung tragen, daß zwischen den radial gestellten Einzelindividuen eine feine Plasmahaut gespannt ist. Neuere Beobachter bezweifeln diese Angabe. Immerhin bleibt beachtenswert, daß diese sternförmigen Kolonien sich im Plankton verschiedener Breiten wiederholen. So wie bei uns *Asterionella* (Abb. 37) solche Sterne im Plankton bildet, so tut dies in nordischen Seen die *Tabellaria fenestrata* var. *asterionelloides,* und in tropischen Seen werden solche Kolonien von *Nitzschia*-Arten gemeldet.

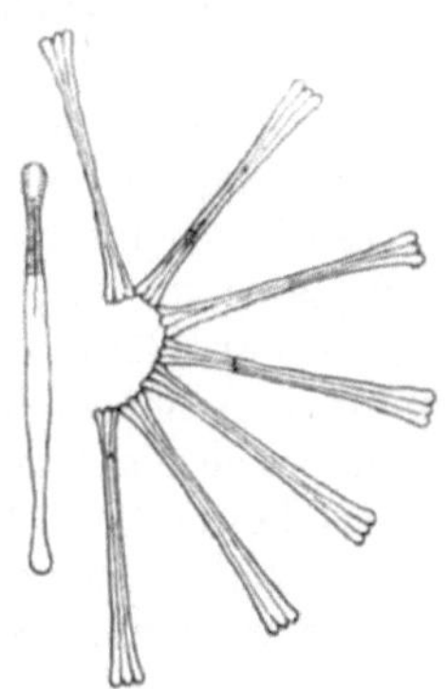

Abb. 37. *Asterionella gracillima* (HANTZSCH). (Nach PASCHER.)

Bevor wir an die Kritik der Deutung all dieser Erscheinungen im Sinne der WESENBERG-schen Schwebetheorie gehen, sei noch kurz die Cyclomorphose besprochen, die ganz besonders als Stütze dieser Theorie herangezogen wurde.

1893 entdeckte ZACHARIAS, daß die Cladocere *Hyalodaphnia cucullata* mit der Jahreszeit ihre Gestalt (Abb. 38) auffallend verändert; 1895 beobachtete STINGELIN die Umwandlung der *Daphnia pennata* in *D. pulex.* Damit war der Anstoß zu der bereits erwähnten kausalen Betrachtung dieser Veränderungen gegeben, die WESENBERG auf Grund seiner Schwebetheorie entwickelte. Dieser zufolge muß ein Planktonorganismus, wenn im Sommer das erwärmte Wasser an Tragfähigkeit infolge verringerter innerer Reibung einbüßt, dieses Manko seines Milieus durch entsprechende Vergrößerung seiner Horizontalprojektion kompensieren.

Beispiele hierfür sah WESENBERG in dem Verhalten der Peridinee *Ceratium hirundinella* (Abb. 39), der Cladoceren *Hyalodaphnia* und *Bosmina,* des Rotators *Asplanchna* und noch vieler anderer Organismen, deren Besprechung hier zu weit führen würde. Die beigegebenen Bilder bedürfen keines Kommentars, sie zeigen bei *Ceratium* im Sommer eine Verlängerung des apikalen und antapikalen Hornes, bei den Hyalodaphnien eine Umgestaltung des winterlichen Rundkopfes in die Helmköpfe des Sommers, bei *Bosmina* eine Oberflächenvergrößerung durch das Auswachsen des Brutraumes (Thersitesform) und durch Antennenverlängerung, bei

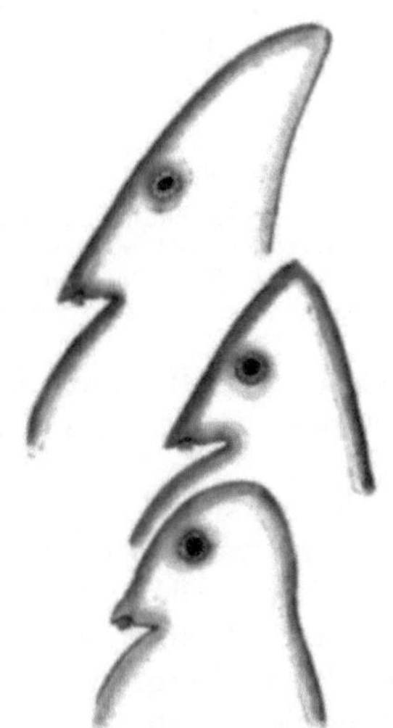

Abb. 38. Temporalvariation des Wasserflohs *Hyalodaphnia cristata;* Kopfform im Sommer (oben), im Herbst (Mitte) und im Winter (unten). (Nach ZACHARIAS.)

Asplanchna die Umgestaltung von der ballonförmigen Winterform zur wurstförmigen Sommerform, wobei vielleicht, um Mißverständnissen vorzubeugen, betont sei, daß diese Formveränderungen nicht am selben Exemplar sich vollziehen, sondern einen Formwechsel der aufeinanderfolgenden Generationen bedeuten, so daß wir von einer Form ausgehend nach Durchlaufen der Generationen eines Jahres wieder zur Ausgangsform zurückgelangen: Cyclomorphose.

Diese Erscheinungen im Sinne der Schwebetheorie zu deuten schien um so plausibler, als, wie schon erwähnt, die Cyclomorphose in solchen Gewässern ausbleibt, die im Sommer keine höhere Temperatur erreichen (BREHM — Achensee, WESENBERG — Thingvallavatn auf Island). Indes darf man sich nicht verhehlen, daß diese Auffassung auch ihre gewissen Schwierigkeiten hat. Da sei zunächst auf gewisse Ausnahmen aufmerksam gemacht: Die meisten Bosminen der Alpenseen lassen eine ganz schwache Cyclomorphose erkennen, die entgegen dem Sinne der Schwebe-

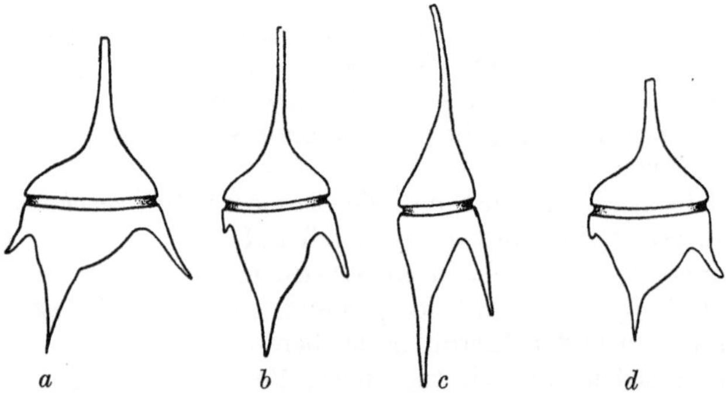

Abb. 39. Cyclomorphose von *Ceratium hirundinella*. Die dreihörnige Frühlingsform geht in die zweihörnige Sommerform über. Die am Ende der Reihe abgebildete Form *d* aus dem Bodensee zeigt zugleich die weitgehende Lokalrassenbildung, durch die fast jeder See durch eine für ihn typische Rasse gekennzeichnet ist. (Nach LAUTERBORN.)

theorie abläuft, und ebenso widerspricht geradezu das Verhalten der *Anuraea aculeata* im Lunzer Obersee den Forderungen der Schwebetheorie.

Ferner stellte sich für manche Formen der Übelstand heraus, daß man gewohnt war, die Organismen falsch orientiert in ihr Medium hineinzuprojizieren. Die Lage, die z. B. die Bosminen in den Abbildungen unserer Werke einnehmen, folgen mehr der Tradition als der Beobachtung. Viele Oberflächenvergrößerungen, wie z. B. die Daphnienhelme, sind für die Vergrößerung der Horizontalprojektion, die doch als Widerstandsfläche in erster Linie in Betracht kommt, nahezu belanglos, weil diese Vergrößerungen nicht senkrecht zur Fallinie liegen, sondern in dieser.

Weiters ergab sich für solche Fälle, wo die Cyclomorphose ganz so verläuft, wie es die Schwebetheorie verlangt, auch die Möglichkeit einer anderen Deutung. LAUTERBORN hat in seinen *Anuraea*-Studien (vgl. Abb. 40) dieselbe Frage aufgerollt wie WESENBERG, kommt aber zu einer ganz anderen Erklärung. Die Temperatur hat nach ihm nur insofern einen Einfluß auf die Cyclomorphose, als sie die Sexualität beeinflußt, und diese, also ein innerer Faktor, nicht ein äußerer, wie die Viskosität des Mediums, löst die Cyclomorphose aus. Für diese LAUTERBORNsche Auffassung spricht der Umstand, daß gerade Organismen, bei denen Parthenogenese mit bisexueller Fortpflanzung wechselt, der Cyclomorphose unterliegen, wie die Rotatorien und Cladoceren, während z. B. die konstant bisexuellen Planktonkopepoden eine solche nicht aufweisen. Denn was bei diesen bisher an Cyclomorphosen beschrieben wurde, selbst der markanteste Fall, die Hallstätter Rasse des *Diaptomus gracilis*, reicht im Ausmaß auch nicht annähernd an die eigentlichen Fälle der Cyclomorphose heran.

Das Verhalten des *Ceratium hirundinella* allerdings bietet der LAUTERBORNschen Erklärung Schwierigkeiten, weil bisher für diese Gattung der Nachweis der Sexualität nicht erbracht werden konnte. (Die seiner-

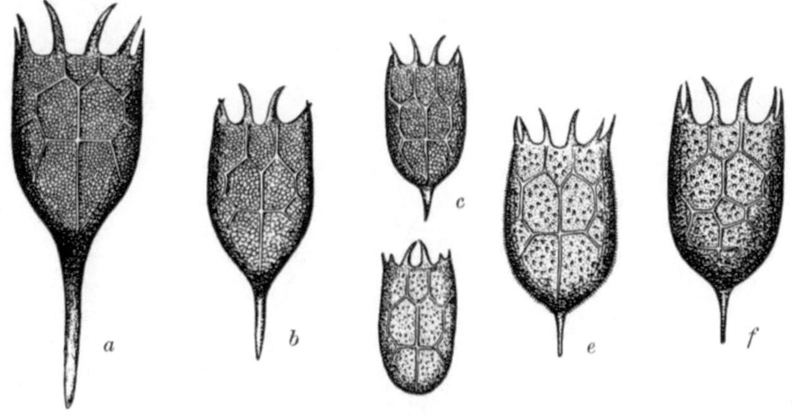

Abb. 40. Cyclomorphose des Rädertieres *Anuraea cochlearis*. Die langdornige Winterform geht durch Verkürzung des Hinterdornes in die Form *tecta* über. Bei anderen Stämmen zeigt die Sommerform eine weniger auffällige Verkürzung des Hinterdornes, aber einen Stachelbesatz des Panzers und eine Symmetriestörung durch Einschalten einer unpaaren Mittelplatte (sogenannte *irregularis*-Form). (Nach LAUTERBORN.)

zeit von ZEDERBAUER gemachten Angaben über Konjugation bei *Ceratium hirundinella* werden von allen neueren Untersuchern angezweifelt.)

Es ergaben sich also auf Grund der Freilandbeobachtungen zwei widersprechende Deutungsmöglichkeiten der Cyclomorphose, indem man diese einerseits durch einen äußeren Faktor, die Viskosität, verständlich zu machen suchte, andererseits durch einen inneren, die Sexualität. Um aus diesem Zwiespalt herauszukommen, versuchte die WOLTERECKsche Schule die ganze Angelegenheit auf experimentellem Wege zu lösen. Den Beginn dieser Versuche machte KRÄTZSCHMAR mit der schon erwähnten *Anuraea aculeata* aus dem Lunzer Obersee. Nach diesen Versuchen liegt eine Koppelung zweier Zyklen vor, insofern der morphologische Zyklus eine Funktion des Generationszyklus ist. Unbekümmert um äußere Einflüsse (Kultivierung der Versuchstiere in warmem und kaltem Wasser, Zucht bei durch Glyzerin und Quittenschleimzusatz geänderter Viskosität des Mediums) verlief der Entwicklungsgang so wie im Freien. Es schlüpften aus den Dauereiern langstachelige Exemplare, die sich parthenogenetisch vermehrten. Während einer Reihe aufeinanderfolgender parthenogenetischer Generationen wurden die Tiere immer kurzstacheliger, bis zum Schluß das Auftreten fast oder ganz stachelloser Tiere das Eintreten einer Sexualperiode ankündigte. Mit dem Erscheinen der Männchen stellt sich auch die Bildung der Dauereier ein,

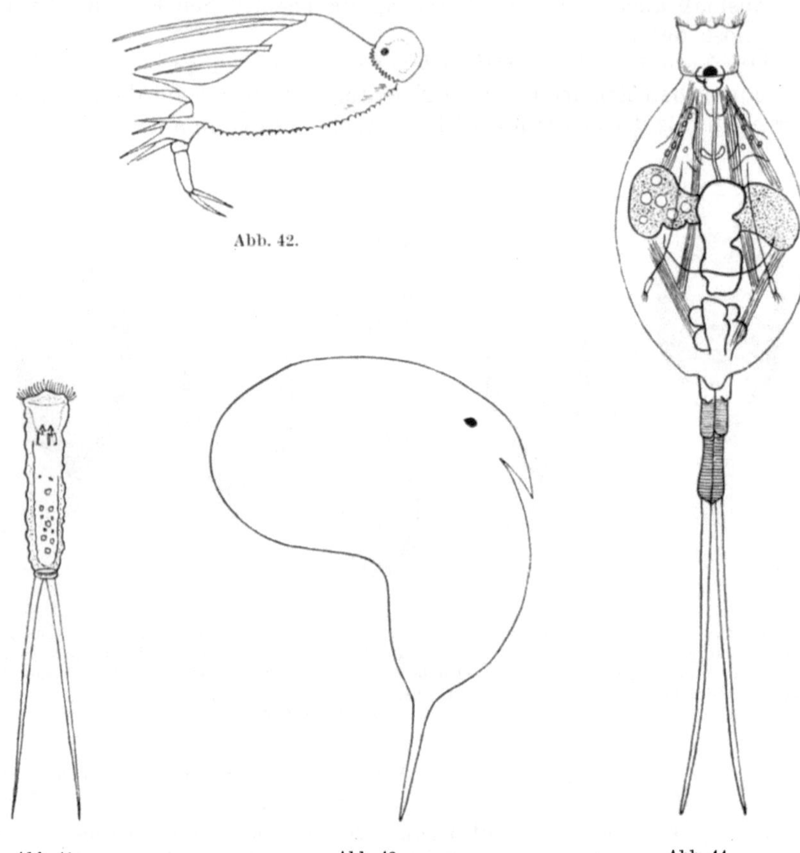

Abb. 41—44. Nicht dem Plankton angehörige Organismen, die den Habitus von Planktonorganismen haben, d. h. nach älterer Auffassung Schwebern gleichen. — Abb. 41. *Furcularia aequalis.* — Abb. 42. *Dinocharis Collinsi.* — Abb. 43. *Daphnia hypsicephala.* — Abb. 44. *Scaridium longicaudatum.*

von denen der Zyklus seinen Ausgang nahm. Von diesen Versuchen ab setzte eine Periode ein, in der man den inneren Faktoren für den Ablauf der Cyclomorphose in den meisten Fällen einen entscheidenden Einfluß zuschrieb. Und wenn auch kürzlich erst WESENBERG in einer umfassenden, inhaltsreichen Studie (Contributions to the Biology and Morphology of the genus *Daphnia*. Kgl. Danske Vidensk. Selsk. 1926) seinen alten Standpunkt zum Teil unter Verwendung ganz neuer Gesichtspunkte gegenüber WOLTERECK aufrecht erhält, so hat doch die ganze Cyclomorphosenfrage einen so speziell biologischen, und zwar in das Gebiet der Abstammungs- und Vererbungslehre einschlagenden Zug angenommen, daß eine Erörterung des gegenwärtigen Standes dieser Frage bereits außerhalb der Limnologie im engeren Sinne liegt.

Kehren wir zu unserer Ausgangsfrage zurück, den im Zusammenhang mit dem äußeren Medium als Schwebevorrichtungen gedeuteten Körperfortsätzen der Plankter, so müssen wir wohl darauf hinweisen, daß diese nicht als Ergebnisse der schwebenden Lebensweise aufgefaßt werden müssen, sondern als Gebilde gedeutet werden können, die dem BECHERschen Ausnutzungsprinzip entsprechend im Plankton reichlicher vertreten sind als in anderen Lebensbezirken. Gerade solche in anderen Biozönosen vorkommende Gebilde, die völlig den Schwebeeinrichtungen der Plankter entsprechen, mahnen bei der Deutung derselben zur Vorsicht. Könnte es schönere Beispiele für Planktontypen geben als die Heliozoen? Und doch spielen diese nur eine ganz nebensächliche Rolle im Plankton. Und wenn man den Stacheln einer *Anuraea* oder den Springborsten einer *Triarthra* solche Bedeutung für das Planktonleben beimißt, welche Eignung für die schwebende Lebensweise müßte man einem *Scaridium longicaudatum*, *Sc. eudactylotum*, einem *Stephanops longispinatus* mit seinen abenteuerlichen Rückendornen oder gar der *Monommata longiseta* zuschreiben. Die beigegebenen Abb. 41—44 könnten dem Nichteingeweihten Musterbeispiele ausgesprochener Plankter vortäuschen, und doch leben diese in submerser Vegetation, manche in nassem Moos oder sogar in den Hohlräumen der *Spongilla*. Vielleicht der krasseste Fall dieser Art ist die indische *Daphnia hypsicephala* (Abb. 43). Mit ihrem riesigen Helm[1] schien sie das Maximum der Anpassung an höchsttemperierte Gewässer darzustellen, bis sich herausstellte, daß sie überhaupt keine Planktonform ist; die enormen Thoraxflügel gewisser tümpelbewohnender Boeckelliden sind ein zweites Beispiel dieser Art (Abb. 45).

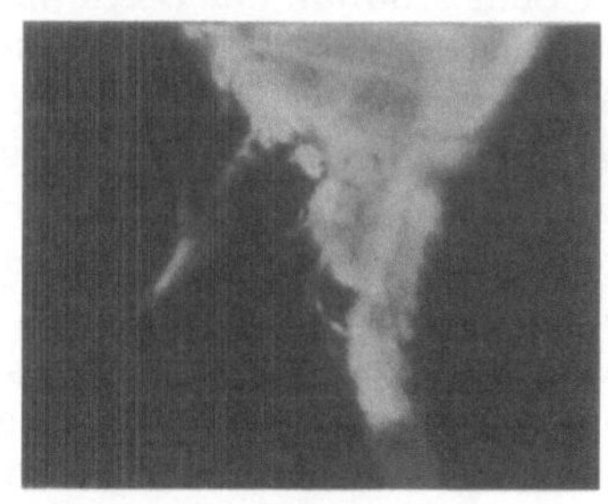

Abb. 45. *Boeckella hamata* BREHM aus dem Lake Lyndon auf Neu-Seeland. Der links auf dem Bilde sichtbare hyaline flügelartige Auswuchs des Thoraxendes erreicht bei nicht dem Plankton angehörenden Arten fast doppelte Größe und kommt daher als Schwebeeinrichtung kaum in Betracht.

Im gleichen Sinn müssen nach PASCHER auch viele pflanzliche Organismen gewertet werden, die ganz das Aussehen typischer Planktonalgen haben, aber nie im Plankton vorkommen, sondern zwischen anderen Algen, im Moose oder sogar in dichte Schleimmassen eingebettet vorkommen. Es seien nur als derartige Vorkommnisse erwähnt nadelförmige Diatomeen, schmale lange Closterien, wie *Cl. rostratum* und *lineatum*, *Centritractus* mit seinen beiderseitigen borstenförmigen Anhängen usw.

---

[1] Neuere Untersuchungen von HEBERER lassen in diesen Riesenhelmen durch einen parasitischen Pilz ausgelöste pathologische Erscheinungen vermuten! (? der Verf.)

Läßt schon eine bloße Übersicht über den Formenschatz unserer Süßwasserfauna hinsichtlich der Deutung der Schwebefortsätze mancherlei Zweifel aufkommen, so noch mehr einige direkte Argumente. Wir vermissen nämlich Schwebefortsätze, speziell Helme, bei einer ganzen Reihe von Planktoncladoceren und interessanterweise gerade bei solchen, die im Gegensatz zu Daphnien und Bosminen wirklich schweben, nämlich bei *Moina, Leptodora, Holopedium, Diaphanosoma, Limnosida*. WOLTERECK hat daher den Verhältnissen bei unseren beiden gewöhnlichsten Plankton-Cladoceren *Bosmina* und *Daphnia* ein experimentelles Studium gewidmet, das folgendes ergab: Bei *Bosmina* ist Ansatzstelle und Schlagrichtung der Ruderantennen so, daß der Kopf bei jedem Antennenschlag nach oben wippt. Die Tiere sind dadurch in Gefahr, sich kopfüber zu überschlagen oder in einem Kreisbogen zu schwimmen. Dies verhindern die ersten Antennen, die als ein nach unten gestelltes Höhensteuer den Kopf abwärts drücken.

Sein Studium der Bosminenbewegung führte ferner dazu, den schräggestellten Mucro als Hecksteuer, den in der Verlängerung des ventralen Schalenrandes gelegenen Mucro als Fortsetzung der von diesem Schalenrand gebildeten Stabilisierungsfläche aufzufassen. Durch diese Momente wird nach WOLTERECK bewirkt, daß die schwimmende *Bosmina* entgegen den Bewegungsimpulsen eine horizontale Schwimmbahn einhält, und daß dieses „Niveauhalten" trotz einer unter Umständen energischen aktiven Bewegung uns ein passives Schweben vortäuscht. Wir werden auf die von WOLTERECK diesem Verhalten zugeschriebene Beziehung zur Ernährung und Verteilung des Planktons auf S. 141 wieder zurückkommen.

In analoger Weise hat WOLTERECK die Bewegung der Daphnien studiert und gezeigt, daß diese im Gegensatz zu den Chydoriden und Bosminiden, die abwärts gerichtete Antennenschläge ausführen, dorsalwärts schlagen. Daher wippen die Daphnien mit dem Kopf nach unten. Infolge der Schwerkraftwirkung pendeln sie zwar wieder zurück, würden jedoch nicht ihr Niveau beim Schwimmen einhalten können, wenn nicht durch Spannung und Entspannung der beiden Äste der Ruderantennen sowie durch die „Schwebefortsätze" Wandel geschaffen würde. Dem Abwärtswippen des Kopfes und dem Abwärtsschwimmen wirkt der Helm entgegen, der einmal eine Annäherung des Schwerpunktes an den Aufhängepunkt bedingt sowie als Steuer wirkt. Der Spina kommt vor allem die Bedeutung einer Führungsfläche zu. Doch kann sie, wenn sie aufwärts gebogen ist, auch als kompensierendes Steuer gegen das Abwärtsschwimmen wirken. Zum besseren Verständnis des ganzen Bewegungsvorganges bei den Daphnien zieht WOLTERECK folgenden Vergleich: „Die durch intermittierende Antennenschläge bewirkte Bewegung der *Daphnia* entspricht der Bewegung eines durch Ruderschläge bewegten Bootes, jedoch mit dem Unterschied, daß bei den Daphnien Antriebrichtung und Kielrichtung nicht zusammenfallen, sondern einen Winkel bilden. Es entspricht also die Daphnie einem einseitig geruderten Boot (weil bei *Daphnia* die Dorsalruder kräftiger arbeiten), das, um geradeaus zu fahren, das Steuer nach rechts stellen muß. Nur muß man sich den beim Boot auf einer Horizontalebene sich abspielenden Vorgang in eine

Vertikalebene verlegt denken, um rechts und links durch oben und unten zu ersetzen. Die abwärts gerichtete Bewegung der *Daphnia* muß also durch ein dorsal gestelltes Steuer, die Spina, aufgehoben, d. h. in eine horizontale Ortsveränderung umgewandelt werden."

Der oben angedeutete Konflikt zwischen der WESENBERGschen Auffassung (die Daphnienhelme sind Schwebeeinrichtungen) und der WOLTERECKschen Auffassung (die Daphnienhelme dienen der „Horizontalisierung der Schwimmbahn") hat WAGLER veranlaßt, diese Frage von neuem aufzurollen. Er macht darauf aufmerksam, daß in Deutschland Helmdaphnien (*D. cucullata*) vorkommen, die nicht wie in Dänemark nur einmal im Jahre, nämlich zur Zeit der Höchsttemperatur, hochhelmig werden, sondern die diesen interessanten Formwechsel zweimal im Jahre zeigen, und zwar nicht in Übereinstimmung mit dem Temperaturgang des Wassers, sondern eher in einem Zusammenhang mit den Fortpflanzungsverhältnissen. Wir sehen hier den LAUTERBORNschen Standpunkt wieder zur Geltung kommen. Gegenüber der WOLTERECKschen[1] Auffassung verweist WAGLER darauf, daß, wenn der Helm nur das Abwärtswippen des Kopfes und das unter Umständen dadurch bedingte Abwärtsschwimmen oder Sich-Kopf-über-Überschlagen verhindern soll, nicht einzusehen ist, daß dieses Bremsmittel flächenhaft entwickelt ist. Das, was der Helm der Daphnie in dieser Hinsicht leistet, würde ebensogut ein Kopfstachel von derselben Länge leisten, wie es ja auch bei der im Umkreis des Indischen Ozeans heimischen *Daphnia Lumholtzi* der Fall ist. Weiters verweist WAGLER auf die auffallende Erscheinung, daß die meisten Daphnien der Tropenseen gar keine Helmdaphnien sind, wie man ja gerade hier im Warmwasser erwarten sollte. Die Lösung dieser Fragen sieht WAGLER in der Annahme, daß der Daphnienhelm nicht nur im Sinne der WOLTERECKschen Auffassung das „Stampfen" verhindern soll, sondern auch das „Rollen". Dies kann nun entweder durch den Widerstand der Helmfläche geschehen, oder durch die flügelartig entwickelten Fornices, in welchem Fall die Helmbildung überflüssig wird.

Das Ernährungsproblem.

Der Zusammenhang, den WOLTERECK zwischen den Ernährungsbedingungen und der Aufgabe der sog. „Schwebefortsätze" vermutete, bietet Anlaß, das Ernährungsproblem der Plankter zu behandeln. Wir versetzen uns da zunächst einmal für einen Augenblick in jene Jahre zurück, in denen nach EINAR NAUMANS Worten „das heute zum Laboratoriumsmilieu gehörige dröhnende Summen der Zentrifuge noch nicht den Anbruch einer neuen Zeit der Planktonforschung ankündigte," also etwa in die Zeit vor 1908.

Da galt es vorerst einmal für selbstverständlich, daß die mit dem Netz erbeuteten Planktonpflanzen die Nahrung der im selben Fang enthaltenen Vertreter des Zooplanktons seien. Diese Vorstellung war so fest eingewurzelt, daß selbst damit in Widerspruch stehende Beobachtungen sie nicht zu erschüttern vermochten. Wohl mußte der Schreiber dieser

---

[1] WOLTERECK hat hierauf erwidert, daß auch er schon früher dem WAGLERschen Standpunkt gerecht geworden ist.

Zeilen nach dem Abschluß einer Arbeit über das Plankton des Erlaufsees (1902) feststellen: „Diese Ergebnisse können nicht bestätigen, daß das Zooplankton im Erlaufsee auf das Phytoplankton als Nahrungsmittel angewiesen sei." Und dieses vorsichtige Ausweichen gegenüber der unvermeidlichen Frage: „Wo ist hier die Nahrungsquelle?" machte, als eine Untersuchung am Achensee denselben Befund ergab, einfach der am grünen Tisch ersonnenen Vermutung Platz, daß organischer Detritus, der im See suspendiert ist, als Nahrungsquelle in Betracht kommen müsse. Diese Vermutung trug eigentlich bei der — damals wenigstens — auffallenden Reinheit des Achenseewassers den Stempel der Unwahrscheinlichkeit auf der Stirn. Und doch war dem Verfasser damals die Lösung der Frage durch einen glücklichen Zufall in die Hand gegeben worden; aber die vorgefaßte Meinung erwies sich stärker als das Tatsachenmaterial. 1904 fand er in einer Planktonprobe aus dem Glubokojesee bei Moskau große Mengen der *Asplanchna priodonta*, aber kein Phytoplankton. Der Darm dieser Asplanchnen aber war vollgepfropft mit den im Fang sonst fehlenden Cyclotellen. Die Folgerung, daß das Netz die als Nahrung in Betracht kommenden Planktonpflanzen passieren ließ, war unvermeidlich. Aber sie wurde sogleich durch den ersonnenen Einwand bedeutungslos gemacht, daß der Sammler dieser Probe eben ein ungewöhnlich weitmaschiges Netz verwendet hätte. Auch im Meere zeigten sich ähnliche Erscheinungen und veranlaßten PÜTTER seine bekannte Theorie aufzustellen, nach der Wassertiere in der Lage sein sollen, im Wasser gelöste organische Verbindungen zu absorbieren und als Nahrungsquelle auszunutzen, so daß die Wasseransammlungen verdünnte Nährlösungen darstellen würden.

Noch während der Kampf um die PÜTTERsche Theorie die Gemüter erhitzte, kam 1908 LOHMANNs epochale Arbeit heraus, die mit einem Schlag Licht über die hier angedeuteten Schwierigkeiten verbreitete. Zahlen- und kurvenmäßig zeigte LOHMANN die Bedeutung des Nannoplanktons für die meisten Planktontiere des Meeres, und im Anschluß an LOHMANNs Arbeit gelang es RUTTNER und WOLTERECK in Lunz noch im selben Jahre in analoger Weise durch den Nachweis einer bisher unbekannten Planktongenossenschaft im Süßwasser die Widersprüche zu lösen, in die sich die Planktologen verwickelt hatten und verwickeln mußten, solange sie das Ernährungsproblem an der Hand des mit dem Netz gewonnenen Planktons aufklären wollten.

LOHMANN war zu seiner wichtigen Entdeckung eigentlich nicht dadurch gekommen, daß er das hier angeschnittene Ernährungsproblem lösen wollte; er war vielmehr dazu gelangt durch eine Kritik der quantitativen Arbeiten und der Planktongewinnungsmethoden, deren man sich bei diesen Arbeiten bediente. Er sah, daß die Appendikularien des Meeres eine Filtriervorrichtung zur Planktongewinnung besitzen, die unsere feinsten Planktonfilter weitaus an Wirksamkeit übertrifft, einmal, weil sie eine viel kleinere Maschenweite besitzt, und dann, weil sie nur wenige Stunden in Gebrauch ist, um alsbald durch ein neugebildetes Ersatzstück abgelöst zu werden. Trotz dieser kurzen Funktionsdauer erbeutet eine solche Appendikularienreuse weit mehr als ein Planktonfilter in derselben Zeit, und dieses Plus ist großenteils dem Umstand zuzuschreiben, daß in dieser Reuse eine Unmenge kleinster Organismen zurückgehalten werden, die durch die Netzfilter restlos durchgleiten. Dieser Befund nötigte Lohmann nicht nur zu einer Reform der ganzen quantitativen Planktonforschung, sondern gab durch die Entdeckung zahlreicher neuer Formen auch der qualitativen Planktonforschung neue Anregungen. Wie aber sollte man, da wir keine technischen Hilfsmittel besitzen, um die Feinheiten einer Appendikularienreuse zu kopieren, diese kleinsten Plankter, die C. Heider auf der Salzburger Naturforscherversammlung sehr treffend als „ultraretikuläres Plankton" bezeichnet hatte und die wir heute mit Lohmann als Nannoplankton bezeichnen, gewinnen? Volk hatte seinerzeit, um eventuellen Verlusten, die durch Grobmaschigkeit der Netze bedingt sind, vorzubeugen, die Sedimentierungsmethode angewendet, d. h. er versetzte gepumptes Plankton mit Formaldehyd und ließ das so konservierte Plankton sich absetzen. Daß Volk nicht bereits das Nannoplankton entdeckte, zeigt die Mangelhaftigkeit dieser Methode. Gerade diese winzigen Formen sind außerordentlich empfindlich und werden beim Konservieren entweder total zerstört oder zum mindesten unkenntlich. Diesen Übelstand kann man also nur dadurch umgehen, daß man eine Methode ausfindig macht, die es gestattet, das Plankton lebend zu erfassen. Das Mittel hierzu bot sich Lohmann in der Zentrifuge. Obwohl Cori schon 1895 den Versuch gemacht hatte, Plankton zu zentrifugieren, und obwohl nach ihm von amerikanischen Biologen dieser Versuch öfters, aber immer ohne greifbares Resultat, wiederholt worden war, gelang es doch erst Lohmann die zu einem erfolgreichen Zentrifugieren erforderlichen Bedingungen und Kniffe ausfindig zu machen, die im Gegensatz zu den früheren erfolglosen Versuchen vor allem dahin abzielen, kleine Wassermengen längere Zeit bei einer Tourenzahl von etwa 2000 pro Minute zu zentrifugieren. Indem wir die überraschenden Ergebnisse, die durch diese Methode für die Meeresbiologie gewonnen wurden, beiseite lassen, wenden wir uns gleich den Ergebnissen zu, die bei limnologischen Arbeiten sich ergaben.

„Und jetzt, wo man das Reich der Planktonbiozönose schon fast für erschöpft hielt, zaubert die Zentrifuge aus jedem Gewässer eine ganz neue, bisher größtenteils verborgene Welt von äußerst zarten und kleinen Organismen hervor, deren Unterbringung in den bekannten Gattungen oft große Schwierigkeiten bereitet."

Mit diesen Worten charakterisierte Ruttner 1913 auf der Wiener Naturforscherversammlung den ersten überraschenden Eindruck, den die Resultate der Zentrifugiermethode bei seinen Arbeiten über die Lunzer Seen auf ihn machten. Eine Reihe neuer Peridineen, Cryptomonaden (*Rhodomonas, Chroomonas*), Chrysomonaden (*Kephyrion, Kephyriopsis, Chromulina*) und anderer Flagellaten kam zum Vorschein, und mehr noch als die neuen Gestalten selber erweckte die Aufmerksamkeit die Menge, in der die Mitglieder des Nannoplanktons selbst in einem relativ nahrungsarmen See, wie eben dem Lunzer Untersee, vertreten waren.

Während z. B. im Lunzer Untersee das mit dem Netz gefischte Plankton die *Cyclotella comta* so selten enthält, daß man vor der Anwendung

der Zentrifuge diese Bacillariacee für einen zufälligen Bestandteil des
Fanges hielt und nicht weiter beachtete, konnte RUTTNER mit Hilfe der
Zentrifuge bis zu 640 Exemplare im Kubikzentimeter nachweisen. Durch
die Netzmaschen selbst der feinsten Planktonnetze rollen die winzigen,
geldstückförmigen Zellen der *Cyclotella* glatt durch. Als Verhältnis der
Mittelwerte der Individuenzahlen des Netz- und des Zentrifugenplanktons fand RUTTNER im genannten See 160:3! Er setzt diesem Befund
den Nachtrag bei: „Man wird nun mit Recht dagegen einwenden, daß
der großen Menge die außerordentliche Kleinheit dieser Organismen
gegenüberstehe und ihre Wirkung im Stoffhaushalt kompensiere. Ich
habe nun versucht, die Volumina für einige Vertreter des Phytoplanktons
zu berechnen. Trotz des gewaltigen Größenunterschiedes zeigte sich doch
ein deutliches Überwiegen der Gesamtmasse des Nannoplanktons. Ein
Jahresmittel der Volumina ergab das Verhältnis Nannoplankton zu Netzphytoplankton = 3:1."

Nun ist aber der Lunzer Untersee ein oligotropher See. In Seen mit
nährstoffreicherem Wasser nimmt die Quantität des Nannoplanktons
noch erheblichere Dimensionen an. Schon im Lunzer Obersee konnte
dies gezeigt werden und noch mehr an den eutrophen Seen Norddeutschlands, mit deren Nannoplankton uns UTERMÖHL bekannt gemacht hat.
Aus einer -von ihm mitgeteilten Tabelle seien zur Illustration dieses
Unterschiedes nur vier Einzelbeispiele herausgegriffen: Es fanden sich

von	im	am	Exemplare im ccm
Macromonas bipunctata	Krummensee	22. VIII. 1921	62000
Thiopedia rosea	Kolksee bei Eutin	21. IX. 1921	70000*
Stephanodiscus Hantzschii	Gr. Eutiner See	21. III. 1924	200000
Pelochromatium roseum	Edebergsee	3. VIII. 1923	200000*

Dabei ist noch zu bedenken, daß die mit * bezeichneten Zahlen nicht
Einzelzellen, sondern ganze Zellverbände angeben. Und noch etwas entnehmen wir aus dieser Tabelle: eine qualitativ ganz andere Zusammensetzung des Nannoplanktons der eutrophen Seen gegenüber dem der
oligotrophen.

In den hier mitgeteilten Fällen handelt es sich vorzugsweise um
Schwefelbakterien, in anderen Fällen überwiegen einzellige Grünalgen,
vor allem jene mit Schwebeborsten und Fortsätzen ausgerüsteten Gat-
tungen, deren Namen, wie ein bekannter Hydrobiologe sich äußerte, ein
Adreßbuch der Süßwasserbotaniker vortäuscht, *Golenkinia, Richteriella,
Lagerheimia, Franceia, Kirchneriella, Schroederia, Chodatella, Errerella,
Hofmannia* (Abb. 46), *Lauterborniella*[1] usw.

Daß nun, um auf unser Thema zurückzukommen, dieses Nannoplankton zur Lösung der Ernährungsprobleme führen mußte, liegt bereits auf

---

[1] Nach den Nomenklaturregeln ist es zulässig, daß derselbe Name einmal im
Tierreich und dann wieder im Pflanzenreich Verwendung findet, da im allgemeinen keine Konfusionen zu befürchten sind. Immerhin wirkt es störend, wenn
im gleichen Lebensbezirk beide Namen nebeneinander vorkommen, wenn im
Süßwasser z. B. *Lauterborniella* eine Mücke oder eine Alge, *Holopedium* eine Alge
oder ein Krebs sein kann! Dieser Übelstand wird auch kaum dadurch behoben,
daß sich die beiden Namen durch einen Buchstaben unterscheiden, wie *Lohmannella* (Halacaride) und *Lohmanniella* (Ciliat.).

der Hand. Gleich bei den ersten Untersuchungen in Lunz klärte es sich auf, wieso der Obersee, der im Netzplankton fast gar keine pflanzlichen Komponenten aufweist, ein so reiches tierisches Plankton besitzen könne, noch dazu aus Arten gebildet, die jede für sich betrachtet viel ausgiebiger sind als die entsprechenden Arten im Untersee, wie ein Vergleich der beiden *Daphnia*-Rassen beider Seen zeigt, oder wie ein Größenvergleich des *Diaptomus denticornis* aus dem Obersee mit dem *D. gracilis* aus dem Untersee lehrt. Die Probe auf die Richtigkeit der Annahme, daß das Nannoplankton eine ausschlaggebende Rolle bei der Ernährung spiele, konnte noch in zweifacher Weise erbracht werden: 1. Auf experimentellem Weg, indem z. B. KRÄTZSCHMAR Anuraeen kultivierte, die er mit Kirchneriellen und später direkt mit Nannoplankton fütterte, während alle früheren Versuche, Netzphytoplankton als Futter zu verwenden, scheiterten, und 2. durch den Nachweis der Abhängigkeit der Nannoplanktonkurve von der Zentrifugenkurve, der zuerst vom Verfasser durch Beobachtungen über das Plankton in einem Teiche Westböhmens erbracht wurde. Es wurde in diesem Teich gleichzeitig mit dem Netz und mit der Zentrifuge Plankton gewonnen und nach der Zählmethode quantitativ ausgewertet. Die auf Grund dieses Zahlenmateriales konstruierten Kurven ließen

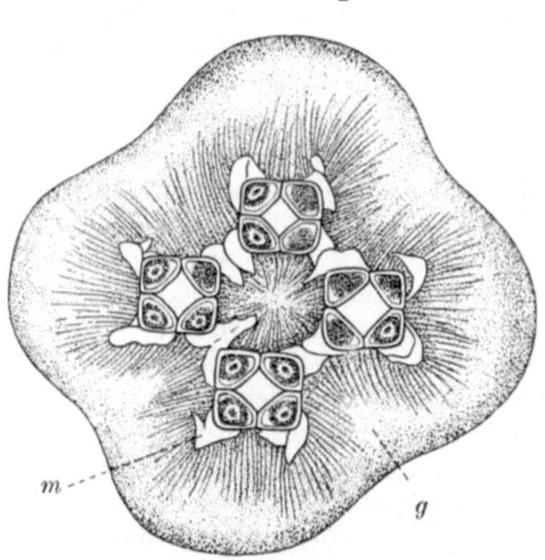

Abb. 46. *Hofmannia Lauterborni.*
g: Gallerte, *m*: Mutterzellmembran. (Nach SENN.)

nun einen Phasenwechsel erkennen, der so verlief, daß der Wellenberg der Netzkurve (also das Maximum des mit dem Netz erbeuteten Planktons) dem Wellenberg der Zentrifugenkurve (also dem Maximum des Nannoplanktons) folgte. Man wird also annehmen müssen, daß das tierische Plankton nach einer Massenproduktion des Nannoplanktons, das ihm zur Nahrung dient, selber infolge optimaler Ernährungsbedingungen einem Maximum zueilt. Eingehendere in derselben Richtung gepflogene Arbeiten von DIEFFENBACH und COLDITZ sowie von LANTZSCH bestätigten die ersten Resultate.

Es ist eigentlich seltsam, daß in einer Hinsicht die marinen und die Süßwasserstudien über das Nannoplankton einen entgegengesetzten Verlauf nahmen. Während bei den Meeresuntersuchungen der Fangapparat, nämlich die Appendikularienreuse, zum Ausgangspunkt für die Entdeckung des Nannoplanktons wurde, ist bei den Untersuchungen in Binnengewässern die Frage nach der Vorrichtung, die hier zum Fang des Nannoplanktons dient, erst spät gestellt und beantwortet worden. Wohl hatte schon WOLTERECK bei den Daphnien die in Betracht kommenden

Verhältnisse angedeutet, aber erst STORCH hat für Cladoceren und Diaptomiden den Nannoplanktonfangapparat genau nach Bau und Funktion seiner einzelnen Teile beschrieben.

Das Plankton als „formender Faktor".

Der Nachweis überaus sinnreich gebauter Planktonfilter, die gewissermaßen ein Seitenstück zu den von LOHMANN studierten Appendikularienreusen darstellen, erfolgte interessanterweise unabhängig an zwei antipodial gegenüberliegenden Stellen, nämlich durch STORCH in Wien und durch BENNETT in Christchurch auf Neuseeland. Während aber BENNETT sich lediglich auf die Boeckelliden beschränkte, die auf der südlichen Halbkugel unsere Diaptomiden vertreten, zeigte STORCH derartige Einrichtungen an verschiedenen Tiergruppen, von denen uns die der Cladoceren und Diaptomiden in erster Linie interessieren, da ja diese beiden Gruppen die Hauptkonsumenten des Zentrifugenplanktons in den meisten Seen und Teichen bilden.

Betrachten wir an der Hand der von STORCH gebotenen Abbildungen zuerst die bei *Diaptomus* vorhandene Einrichtung, die STORCH sehr treffend mit einer Wasserstrahlpumpe vergleicht, so finden wir, daß der zwischen der ersten und zweiten Maxille gelegene große Zwischenraum jederseits durch einen zur zweiten Maxille gehörigen Borstenkamm zu einer Filterkammer abgegrenzt wird. In diesen wird das Wasser dadurch hineingetrieben, daß durch die raschen Schläge (über 300 in der Minute) der Antenne, Mandibel und ersten Maxille ein von vorn nach hinten gerichteter Wasserstrom erzeugt wird. Dieser zu beiden Seiten der Ventralfläche ziehende, sogenannte Lokomotionsstrom erzeugt in der Mittelpartie ein Unterdruckgebiet. Dieses ruft den nach vorn gerichteten Speisestrom hervor, aus dem das Nannoplankton in der Filterkammer abfiltriert wird. Das dort zurückgehaltene Nannoplankton wird dann mit Hilfe der ersten Maxillen und der Mandibeln zur Mundöffnung gebracht.

Schwieriger darstellbar sind die Verhältnisse bei den Cladoceren, bei denen die Gewinnung des Nannoplanktons, wenn es sich um anomopode Formen, z. B. Daphnien, handelt, nach dem Prinzip der Kolbenpumpe stattfindet, während bei den homopoden Formen, z. B. *Sida, Holopedium*, eine Saugpumpe in Tätigkeit gesetzt wird, wobei in beiden Fällen wieder die Extremitäten die integrierenden Bestandteile der ganzen Vorrichtung liefern. Eben wegen der Kompliziertheit dieser Apparate sei hier von einer genaueren Darstellung und Abbildung abgesehen und auf die Originalarbeiten von STORCH oder auf die von WAGLER im KÜKENTHALschen Handbuch der Zoologie wiedergegebene Beschreibung verwiesen. Wir begnügen uns mit dem Hinweis, daß bei *Daphnia*, dem häufigsten Objekt, durch wiederum sehr rasch erfolgende Beinbewegungen ein Wasserstrom erzeugt wird, der zwischen die Schalenklappen und die Beine eintritt, dann durch die Borstenkämme der Extremitäten seiner mitgeführten schwebenden Bestandteile beraubt wird, um frei von diesen den Schalenraum wieder zu verlassen. Aus den Filterkämmen gelangt dieses Material in eine zwischen den Extremitätenreihen gelegene Furche, die sogenannte Bauchrinne. Aus dieser wird durch eine Kehr- und Vorbringevorrichtung, die im wesentlichen von den in die Bauchrinne hineingeklappten Maxillarfortsätzen des zweiten Beinpaares geliefert wird, das Nannoplankton in die Mundregion gebracht, wo es zu einem wurstförmigen Gebilde geformt anlangt, das zerstückelt und in den Ösophagus befördert wird.

Es ist eine eigentümliche Tatsache, daß die oben behandelte Schwebetheorie in ihren zwei verschiedenen theoretischen Bearbeitungen mit je einer anscheinend ganz abseits liegenden Sache in kausale Beziehung gesetzt wurde. Während WESENBERG die hierher gehörigen Erscheinungen mit dem nacheiszeitlichen Temperaturanstieg in ursächlichen Zusammenhang bringt, hat WOLTERECK geglaubt, daß diese Gebilde eben keine Schwebeeinrichtungen darstellen, sondern Steuer- und Stabilisierungsorgane, die die Aufgabe haben, die Schwimmbahnen der Tiere abzuflachen, damit dadurch die Tiere ständig in ihrer Nahrungsschicht bleiben. Da aber die Nahrungsschicht keine konstante Lage im See einnimmt, muß auch das Verteilungsbild des vom Nannoplankton abhängigen Netzplanktons ein variables sein, und WOLTERECK machte den Versuch, das

Verteilungsproblem

von diesem Gesichtspunkte aus zu lösen. Da aber WESENBERG-LUND gegen die WOLTERECKschen Ideen in einer umfangreichen Arbeit Stellung genommen hat, wollen wir das Verteilungsproblem, wenn wir es auch im Anschluß an das Nannoplankton behandeln, nicht in eine zu enge Abhängigkeit von diesem Kapitel bringen, sondern uns bei der Darstellung an die Arbeit RUTTNERS: ,,Die Verteilung des Planktons in Süßwasserseen'' halten, weil diese Arbeit wegen der Objektivität der Darstellung und der langjährigen Erfahrungen des Verfassers auf diesem Gebiet ein zutreffenderes Bild gibt als neuere Arbeiten, die einen stark polemischen Charakter haben[1].

RUTTNER betont in der Einleitung zu seiner Arbeit, daß die Bevorzugung des Planktons gegenüber anderen Biozönosen seitens der Biologen vor allem dadurch gerechtfertigt erscheint, daß das Plankton unter überaus gleichmäßigen und leicht kontrollierbaren Bedingungen lebt. Das Wasser, das den Wohnraum eines Plankters bildet, hat in derselben Tiefe unter der freien Seefläche annähernd die gleiche Temperatur, Lichtabsorption, Dichte und chemische Zusammensetzung. ,,Vergleicht man mit diesen relativ einfachen Verhältnissen die Lebensbedingungen am Lande oder in der Uferregion der Gewässer, wo die physikalischen und chemischen Eigenschaften sich oft von Quadratzentimeter zu Quadratzentimeter ändern ... dann versteht man es, daß planktologische Studien von allem Anfang an ... zahlreiche Forscher fesselten.'' Wir können RUTTNERS Argument kurz dahin zusammenfassen, daß wir sagen, die Planktonbiozönose vereinigt die Vorteile des Laboratoriumsversuches mit denen der Freilandbeobachtung. Mit ersterem teilt sie den Vorteil der kontrollierbaren Bedingungen, mit letzteren die Vermeidung un-

---

[1] RUTTNERS neueste Arbeit ,,Das Plankton des Lunzer Untersees'' konnte leider nicht mehr benützt werden.

natürlicher Verhältnisse. Die Gleichartigkeit des Milieus im selben Wasserhorizont läßt dem Verteilungsproblem zwei Seiten abgewinnen. Wir können die vertikale Verteilung des Planktons studieren und die horizontale. Und diese rein räumliche Formulierung des Problems kann dann modifiziert werden durch einen zeitlichen Faktor.

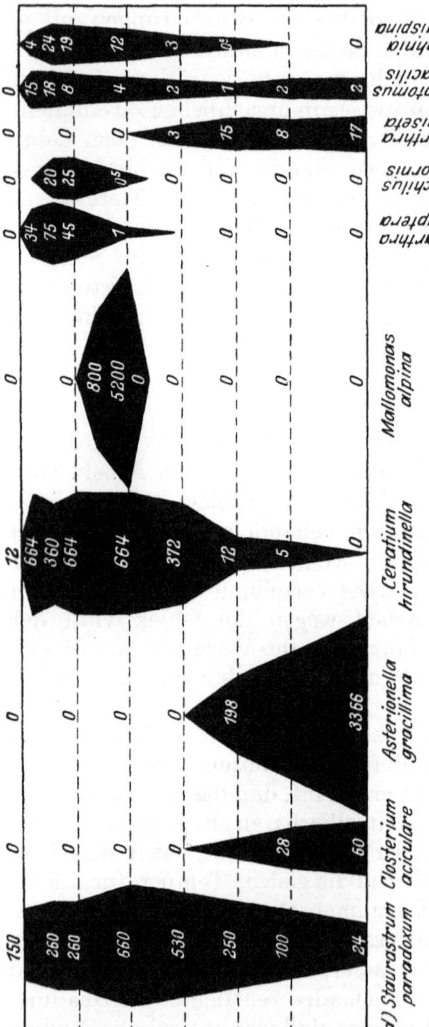

Die vertikale Verteilung des Planktons. Wenn soeben die Gleichartigkeit der Milieubedingungen im selben Wasserhorizont betont wurde, so muß andererseits die Änderung von Licht, Temperatur und Gasgehalt mit zunehmender Tiefe auch in entsprechenden Änderungen der Planktonzusammensetzung sich widerspiegeln. Schon von vornherein mußte klar sein, was spätere Untersuchungen bestätigten, daß die mit der zunehmenden Tiefe abnehmende Lichtintensität dem assimilierenden Phytoplankton bald eine untere Grenze setzt, die von dem tierischen Plankton, das auf diese assimilierenden Formen in erster Linie als Nahrung angewiesen ist, kaum wesentlich überschritten werden wird. In der Tat ist selbst in den klaren Alpenseen bei 100 m, praktisch genommen, die untere Grenze des Planktongebietes erreicht. Doch wird das Verteilungsbild nur verschleiert, wenn man hier vom Plankton in Bausch und Bogen spricht; es ist vielmehr erforderlich, daß man der physiologischen Eigenart der einzelnen Planktonorganismen Rechnung trägt. Die hier reproduzierte Kugelkurventafel (Abb. 47), die die Verteilung einiger Vertreter des Zoo- und des Phytoplanktons an einem Sommertag im Lunzer Untersee

Abb. 47. Typen der vertikalen Verteilung des Planktons im Lunzer Untersee während des Sommers. (Nach RUTTNER.)

wiedergibt, läßt erkennen, daß es Pflanzen (*Ceratium hirundinella*) wie
Tiere (*Diaptomus*) gibt, die alle Wasserschichten bevölkern, aber am
stärksten nahe der Oberfläche vertreten sind. Daneben finden wir solche,
die nur nahe der Oberfläche leben (*Polyarthra platyptera*), solche, die
mittlere Wasserschichten bewohnen (*Mallomonas alpina*), und endlich
solche, die nur im tieferen Wasser auftreten, wobei es besonders überraschen muß, daß neben tierischen Beispielen (*Triarthra longiseta*) auch
mehrfach pflanzliche (*Closterium aciculare, Asterionella gracillima*) dafür
vorhanden sind. Und dieses Bild auffallender Verschiedenheiten bietet
sich uns hier im Lunzer See in einem Wasserbecken, in dem gerade jene
Organismen fehlen, die schon die früheren Beobachter die Eigenart
der vertikalen Verteilung ahnen ließ. Es sei in diesem Zusammenhang
an die Entdeckungsgeschichte des *Bythotrephes longimanus* (Abb. 48) erinnert. 1857 entdeckte der Altmeister der Cladocerenkunde LEYDIG diesen
seltsamen Krebs im Magen eines Blaufelchen und beschrieb ihn nach
einigen ihm vorliegenden, halbverdauten Exemplaren in seiner Naturgeschichte der Daphniden 1860.

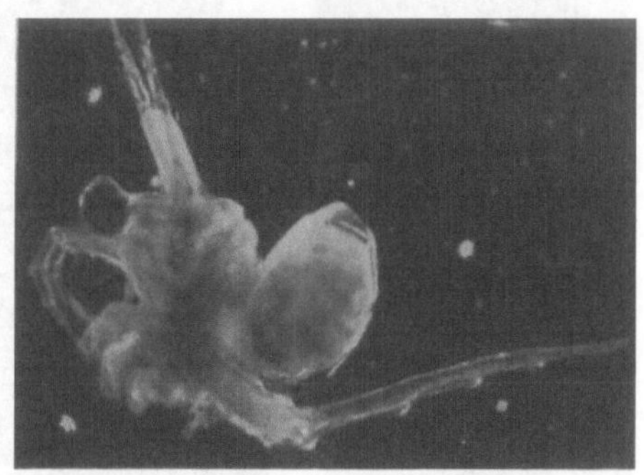

Abb. 48. *Bythotrephes longimanus* aus dem Chiemsee.
(Phot. Dr. H. KRAWANY.)

Gleich damals äußerte LEYDIG
die Vermutung, daß *Bythotrephes*
in der Tiefe lebt, wo er von dem
Tiefenfisch, in dessen Magen er
die ersten Exemplare fand, ge-
fressen wird. Spätere Untersuchungen bestätigten diese Annahme. In Nordeuropa haben
wir im *Limnocalanus macrurus*
ein ausgesprochenes Tiefentier.

Aber auch diese Bilder sind
nicht konstant. Jeder See repräsentiert eine Individualität, und
ein Organismus, der in einem See
typischer Tiefenorganismus ist, kann in einem anderen See typischer Ober-
flächenorganismus sein. Gerade diese merkwürdigen Differenzen drängen
dazu, die Bedingtheit der Verteilungsverhältnisse genauer zu analysieren.
RUTTNER unterscheidet da mechanische und biologische Ursachen.

MechanischeFaktoren. Das spezifischeGewicht derPlankton-
organismen verlangt eine Trennung der Arten, die spezifisch leichter
sind als das Wasser, von denen, deren spezifisches Gewicht größer als 1 ist.
Erstere sind die Bestandteile der Wasserblüte, die sich auf eutrophen
Wasserflächen bald als grüner, rahmartiger Überzug, bald als bläulicher
Schleier ausbreitet. Während bei der Mehrzahl der Wasserblütenarten
diese unter dem Oberflächenhäutchen schweben, fehlt es auch nicht an
solchen, welche das Oberflächenhäutchen trotz des Widerstandes, der
durch die Oberflächenspannung vorhanden ist, durchstoßen und buch-
stäblich auf dem Wasserspiegel schweben. So verhält sich die bekannte
Chrysomonade *Chromulina Rosanoffii*, deren auf dem Wasser befindliche
Zellen die Wasserbecken unserer Warmhäuser oder schattige Moortümpel
wie mit einer Goldschicht bedeckt erscheinen lassen.

Die Temperatur wirkt als mechanischer Faktor, indem sie die physikalischen Eigenschaften des Milieus beeinflußt. Die Abhängigkeit der inneren Reibung von der Temperatur bringt es mit sich, daß an Stellen eines jähen Temperaturgefälles auch die innere Reibung unvermittelt sehr verändert wird. Eine solche Zone ist aber durch die Thermokline gegeben, und wir müßten erwarten, daß der Schwebetheorie entsprechend das Absinken der Plankter in dieser Schicht eine erhebliche Bremsung erfährt. In der Tat hat Ruttner zu Zeiten einer sehr plötzlichen Temperaturabnahme in der kritischen Schicht Massenanhäufungen von Staurastren, vor allem *Staurastrum Manfeldtii*, im Lunzer See beobachtet, und Wesenberg-Lund beobachtete im Furösee analoge Stauungsphänomene an abgestorbenen Diatomeenzellen. Aber im allgemeinen sind in natura derartige Fälle weit seltener und viel weniger intensiv

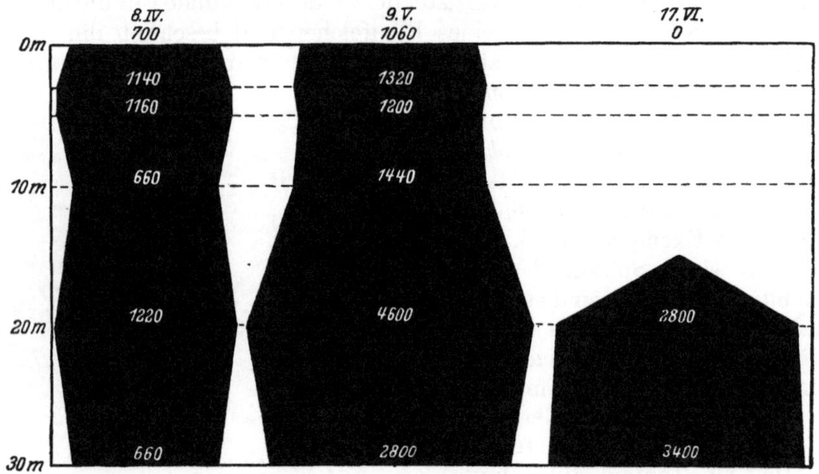

Abb. 49. Einfluß der lebhaften, auf die Schichten oberhalb 15 m beschränkten Wassererneuerung im Frühjahr auf die vertikale Verteilung von *Asterionella* im Lunzer Untersee. (1911.) (Nach Ruttner.)

ausgeprägt, als man nach der Theorie erwarten sollte. Viel wirksamer beeinflußt die Temperatur die Planktonverteilung dadurch, daß sie Strömungen veranlaßt, die zu einer Durchmengung der Wasserschichten und eben dadurch auch des Planktons führen. Die während der Stagnationsperioden ausgebildeten typischen Verteilungsbilder werden durch die Zirkulationsbewegung des Wassers wieder völlig verwischt, da eine völlige Durchmischung des Planktons Platz greift.

Die Wassererneuerung durch Zuflüsse kann ebenfalls, wie Ruttner zuerst gezeigt hat, Verteilungsbilder von sehr charakteristischer Art schaffen, die von früheren Autoren meist falsch gedeutet worden sind. Als Beispiel hierfür führt Ruttner die vertikale Verteilung von *Asterionella* (Abb. 49) und *Rhodomonas* im Lunzer Untersee an. Wenn zur Zeit der Schneeschmelze im Gebirge der Seebach, der den Lunzer See speist, diesem ungeheuere Wassermengen zuführt, die etwa 6° haben, so verdrängt dieses Wasser das Seewasser bis zur 15—20 m Schicht in kürzester Zeit. Das ober dieser Schicht liegende Seewasser wird samt seinem Plankton (ausgenommen die *Crustacea*) aus dem See gedrängt, während die kalte Tiefenregion von diesen Veränderungen unberührt bleibt. So kommt es dann, daß Arten, die vor der Wassererneuerung vom Seespiegel bis zum Grund in fast gleicher Volksstärke vertreten waren, urplötzlich aus den oberen Wasserschichten verschwunden sind, und daß eine die vertikale Verteilung wiedergebende Kugelkurvendarstellung nun so aussieht, als ob ihr das obere Stück weggeschnitten worden wäre.

Biologische Faktoren. Daß die biologischen Faktoren für das Verteilungsbild weit einschneidender wirksam sind als die mechanischen Faktoren, zeigt gleich die Temperatur, wenn wir sie im Gegensatz zu den unmittelbar vorangehenden Zeilen nicht als mechanischen, sondern als biologischen Faktor werten.

Die Temperatur kommt als biologischer Faktor nicht nur darin zur Geltung, daß sie die Intensität der Bewegung sehr stark beeinflußt und thermotaktische Effekte auslöst, sondern vor allem, was für das Verteilungsproblem von nicht zu unterschätzender Bedeutung ist, in ihrem Einfluß auf die Vermehrungsgeschwindigkeit. Schließlich wirkt sie bestimmend auf das Verbreitungsbild bei allen stenothermen Organismen, sei es, daß sie warm-stenotherme Arten vom kalten Tiefenwasser fernhält, sei es, daß sie kalt-stenotherme Arten geradezu an das kalte Tiefenwasser bindet. So wird die Beschränkung des *Limnocalanus macrurus* auf das unter der Sprungschicht gelegene Wasser auf den kalt-stenothermen Charakter dieser Art zurückgeführt.

Das Licht kommt zunächst als ein Faktor in Betracht, der Wachstum und Vermehrung beeinflußt, und dies natürlich in erster Linie beim Phytoplankton. Es wäre aber verfehlt, hier das Verteilungsbild mit einem physikalischen Schema der Lichtabnahme bei zunehmender Tiefe in direkte Parallele bringen zu wollen. Nur durch gleichzeitige Berücksichtigung der thermischen Verhältnisse kann man hier den wahren Zusammenhang ermitteln. Und dies führt zu der Trennung einer photischen Region von einer dysphotischen Region, deren Trennungsfläche durch die Sprungschicht gegeben erscheint.

Ursache hierfür ist der Umstand, daß oberhalb der Sprungschicht durch die dort herrschenden Strömungen das gesamte Phytoplankton bald in höhere, bald in tiefere Schichten getragen wird, so daß der Lichtgenuß für alle Arten durchschnittlich der gleiche sein wird. So wird die ganze Schicht oberhalb der Sprungschicht mit Bezug auf die biologischen Lichtverhältnisse zu einer einheitlichen Region, der eben erwähnten photischen Region, deren Tiefenerstreckung von der Lage der Sprungschicht abhängt und im Süßwasser kaum jemals unter 20 m hinabreichen wird. Von der Sprungschicht abwärts liegen dann Wassermassen, aus denen die darin schwebenden Algen nicht in die durchleuchteten oberen Schichten hinaufgelangen können und die daher an das Dämmerlicht dieser dysphotischen Region gebunden bleiben. Im Süßwasser wird wohl im günstigsten Falle die von assimilierenden Pflanzen bewohnte Dämmerzone bei 50 m ihre untere Grenze erreichen, bei der das noch vorhandene Licht nicht mehr ausreicht, um einen Assimilationsprozeß von praktischem

Ausmaß zu ermöglichen. Hier beginnt die aphotische Region. Es ist von vornherein klar, daß die meisten Planktonalgen in der photischen Region leben werden. Die Dämmerungszone oder dysphotische Region, die im Meere durch eine sehr charakteristische Schattenflora gekennzeichnet ist, zeigt im Süßwasser weniger charakteristische Bilder. *Mallomonas alpina* im Lunzer Untersee und *Oscillatoria rubescens* im Züricher See sind Beispiele für eine solche Schattenflora. In trüben Seen kann die Grenzschicht der aphotischen Region so hoch liegen, daß sie mit der Sprungschicht zusammenfällt, wodurch ein Ausfall der dysphotischen Region bedingt ist. In solchen Seen — und hierher gehören viele Seen vom eutrophen Typus — folgt auf die photische Region unmittelbar die aphotische. Ferner ist zu beachten, daß die herbstlichen Konvektionsströme die Schattenpflanzen emportragen, und daß diese dann im Winter und Frühling in den kalten und noch lichtarmen oberen Schichten ganz gut zu leben vermögen, so daß die Existenz einer Schattenflora eigentlich eine Erscheinung der Sommerstagnationsperiode darstellt.

Unterziehen wir nun noch den Einfluß des Lichtes auf die vertikale Verteilung des tierischen Planktons einer Betrachtung, so müssen wir zunächst einmal sagen, daß ein hemmender Einfluß, wie er wohl für die Verteilung der Bakterien vorliegt, möglich ist, daß aber Untersuchungen, die in dieser Richtung liegen (vgl. MERKER S. 8), bei Planktonarbeiten noch nicht gepflogen wurden. Wohl aber liegt bereits ein reiches Beobachtungsmaterial über den Einfluß des Lichtes auf die Bewegungserscheinungen der Plankter, vor allem der tierischen, vor.

Laboratoriumsversuche haben gezeigt, daß viele Planktontiere auf Schwankungen der Lichtintensität sehr stark reagieren, und zwar auf eine Steigerung der Intensität durch eine Bewegung zur Lichtquelle, auf eine Abschwächung durch Flucht von der Lichtquelle. Es ist daher von vornherein zu erwarten, daß die Intensitätsänderungen des Lichtes auch auf die vertikale Verteilung des Planktons Einfluß nehmen müssen. Freilich ist eine klare Bezugnahme auf die experimentell gefundenen phototaktischen Bewegungen nicht ohne weiteres möglich, und die meisten Erscheinungen, die wir im Freien als optisch bedingt zu erkennen vermögen, können wir nur als Lichtwirkungen im allgemeinen erfassen. So das Fehlen vieler Krebse in den durchleuchteten obersten Wasserschichten, in denen sie sich aber massenhaft einfinden, wenn im Winter durch eine auf dem Eis liegende Schneedecke der Lichtzutritt auch in das Oberflächenwasser abgesperrt erscheint. Die Probe auf die Richtigkeit der Deutung dieser Beobachtung als einer optisch bedingten Erscheinung machte RUTTNER, indem er auf dem Lunzer Untersee stellenweise den Schnee von der Eisdecke entfernen ließ (Abb. 50). Alsogleich zogen sich die Rädertiere und Kruster, die vorher in Massen unter der Eisdecke angehäuft waren, unter diesen Fenstern zurück, so daß die 1 m mächtige Oberflächenschicht arm (*Polyarthra*) oder überhaupt frei (*Triarthra*) von den betreffenden Arten wurde. Es ist unter diesen Umständen natürlich zu erwarten, daß der Wechsel von Tag und Nacht in der vertikalen Verteilung des Planktons ganz besonders zum Ausdruck kommen muß. In der Tat macht sich der Wechsel zwischen Tag und Nacht in sehr auffälliger Weise bemerkbar, in der seit langem als tägliche Vertikalwanderung des Planktons bekannten Erscheinung. Fast gleichzeitig beobachteten in den siebziger Jahren FOREL im Genfer See und WEISMANN im Bodensee die Eigentümlichkeit der Planktonkrebse, bei Nacht in ungeheuren Mengen an die Wasseroberfläche emporzusteigen, während sie doch bei Tag die oberen durchleuchteten Schichten bekanntlich meiden.

Diese nächtlichen Wanderungen, die einmal schon dadurch überraschend wirken, wenn man sieht, zu welcher Volksdichte sich die Tiere in den obersten Wasserschichten anstauen und daß von diesen kleinen Wesen in oft unglaublich kurzer Zeit Wege von 40—50 m durcheilt werden, wie BURCKHARDT im Vierwaldstätter See beobachtet hat, werden hauptsächlich von Tieren mit verhältnismäßig ausgiebiger Eigenbewegung ausgeführt, so von Copepoden, Cladoceren und der *Corethra*-Larve, während die Rädertiere nur ausnahmsweise diese nächtliche Wanderung in merkbarem Ausmaße zeigen, so nach RUTTNER *Synchaeta pectinata* im Lunzer See und *Conochilus volvox* im Plöner See. Schon *Conochilus unicornis*, der doch mit *C. volvox* sehr nahe verwandt ist, zeigt im Lunzer See keine Wanderung. Ja, nicht nur nahe verwandte Arten können sich ganz verschieden verhalten, sondern sogar dieselbe Art kann in verschiedenen Wohngewässern ein ganz verschiedenes Verhalten zeigen. So wandert *Diaptomus denticornis* im Silser See, während er im Lunzer Obersee nicht wandert.

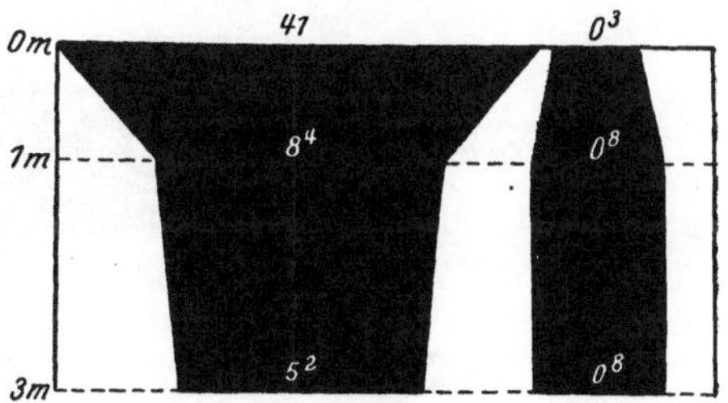

Unter 10 cm starker Schneedecke.

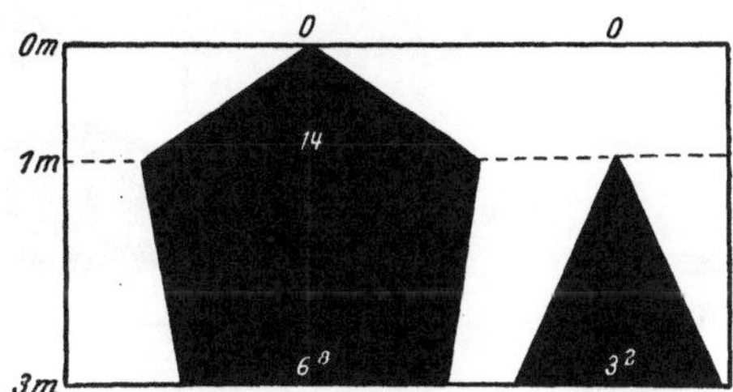

3 Stunden nach Entfernung des Schnees.

Abb. 50. Durch Entfernen der Schneedecke hervorgerufene Veränderung der Verteilung von *Polyarthra* und *Triathra* in den obersten 3 m des Lunzer Untersees.

In der beigegebenen Abbildung sehen wir, daß manche Arten immer in den oberen Schichten leben, aber bei Nacht dort in stärkerer Volkszahl auftreten (*Cyclops oithonoides*), daß andere bei Tag in den oberen Schichten ganz fehlen und nur bei Nacht dort anzutreffen sind (Diaptomiden und *Leptodora* im Plöner See, *Heterocope Weismanni* und *Bythotrephes* im Chiemsee), und wieder andere zeigen die seltsame Erscheinung, daß sie zwar auch ständig in den oberen Wasserschichten anzutreffen sind, aber täglich zwei Maxima dort erreichen, die ungefähr den Dämmerungszeiten entsprechen. Diese daher von RUTTNER als Dämmerungswanderung bezeichnete Erscheinung, die auf unserer Abbildung (Abb. 51) für *Hyalodaphnia Kahlbergensis* im Plöner See wiedergegeben ist, zeigt ebendort die *Bosmina coregoni;* kürzlich hat dieselbe Erscheinung UTER-

MÖHL für *Gymnodinium carinatum* in überraschend scharfer Ausprägung beobachtet, und neuestens fand UENO analoges Verhalten bei japanischen Bosminen.

Schon die ersten Beobachter, vor allem WEISMANN, legten sich die vertikale Wanderung so zurecht, daß sie den wandernden Arten eine Lichtscheu (Leukophobie) zuschrieben, durch welche diese Tiere gezwungen wären, bei Tag die dunkle Tiefe aufzusuchen. Diese Erklärung, die allerdings damals der experimentellen Prüfung ermangelte, gab im Grunde genommen den Eindruck wieder, den wohl jeder unbefangene Beobachter empfängt, vor dessen Augen sich das fesselnde Schauspiel der vertikalen Wanderung erschließt, sei es indirekt im Laboratorium durch zahlenmäßige Auswertung des quantitativ gewonnenen Materials,

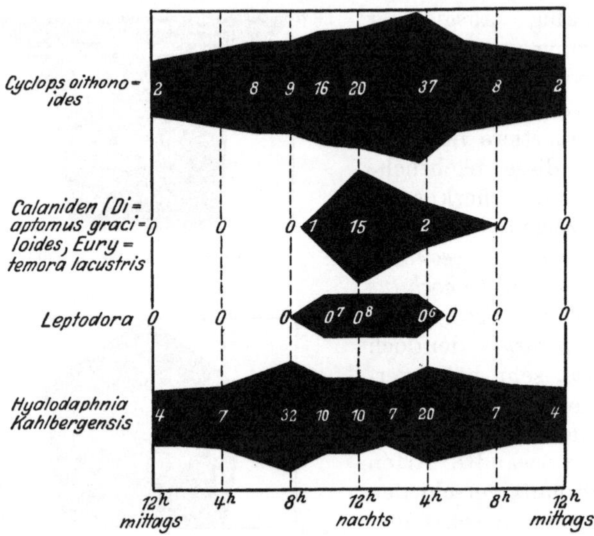

Abb. 51. Volksdichten einiger Planktonkrebse an der Oberfläche des Plöner Sees im Laufe des Tages. (August 1910). Die Individuenzahlen (für 1 l) sind Mittelwerte aus den Beobachtungen mehrerer Tage. (Nach RUTTNER.)

sei es durch direkte Beobachtung, die, wie RUTTNER zuerst zeigte, mit einer etwa nur 10 cm tief versenkten SECCHI-Scheibe ohne weiteres möglich ist. Man sieht dann, sobald die Dämmerung einsetzt, die Schattenbilder der verschiedenen Kleinkrebse über den weißen Hintergrund hingleiten, nebenbei bemerkt ein Versuch, der die von mehreren Autoren geäußerte Vermutung widerlegt, daß die Vertikalwanderung auf einer Täuschung der Beobachter beruhe.

Während man nun, wenn man die Vertikalwanderung nur in Bausch und Bogen betrachtet, mit der Annahme der Leukophobie sein Auslangen findet, hat doch später das Experiment sowohl als die Vielgestaltigkeit des Bildes, das diese Erscheinung bietet, gezeigt, daß die kausale Betrachtung der Vertikalwanderung sich verwickelter gestaltet, als man ursprünglich vermutete. Eine genauere Analyse der hier vorliegenden Erscheinungen nötigt dazu, die zwei Phasen der Wanderung auseinanderzuhalten, die Abwärtsbewegung bei Tagesanbruch und das Emporsteigen am Abend. Nur für die erste Phase könnte hier die „Leukophobie" in Frage kommen, und in der Tat kann man an verschiedenen Erscheinungen dartun, daß hier keine thermischen Faktoren im Spiele sind. Auch bei der Aufwärtsbewegung sind thermische Einflüsse ausgeschlossen. Es scheint, daß auch hier der optische Reiz maßgebend ist, nämlich die abnehmende Intensität, sowie im ersten Fall die zunehmende Intensität, so daß also der früher übliche Terminus „Leukophobie" einen viel zu starren Ausdruck darstellt, der die Phototaxis nur einseitig zur Geltung kommen läßt, und besser durch phototaktische Reaktion ersetzt würde.

Der Einfluß chemischer Faktoren auf die Verteilung des Planktons ist gerade gegenwärtig Gegenstand vieler Untersuchungen. Soweit diese den Einfluß, den der durch die Gesamtkonzentration veranlaßte osmotische Druck in verschiedenen Tiefen ausmacht, betreffen, liegt

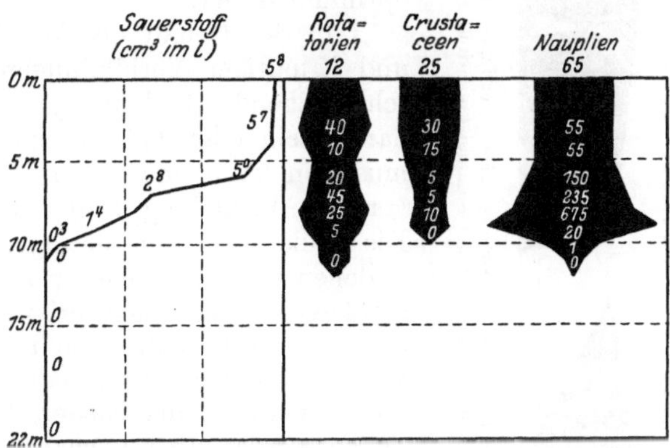

Abb. 52. Einfluß des Sauerstoffgehaltes auf die Verteilung des Rotatorien- und Crustaceen-Planktons im Lake Mendota. (Nach JUDAY.)

genau genommen ein physikalischer Faktor vor. Gerade über diesen Punkt fehlen zur Zeit greifbare Resultate. Hingegen hat der Einfluß der chemischen Qualität verschiedener Tiefenschichten sich nach neueren Untersuchungen weit einschneidender erwiesen, als man vorher vermutete.

In erster Linie kommt da der Sauerstoffgehalt in verschiedenen Tiefen in Betracht. Wie bereits auf S. 92 erwähnt wurde, zeigen viele Seen während der Sommerstagnation oberhalb der Sprungschicht O_2-reiches Wasser, unter der Sprungschicht O_2-armes oder O_2-freies Wasser. Für die meisten Organismen wird natürlich in diesem Fall das Hypolimnion unbewohnbar sein; in besonders krasser Weise tritt dies in den Verteilungsbildern entgegen, die CH. JUDAY aus dem Lake Mendota mitgeteilt hat. Wir sehen da die Kugelkurvendiagramme (Abb. 52) in 10 m Tiefe, wo der Sauerstoffschwund sich einstellt, wie abgeschnitten. Wir sehen andererseits im Lunzer Obersee (Abb. 53) in derselben Tiefe unter analogen Verhältnissen plötzliche Massenentfaltung von Organismen, die in den darüberliegenden Wasserschichten fehlen: *Leptothrix* und *Trachelomonas*. Allerdings bietet dieser Fall kein reines Beispiel mehr für die Bedeutung des O_2-Schwundes für die Verteilung der Plankter. Denn hier gesellt sich zu dem negativen Faktor bereits ein positiver: der Eisengehalt. Diesen eisenführenden, sauerstoffarmen bzw. in größerer Tiefe sauerstofffreien Wasserschichten gehören außer den unzählbaren Mengen von Eisenbakterien auch schwefelführende Spirillen und gewisse Euglenen im Lunzer Obersee an. Ganz analoge Beobachtungen liegen seitens UTERMÖHLS aus den norddeutschen Seen vor, wo Eisenbakterien, sowie gewisse Schwefelbakterien und Cyanophyceen eine stenoxybionte Lebensgemeinschaft bilden, die bei einer sehr niedrigen O_2-Spannung ihr Lebensoptimum findet.

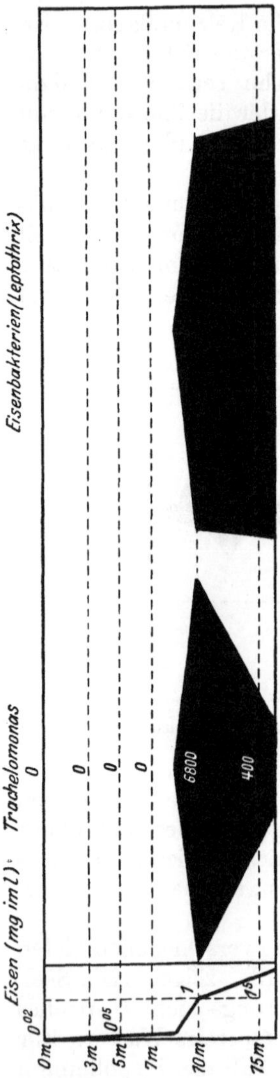

Daß der Gehalt des Wassers an *P*- und *N*-haltigen Verbindungen von ausschlaggebender Bedeutung für das Vorhandensein oder Fehlen eines Organismus sein kann und daher auch für die vertikale Verteilung, liegt auf der Hand. Die außerordentlich geringen Mengen, in denen solche Stoffe in unseren Binnengewässern vorkommen, erlaubten bisher nicht, diesen Verhältnissen durch quantitative Untersuchungen näher zu kommen. Während der Niederschrift dieser Zeilen werden aber nach neu aufgefundenen Verfahren am Lunzer Untersee Untersuchungen gepflogen, deren Ergebnisse vielleicht manche bisher unverständliche Tatsache des Verteilungsproblems aufklären werden.

Schließlich sei noch darauf verwiesen, daß die Betrachtung der chemischen Einflüsse auf die Verteilung des Planktons eine sehr einseitige wäre, wenn man immer nur an einen Einfluß in der Richtung vom äußeren Milieu auf den Organismus denken wollte. Denn natürlich wird das äußere Milieu durch Stoffwechselvorgänge des Planktons selbst wieder umgestaltet, durch welches Wechselverhältnis der Organismus selber zu einem Milieufaktor wird. Vor allem wird der Gasstoffwechsel des Phytoplanktons sich geltend machen. JUDAY stellte auch sehr auffallende Beispiele von abnormaler Übersättigung des Wassers mit O_2 an der oberen Grenze der

Abb. 53. Einfluß des Sauerstoff- und Eisengehaltes des Wassers auf die vertikale Verteilung von *Trachelomonas* und *Leptothrix* im Lunzer Obersee zur Zeit der Sommerstagnation. (Nach RUTTNER.)

Sprungschicht fest. Bei dem Kapitel über „biogene Entkalkung" (vgl. S. 172) wurde bereits darauf hingewiesen, daß die Algen die zur Assimilation nötige Kohlensäure in freiem Zustand nicht in allen Gewässern vorfinden und sich dieselbe aus Bikarbonaten verschaffen, was dann zur Ausfällung des Karbonates führt. So wird das Wasser der oberen Schichten entkalkt, während das Tiefenwasser reicher an Kalk wird, weil dort das absinkende Karbonat durch die reichlicher vorhandene Kohlensäure wieder in lösliches Bikarbonat überführt werden kann.

Die Nahrung als Faktor der vertikalen Verteilung. Wir haben oben bereits die Bedeutung des Nannoplanktons als Nahrung erörtert, und es läge nahe anzunehmen, daß auch die vertikale Verteilung durch die Verteilung des Nannoplanktons beeinflußt sei. Wider Erwarten scheint dies nur insofern der Fall zu sein, als in größeren Tiefen die rasche Abnahme des Phytoplanktons eine auffallende Mengenabnahme des Zooplanktons zur Folge hat. In den oberen Wasserschichten ist das Nannoplankton relativ gleichmäßig verteilt und so reichlich vertreten, daß es kaum auf die Verteilung des Netzplankton einen Einfluß ausüben kann. Und einen Einfluß auf die vertikale Wanderung können wir dem Nannoplankton ebenfalls nicht zuschreiben, schon dewegen nicht, weil das Nannoplankton selber keine solche Wanderung ausführt.

Da die physikalischen und chemischen Verhältnisse wohl in verschiedenen Tiefenhorizonten stark voneinander abweichen, aber in derselben Schichte gleichartig sind, war es von vornherein anzunehmen, daß auch die **horizontale Verteilung des Planktons** im Gegensatz zu der eben besprochenen vertikalen Verteilung eine gleichmäßige sein muß. Da nun diese Annahme eine condicio sine qua non für die quantitative Planktonforschung ist, ergab sich die Notwendigkeit, die Richtigkeit dieser Annahme zu prüfen. Um so mehr war dies zur Zeit der Einführung der quantitativen Arbeitsmethoden in der Planktologie notwendig, weil anfänglich viele Gegner dieser Richtung gerade aus einer von ihnen angenommenen ungleichen horizontalen Verteilung die Unmöglichkeit quantitativer Arbeiten herauslesen wollten. Wir können heute sagen, daß die zur Klärung dieses Streitfalles ausgeführten Untersuchungen gezeigt haben, daß in der Tat die gleichmäßige horizontale Verbreitung den nur von ganz seltenen Ausnahmefällen durchbrochenen Normalfall darstellt. Als ein typischer Ausnahmefall, der aber für die quantitative Planktonforschung keine Störung bedeutet, käme da die Erscheinung der Uferflucht in Betracht, die bereits von Forel beobachtet wurde, deren genaueres Studium aber erst von Ruttner, Woltereck und Burckhardt betrieben wurde. Diese Erscheinung, die nur das Zooplankton, nicht aber das Phytoplankton betrifft, besteht darin, daß bei Annäherung an das Ufer der Gehalt des Wassers an tierischem Plankton rapid abnimmt, so daß das von der 5-m-Isobathe bis ans Ufer reichende Wasser praktisch genommen frei von Zooplankton ist. Wenn man nicht das Zooplankton als Ganzes betrachtet, sondern die Uferflucht der einzelnen Komponenten, so ergeben sich da allerdings sehr auffallende Unterschiede. Aus den von Ruttner mitgeteilten Profilen können wir z. B. entnehmen, daß im Lunzer Untersee am 19. Febr. an einer Stelle, die

15 m vom Ufer entfernt und 1,5 m tief war, bereits kein *Diaptomus* mehr vorkam, daß *Bosmina* nur in ganz geringer Individuenzahl vorhanden war, *Polyarthra* schon in größerer, obgleich sie gegenüber den mehr seewärts entnommenen Proben auch eine auffallende Abnahme in Ufernähe zeigte, während *Synchaeta* von der 53 m vom Ufer entfernten 13-m-Isobathe an gerechnet gegen das Ufer hin eine Zunahme der Volksstärke zeigte. Ja, nicht nur verschiedene Arten verhalten sich verschieden, sondern dieselbe Art in verschiedenen Gewässern. So zeigt *Daphnia longispina* im Lunzer Obersee keine Uferflucht, während sie im Untersee schon im Wasser über der 7-m-Isobathe fehlt und erst über der 15- oder 20-m-Isobathe jene Volksstärke erreicht, in der sie dann gleichbleibend das Wasser der Seemitte bevölkert. Die *Daphnia longispina* des Untersees und des Obersees bei Lunz ist streng genommen nicht dieselbe. Es handelt sich um zwei schon morphologisch recht verschiedene Rassen, so daß nunmehr sich die Frage aufwerfen ließe, ob der Mangel der Uferflucht bei der Oberseedaphnie Rassenmerkmal ist oder ob er durch das Milieu bedingt wird, mit anderen Worten, ob die Oberseedaphnie, in den Untersee versetzt, so wie im Obersee das Uferwasser bevölkern wird oder ob sie im neuen Milieu das Verhalten der Unterseedaphnie zeigen und dem Ufer fernbleiben wird.

Die Ursache der Uferflucht ist, obwohl mehrere ganz plausible Hypothesen für deren Zustandekommen aufgestellt wurden, noch immer nicht sicher klargelegt. Auch über den vermuteten Zusammenhang zwischen Uferflucht und der von WOLTERECK entdeckten Erscheinung, daß der Seeausfluß dem See im allgemeinen kein Zooplankton, wenigstens kein Crustaceenplankton, entführt, konnte noch keine Sicherheit gewonnen werden. Wie sich in dieser Hinsicht die einzelnen Planktonkomponenten verhalten, bedarf wohl noch der Untersuchung. RUTTNER verweist darauf, daß Planktonkrebse, die sonst das Ausflußgebiet — sei es wegen der Uferflucht, sei es wegen negativer Rheotaxis oder aus sonst irgendeinem Grund — meiden, an sehr kalten Wintertagen im Ausflußwasser in großen Mengen vorkommen. Der Verfasser sah im Ausfluß des Lunzer Obersees *Anuraea aculeata* in schaumigen Massen angehäuft, aber die Exemplare waren alle tot. Ob sie im toten Zustand in den Ausfluß gerieten oder erst im strömenden Wasser abstarben, entzog sich der Beobachtung. Daß jedenfalls durch Seeausflüsse große Mengen von geformter organischer Nahrung trotz der Uferflucht entführt werden können, zeigt das interessante Vorkommen der fangnetzbauenden Trichopterenlarven in den Ausflüssen stehender Gewässer. WESENBERG-LUND hat zuerst dieser ökologisch sehr bemerkenswerten Trichopterengruppe sein Augenmerk zugewendet und auf eine Fülle biologisch eigenartiger Tatsachen aufmerksam gemacht, die mit der Ernährungsweise dieser Tiere verknüpft sind. RUTTNER machte in den Lunzer Kursen speziell auf die Beziehungen dieser Tiergruppe zu den Ausflüssen der Seen aufmerksam, indem er auf das Vorkommen der Fangnetze dieser Trichopteren in Seeausflüssen hinwies, wo diese Netze geradezu als Planktonnetze fungieren können. Im Bereich der Lunzer Station finden sich solche Netze im Ausfluß des Mittersees (von einer noch nicht bestimmten Trichoptere)

und im Ausfluß des Untersees (hier von *Hydropsyche angustipennis*).
Durch RUTTNERs Hinweis aufmerksam gemacht, wendete der Verfasser
sein Augenmerk auf die Ausflüsse größerer Teiche in Böhmen und fand
da alsbald an mehreren Stellen die einer *Nepenthes*-Kanne ähnlichen
Netze der *Neureclipsis bimaculata*. Und neuestens konnte ALM durch einschlägige Studien in Schweden zeigen, daß auch dort solche Trichopteren-
netze als Planktonnetze in Seeausflüssen eine charakteristische Erscheinung sind. Da demnach diese früher ganz übersehenen Gebilde bei Alpenseen, Teichen und großen Tieflandseen im Ausfluß immer wiederkehren,
handelt es sich augenscheinlich um eine allgemein verbreitete Erscheinung, die an dieser Stelle noch etwas eingehender behandelt werden soll.

Fangnetzbauende Trichopterenlarven als Planktonfänger.

Schon im Jahre 1882 beschrieb CLARKE (Description of two interesting
houses made by native laddisfly. Proc. of the Boston Soc. *22*) eigentümliche Fangnetze einer Hydropsychidenlarve aus einem Flusse Amerikas,
und bereits 1886 machte HOWARD einen ähnlichen zweiten Fall aus Amerika bekannt. Zur selben Zeit wurde in Europa viel über Trichopteren
gearbeitet, es erschienen die grundlegenden monographischen Arbeiten
des Engländers MACLACHLAN und des Tschechen KLAPALEK, aber nirgends kamen solche Fangnetze zur Beobachtung, so daß es den Anschein
hatte, als wären diese fangnetzbauenden Arten eine spezifisch amerikanische Erscheinung. Um so größer war daher die Überraschung, als im
Jahre 1909 USSING und ESBEN PETERSEN aus Dänemark gleich mehrere
solche Fälle beschrieben und als WESENBERG 1911 seine inhaltsreiche
Arbeit über diese Tiere veröffentlichte. Zunächst schien es sich allerdings um ein Kapitel der Bachfauna zu handeln. Doch schon WESEN-
BERG machte auf das Vorkommen in Seeausflüssen aufmerksam, als er
die Netze der *Hydropsyche angustipennis* CURT aus dem Ausfluß des
Fönstrupteiches beschrieb, und durch die Lunzer Arbeiten wurde bekannt, daß wenigstens ein Teil der hierher gehörigen Arten zu den Cha-
rakterarten der Seeausflüsse gehört.

Nach der Form dieser Netze, die nach LOHMANN (Die von Sekretfäden
gebildeten Fangapparate im Tierreich. Mitt. d. naturhist. Mus. Hamburg *30*. 1913) alle zum Typus der „Standseihnetze" gehören, unterscheidet ALM trompetenförmige, schwalbennestähnliche und trichter-
förmige (Abb. 54).

Im einfachsten Falle dient die Wohnröhre der Larve gleichzeitig als
Filter. Die an *Nepenthes*-Blätter oder an die Blüten der *Aristolochia
sipho* erinnernden Netze der *Neureclipsis bimaculata* sind nur am Vorder-
und Hinterende befestigt, so daß sie im Wasser flottieren. Das trom-
petenartig erweiterte Vorderende ist mit seiner Mündung der Wasser-
strömung entgegengestellt, so daß das Plankton wie in eine Reuse ein-
strömen muß[1].

Ähnlich funktionieren die schwalbennestähnlichen Gespinste des
Polycentropus flavomaculatus.

---

[1] Die japanische *Neureclipsis Kyotoensis* baut dieselben charakteristischen
Fangnetze wie unsere *Neureclipsis bimaculata*.

Bei *Hydropsyche*-Arten, z. B. der mehrfach erwähnten *angustipennis*, dient nur ein eng umschriebener Teil der Netzwand als Filter. Das Gespinnst besteht hier aus zwei Abschnitten. Der vordere liegt in der Strömungsrichtung des Wassers. In seiner Seitenwand ist ein kreisförmiges Fenster eingebaut, dessen rechteckiges Maschenwerk von einem so starren Fadenwerk gebildet wird, daß man dieses Fenster mit einer Pinzette herausnehmen kann, ohne daß es seine Form ändert. Die Resistenz desselben sowie der Umstand, daß die Fensterfläche immer schräg zur Stromrichtung gestellt ist, ermöglichen es, daß diese Vorrichtung den stärksten Anprall des Wassers aushält und gegenüber anderen uns aus der Bachfauna bekannten Fällen des Nahrungserwerbes durch Abfiltrieren — z. B. *Simulium* mit seinem von Mundteilen gebildeten Filter oder *Brachycentrus* mit seinem von Beinen gebildeten Filter — einen besonders raffinierten Fangapparat darstellt.

Abb. 54. Fangnetze der zu den *Polycentropidae* gehörigen Köcherfliegenlarve *Holocentropus dubius* STEPH. (Nach WESENBERG-LUND.) Verkl. ³/₄ fach·

Die Entdeckung dieser interessanten Fangapparate erfolgte, wie oben erwähnt, in Flußläufen, woraus eigentlich bereits erfolgt, daß auch im fließenden Wasser Organismen treiben, und das führt uns zur Besprechung des sogenannten

Potamoplankton.

Es ist von vornherein klar, daß nur ruhig fließendes Wasser Plankton beherbergen kann und daß dieses beim Eintritt des Flusses ins Meer dem Untergang geweiht ist; somit wird das ganze „Potamoplankton" zu einer mehr oder weniger zufälligen Lebensgemeinschaft, die immer wieder von ihren drei Ursprungsorten aus ergänzt werden muß, den Seen, den Altwässern und dem Benthos des Flusses. Demnach möchte man den Terminus Potamoplankton als willkürlich und überflüssig streichen, was auch früher von vielen Hydrobiologen gewünscht wurde. In neuerer Zeit hat man sich aber mit diesem Begriff wieder mehr befreundet, einmal, weil dem Potamoplankton doch gewisse Regelmäßigkeiten und in einzelnen Fällen auch charakteristische Züge zukommen, und dann, weil für die angewandte Limnologie sich dieser Ausdruck als recht praktisch erweist.

Sehen wir vorerst einmal von der Bedeutung der Seeausflüsse für die Entstehung des Potamoplanktons ab, so kommen da zwei heterogene Biozönosen als Ergänzungsbezirke in Betracht: 1. das Plankton der Altwässer und 2. die in den bodenbewohnenden Blaualgenfilzen lebenden Organismen. Das Altwasserplankton, das bei jedem Hochwasser, wenn der Fluß mit seinen Altwässern in Verbindung tritt, in den Fluß gelangt, pflegt in diesem sich lange stromabwärts zu erhalten, wenn es pflanzlicher Natur ist, aber rasch zu verschwinden, wenn es sich um Tiere handelt. Wir werden dieses Verhalten gleich auch bei der Besprechung des Einflusses des aus den Seen ausgeschwemmten Planktons auf die Qualität des Potamoplanktons wiederfinden. LAUTERBORN erklärt diese Erscheinung als einen Fall einseitiger Auslese, wie folgt: Das Zooplankton mit seinen dem stillen Wasser der toten Seitenarme angepaßten Bewegungsorganen ist in Wasser von einiger Strömungsgeschwindigkeit nicht mehr imstande, sich seine Nahrung zu verschaffen, da es ja — entgegen der Meinung PÜTTERS! — geformte Nahrung erbeuten muß.

Die mit Chromatophoren ausgerüsteten oder überhaupt von Lösungen lebenden Arten können meilenweit vom Strom schwebend mitgeführt werden, ohne die Möglichkeit der Ernährung oder der Fortpflanzung einzubüßen.

Hingegen ist sowohl die tierische wie pflanzliche Organismenwelt, die dem Boden angehört, immer nur auf kurze Strecken dem Potamoplankton zugesellt, kann da aber quantitativ eine ganz außergewöhnliche Rolle spielen. Wieso diese meist aus Rotatorien und Flagellaten bestehende Gesellschaft ins Flußplankton gelangt, zeigten Beobachtungen in der Oder und in der Eger. Am Grunde flacher Flußteile entwickeln sich häutige Filze von Blaualgen, die bei Sonnenschein lebhaft assimilieren und durch die adhärierenden Sauerstoffblasen gehoben werden und im Flußwasser treiben. In diesen gehobenen Blaualgenfladen haust jenes Heer von Rotatorien und Flagellaten, das dann beim Zerfall der gehobenen *Oscillatoria*-Flächen im Flußwasser verteilt und zu einem quantitativ sehr ausgiebigen, allerdings nur für kurze Strecken vorhandenen Bestandteil des Potamoplanktons wird. Ebenfalls in der Eger konnte gezeigt werden, was von vornherien zu erwarten war, daß solche Blaualgenhäute auch durch Methanblasen, die sich im Schlamm entwickeln, gehoben werden können, ein Prozeß, der meist durch das Auftreten vieler farbloser Flagellaten im Potamoplankton angezeigt wird.

Endlich kommen als Bestandteile des Potamoplanktons Schwebeorganismen in Betracht, die der Fluß aus Seen bezieht, die er durchfließt. Wir können diese Erscheinung am besten am Beispiel des Rheines zeigen, an dem LAUTERBORN eingehende Studien angestellt hat. Nach dem Ausfluß aus dem Bodensee bekommt sein Plankton einen besonderen Charakter. Zunächst wirkt es überraschend, daß eine ganze Reihe von Planktern unversehrt den Rheinfall passiert, denn unterhalb desselben führt der Rhein in seinem Plankton nicht nur eine ganze Reihe von Diatomeen, sondern auch lebensfrische Exemplare von *Anuraea* und *Notholca*, ja sogar auch von *Bosmina* und *Daphnia*, die er alle aus dem Bodensee entführt hat. Die weiter stromabwärts gelegenen Stromschnellen bringen allerdings den Tieren raschen Untergang, aber die Diatomeen bleiben auch weiterhin dem Rheinplankton erhalten. Von der Mündung der Aare an zeigt sich das Rheinplankton um drei Arten bereichert, die die Aare aus dem Züricher See zuführt und die von da ab charakteristische Bestandteile des Rheinplanktons bleiben: *Oscillatoria rubescens*, *Tabellaria fenestrata* und *Melosira islandica*. Im mittleren Rhein sind *Oscillatoria rubescens* und *Tabellaria fenestrata* noch zahlreich, *Melosira islandica* bereits seltener. Auch Cyclotellen werden bis hierher getragen, so *bodanica*, *Schroeteri* und *melosiroides*. Die Moselmündung bereichert den Rhein um *Bacillaria paradoxa* und *Coscinodiscus lacustris*. Von der Mainmündung abwärts kommen verschiedene *Brachionus*-Arten dazu. Im großen und ganzen erhält sich dieses Plankton bemerkenswerterweise bis ins Mündungsgebiet, und selbst die aus Schweizer Seen bezogenen Arten werden im Rheindelta noch lebend angetroffen. Erst im Bereich der Gezeitenbewegung ändert sich das Bild durch das Hinzukommen mariner Typen vor allem von Diatomeen aus den Gattungen *Biddulphia*, *Rhizosolenia* usw.

Endlich fällt im Mündungsgebiet ein Spaltfußkrebs, nämlich *Eurytemora affinis* auf, wie überhaupt diese Gattung in den Flußmündungen Europas und Nordamerikas eine große Rolle spielt, ähnlich wie die artenreiche Gattung *Pseudodiaptomus* in den Flußmündungen der tropischen und subtropischen Gebiete. In beiden Fällen scheinen Formen mariner Herkunft vorzuliegen, welche die Flußmündungen als Einfallspforten benutzen, um die Binnengewässer zu besiedeln, was allerdings bisher nur dem Genus *Eurytemora*, und auch dem nur in sehr beschränktem Ausmaß gelungen ist.

Nicht mariner Herkunft ist andererseits die für viele große Ströme charakteristische Cladocerengattung *Bosminopsis*, die aber — wie BURCKHARDT[1] zeigte — kein Planktonorganismus ist, also auch im Flußplankton nicht eigentlich heimisch ist, sondern aus Altwässern oder Seen, die mit dem Fluß zusammenhängen und in denen sie eine mehr litorale Lebensweise führt, herstammt. Aber da sie im La Plata entdeckt und dann in der Folge in der Wolga, im Kongo und in chinesischen Strömen wiedergefunden wurde, hatte es den Anschein, ein typisches Stromtier liege vor.

5. Über Moore und Moorgewässer.

Durch die Disposition des Stoffes, die den See in den Vordergrund der Betrachtung stellt, kommen die Moore hier als Endstadium in der

---

[1] Vgl. BURCKHARDT: Zooplankton aus ost- und südasiatischen Binnengewässern. 3. Teil. Rev. d. ges. Hydrobiol. u. Hydrogr. 2. 1924.

Entwicklung der Seen zur Sprache, und es könnte so leicht die irrtümliche Auffassung entstehen, als ob alle Moore erloschene Seeböden darstellten. Bekanntlich verdankt aber ein großer Teil der Moore seine Entstehung nicht dem Verlandungsprozeß von Seen, sondern geht auf edaphische und klimatische Faktoren zurück. Man denke nur an die vielen Gebirgsmoore der böhmischen Randgebirge.

Man muß aber nicht nur bedenken, daß außer den Verlandungsmooren andere Moortypen nach der Art der Entstehung unterschieden werden müssen, sondern, daß eine Einteilung der Moore auch noch nach anderen Gesichtspunkten möglich ist. POTONIÉ hat 1908 eine Einteilung getroffen, die gleichzeitig genetischen und Nährstoffverhältnissen Rechnung trägt. Er unterschied:

1. Flachmoore; diese verdanken ihre Entstehung der Verlandung eutropher Gewässer oder entwickeln sich durch Versumpfung nährstoffreicher Böden. Sie bleiben flach — daher der Name — und stehen dauernd unter dem Einfluß des Bodenwassers.

2. Zwischenmoore, bei denen durch fortgesetztes Wachstum der Vegetation und die damit verknüpfte Humusbildung die Oberfläche des Moores so erhöht wird, daß die Wurzeln der Pflanzen dem Bodenwasser entzogen werden.

3. Hochmoore, für deren Bestehen hohe Luftfeuchtigkeit und größere Niederschlagsmengen erforderlich sind. Das üppige Wachstum der hier vorwiegend aus *Sphagnum*-Arten gebildeten Vegetation führt häufig zu der bekannten uhrglasförmigen Aufwölbung, der die Hochmoore den Namen verdanken und die zu einem völligen Abschluß vom Bodenwasser führen kann, durch den nur völlig anspruchslosen Pflanzen das Fortkommen ermöglicht wird.

Genauere Studien über norddeutsche Moore, für die ja das POTONIÉsche Schema eigentlich geschaffen war, ergaben aber das Vorhandensein bestimmter Moortypen, die sich hier nur schwer oder gar nicht eingliedern lassen. Es sei nur, um wenigstens einen solchen Fall flüchtig zu streifen, darauf aufmerksam gemacht, daß Moore auf sterilen Böden, trotzdem sie vom Bodenwasser feucht gehalten werden, eben wegen des sterilen Untergrundes ähnliche Nährstoffarmut aufweisen können wie typische Hochmoore. Darum hat KOPPE versucht, eine im Anschluß an die THIENEMANN-NAUMANNsche Seetypenlehre ausgebaute Gliederung der Moore auf rein ernährungsphysiologischer Basis vorzunehmen, indem er eutrophe, mesotrophe und oligotrophe Moore unterscheidet. Die eutrophen Moore decken sich so ziemlich mit den Flachmooren; ihre Vegetation ist durch Hypneen, Cyperaceen und gewisse *Sphagna* gekennzeichnet (*Sph. fimbriatum, Girgensohnii, squarrosum, teres, subsecundum*). Die mesotrophen Moore zeigen vorwiegend andere Hypneen (*Chrysohypnum stellatum, Drepanocladus vernicosus, Calliergon stramineum*) und andere Torfmoose, wie *Sph. Russowii, Warnstorfii, compactum, obtusum, papillosum* usw. Die oligotrophen Moore schließlich setzen sich aus Hochmooren zusammen, die ihre Oligotrophie dem Hinauswachsen über die Bodenwasserzone verdanken, die also gewöhnlich eine Weiterentwicklung mesotropher Moore darstellen und dementsprechend als „sekundär oligotroph" bezeichnet werden können und ferner aus primär oligotrophen Mooren, deren Oligotrophie von Haus aus durch den sterilen Untergrund gegeben ist. *Sphagnum rubellum* und *fuscum* werden als Leitformen angegeben.

Wesentlich vereinfacht ist die Einteilung, wenn man die Moore einfach nach ihren p_H-Zahlen gruppiert; ein Blick auf S. 163 läßt in der dort mitgeteilten Gruppierung der *Sphagna* nach dem Azititätsgrad ihres Standortes unschwer die hier mitgeteilte Gliederung der Moore nach KOPPE wiedererkennen.

Hochmoore.

Wir treffen Hochmoore vielfach im Umkreis von Seen, wo sie Stellen einnehmen, die früher dem See selber angehört hatten, oder aber wir stoßen auf Hochmoorflächen an Stellen, die ehemals von einem See eingenommen waren, der selber bereits erloschen ist. Die Bezeichnung „Hochmoor" ist nicht, wie bereits oben erwähnt wurde, auf deren Höhenlage zurückzuführen. Wir finden vielmehr Hochmoore im Tiefland ebensogut wie im Gebirge. Der Name rührt vielmehr davon her, daß das Hochmoor häufig in seiner mittleren Partie höher ist als am Rand. Es ist uhrglasförmig aufgewölbt, wobei die Höhendifferenz einige Meter betragen kann, ein Ausmaß, das, so geringfügig es auch scheint, bei kleineren Hochmooren oft ohne weiteres in die Augen springt. Gerade der zentrale, aufgewölbte Teil — diese Überhöhung ist eine Folge des intensiven Wachstums der *Sphagnum*-Massen — ist dem Grundwasser am meisten entrückt und zeigt, weil er nur vom Niederschlagwasser naß gehalten wird, am besten die wichtigste Milieueigenschaft: den Nährsalzmangel. — Doch muß die zentrale Aufwölbung nicht immer vorhanden sein; sie fehlt vielmehr häufig gerade jenen Hochmooren, die wir durch den Zusammenhang mit unserem Thema hier in erster Linie im Auge haben, den Verlandungsmooren. Außer diesen gibt es bekanntlich auch Hochmoore, die nicht ehemaligen Seeflächen angehören, sondern die durch Versumpfung (Klimaänderung) von Wäldern auf trockenem Boden entstanden sind; in Mittel-, Nord- und Osteuropa gehört die Mehrzahl der Hochmoore zu dieser Kategorie, wie Bohrprofile zeigen.

Im Bereich eines Hochmoores lassen sich für den Hydrobiologen eine Reihe verschiedener Lebensbezirke unterscheiden, die wir etwa in folgender Weise gliedern können:

1. Das Imbibitionswasser im Sphagnum.
2. Stehende Wässer:
    A. Primäre: Restseen.
    B. Sekundäre:
        a) Schlenken, das sind seichte flachuferige Vertiefungen.
        b) Blänken (auch Kolke, Mooraugen); das sind steilwandige, rundliche, wassererfüllte Löcher.
        c) Flarke, das sind den Höhenschichten parallele, langgestreckte Mulden, die durch Wellung der Moorfläche entstanden.
        d) Eruptionslöcher von Moorausbrüchen.
        e) Torfstiche.
3. Fließende Wässer:
    a) radiale Wasserrinnen: Rüllen.
    b) den Rand umsäumende: Lagg.

Die für die Moororganismen wichtigen Faktoren.

Das Alter des Moores. HARNISCH glaubte aus der Verbreitung der Arten der Rhizopodengenera *Ditrema* und *Amphitrema* auf einen Zusammenhang zwischen Fauna und Alter des Moores schließen zu können. Die genannten Rhizopoden sollen nur in jenen Sphagneten auftreten, die auf Sphagneta der Eiszeit zurückzuführen sind. Demgegenüber betont GAMS, daß *Ditrema flavum* auch in ganz jungen Mooren vorkommt, und daß seine Verbreitung wohl in erster Linie von der Azidität des Wohngewässers abhängt, ferner daß Amphitremen recht hohe Temperaturen ertragen können, so daß die Auffassung von HARNISCH einer strengen Kritik kaum stand hält. Doch ist es wohl für andere Fälle denkbar, zwischen Organismenwelt und Alter eines Moores einen Zusammenhang zu finden.

Die Temperatur. Die Amphitremen, die hier als nordische Glazialrelikte angesprochen wurden, sind nicht die einzigen Organismen unserer Hochmoore, welche diese mit der nordischen Organismenwelt gemeinsam haben. Im Gegenteil ist die Zahl dieser gemeinsamen Arten so groß, daß die Hochmoore seit langem als besonders günstige Refugien für Eiszeitrelikte gelten. Indem auch hier der Wunsch der Vater des Gedankens war, nahm man vielfach ohne genaueres Zusehen an, daß die Moore Stellen besonders tiefer Temperaturen und daher geeignete Aufenthaltsorte für stenotherme Kaltwasserbewohner seien. EKMAN hat richtig erkannt, daß die Mehrzahl dieser Übereinstimmungen nicht auf Temperaturverhältnisse zurückgeht, sondern auf den dystrophen Charakter der Moorgewässer. HARNISCH hat gezeigt, daß nicht nur die *Sphagnum*-Polster, sondern auch das Blänkenwasser und Schlenkenwasser sehr erhebliche Temperaturschwankungen sowohl im Verlauf eines Tages, als auch im Wechsel der Jahreszeiten mitmachen, wenn wir bei den Blänken nur das Oberflächenwasser in Betracht ziehen. Denn das „Tiefenwasser" — schon 1 m unter dem Wasserspiegel — macht die Überhitzung während der Mittagsstunden nicht mit und könnte daher erwarten lassen, daß es die Heimat der als nordische Formen angesehenen Arten sei. Aber auch diese Erwartung fand HARNISCH in seinem Untersuchungsgebiet nicht bestätigt.

Der Gehalt an Humusstoffen, deren antiseptische Wirkungen das Hochmoorwasser fast bakterienfrei machen, bedingt ebendadurch das Ausbleiben der Zersetzung der am Boden des Moorwassers liegenden Organismenreste. So bleiben in den Sedimenten der Hochmoorwässer nicht nur Chitinteile von Tieren und Rhizopodengehäuse, sondern auch Pflanzenreste wohl konserviert erhalten und machen die Moore zu einem für die Pollenanalyse (vgl. S. 88) besonders günstigen Gebiet.

Der Einfluß der Huminstoffe auf die Organismen ist nicht leicht zu fassen, vor allem weil unsere Kenntnisse über die chemische Konstitution dieser Stoffe so unzureichend sind, daß eine experimentelle Inangriffnahme der sich hier aufdrängenden Fragen auf zum Teil unüberwindliche Schwierigkeiten stößt. Sicher hat für die Beurteilung der physiologischen Wirksamkeit der einzelnen Bestandteile dieses Stoffgemisches

deren physikalischer Charakter Bedeutung, und so kommt die jetzt übliche Dreiteilung dieser Stoffe in Humussäure-, Hymatomelansäure- und
Fulvosäureverbindungen den Bedürfnissen des Biologen entgegen. Denn
„die Humussäure" ist in Wasser und Alkohol unlöslich, doch dispergier-
bar, die Hymatomelansäure in Wasser schwer löslich, doch gut disper-
gierbar, die Fulvosäuren sind in Wasser und Alkohol leicht löslich. Die
Fulvosäuren dürften den Hauptbestandteil der im Moorwasser gelösten
Humussubstanzen ausmachen; und diese kristalloid wasserlöslichen
Stoffe dürften vor allem biologisch wirksam sein. Nun bringt diese Feststellung vier weitere Fragen mit sich, die erst gelöst sein müßten, um
eine biozönotische Charakterisierung der Moorgewässer zu ermöglichen,
nämlich:

1. Handelt es sich um eine spezifische Giftwirkung der Humusstoffe?
Oder

2. Wirken diese Säuren durch die abgespaltenen H-Ionen? Oder

3. Spielt der Einfluß derselben auf den O_2-Gehalt eine ausschlaggebende Rolle? Und

4. Inwieweit können die unter 1 angenommenen Giftwirkungen durch
Begleitsubstanzen, z. B. das *Ca*-Ion, kompensiert werden?

Mit der ersten Frage hat sich HARNISCH befaßt und ist durch Kultur-
versuche zu dem Ergebnis gekommen, daß Giftwirkungen auf jeden Fall
sehr verbreitet sind. Allerdings ist bei Experimenten darauf zu achten,
daß in Versuchsgefäße abgefülltes Moorwasser sehr rasch seine Giftwirkungen verliert, ohne daß die entsprechende chemische Änderung
nachweisbar wäre. Es erinnert dieses Verhalten des Moorwassers an das
Abklingen der Radioaktivität emanationshaltigen Wassers, das man in
Versuchsgefäßen aufbewahrt. Die Versuche zeigten, daß z. B. *Diaptomus, Cyclops albidus* schon nach etlichen Stunden in Moorwasser abstarben, *Tubifex* und andere im Verlaufe einiger Tage. Die Versuche
schienen anfangs so eindeutig für die Giftwirkung zu sprechen, daß HAR-
NISCH dieser gegenüber der Wirkung der Wasserstoffionenkonzentration
die weitaus überwiegende Rolle zuschreiben zu müssen glaubte. Und
zwar im Gegensatz zu den Ergebnissen, die SKADOWSKY durch Studien
am Luzinomoor bei Moskau erzielt hatte.

SKADOWSKY hatte durch vergleichende Studien an drei Moorzonen,
die dadurch gekennzeichnet waren, daß die p_H-Werte 6,5—6, 4,5—4,4
und 3,8—3,7 betrugen, gefunden, daß der p_H-Wert in erster Linie
für die Auswahl der vorhandenen Organismen ausschlaggebend sei.
HARNISCH, THIENEMANN u. a. waren zunächst der Meinung, daß ein
Moorwasser, dessen $p_H < 4$ sei, einen abnormen Fall darstelle, und daß
der geringe p_H-Wert daher rühre, daß eine derartige saure Wirkung
durch Ferrosalze bedingt sei. Neuere Untersuchungen HARNISCHS ergaben, daß der p_H-Wert eine recht wesentliche Rolle spielt, und
Beobachtungen, die im Bereich der Lunzer Station gemacht wurden,
zeigten, daß die niedrigen p_H-Werte, die beim Lucinomoor beobachtet
wurden, durchaus nicht einen krassen Ausnahmefall darstellen. Denn
im Lunzer Oberseemoor (Abb. 55) wurde in Schlenken p_H bis auf 4,17
herab gemessen, und im Moor des Rehbergsattels bei Lunz fand R. FISCHER

sogar nur 3,6 und traf in diesem Gewässer eine reiche Organismenwelt an, in der *Tetmemorus laevis*, *Micrasterias truncata*, *Synechococcus aeruginosus* durch ihre Häufigkeit auffielen, während *Cosmarium nasutum* und *Navicula subtilissima* als boreoalpine Formen dieses Gewässer interessant machten.

Nach Gams bewirken die Humuskolloide vor allem eine sehr hohe Azidität, und auf diese Azidität ist die antiseptische Wirkung zurückzuführen. Daß nicht die Humuskolloide als solche hier in Betracht kom-

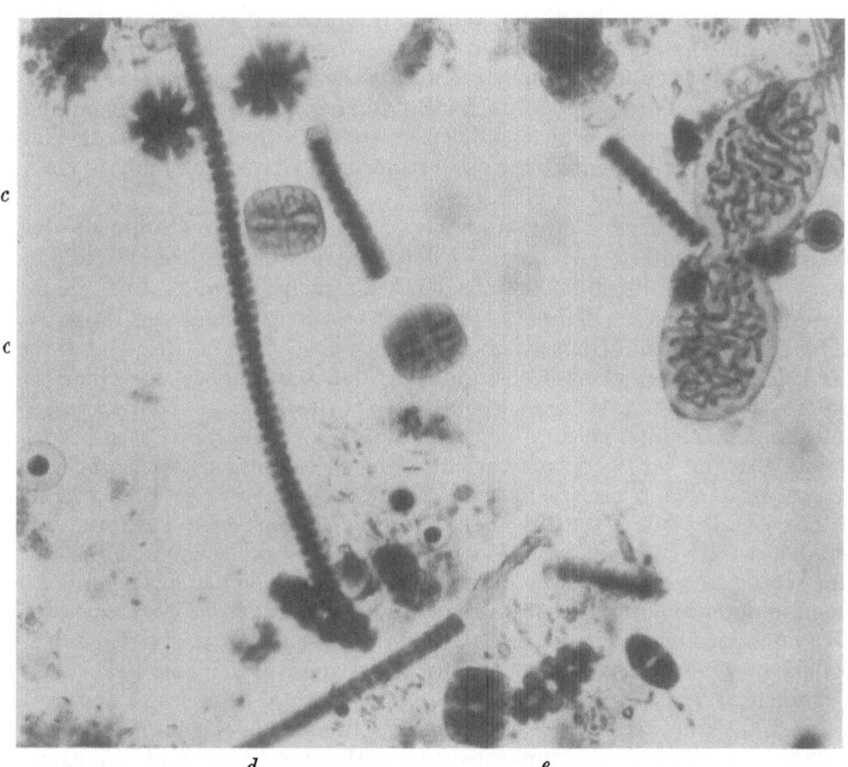

Abb. 55. Desmidiaceen und — rechts oben — zwei *Nostoc*-Kolonien aus Hochmoor-Wasser von Lunz. *a Desmidium Swartzii*; rechts und links davon am oberen Bildrand bei *b* zwei Exemplare von *Micrasterias crux melitensis*. Unterhalb des rechten dieser beiden Exemplare und in der Mitte des Gesichtsfeldes je eine Zelle von *Micrasterias Jenneri* (*c*). Am unteren Bildrand bei *d Hyalotheca mucosa* und bei *e Euastrum oblongum*. (Phot. Dr. H. Krawany.) Det. A. Pascher.

men, zeigt schon die Tatsache, daß Flachmoore bei gleichem Humusgehalt wie ein Hochmoor sich vor diesem durch wesentlich höheren Bakteriengehalt auszeichnen. Übrigens konservieren auch gewöhnliche und Kalkgyttja ausgezeichnet Organismenreste im Gegensatz zu manchen Bruchwald- und Flachmoortorfen; auch hier ist nach Gams die Azidität und der Sauerstoffmangel vor allem als Ursache anzunehmen.

Durch den Gehalt an Humussubstanzen ist auch der **Sauerstoff-mangel** der Hochmoorgewässer bedingt. „Stagnierendes Hochmoor-wasser ist schon wenige Zentimeter unter der freien Oberfläche sauer-stofffrei." — Biologisch äußert sich dies teils durch das Vorkommen anaerober Arten an solcher Stelle oder durch Arten, die durch geeignete Mittel diesen Mangel überwinden: *Corethra*.

Kalkmangel. Hochmoorgewässer haben weiches, kalkarmes Wasser; dies rührt einmal daher, daß die Wasserzufuhr nur durch Niederschläge erfolgt und die Zufuhr von Wasser aus Mineralböden unterbunden ist, dann auch daher, daß ein eventuell vorhandener Zufluß kalkhaltigen Wassers teils durch die Vegetation, teils durch die Humussäuren ent-kalkt wird. Der auf den nächsten Seiten zu besprechende Mangel ganzer Tier- und Pflanzengruppen mag in vielen Fällen damit zusammenhängen. So wenn wir z. B. sehen, daß im Lunzer Obersee massenhaft *Valvata* und *Pisidium* vorkommen, während das unmittelbar vorgelagerte Moorgebiet ganz frei von Mollusken ist, denen dort der zum Gehäusebau nötige Kalk mangelt. Typisch ist endlich

Die geringe Mineralstoffkonzentration überhaupt, nicht nur die des Kalziumkarbonates, was eben wiederum damit zusammenhängt, daß das Wasser fast ausschließlich aus der Atmosphäre stammt. Frič stellte für den Teufelssee im Böhmerwald einen Gesamtrückstand von 18 mg im Liter fest, wovon ein Drittel auf organische Substanzen entfiel. Ruttner fand durch Leitfähigkeitsbestimmungen, daß das Wasser des Obersee-moores bei Lunz im Vergleich zum Wasser des benachbarten Obersees selbst auf ein Zehntel verdünnt ist. Für die Hochmoorvegetation ist beson-ders die Armut an Phosphaten wichtig; der Stickstoffgehalt ist hingegen nicht besonders niedrig, wie das reichliche Vorkommen vieler Pilze verrät.

Es ist also wenig darüber bekannt, wie die einzelnen Faktoren zu-sammenwirken und ob nicht noch andere bisher übersehene Faktoren am Werke sind, um das Milieu der Hochmoore zu einer so ausgesproche-nen Sondererscheinung zu gestalten. Und diese prägt sich hier aus zwei Gründen ganz besonders deutlich aus. Wir wissen, daß je einseitiger ein Milieu spezialisiert ist, desto geringer die Artenzahl der hier hausenden Organismen wird. Die wenigen Arten sind dann aber meist in erstaun-licher Individuenzahl vertreten. Die Einseitigkeit des Hochmoormilieus kommt vor allem darin zum Ausdruck, daß ganze Tier- und Pflanzen-familien fehlen. Dafür sind die anderen aber dann nicht durch einige wenige charakteristische Arten, sondern oft in einer überreichen Formenfülle vertreten, wie wir gleich an dem Beispiel der Rhizopoden sehen werden. Das zweite Moment, das für die Eigenartigkeit des Hoch-moormilieus spricht, ist die überaus große Gleichförmigkeit in den ver-schiedensten geographischen Regionen. Eine vor kurzem untersuchte Probe aus einem *Sphagnum*-Tümpel vom Mount Rolleston auf Neusee-land hätte auf den nicht näher Eingeweihten den Eindruck einer bei uns gewonnenen *Sphagnum*-Probe gemacht. In einer Aufschwemmung von *Sphagnum*-Blättchen lagen da Riesenmengen von Rhizopoden-schalen, die zum großen Teil denselben Arten angehörten, wie sie aus unseren Hochmooren bekannt sind. Dann trat die bekannte Cladocere

Streblocerus darin auf in einer Form, die nur unbedeutend von unserem *serricaudatus* abwich, dann fanden sich bdelloide Rädertierformen, darunter wieder wie bei uns besonders auch solche, die wie *angusticollis* Gehäuse besitzen, und endlich eine ganze Anzahl neuer Harpacticiden, die ja auch bei uns, wenn auch wesentlich artenärmer, in der *Sphagnum*-Biozönose vertreten sind. Endlich zeigten sich einzellige Formen teils in den leeren Zellen der Blättchen, augenscheinlich wie bei uns Chromulinen, und außen den Blättchen aufsitzende Chrysomonaden, die wohl auch der gleich zu besprechenden interessanten Pflanzenassoziation auf und in *Sphagnum*-Blättern entsprechen dürften (Abb. 58, 59).

Wir werden vielleicht von der Eigenartigkeit des Hochmoor-Milieus das beste Bild bekommen, wenn wir einmal die einzelnen Organismengruppen hinsichtlich ihres Fehlens oder ihrer Vertretung in *Sphagnum*-Gewässern überprüfen.

An erster Stelle müssen da wohl die *Sphagna* genannt werden, die überdies den Vorteil bieten, eine floristische Gliederung der Moore nach dem Grade der Azidität zu ermöglichen. Dr. GAMS verdanke ich folgende interessante Gruppierung.

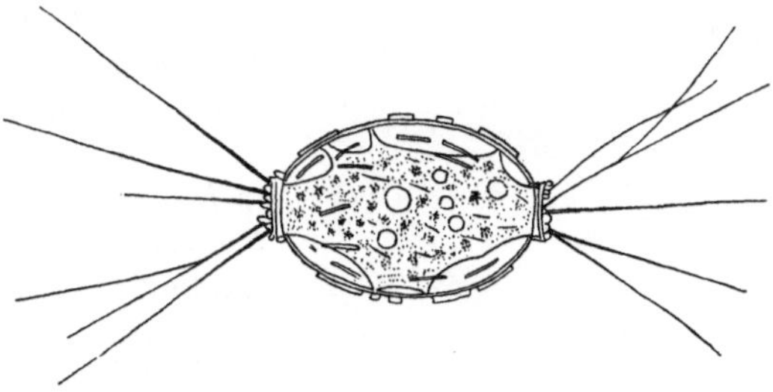

1. Extreme Hochmoorarten, die einen p_H-Wert von 4 nicht überschreiten: *S. rubellum, fuscum, molluscum*.

2. Arten mit einer größeren Amplitude der p_H-Bedingungen (p_H 3,7 – 4,9): *S. medium*

Abb. 56. *Amphitrema Wrightianum* ARCHER.
(Nach einem Exemplar aus dem Kaiserwald in Böhmen.)

(= *magellanicum*), *papillosum, cuspidatum, recurvum, aculifolium*.

3. Arten, deren Spielraum von $p_H = 4,7 – 5$ reicht; es sind dies ausgesprochene Wald- und Laggsphagna, so: *S. squarrosum, Girgensohnii, fimbriatum*.

4. Niedermoorsphagna, die bei einem $p_H = 5 – 6$ gedeihen, wie *S. teres* und die *subsecundum*-Gruppe; von diesen verträgt *platyphyllum* fast neutrale Reaktion.

Die Fauna der Hochmoore.

Als ebenfalls sehr typisch müssen die beschalten Rhizopoden erwähnt werden. „Von der Gesamtzahl der Individuen im Moor kann man sich kaum eine Vorstellung machen" (HARNISCH). Unter der großen Menge der beobachteten Arten ist eine Reihe als ausgesprochen sphagnophil zu bezeichnen. Es sind dies:

Arcella artocrea, A. discoidea, Hyalosphenia papilio, H. elegans, Nebela carinata, N. galeata, N. militaris, N. tenella, N. crenulata, Heleopera picta, Euglypha cristata, E. compressa, Difflugia bacillifera, Amphitrema flavum, stenostoma und *Wrightianum* (Abb. 56).

Dazu käme eine größere Anzahl von Arten, die vielleicht nicht ausschließlich, aber vorzugsweise in *Sphagnum*-Wasser angetroffen werden, wie z. B. *Assulina*-Arten, *Phryganella, Lecquereusia spiralis* (Abb. 57), *Difflugia rubescens* usw.

Andererseits stoßen wir auf eine nicht geringe Zahl von Rhizopoden, die geradezu als sphagnophob bezeichnet werden müssen. So, um nur einige Gattungen zu nennen: *Parmulina*, die meisten *Difflugia*-Arten, *Cucurbitella*, *Pontigulasia*, *Cochliopodium*, *Nadinella*, *Frenzelina*, *Compascus*, *Cyphoderia*, *Diplophrys*, *Microcometes*, *Gymnophrys*, *Biomyxa*, *Lieberkühnia*, *Gromia*.

Was ist nun der Grund dieser ökologischen Teilung der Rhizopoden? Experimente hierüber liegen nicht vor, aber Beobachtungen, die vielleicht einen Fingerzeig geben. So hat HEINIS gefunden, daß eine Reihe von ausgesprochen sphagnophilen Arten auch in *Leucobryum*-Polstern vorkommen. So *Hyalosphenia papilio*, *Arcella artocrea*, *Euglypha compressa*, *Amphitrema flavum*. Nun ist fast das einzig gemeinsame zwischen *Sphagnum* und *Leucobryum* der eigenartige Zellenbau, der ein enormes Festhalten kapillaren Wassers gestattet. So ist es wahrscheinlich, daß dieser physikalische Faktor hier eine große Rolle spielt. Immerhin wäre es lohnend, zu überprüfen, ob nicht zwischen *Sphagnum* und *Leucobryum* gewisse chemische Übereinstimmungen[1] herrschen, und nachzusehen, ob diese sphagnophile Rhizopodengesellschaft nur noch in *Leucobryum* vorkommt, in dessen Nähe *Sphagnum* gedeiht oder auch in solchen, die fern jeder *Sphagnum*-Vegetation sich befinden.

Für das Fehlen der meisten Difflugien kann man wohl die Entfernung der belebten oberen Moorschichten vom mineralischen Untergrund verantwortlich machen, die die Möglichkeit raubt, die zum Gehäusebau nötigen Sandkörnchen zu gewinnen. Wenn hier Gehäuse aus Fremdkörpern gebaut werden, so geschieht dies z. B. aus Diatomeen, wie bei *Difflugia bacillifera*, oder aus zugewehtem Staub, wie bei *Phryganella hemisphaerica*. Übrigens zeigt sich auch bei den Gehäusen, die nicht aus Fremdkörpern, sondern aus einem Plasmaprodukt gebaut werden, ein Unterschied der sphagnophilen Rhizopoden gegenüber den anderen. Sie besitzen eine gelbliche Membran, die in der Literatur meist als „Pseudochitin" bezeichnet wird, und über deren chemische Natur keine Gewißheit besteht. Da NÜSSLIN schon 1883 beobachtete, daß bei *Amphitrema* die Hülle bei Behandlung mit Jodjodkalium und Schwefelsäure sich bläut, lag der Gedanke nahe, daß in dem stickstoffarmen[2] Medium der Hochmoore statt chitinöser

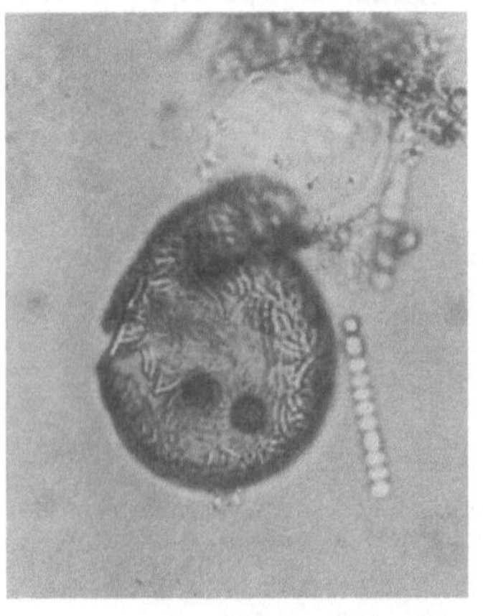

Abb. 57. *Lecquereusia spiralis* aus dem Rehbergsattel-Moor bei Lunz. Gehäuse mit „Wurmstruktur". (Phot. Dr. H. KRAWANY.)

---

[1] Herrn H. GAMS verdanke ich die Mitteilung, daß *Leucobryum* sich hinsichtlich seiner p_H-Ansprüche an die zweite Gruppe der oben gegebenen *Sphagnum*-Tabelle anreiht; es lebt bei einer Azidität von 4—5.

[2] Gegen die oft geäußerte Annahme von der Stickstoffarmut der Hochmoore macht GAMS geltend, daß schon die Häufigkeit chitinartiger Substanzen bei In-

Substanzen zelluloseartige Stoffe gebildet würden. HARNISCH hat diese Frage nachgeprüft und kommt zu dem Ergebnis, daß die Schale der Amphitremen wenigstens von der der anderen Rhizopoden abweicht und vielleicht aus einer der Zellulose verwandten Substanz besteht, deren Reaktion gegenüber Jodverbindungen aber durch einen Farbstoff oder eine Inkrustation gestört werde.

Eine weitere offene Frage ist die, ob vielleicht das häufige Vorkommen von Zoochlorellen gerade bei Rhizopoden, wie *Hyalosphenia papilio*, allen *Amphitrema*-Arten, bei *Heleopera picta* usw., mit dem dystrophen Wassercharakter zusammenhängen möchte. Auch die merkwürdigen Cyanophyceensymbiosen, die erst in letzter Zeit mehr beachtet wurden, so *Paulinella chromatophora* und die von PASCHER gefundenen Flagellaten mit Cyanophyceenzellen im Zellinhalt, kämen für manche Moorgewässer in Betracht. Doch fehlen hierüber entsprechende Beobachtungen. Jedenfalls kann man nicht behaupten, daß das Vorherrschen zoochlorellenführender Arten ein ausschließlich für *Sphagnum*-Wässer typisches Vorkommen sei. Denn es gibt Biotope ganz anderer Art, die ebenfalls ein auffallendes Auftreten zoochlorellenführender Organismen zeigen, wie den Lunzer Mittersee, in dem Ciliaten und Turbellarien mit Zoochlorellen sehr stark vertreten sind, was vieleicht wieder mit der Nahrungsarmut dieses Gewässers zusammenhängen könnte.

Über Heliozoen und Ciliaten liegen keine ausreichenden Beobachtungen vor. Immerhin dürfte *Clathrulina elegans* moorige Gebiete bevorzugen, und in den Ciliatenangaben stoßen wir wieder auf das häufige Vorkommen zoochlorellenführender Arten; eine gewisse Vorliebe für Sphagneta ist ferner bei *Climacostomum virens* unverkennbar. Von Turbellarien sind gewisse Rhabdocoele als sphagnophil bezeichnet worden, so *Fuhrmannia turgida*, *Prorhynchus sphyrocephalus* und *Castrada sphagnetorum*. Aber auch einige andere sind, wenn auch nicht ausschließlich, regelmäßige Mitglieder der Moorfauna, so *Typhloplana viridata*, *Catenula lemnae*, *Stenostomum leucops*, während Wiesenmoore durch *Styloplanella strongylostomoides* und *Ascophora paradoxa* gekennzeichnet sind.

Unter den Rotatorien können vorläufig *Anuraea serrulata* und *Elosa Woralli* als ausgesprochene Sphagnumrotatorien bezeichnet werden, andere, wie *Oecistes pilula* oder *Microcodon clavus*, zeigen zum mindesten eine auffallende Vorliebe für Hochmoorgewässer. Ganz spezifische Sphagnumformen, entsprechend den später zu erwähnenden endophytischen Algen, sind endlich zwei Rädertiere, die in[1] Sphagnumblättern leben, nämlich *Rotifer Roeperi* und *Callidina reclusa*. Es mag nicht überraschen, daß ein so spezialisiertes Medium, wie es hier vorliegt, hoch-

---

sekten und Pilzen der Moore gegen diese Annahme spreche. Ferner spreche gegen die Vermutung, daß die *Ditrema*-Gehäuse aus Zellulose beständen, deren Dauerhaftigkeit mit der der Pollenkörner wetteifert.

[1] Das Verhalten dieser beiden Rädertiere nähert sich dem Parasitismus. Vielleicht werfen diese Vorkommnisse Licht auf die eigenartige Erscheinung, daß die sonst nur aus Parasiten bestehende Rädertiergattung *Drilophaga* in Nordamerika eine sphagnophile Art aufweist: *Dr. Judayi*.

gradige Konvergenz hervorruft; aber es verdient doch vermerkt zu werden, daß diese hier soweit geht, daß diese zwei verschiedenen Gattungen angehörenden Arten lange Zeit nicht unterschieden wurden und immer unter dem Namen *Rotifer Roeperi* gebucht wurden. Selbst in der neuen Arbeit von HARNISCH wird nur diese Art erwähnt. Recht charakteristische Elemente dürften wohl auch nach den bisher vorliegenden Mitteilungen die Gastrotrichen beistellen. Nematoden, Oligochäten und Hirudineen treten im Hochmoor auffallend zurück und liefern kaum typische Elemente. Unter den Cladoceren ist *Acantholeberis* wohl die typischste Hochmoorform. Von ihr sagt HARNISCH: „*Acantholeberis* stellt in der Lausitz geradzu ein Reagens auf *Sphagnum* dar.“ Ich kann diesen Satz auf Grund von Erfahrungen im Fichtelgebirge, speziell am Fichtelsee, bestätigen. Doch ist das Abhängigkeitsverhältnis ein einseitiges. Denn, überall wo *Acantholeberis* vorkommt, ist *Sphagnum*, aber nicht auch umgekehrt. Übrigens dürfte *Streblocerus serricaudatus* nicht minder typisch für *Sphagnum* sein. *Polyphemus* zeigt eine gewisse Vorliebe für Hochmoore, ist aber kein nur hier lebendes Element derselben. Erst in neuerer Zeit hat sich herausgestellt, daß gewisse Kopepoden recht bezeichnend für Hochmoorgewässer sind. *Cyclops crassicaudis* dürfte hierher gehören, ferner bestimmte *Moraria*- und *Parastenocaris*-Arten. Ausgesprochene Moorostrakoden scheint es nicht zu geben. Die Hochmoorwässer sind in der Regel ganz frei von Ostrakoden, oder sie beherbergen nur Exemplare sehr widerstandsfähiger, weit verbreiteter Arten und diese oft nur an Stellen, an denen das Milieu minder typisch entwickelt ist. Voraussichtlich wird die wohl immer reich entwickelte Tardigradenfauna der *Sphagneta* charakteristische Elemente aufweisen. Nach HEINIS ist *Diphascon scoticum* ein solches.

Mehr noch als die Ostrakoden scheinen die Hydracarinen das Moorwasser zu meiden. Zwar werden oft *Arrenurus*-Arten als Moorbewohner erwähnt; aber diese sind eigentlich nur Bewohner anmooriger Stellen. LUNDBLAD, der sich in letzter Zeit eingehend mit der Biologie dieser Gruppe beschäftigt hat, kommt zu dem Ergebnis, daß nur eine Wassermilbe in typischen Hochmoorgebieten auftritt, *Piona carnea*, die von VIETS auch in Blänken der Zehlau beobachtet wurde.

Auf eine überaus interessante Erscheinung hat HARNISCH in seinen Studien über die Moorfauna der Seefelder aufmerksam gemacht, nämlich auf das massenhafte Vorkommen der Halacaride *Lohmannella violacea* in flottierenden Sphagnen der dortigen Schlenken. Bisher hat diese Art als sehr seltene, nur vereinzelt auftretende Art gegolten, die an verschiedenen Biotopen des Süßwassers angetroffen werden konnte. In seinem Untersuchungsgebiet aber hat HARNISCH in $^1/_4$ Stunde 29 Individuen aus einer Schlenkenprobe ausgesiebt! Er knüpft daran folgende Betrachtungen, die zu weiteren Nachforschungen über die biozönotische Zugehörigkeit dieser Halacaride anregen mögen. „Wenn weitere Studien ergeben sollten, daß die Art wirklich in lockeren Sphagnen alter, ursprünglicher Hochmoore ihr Optimum hat, läge der Gedanke nicht ferne, daß sie zur Zeit der glazialen Aussüßung der Meere den Weg ins Süßwasser gefunden, sich dann früher oder später an Sphagneta angeschlossen der

glazialen Mischfauna angehört hat …‘‘ Ähnliche Ansichten hat bereits
THOR über diese Art geäußert, die allerdings neuestens von LUNDBLAD
abgelehnt wurden. Es wird also noch nachzuprüfen sein, ob das Massen-
vorkommen von *Lohmannella* in den Seefeldern eine lokale Erscheinung
ist oder sich in anderen Hochmooren wiederholt[1].

Sehr reich und sicher auch spezifische Arten umfassend ist die Ori-
batidenfauna der Hochmoore; aber man weiß noch wenig über sie. HAR-
NISCH nennt *Hydrocetes confervae*, *Sphagnocetes sphagni* und *Trimalacono-
thrus novus* sphagnophil. *Ceratocetes parvulus* könnte zu den Sphagnobien
gehören, und die Verbreitung der Arten *Platynothrus lapponicus*, *Mala-
conothrus sphagnicola* und *Phthiracarus borealis* läßt auf das Vorkommen
von Glazialrelikten unter den Hochmoororibatiden schließen. Wenden
wir uns nun den Insekten zu, so muß erwähnt werden, daß *Leucorrhinia
dubia* ähnlich wie die meisten anderen Arten dieser Gattung ziemlich
streng an Moore gebunden ist. Unter den Trichopteren wird das Vorkommen der Larven von *Neuronia ruficrus* oft aus Mooren erwähnt, aber
diese Art ist nicht auf Moore beschränkt. Im Lunzer Gebiet kommt diese
Art z. B. auch in den Almtümpeln vor, die überdies auch etliche Turbellarien mit der Moorfauna gemeinsam haben, ohne daß bisher ersichtlich gewesen wäre, welcher gemeinsame Milieufaktor dieser beiden so
grundverschiedenen Biozönosen für diese faunistische Übereinstimmung
verantwortlich gemacht werden könnte. Die Chironomidenfauna der
Hochmoore scheint überraschend artenarm zu sein. Soweit Beobachtungen vorliegen, kommen einige *Bezzia*-Arten und *Pelopia*-Arten fast
überall in Betracht, im Blänkengebiet auch Psectrocladien. Wie weit
diese Arten moorspezifisch sind, bedarf noch der Untersuchung. Im
Tiefenschlamm der Blänken beobachtete HARNISCH zwei *Chironomus*-
Arten, die beide dadurch auffielen, daß die sonst unter Milieuwirkung
sehr variablen Tubuli gleichmäßig und normal entwickelt waren, während die Analschläuche sehr verlängert (länger als die Nachschieber)
waren und eine Einschnürung in der Mitte aufwiesen, so daß diese Analkiemen zweiteilig erschienen mit einem angeschwollenen Endteil. Es
liegt wohl der Verdacht auf eine Anpassung an atmungsbiologische
Eigentümlichkeiten des Mediums nahe, wie HARNISCH meint, vielleicht
erschwerte O_2-Aufnahme oder CO_2-Abgabe. Ferner fällt das Fehlen von
Culiciden in den Blänken auf. Ob dies auf eine Giftwirkung oder auf
ernährungsphysiologische Faktoren zurückzuführen ist, bedarf auch noch
der Aufklärung.

Zu beachten ist ferner, daß nicht alle Sphagneta dieselben Bewohner
aufweisen, worauf schon in den vorangehenden Zeilen mehr gelegentlich
hingewiesen wurde. Untersuchungen im Kaiserwald in Böhmen schienen
dem Verfasser zu zeigen, daß bestimmte *Sphagnum*-Arten ihre bestimmten Begleitorganismen haben. Es wird dies aber weniger auf die *Sphagna*
selbst als Ursache zurückgehen, als auf äußere Bedingungen, von denen
die *Sphagna* ihrerseits wieder abhängen. Diesem Gesichtspunkt trägt

---

[1] Auch im Oberseemoor bei Lunz wurde *Lohmannella* gefunden, allerdings
vereinzelt.

wohl auch eine Gruppierung Rechnung, die Harnisch kürzlich vorgenommen hat. Derzufolge wären zu trennen:

1. Waldmoostypus: Sphagna, die kein Moor bilden.

2. *Hyalosphenia*-Typus: Reichtum an *Nebela*-Arten, viel *Hyalosphenia papilio*, wenig *H. elegans*.

3. *Flavum*-Typus: Geschlossene Hochmoore: *Amphitrema* nur durch die Art *flavum* vertreten.

4. *Wrightianum*-Typus: Beide *Amphitrema*-Arten (*flavum* und *Wrightianum*) kommen zusammen vor.

Die Flora der Hochmoore. Während die Zwischen- und Niedermoore sich durch eine überaus artenreiche Flora auszeichnen, ist die Zahl der auf die eigentlichen Hochmoore beschränkten Arten verhältnismäßig klein. Es zeigt sich hier wieder die Erscheinung, daß extreme Lebensbedingungen sich in erster Linie in einer Beschränkung der Artenzahl äußern; und diese extremen Bedingungen sind hier durch die hohe Azidität gegeben.

Besonders charakteristisch für Hochmoore — wenigstens bei uns, denn im atlantischen Westen können sie durch *Racomitrium lanuginosum* ersetzt werden — sind die *Sphagna*, weiters eine Reihe von Mikrophyten, die aus irgendwelchen Gründen in einem engen Abhängigkeitsverhältnis zu *Sphagnum* stehen. Pascher hat, wie er in einer zur Zeit der Niederschrift dieser Zeilen noch nicht publizierten Abhandlung zeigen wird, eine Reihe von Organismen entdeckt, die z. B. an die chlorophyllführenden Zellen von *Sphag-*

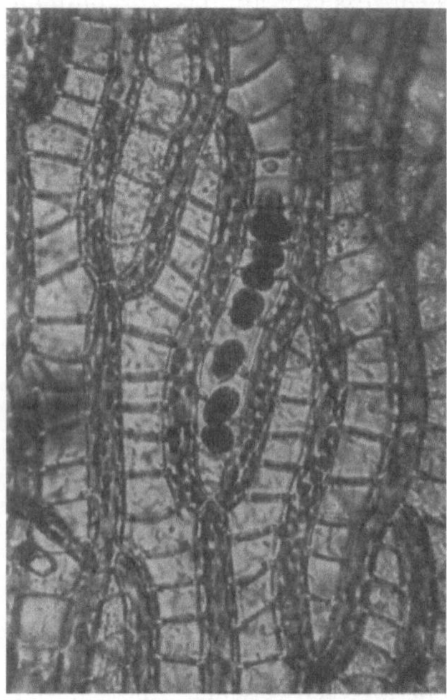

Abb. 58. In den Wasserzellen von *Sphagnum* endophytisch lebende Polyblepharidinen. (Phot. A. Pascher.)

num als Substrat gebunden zu sein scheinen. Epiphytisch auf den grünen Zellen der *Sphagnum*-Blätter leben einige Arten der Chrysomonadengattung *Lagynion*, ferner *Chrysocrinus*, einige zelluläre Dinophyceen, dann einige noch nicht sicher gedeutete Cyanophyceen sowie die interessanten Endocyanosen *Gloeochaete* und *Cyanoptyche*. Weiters wurden hier regelmäßig gewisse Diatomeen, Desmidiaceen und Protococcalen beobachtet, sowie die Eigentümlichkeit vieler fädiger Epiphyten der *Sphagnum*-Blätter, mit der Basalzelle nur den grünen Zellen des Blattes aufzusitzen. Und R. Fischer macht auf das endophytische Vorkommen von *Chlorochytrium Archerianum* und *Oocystis solitaria* in den Wasserzellen der Torfmoose aufmerksam. Ähnliche Fälle beobachtete Pascher (vgl. Abb. 58 u. 59). In diesen Wasserzellen leben ferner endophytische Euglenen, Chromulinen, die sehr oft rhizipodial werden, beschalte mit Rhizopodien versehene Rhizochrysidinen (Abb. 59), eine Reihe nackter, meist im geißellosen Zustand lebender Flagellaten, mehrere Rhizopoden sowie in manchen Fällen auch eine Unzahl gefärbter Bakterien. *Oocystis solitaria* erfüllte diese Zellen in solchen Mengen, daß die *Oocystis*-Zellen polygonal abgeplattet waren. Allerdings darf aus dieser Angabe nicht gefolgert werden, daß *Oocystis solitaria* streng auf *Sphagnum* beschränkt wäre, denn es wird nach GAMS auch frei im Blänkenwasser gefunden. Nur auf *Sphagnum* beobachtete R. FISCHER ferner *Conochaete Klebahni, Gloeoplax Weberi* und *Dicranochaete reniformis*, während drei andere Formen im selben Moor auch zwischen

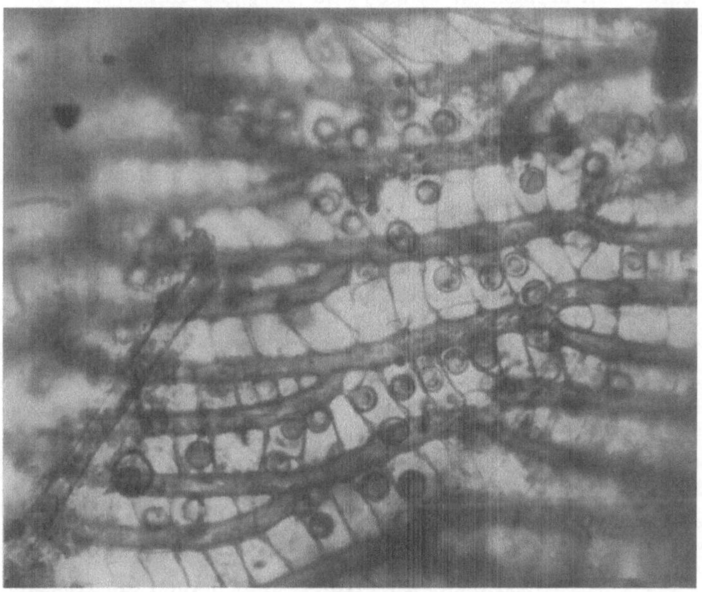

Abb. 59. Gehäuse bewohnende, rhizopodiale Chrysomonade, die endophytisch in den Wasserzellen von *Sphagnum* lebt. (Phot. A. PASCHER.)

anderen Moosen auftraten, nämlich *Oedogonium Itzigsohni, Binuclearia tatrana* und *Spondylosium pulchellum* (= *Cosmarium Hammeri* var. *subangustatum* STEINECKE). — E. WEHRLE, der kürzlich Studien über Wasserstoffionenkonzentrationsverhältnisse veröffentlicht hat (Zeitschr. f. Botanik *19*) führt das genannte *Oedogonium* neben vielen Desmidiaceen und *Zygogonium ericetorum* unter jenen Algen an, die sehr saure Wässer (mit einem p_H-Bereich 3,2—4,2) bewohnen. — Nach GAMS können jedoch *Binuclearia* und ebenso *Zygogonium*[1] nicht als ausschließliche Hochmoorbewohner betrachtet werden, wie überhaupt manche Organismen, z. B.

---

[1] *Zygogonium* findet sich z. B. auf freiliegendem Sand des Elbsandsteingebirges. Wahrscheinlich zerfällt *Zygogonium* in einige physiologisch verschiedene Rassen (A. PASCHER).

Eremosphaera und viele Desmidiaceen, in Hochmooren oft Massenvegetation und geradezu Reinkulturen bilden können, aber doch auch in Zwischenmooren, Flachmooren und Gewässern anderer Art vorkommen können. Immerhin überschreitet nach WEHRLE *Eremosphaera* niemals den Neutralpunkt und sind gewisse Desmidiaceen, wie *Netrium oblongum, Penium polymorphum, Cosmarium cucurbita, docidioides* und *pygmaeum, Staurastrum Simonyi* und *margaritaceum,* auf extrem sauere Gewässer beschränkt.

6. Biogene Fällungen und Lösungen.

Bei der Gegenüberstellung des Meer- und Süßwassers wird in der Regel betont, daß das Meerwasser, abgesehen von seinem Gehalt an Chloriden, durch den Mangel an $CaCO_3$ und SiO_2 gekennzeichnet ist. Diese beiden negativen Kennzeichen werden zurückgeführt auf die Tätigkeit zahlreicher kalkspeichernder (Coccolithophoriden, Foraminiferen) und kieselspeichernder (Radiolarien, Silikoflagellaten, Diatomeen) Organismen, die der freien Wassermasse diese Stoffe entziehen und die als Sedimentbildner durch Ablagerung ihrer Skelette und Gehäuse Kalk und Kieselablagerungen auf dem Meeresboden entstehen lassen.

Diese Art der Darstellung trifft nur teilweise zu. Zwar fehlen kalkspeichernde Organismen im Süßwasserplankton fast ganz. Der vereinzelte Nachweis einer Coccolithophoride im Genfer See[1] spielt gegenüber dem Massenauftreten dieser interessanten Flagellaten im Meere gar keine Rolle. Aber kieselspeichernde Plankter gibt es im Süßwasser im Überfluß; doch scheinen sie eine zweifache Rolle zu spielen. Die Diatomeen nämlich entziehen dem Wasser erhebliche SiO_2-Mengen und lagern diese als Kieselguhr oder in dem kieselhaltigen Bodensediment ab. Hingegen scheinen die Kieselpanzer-

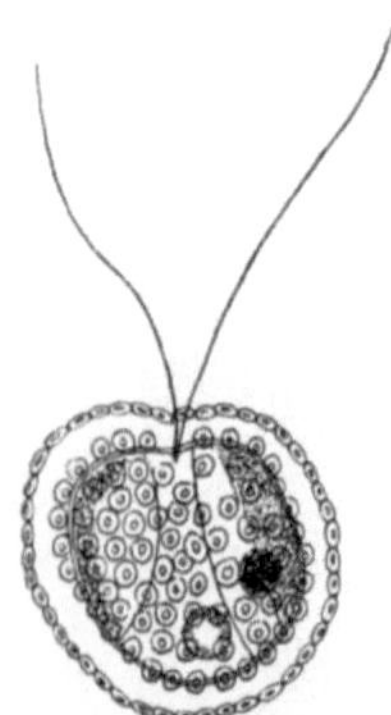

Abb. 60. *Hymenomonas roseola* STEIN. Eine Süßwasser-Coccolithophoride. Ähnlich die neu entdeckte *H. danubiensis* aus der „Alten Donau" bei Wien. (Nach CONRAD.)

teilchen der Flagellaten, etwa der Mallomonaden, nach dem Absterben derselben der Auflösung zu unterliegen, so daß die Flagellatenkieselsäure, um einen kurzen Ausdruck zu gebrauchen, einem neuen SiO_2-Kreislauf anheimfällt, während die Diatomeenkieselsäure wohl großenteils demselben entzogen bleibt. Es ist ja sicher, daß die Kieselsäure nicht einfach als SiO_2 in den Hartgebilden der Mikroorganismen enthalten ist. Ob dieses verschiedene Verhalten auf Verschiedenheiten der chemischen Bindung zurückgeht oder damit zusammenhängt, daß die Diatomeenpanzer massiver sind als die Kieselgebilde der Flagellaten, ist ebenso eine offene Frage wie die, ob nicht ein Teil der auf dem Boden abgelagerten Kieselsäure doch in den Kreislauf wieder mit einbezogen wird. Hier spielen wohl örtliche Verschiedenheiten in der Art der Sedimentbildung eine wesentliche Rolle.

---

[1] *Pontosphaera stagnicola* CHODAT. Ebenso ist die merkwürdige *Hymenomonas* STEIN eine Coccolithophoride (*teste* SCHERFFEL und CONRAD, Abb. 60).

Erst in neuerer Zeit ist man darauf aufmerksam geworden, daß auch eine biologisch bedingte Eisen- und Manganfällung in den Gewässern vorkommt und Dimensionen annimmt, daß diese Vorgänge ebenso wie die Bildung der Kalk- und Kieselsedimente geologische Bedeutung gewinnen. Schon WINOGRADSKY und später MOLISCH haben die Existenz von „Eisenorganismen" nachgewiesen, dann hat in jüngster Zeit NAUMANN neue Aufschlüsse gebracht, an die sich als letzte Ergebnisse die Entdeckungen russischer Autoren anschließen, so besonders die von PERFILIEW, CHOLODNY.

Als Eisenorganismen bezeichnen wir kurz solche, die die Fähigkeit haben, im Wasser gelöste *Fe*-Verbindungen an sich zu reißen und in Oxydform an der Oberfläche oder in der Membran oder in ausgeschiedener Gallerte abzulagern. Durch die Berlinerblaumethode können solche Eisenausscheidungen meist leicht nachgewiesen werden[1].

Eisenorganismen sind uns vor allem in zahlreichen Bakterien gegeben, doch kommt Eisenfällung auch bei anderen Organismen vor: *Arcella*, wohl unser häufigster Rhizopode, speichert *Fe* so reichlich in seinem uhrglasförmigen Gehäuse, daß diese in einem ausgeglühten Präparat rot gebrannt erscheinen. Auch unter den Blaualgen finden wir eisenspeichernde Arten, die das Eisenoxydhydrat in den Scheiden bzw. Gallerthüllen ausfällen, wodurch diese braun gefärbt werden. Zwar ist die am häufigsten als Beispiel zitierte *Lyngbya ochracea* nach NAUMANN gar keine Blaualge, sondern identisch mit der bekannten Fadenbakterie *Leptothrix ochracea*, aber die in Mooren lebenden Arten *Tolypothrix lanata* und *Scytonema tolypotrichoides* sind unzweifelhafte Beispiele, denen STEINECKE noch limonitbildende Desmidiaceen, wie *Staurastrum Reinschii*, anreiht; und die Lager von *Pseudoncobyrsa siderophila* können direkt vererzen. Unter den Flagellaten sind *Anthophysa* und *Trachelomonas* seit langem als eisenspeichernd bekannt; aber alle diese Fälle sind bedeutungslos gegenüber den Eisenbakterien, wenn wir die quantitative Seite dieses Fällungsprozesses ins Auge fassen.

Die Studien über diese Eisenmikroorganismen haben an Interesse noch dadurch gewonnen, daß gezeigt werden konnte, daß entgegen früherer Annahme solche Eisenmikroben nicht nur im Süßwasser, sondern auch im Meere vorkommen und daß neben eisenfällenden auch manganfällende Arten auftreten. Während bis vor kurzem der im Dresdener Wasserleitungswasser entdeckte *Manganaster Dresdensis* das einzige bekannte *Mn*-Bakterium war, haben neuere russische Arbeiten uns mit Mikroben des Meerwassers bekannt gemacht, die ebenfalls Mangan speichern, und die vielleicht für die Entstehung der Manganknollen auf dem Meeresboden eine Erklärung bieten werden. Zugleich wurde gezeigt, daß auch eisenspeichernde Arten im Meerwasser vorkommen und daß die Artenzahl solcher Organismen größer ist, als man bislang vermutet hat.

---

[1] Die Berlinerblaureaktion allein genügt nicht, einen Organismus als Eisenorganismus in dem hier gebrauchten Sinn des Wortes zu bezeichnen. Diese Reaktion fällt auch bei vielen sogenannten „siderophilen Organismen" (ROB. SCHNEIDER) positiv aus, wie bei *Stentor, Spongilla, Hydra fusca* und manchen Würmern und Mollusken.

Außer den oft zitierten Gattungen *Gallionella* und *Spirophyllum* wäre
Ochrobium tectum zu erwähnen (welcher Name nach PERFILIEW die Priorität vor dem synonymen NAUMANNschen *Sideroderma limneticum* hat),
dann die Gattung *Liskeella*, ferner die koloniebildenden Gattungen
Sphaerothrix und *Cryptothrix*, die speziell durch ihr sphärisches Wachstum Anlaß zur Bildung von Eisenmangankonkretionen geben können.
Das Studium der im Laboratorium gezüchteten halbsphärischen Kolonien dieser Organismen, sowie der in Seen und im Meere vorkommenden
Eisenmangankonkretionen läßt eine auffallende Übereinstimmung mit
kambrischen Eisenerzen erkennen, die auf Wesensgleichheit dieser Bildungen schließen und vermuten läßt, daß der Eisenkreislauf ein uralter
biologischer Prozeß ist.

Wesentlich anders liegen die Fällungsverhältnisse bei jenem Vorgang,
den wir mit MINDER als biogene Entkalkung der Seen bezeichnen
wollen. Wir verstehen darunter das Auskristallisieren von $CaCO_3$, welches dadurch hervorgerufen wird, daß durch assimilierende Pflanzen
dem Wasser die Kohlensäure entzogen wird.

Schon lange ist es bekannt, daß auf der Blattfläche vieler Wasserpflanzen, besonders auf *Elodea*, *Potamogeton*, sich ganze Kalkinkrustationen bilden, die eben dadurch entstehen, daß durch den CO_2-Ver-
brauch[1] seitens der assimilierenden Pflanze das sie umgebende Wasser
die Fähigkeit verliert, den Kalk zu lösen, der daher auf den assimilierenden Blattflächen ausfällt. Vielleicht quantitativ viel mächtiger ist aber
die planktogene Entkalkung, die MINDER zuerst für den Züricher See
nachgewiesen hat. Sobald dort im Frühjahr eine Massenentfaltung des
Phytoplankton einsetzt, wird das Wasser von zahllosen, etwa 40 μ großen
Kalkkriställchen getrübt. Die Menge derselben mag daraus ersehen werden, daß jedem solchen Maximum des Phytoplankton ein 5 mm starkes
Kalksediment am Seeboden entspricht, das einzig und allein der biogenen Entkalkung zugeschrieben werden muß, weil ja Plankter mit
Kalkgehäuse oder Kalkskelett im Süßwasser fehlen. Sowohl Plankton-
bestimmungen aus früheren Jahrzehnten als auch die Rohrlotprofile
zeigen, daß diese ausgiebige Kalkfällung auf biogenem Wege im Züricher
See erst in neuester Zeit eingesetzt hat, seitdem der See in ein eutrophes
Stadium eingetreten ist; auf diese Eutrophierung ,,hat der See spontan
und geradezu titanenhaft reagiert". ,,Die biogene Entkalkung dürfte
also sowohl in Ursache wie in Wirkung als charakteristische Eigenschaft
des eutrophen Seetypus gelten."

Wenn wir nunmehr den fällenden Organismen die lösenden gegenüberstellen, so haben wir eine viel geringere Zahl vor uns, und auch
quantitativ reichen die hier zu buchenden Fälle nicht an die erste Gruppe
heran. Während im Meere sogar tierische Organismen als gesteinsauf-
lösend bekannt geworden sind (*Pholas*, *Vioa*) und auch das Festland

---

[1] Wie RUTTNER experimentell zeigte, konsumiert die grüne Pflanze nicht nur
CO_2, sondern ist imstande, behufs CO_2-Gewinnung auch das Calciumbikarbonat
bis auf den letzten Rest zu spalten und in Karbonat überzuführen. Dabei werden
durch 100 kg lebende *Elodea* stündlich 218 g Kalk gefällt, was bei 10stündigem
Sonnenschein einer Tagesleistung von 2 kg entspricht.

in den kalkbohrenden Flechten Beispiele dieser Art aufweist, sind im Süßwasser analoge Fälle nur in beschränkter Zahl gegeben. Unter den Blaualgen ist die Gattung *Schizothrix* durch mehrere Arten ausgezeichnet,
welche Kalksteine perforieren (*S. lateritia, fasciculata, vaginata, lacustris*)
und welche nach CHODAT Ursache der Furchensteinbildung sein sollen.
Arten der Gattung *Hyella* BORN wurden als Kalksteine und Muscheln
zerlöchernde Formen erkannt, ebenso wurde *Mastigocoleus testarum*
LAGERH. bisher nur in Schnecken- und Muschelschalen gefunden. So
erinnern diese Blaualgen an bestimmte *Ulothrichales*, nämlich an *Go-
montia codiolifera* CHOD., die im Genfer See Kalksteine perforiert, und
an *Tellamia perforans* CHOD., die in Schweizer Seen dies an Schalen
lebender Muscheln und Schnecken tut, ohne dem Tiere zu schaden.

Quellen und Bäche zeigen in ihren Quellkalk- und Tuffbildungen
noch mehr in die Augen springende Kalkfällungen, als uns solche in
stehenden Gewässern entgegentreten. Fast überall in den Kalkalpen,

Abb. 61. *Rivularia haematites* D. C. Rivulariatuffstücke mit zonarer Schichtung von feuchten
Felswänden in der Hinterleiten bei Lunz. (Phot. Dr. H. KRAWANY.) Vergr. 4 fach. Präparat von
Dr. L. GEITLER. (Vgl. GEITLER: Cyanophyceae in PASCHERS Süßwasserflora, S. 241, 242.)

z. B. im Halltal bei Innsbruck, wo die im Bach liegenden Felstrümmer
von dem Moos *Cratoneuron commutatum* bewachsen sind, erweisen sich
die Moosstämmchen so starr und brüchig, wie wenn sie aus Porzellan
verfertigt wären. Wo solche Moose als Massenvegetation auftreten, muß
die in erster Linie durch ihre Assimilationstätigkeit bedingte Kalkfällung
zu mächtigen Tuffbildungen führen. „Moostuffterrassen" von besonderer
Schönheit hat unlängst THIENEMANN von der Halbinsel Jasmund auf
Rügen beschrieben und abgebildet, und der Uracher Wasserfall im Gebiet
der schwäbischen Alb, ein von früheren Autoren oft zitiertes Beispiel,
stellt eine 37 m hohe Wand dar, die nichts anderes ist, als eine von Kalk
inkrustierte Pflanzenmasse. Aus der Umgebung von Jena sind Kalktuffe
bekannt, die ihre Entstehung *Vaucheria*-Rasen verdanken, und ebensolche
fand GAMS im Stockgrund bei Lunz.

Die als Travertine beschriebenen Tuffe von Tivoli verdanken ihre Entstehung vorwiegend der Tätigkeit der Blaualgen und Bakterien. Unter den
Blaualgen sind es besonders Arten der Gattungen *Rivularia* (Abb. 61 u. 62)

und *Schizothrix*, die als Tuffbildner auftreten. Dabei zeigt sich, daß innerhalb der Schleimlager zwischen den Fäden kleine Kristalle entstehen, die
heranwachsende Drusen bilden, durch die das ganze Lager versteinert,
in dem die Blaualgenfäden bis auf die peripheren Teile des Lagers absterben. Nach GEITLER ist dieser Fall von Kalkabscheidung kein rein
chemischer Prozeß, sondern wird wohl durch kalkbildende Bakterien,
die regelmäßig in der Gallerte dieser Blaualgenkolonien leben, verursacht. Wir sehen so, daß für den Chemismus unserer Gewässer neben den
Eisenbakterien auch Kalkbakterien von großer Bedeutung sind,
und wir können diesen der Vollständigkeit halber noch gewisse Schwefelbakterien anreihen, über die bereits im Anschluß an ZIEGELMAYER
auf S. 28 berichtet wurde.

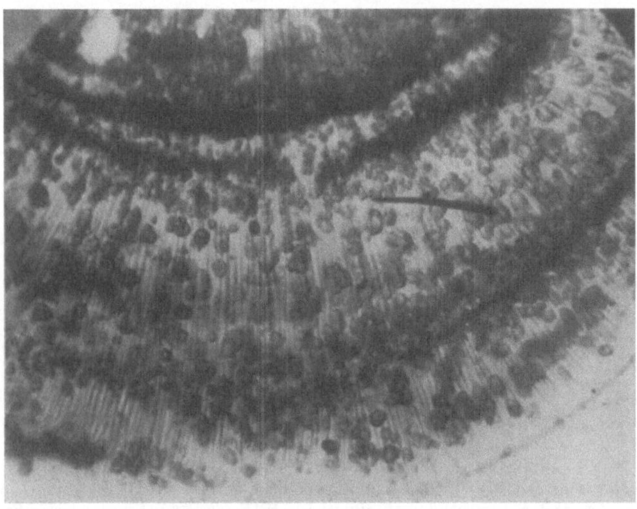

Abb. 62. *Rivularia haematites* D. C. Schnitt durch ein Stück des Rivulariatuffes aus der Hinterleiten bei Lunz bei 40facher Vergrößerung. Stellen mit stärkerer Imprägnation bilden die jahres-
ringähnliche Zonenbildung. (Phot. Dr. H. KRAWANY.) Präparat von Dr. L. GEITLER. (Vgl. GEITLER:
Cyanophyceae in PASCHERS Süßwasserflora, S. 241, 242.)

Die Vermutung GEITLERS, daß bei diesen Kalkfällungen Bakterien
im Spiele sind, gewinnt an Wahrscheinlichkeit durch die Isolierung
$CaCO_3$-fällender Bakterien aus Süßwasser, die MOLISCH gelang, der in
Japan eine solche Art, *Pseudomonas calciphila*, in Reinkultur gewann
und der auch in Wien solche Kalkbakterien auffand. Übrigens hatte
der russische Botaniker NADSON schon früher auf die Existenz von Kalkbakterien aufmerksam gemacht. (Vgl. NADSON, G. A.: Beitrag zur
Kenntnis der bakteriogenen Kalkablagerungen. Arch. f. Hydrobiol.*19.*
1928.)

Weit einschneidender als in den hier behandelten Fällen von biogenen
Fällungen und Lösungen gestalten sich aber die Stoffumsetzungen, die
durch Bakterien vor allem an organischen Verbindungen durchgeführt
werden. Untersuchungen, die sich dem Gesichtskreis der Limnologen

einpassen, liegen auf diesem Gebiet fast noch gar nicht vor. Bakteriologische Wasseruntersuchungen standen bisher fast ganz im Dienst der Hygiene. In Amerika allerdings hat man in letzter Zeit in groß angelegten Untersuchungen die Wechselbeziehungen zwischen dem Chemismus der Gewässer von Wisconsin und deren Bakterienflora ermittelt, und während der Drucklegung dieses Buches erschienen die ersten Mitteilungen über die in dieser Hinsicht von der KLEINschen Schule in Lunz durchgeführten, aber noch nicht abgeschlossenen Untersuchungen. Während über den bakteriellen Abbau von Cellulose und Chitin bereits sehr gute Ergebnisse erzielt, aber noch nicht veröffentlicht worden sind, liegt in der Arbeit von Dr. M. STEINER[1] ,,Bakteriologisch-chemische Untersuchungen am Lunzer Untersee I. Die bakteriellen Grundlagen des Stickstoff- und Schwefelumsatzes im See'' bereits eine eingehende Darstellung der Verbreitung und Tätigkeit der Harnstoffbakterien, Nitrit- und Nitratbakterien, der denitrifizierenden, desulfurierenden, stickstoffbindenden und der Thiosulfatbakterien vor. Bezüglich der angewendeten und vielfach erst eigens zu diesem Zweck ausgearbeiteten Untersuchungsmethoden muß auf das eben zitierte Original verwiesen werden. Ebenso bezüglich aller Details der Ergebnisse. Hier sei nur erwähnt, daß Fäulnisbakterien am reichsten im Schwebschlamm vorkommen — bis einige Hunderttausende im Kubikmillimeter —, demgegenüber das freie Wasser, in dem sich die Keimzahl in den Zehnern bewegt, als nahezu keimfrei angesehen werden kann. Im Schwebschlamm werden die größten Ammonmengen entbunden, hier spielt sich der Hauptumsatz von organischer Materie in anorganische Substanz ab.

Allgemein überwogen im Schlamm die aeroben Keime. Es hängt dies wohl damit zusammen, daß der untersuchte See dem oligotrophen Typus angehört, und es ist zu erwarten, daß in eutrophen Seen ein Überwiegen anaerober Keime vorgefunden wird. Daß die höchsten Keimzahlen bei Kältekulturen gefunden wurden, zeigt, daß die Bakterienflora des Schwebschlammes Kälteanpassung aufweist. Neu war ferner der Nachweis, daß stickstoffbindende Bakterien im See vorkommen und zwar in Mengen, die auf die Fixierung sehr erheblicher N-Mengen schließen lassen. Nitrifizierende Bakterien entfalten ihre Tätigkeit am stärksten im Winter, und für die desulfurierenden Bakterien ergab sich, daß sie auch nur im Winter tätig sind und zwar nie im Wasser, sondern nur im Schlamm, besonders im Schweb.

Quellkreide. Im Gegensatz zu der meist aus Characeen und Molluskenresten aufgebauten Seekreide entsteht die Quellkreide dort, wo kalte Quellen in wärmeres Seewasser austreten. Bei ihrer Entstehung tritt die Organismentätigkeit gegenüber der anorganischen Ausflockung zurück. Doch dürften Blaualgen und besonders Diatomeen an dem Zustandekommen dieses pulverigen weißen Sedimentes beteiligt sein. Denn in gleicher Weise wurden in solchen sublakustren Quellaustritten Kaltwasserdiatomeen nachgewiesen durch GAMS für oberbayerische Seen und durch HUSTEDT für den Plöner See und den Lunzer See. Die Plöner

---

[1] Österr. bot. Z. *78* (1929). In der Arbeit Nachweis weiterer einschlägiger Literatur.

Quellkreide löst sich in HNO_3 — von den Diatomeenschalen abgesehen — restlos unter Aufbrausen auf, und die relativ geringe Menge der Diatomeenschalen gegenüber dem mächtigen Kalksediment spricht sehr für die anorganische Ausflockung.

7. Das Sapropel.

Im Jahre 1901 veröffentlichte LAUTERBORN im Zool. Anz. eine Studie „Die sapropelische Lebewelt", in der zuerst der Begriff des Sapropels, wie er heute allen Biologen geläufig ist, festgelegt wurde. Obwohl dann später vom selben Autor eine weit umfassendere Arbeit über das Sapropel veröffentlicht wurde (unter demselben Titel 1915 in den Verhandl. d. nat.-med. Ver. z. Heidelberg), war es doch notwendig, hier auf die erste Arbeit hinzuweisen, weil später unglückseligerweise derselbe Terminus von POTONIÉ in ganz anderem Sinne eingeführt wurde, was leicht zu Mißverständnissen Anlaß geben kann.

In dem hier verwendeten Sinne, d. h. im Sinne LAUTERBORNs, dem die Priorität zukommt, verstehen wir unter Sapropel die Organismenwelt, die faulenden organischen Schlamm bewohnt. Im allgemeinen handelt es sich um einen zellulosereichen organischen Schlamm, in welchem bei ungenügender Belichtung und mangelnder Sauerstoffzufuhr sich im stagnierenden Wasser Reduktionsprozesse abspielen, die zur Bildung einer ganzen Reihe lebensfeindlicher Verbindungen, Fettsäuren, CH_4, CO_2, H_2S usw. führen. Derartige Bedingungen können an verschiedenartigen Örtlichkeiten gegeben sein. LAUTERBORN selbst beschreibt die Lokalitäten, an denen er seine Studien vornahm, einmal als Waldteiche, deren Wasserspiegel dicht mit *Lemna* überzogen ist und auf deren Grund sich oft mehr als meterhohe Anhäufungen von abgestorbenen *Lemna*-Resten befunden haben, die mit Purpurbakterien und Oscillarien durchsetzt sind, dann wieder als Gewässer mit dichtem Characeenbewuchs am Boden (während *Nitella*-Bestände nicht zur Sapropelbildung neigen). Mir selbst ist Sapropel aus Waldteichen bekannt, die so mit Utricularien durchsetzt sind, daß fast kein freier Wasserspiegel vorhanden ist, sondern das Untersuchungsmaterial aus den *Utricularia*-Massen ausgequetscht werden muß.

Nicht ganz mehr diesem typischen Sapropel entsprechen die Lebensgemeinschaften, die im Hypolimnion eutropher Seen leben oder die die Abwässer bevölkern; mit Rücksicht auf gewisse physiologische Vorgänge wird man aber auch die Abwasserorganismen am besten im selben Abschnitt wie das natürliche oder eigentliche Sapropel besprechen können.

Wie schon erwähnt, ist das Medium dieser Biozönose ein äußerst mineralarmer Schlamm, in dem sich die Zersetzungsprodukte von Eiweiß und Zellulose anreichern. Lichtabschluß, z. B. durch *Lemna*-Teppiche, behindert die Assimilation der wenigen chlorophyllführenden Organismen. Wird so einerseits sehr wenig O_2 produziert, so wird andererseits sehr viel O_2 konsumiert durch die im Schlamm sich abspielenden Zersetzungsvorgänge. Daher herrscht im Sapropel äußerster Sauerstoffmangel, ja in vielen Fällen völliger Schwund des Sauerstoffs. Daß ein derartiger Biotop nicht azoisch ist, sondern, wie die LAUTERBORNsche

Arbeit zeigt, sogar eine, wenn schon nicht individuenreiche, so doch artenreiche Biozönose beherbergt, läßt vorerst die Frage aufwerfen, wie hier
für die tierischen Komponenten dieser Biozönose die Atmungsfrage gelöst ist. Unter Hinweis auf experimentelle Untersuchungen an freilebenden anaeroben Formen sowie an Darmparasiten zeigte LAUTERBORN,
daß auch die typischen Sapropelbewohner durch hohen Glykogengehalt
ausgezeichnet sind und daß durch hydrolytische Spaltung desselben die
erforderliche Energie gewonnen wird. Dieser Annahme entspricht der
hohe Glykogengehalt, der für viele sapropelische Vertreter der verschiedensten Tierklassen nachgewiesen werden konnte. Freilich nicht für alle!
Gerade für eine der bezeichnendsten Gruppen, die *Ctenostomidae*, verlief
der Versuch des Glykogennachweises
negativ! Vielleicht dienen hier Pro-
teine als Energiequelle. Eine weitere
Energiequelle stellen wahrscheinlich
die Pseudovakuolen der saprope-
lischen Cyanophyceen und Bakterien
dar, über deren chemische Konstitution allerdings zur Zeit noch gar
nichts bekannt ist. Außer dem Sauerstoffmangel, den das eigentliche Sapropel mit noch einigen anderen
Lebensbezirken teilt, ist besonders
charakteristisch die Zellulosegärung,
die sich im Sapropel abspielt. Diese
Erscheinung teilt das Sapropel mit
einem ganz andersartigen, dem Hydrobiologen sehr ferne liegenden Lebensbezirk, nämlich mit dem Darminhalt
solcher Tiere, die vorzugsweise zellu-
losehaltige Nahrung aufnehmen, wie
die Nashörner[1], anthropomorphen
Affen[2], die Wiederkäuer und die holz-
fressenden Termiten. Auffallend sind
die von LAUTERBORN aufgedeckten
Parallelen, die sich für die verschie-

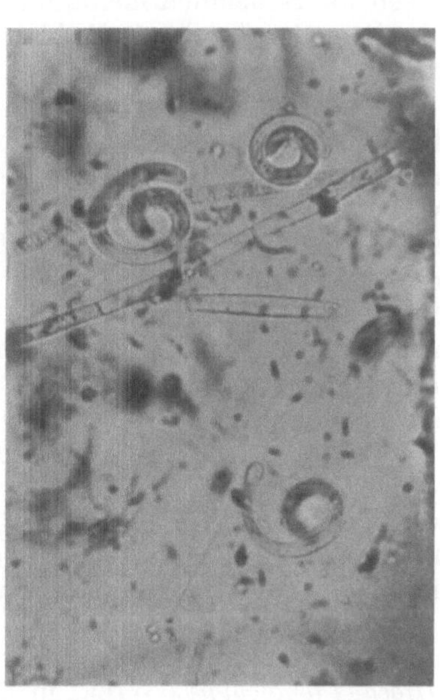

Abb. 63. *Ophiocytium parvulum* aus einem
eisenreichen Gewässer bei Franzensbad. Ähnliche Arten von *Ophiocytium* bevorzugen
das Sapropel. (Phot. A. PASCHER)

denen Ciliaten dieser eigentlich so heterogenen Biozönosen feststellen
lassen: die panzerartige Erhärtung der Pellicula, die Bewehrung des
Hinterendes mit spitzen Fortsätzen, die Neigung zur Torsion des Körpers, sowie das Auftreten langer, fast geißelartiger Zilien, lauter Erscheinungen, über deren Bedeutung man höchstens Vermutungen äußern kann.

Werfen wir noch einen Blick auf die Zusammensetzung dieser Biozönose, so finden wir an derselben beteiligt:

1. die von LAUTERBORN als „Bakterien mit Pseudovakuolen" bezeichneten Gattungen *Pelonema* und *Peloploca*;

---

[1] Hier die Ophryoscoleciden *Lavierella* und *Bozasella*.
[2] Hier die Arten der Ophryoscolecide *Troglodytella*.

2. eine lange Reihe von Schwefelbakterien, darunter vor allem das *Achromatium oxaliferum* (später *Hilhousia mirabilis* genannt);

3. eine Reihe vielleicht an Flagellaten anknüpfender Formen, wie *Spirophis minima*;

4. viele Purpurbakterien;

5. die von LAUTERBORN als „Chlorobacteriaceen" = Cyanochloridinen zusammengefaßten Gattungen, zu denen auch das seltsame *Chlorochromatium aggregatum* LAUTB. gehört, das als eine Symbiose von Cyanochloridinen mit einer Bakterie, deren Gallerthülle sie bewohnen, erkannt wurde. Solche „Ektocyanosen" (PASCHER) werden auch an Flagellaten und Rhizopoden gebildet. Die Chlorobacteriaceen = Cyanochloridinen haben wahrscheinlich nichts mit den Bakterien zu tun, sondern stellen Blaualgen dar, bei denen die blaugrünen Pigmente nur in geringer Menge vorhanden sind.

6. einige Cyanophyceen, vorwiegend Arten der Gattung *Oscillatoria*, die dann meist jene charakteristische gelbgrüne Farbe zeigen, wie die mit ihnen vergesellschafteten „Chlorobakterien", die ja, wie bereits erwähnt, selbst zu den Cyanophyceen gehören. Solche gelbgrüne Oscillarien wären die Arten *chlorina, Lauterborni, putrida* usw. Seltener sind farblose Arten wie *O. angusta* oder die durch lebhaften Blauglanz bekannten Arten *minima* und *coerulescens*. Die zuletzt genannte zeigte auch experimentell ihre Eignung zum Leben im Sapropel, da sie in Wasser, das mit H_2S gesättigt war, 10 Tage am Leben blieb. Dann nebst wenigen Rhizopoden und Flagellaten sehr viele

7. Ciliaten. „Keine andere Tiergruppe hat im Faulschlamm eine solche Menge eigentümlicher Gattungen aufzuweisen, keine — von gewissen Gastrotrichen abgesehen — einen solchen Reichtum an seltsamen und auffallenden Gestalten." Und zwar leben diese absonderlichen Formen nicht auf dem Schlamm, sondern im Schlamm.

Während die Rotatorien nur wenige Charakterformen im Sapropel aufweisen, als solche kämen besonders *Floscularia atrochoides* WIERZ und *Atrochus tentaculatus* WIERZ in Betracht,

8. wetteifern die Gastrotrichen wiederum an Reichtum seltsamer Typen mit den Ciliaten, treten aber wie diese nur in geringer Individuenzahl auf. Insbesondere müssen die Gattungen *Gossea, Stylochaeta* und *Dasydytes* erwähnt werden.

Manche Arten, so viele *Ophiocytium*-Spezies (Abb. 63) haben eine gewisse Vorliebe für Sapropel, ohne indes typische Sapropelbewohner zu sein.

8. Organisch verunreinigte Gewässer (Abwässer).

Wir haben bereits im Sapropel und in dem sauerstoffarmen Tiefenwasser mancher Seen Lebensbezirke kennen gelernt, in denen durch Fäulnisprozesse der Chemismus des Wassers derart verändert wird, daß nur bestimmte, oft für diese Lebensbezirke sehr charakteristische Arten zur Entfaltung kommen. Diesen natürlichen Fäulniswässern stellen wir als Abwässer im eigentlichen Sinn des Wortes Gewässer entgegen, in denen durch die Nähe menschlicher Ansiedelungen Verschmutzungen sich einstellen, die zu analogen chemischen Veränderungen des Wassers führen.

Verursacht werden derartige Verschmutzungen in erster Linie durch die Einmündung der Kanäle aus Großstädten in einen Fluß. Weiters kommen bestimmte industrielle Unternehmungen als Ursache der Abwasserbildung in Betracht: Zuckerfabriken, Zellulosefabriken, Brauereien und Brennereien. Auf einen eigenartigen Fall hat THOMSEN die Aufmerksamkeit gelenkt, auf die Verunreinigung des Rio de la Plata durch Blut aus den Großschlächtereien in Uruguay.

Mit dem Wachstum der Großstädte und der enormen Entwicklung der Industrie haben diese Wasserveränderungen für den Fischzüchter und den Hygieniker solche Bedeutung erlangt, daß sich eine eigene Abwasserbiologie entwickelt hat, die einerseits theoretische Interessen verfolgt, z. B. die physiologischen Verhältnisse der Abwasserorganismen studiert, zum Teil praktische, indem sie Art und Grad der Verunreinigung statt auf chemischem auf biologischem Wege zu ermitteln trachtet. Man könnte dagegen einwenden, daß doch die chemische Untersuchung des Abwassers viel genauere Daten liefern müßte; aber ganz abgesehen davon, daß manche organische Verunreinigung auch vom Chemiker schwer erfaßt werden kann und daß andererseits manche Organismen oft sehr empfindliche und genaue[1] Indikatoren sind, hat die biologische Abwasseranalyse gegenüber der chemischen zwei Vorteile, durch die sie mindestens neben der chemischen ihre Daseinsberechtigung behauptet. 1. Ist sie wesentlich einfacher und weniger zeitraubend, und 2. gewährt sie dem Analytiker eine gewisse Unabhängigkeit, die KOLKWITZ sehr treffend wie folgt beschreibt: „Dem Biologen kann es gleichgültig sein, ob er bei seiner Untersuchung von der Fabrik aus gesehen wird und ob daraufhin die Abwässer zurückgehalten werden und erst wieder zum Abfluß gelangen, wenn man das Feld für rein hält. Er kann, so paradox es klingt, die Zusammensetzung eines Wassers beurteilen, auch wenn er bei seiner Untersuchung es gar nicht antrifft."

KOLKWITZ und MARSSON haben, um die biologischen Ergebnisse der Abwasseruntersuchungen für die Praxis nutzbar zu machen, verschiedene Zonen oder Verunreinigungsstufen in den Abwässern unterschieden, die sich einmal nach der Zahl der in ihnen vorkommenden Arten, sowie qualitativ nach der Auswahl der Arten unterscheiden. Quantitativ fällt die enorme Einschränkung der Spezieszahl mit zunehmender Verunreinigung auf, wie folgende Tabelle zeigt:

Pflanzen	Tiere	Verunreinigungsgrad
21	16	Polysaprob
37	118	α-mesosaprob
90	227	β-mesosaprob

Eine exaktere Trennung der Verunreinigungsgrade bekommen wir aber, wenn wir die vorkommenden Arten als solche ins Auge fassen[2]:

---

[1] Vgl. als Indikatoren auf anorganische Stoffe das auf S. 29 über Eisenorganismen gesagte, oder die Tiefenchironomiden als O_2-Indikatoren.

[2] Es muß wohl erwähnt werden, daß manchmal gegen eine allgemeine Anwendung des Systems von KOLKWITZ Bedenken geäußert worden sind, so im 13. Bd. des Archivs für Hydrobiologie von STEINMANN!

1. Die polysaprobe Zone. Zersetzungsvorgänge an Eiweißkörpern und Kohlehydraten bedingen Sauerstoffschwund, Reichtum an CO_2 und H_2S. Schwefeleisen färbt den Schlamm schwarz. Die Biozönose wird von Bakterien beherrscht, von denen 1 000 000 pro Kubikzentimeter nachweisbar sind. KOLKWITZ macht *Sphaerotilus, Zoogloea ramigera* und Beggiatoen als Leitformen namhaft; DOLGOFF nennt als solche *Thiopolycoccus ruber* und *Cystobacter erectus*. Von höheren Organismen können Tubificiden und Chironomiden im polysaproben Wasser vorkommen. Vielleicht kann auch *Carchesium Lachmanni* hierher gerechnet werden, von dem LAUTERBORN berichtet, daß an der Mündung des Frankentaler Kanals alle Steine der Uferböschung weithin dicht mit weißlichen Polstern überkleidet waren, die aus ungezählten Millionen der bäumchenförmigen Kolonien dieser Art bestanden, die hier in völliger Reinkultur auftrat.

2. Die mesosaprobe Zone. Diese gliedert sich in zwei Unterabteilungen. Der polysaproben zugekehrt liegt die noch durch stürmische Selbstreinigungsvorgänge ausgezeichnete

α-mesosaprobe Zone. Hier sind die Eiweiße schon zu Asparagin, Leucin, Glykokoll abgebaut, doch herrschen die reduzierenden Organismen noch immer vor. Auf Nährgelatine wachsen noch Hunderttausende von Keimen pro Kubikzentimeter. In dieser α-Zone leben viele Oscillarien und Phormidien, aber auch schon Grünalgen und Diatomeen, so z. B. *Stigeoclonium tenue* oder *Nitzschia palea*.

Unter den tierischen Organismen sind *Sphaerium, Asellus* und mehrere Ciliaten (*Psilotricha acuminata*) kennzeichnend.

Als β-mesosaprobe Zone werden die vom polysaproben Bezirk abgekehrten Teile dieser mittleren Zone bezeichnet, wo die organischen Substanzen schon stark mineralisiert sind. Dadurch sinkt hier die Keimzahl unter 100 000 pro Kubikzentimeter. Die zunehmende Zahl der hier vorkommenden Organismen erschwert die Auswahl von Leitformen. Verschiedene Oscillarien, die in reinen Gewässern blaugrün gefärbt sind, wie *O. limosa, princeps* und *tenuis*, fallen hier durch ihre schwarze Farbe auf. Euglenen und Trachelomonaden sind reichlich vertreten, ebenso viele *Chlamydomonas*- und *Scenedesmus*-Arten.

In allen diesen Bezirken scheint es weiters gewisse Ernährungsspezialisten zu geben, die noch weitere Schlüsse qualitativer Natur gestatten; *Leptomitus lacteus* soll Reichtum an Zerfallsprodukten von Kohlehydraten erkennen lassen, und *Carteria cordiformis* wird von DOLGOFF als Kennzeichen fäkaler Verunreinigungen erwähnt.

3. Die oligosaprobe Zone umfaßt jene Gewässerabschnitte, in denen bereits wieder ein entsprechender O_2-Gehalt nachgewiesen werden kann, der der Zunahme der assimilierenden Arten und der Abnahme der reduzierenden Arten zuzuschreiben ist. Die Mineralisation der organischen Verunreinigungen ist fast völlig durchgeführt. Aus den langen Listen von Organismen, die als Bewohner dieser Zone von verschiedenen Autoren namhaft gemacht wurden, sei die interessante Floridee *Thorea ramosissima* hervorgehoben, von der DOLGOFF sagt, sie sei „ein sehr typischer Oligosaprob".

Es liegt auf der Hand, daß die hier angeführten Zonen uns gewöhnlich räumlich nebeneinander entgegentreten. Mündet z. B. in einen Flußlauf eine Kloake, so wird die Mündungsstelle eine polysaprobe Biozönose aufweisen; weiter flußabwärts wird mit der fortschreitenden „Selbstreinigung" die mesosaprobe und die oligosaprobe Zone sich einstellen, wobei es geradezu verwunderlich ist, auf welch kurzen Strecken das von einer Großstadt in einen Fluß abgegebene Material aufgearbeitet, d. h. mineralisiert wird.

Aber diese Zonen können auch in zeitlicher Aufeinanderfolge uns entgegentreten. Dies ist der Fall in den kleinen Almtümpeln oder Blutseen unserer Alpen. Im Frühsommer zur Zeit der Schneeschmelze wird das Schmelzwasser, das sie erfüllt, von katharoben oder oligosaproben Arten bevölkert, nach dem Viehauftrieb aber infolge der Verunreinigung durch Harn und Fäkalien von meso- oder polysaproben Arten, wie MIKOLETZKY an den Nematoden der Lunzer Almtümpel gezeigt hat.

9. Die Tierwelt des Feuchten.

Nur in einer bestimmten Hinsicht beanspruchen noch jene Organismen das Interesse des Limnologen, die man mit FEUERBORN der Biozönose des „Feuchten" zuordnet, jene Lebewesen, die gewissermaßen im Begriffe stehen, sich dem Einfluß des Wassers zu entziehen oder umgekehrt in den Wirkungsbereich desselben einzutreten. Sie erscheinen deswegen interessant, weil sie natürliche Parallelversuche sind zu jenen experimentellen Arbeiten, die den Einfluß von Milieuveränderungen auf den Organismus studieren. In welcher Richtung dieser Milieuwechsel erfolgt, wird man wohl nur nach dem Charakter der in Betracht kommenden Organismen beurteilen können. Wenn wir z. B. sehen, daß von den vielen *Arcella*-Arten fast alle Wasserbewohner sind, nur *A. catinus* im feuchten Moos lebt und *A. arenaria* und *Antarcella pseudarcella* Luftbewohner sind, so wird man schon mit Rücksicht auf die Organisation der Rhizopoden überhaupt schließen dürfen, daß bei den genannten drei Arten ein Übergang aus dem Wasser zur Luftlebensweise stattgefunden habe. Zwingend ist der Schluß natürlich nicht. Man vergleiche die Versuche vieler Phylogenetiker, den ganzen Stamm der Fische von Landtieren abzuleiten.

Es ist nicht leicht, für diese von FEUERBORN auch als Grenzfauna bezeichneten Biozönosen eine scharfe Abgrenzung gegenüber der eigentlichen Wassertierwelt zu ziehen. Vor allem muß bedacht werden, daß früher für manche der hierher gehörigen Arten der Ausdruck „amphibisch" gebräuchlich war, daß dieser aber nicht zu Recht besteht; denn hier handelt es sich nicht um einen Wechsel der Lebensweise, sondern die echten Vertreter der Grenzfauna sind einerseits an Wasser, wenn es auch nur spurenweise zur Verfügung steht, und andererseits wegen ihrer Atmungs- oder Ernährungsverhältnisse an Luft gleichzeitig und dauernd gebunden.

Den Übergang der aquatilen Fauna zur Grenzfauna bildet wohl jene Biozönose, die THIENEMANN als Fauna hygropetrica bezeichnet hat. Man versteht darunter die Tierwelt der nur von dünner Wasserschicht

überspülten Felsen (Abb. 64). Die Dünne der Wasserschicht bedingt bei
der großen Berührungsfläche mit der atmosphärischen Luft einen hohen
Sauerstoffgehalt. Übersteigt die Dicke einige Millimeter, so ist die bei
gleicher Berührungsfläche dem nunmehr viel größeren Wasservolumen zu-
geführte O_2-Menge nicht mehr ausreichend, um dem Atmungsbedürfnis
der in diesem dünnen Wasserhäutchen lebenden wasseratmenden Tiere zu
genügen. Auf diesen Umstand führt es THIENEMANN zurück, daß *Tinodes*-
oder *Helicopsyche*-Arten zugrunde gehen, wenn man sie im Zuchtgefäß

Abb. 64. Wasserüberrieselte Felsen im Lechner Graben bei Lunz werden von reicher Fauna
und Flora hygropetrica bewohnt. *Orphnephila, Liponeura, Phormidium.* (Phot. W. EFFENBERGER.)

mit einer mehrere Zentimeter hohen Wasserschicht bedeckt hält. Eine
Reihe hygropetrischer Dipterenlarven beansprucht wiederum deswegen
ein dünnes Wasserhäutchen, weil sie atmosphärische Luft atmen, die sie
erreichen, wenn der Rücken des Körpers mit den Stigmenöffnungen über
das Wasserhäutchen hinausragt. Solche Formen verfügen allerdings gewöhnlich noch über Analkiemen, um im Fall einer vorübergehenden
Untertauchung, wie sie in der Natur an hygropetrischen Stellen natürlich
gelegentlich bei Regenwetter oder Schneeschmelze vorkommt, dieser Störung der Stigmenatmung begegnen zu können. Arm ist meist die gewöhn-

lich nur von Diatomeen gebildete Vegetation solcher überrieselter Felswände. Typisch ferner, daß sie oft dem grellen Sonnenlicht ausgesetzt sind.

Es ist eigentümlich, daß an der Zusammensetzung der Fauna hygropetrica fast nur[1] die Larven von drei Insektengruppen beteiligt sind. Wohl wird dann und wann einmal auch ein Vertreter einer anderen Gruppe erwähnt, so *Isotomurus palustris* MÜLLER, eine Collembolenart, u. a., aber die in Mitteleuropa am häufigsten wiederkehrenden Leitformen dieser Biozönose sind die:

die *Trichoptera*	die *Diptera*
Bereaa maurus CT.	*Orphnephila testacea* MACQU.
Tinodes assimilis McL.	*Pericoma nubila* MG.
Tinodes aureola ZETT.	*Dicranomyia trinotata* MG.
Tinodes sylvia ZETT.	*Dixa maculata* MG.
Stactobia fuscicornis SCHNEIDER	*Oxycera pulchella* MG.
Stactobia Eatoniella McL.	*Metriocnemus hygropetricus* KIEFF.

Beziehungen zwischen Körperbau und Lebensweise einerseits und Milieubedingungen andererseits hat THIENEMANN in folgenden Punkten festgestellt:

1. Bei fast allen Trichopterenpuppen findet sich an den Beinen ein zweizeiliger Borstenbesatz, vor allem am zweiten Beinpaar, das die Puppe nach dem Ausschlüpfen aus dem Gehäuse zur Wasserfläche zu befördern hat. Bei den hygropetrischen Arten ist dieser Besatz um so mehr rückgebildet, je weiter sich die betreffende Form vom Wasserleben entfernt und dem Typus der landbewohnenden *Enoicyla pusilla* BURM. genähert hat.

2. Für die Bewegungsweise ist die Viskosität des Oberflächenhäutchens von besonderer Bedeutung. *Orphnephila testacea* z. B. sollte eigentlich nach Art der Spannerraupen kriechen. Da hierbei der aufgewölbte Rücken die Wasserhaut dehnen bzw. durchreißen müßte, was mit einem enormen Energieverbrauch verknüpft wäre, hat *Orphne-*

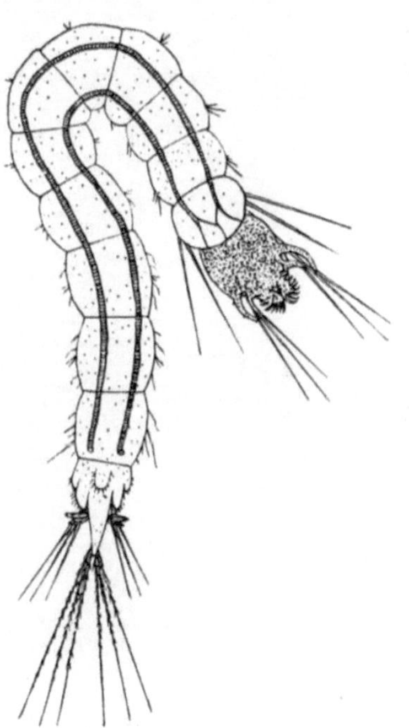

Abb. 65. Larve einer *Dixa*-Art.
(Nach STEMPELL.)

phila einfach die Ebene, in der sich ihre Körperkrümmungen vollziehen, um 90⁰ umgeklappt und bewegt sich ganz innerhalb des Wasserhäutchens. Ganz ähnlich liegen auch die Verhältnisse bei der Bewegung der *Dixa*-Larve (Abb. 65).

---

[1] LAUTERBORN machte aufmerksam, daß auch ein Käfer mit sehr eigenartiger Larve — *Eubria palustris* — der Fauna hygropetrica angehört. Auch Tipulidenlarven gehören hierher, wie *Geranomyia canadensis*.

Flora hygropetrica.

Es liegt in der Natur der Sache, daß die der *Fauna hygropetrica* korrespondierende *Flora hygropetrica* weniger spezifische Züge aufweisen wird, da „das Feuchte" ein der Pflanze mehr adäquates Medium ist als dem Tier. Immerhin lassen sich an entsprechenden Örtlichkeiten oft recht charakteristische Pflanzenvergesellschaftungen konstatieren.

Abb. 66. „Tintenstriche" an Jura-Kalkfelsen bei Avignon. (Phot. MARIE JAEDICKE.)

So wurden kürzlich von DONAT: *Gloeocapsa sanguinea*, *G. rupestris* und *montana*, weiters *Aphanothece saxicola*, *Aphanocapsa montana*, *Cosmarium alpinum*, *C. holmiense*, *nasutum*, *Cymbella gracilis*, *Diatomella* und *Tetracyclus* als typische Begleiter einer Fauna hygropetrica festgestellt.

Als „Tintenstriche" werden seit langem die dunklen Streifen bezeichnet, die das an Felswänden absickernde Wasser begleiten (Abb. 66) und in besonders auffallender Weise sich dem Besucher der Alpen an den hellen vegetationslosen Wänden der Kalkalpen präsentieren, etwa an den

Abstürzen des Zahmen Kaisers bei Kufstein, dessen Tintenstriche vom Waggonfenster aus zu sehen sind, sobald sich der Zug diesem mächtigen Gebirgsstock nähert. Dieser Hinweis auf einen speziellen Fall mag zugleich ein Beispiel dafür sein, welche Dimensionen diese Erscheinung unter Umständen annehmen kann. An der Bildung dieser Tintenstriche sind großenteils wieder die oben genannten Blaualgen, aber nach GAMS auch gewisse Flechten, wie *Dermatocarpon miniatum* und *Collema rupestre*, beteiligt. Ganz ähnliche Bildungen finden sich gelegentlich an den Steilwänden der Sandsteingebirge.

Mehr als die Fauna hygropetrica entsprechen dem Begriff des „Feuchten" jene Biozönosen, mit denen sich FEUERBORN bei seinen Psychodidenstudien beschäftigt hat, so z. B. die am Rand von Quellen und Sümpfen vermodernden Laubblätter, faulende Unkrauthaufen, faulende Seegrasanhäufungen am Strand usw. Schon diese Fundortsangaben lassen erkennen, daß die hier hausenden Tiere oft mit einem Minimum an Feuchtigkeit auskommen müssen, und dieser Umstand läßt erwarten, daß Schutzmittel gegen die Gefahr des Austrocknens hier ganz besonders zur Ausbildung kommen. Als solche betrachtet FEUERBORN: 1. Kalkinkrustationen. Bei diesen (Abb. 67 u. 68: *Pericoma decipiens*) handelt es sich um eine im Tierreich ziemlich einzig dastehende Erscheinung, die nur gewissen *Pericoma*-Arten zukommt. Diese „Kalklarven" verfügen über ganz besonders ausgebildete Borsten, die sozusagen den

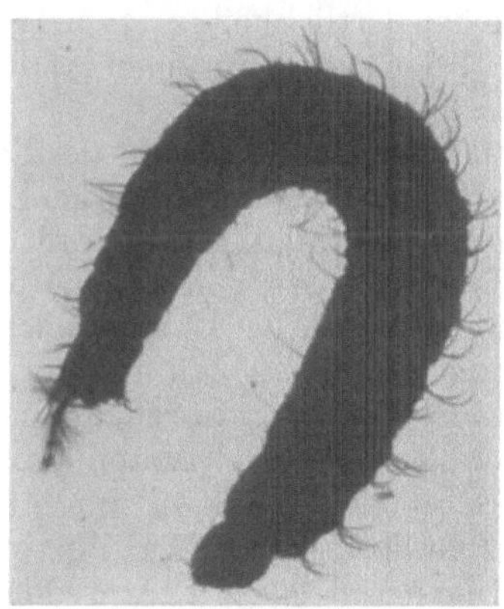

Abb. 67. *Pericoma* spec. aus einer Ockerquelle bei Lunz. Das Tier ist durch Ockerbedeckung völlig opak. (Phot. Dr. H. KRAWANY.)

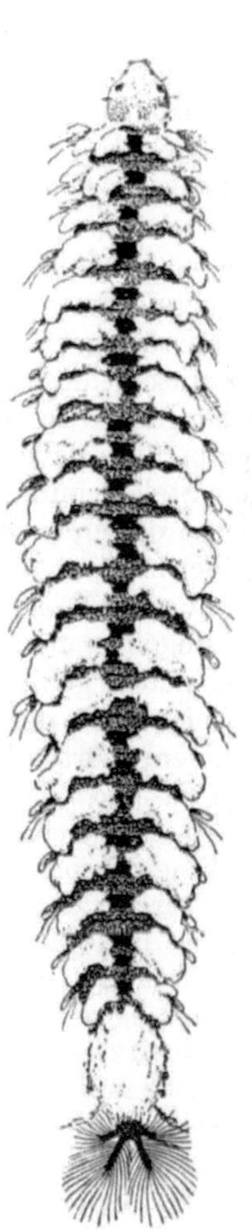

Abb. 68. Larve von *Pericoma decipiens* EAT. 26:1 mit zweireihiger Verkalkung. Die Inkrustationen verwachsen schließlich in der Mitte. (Gez. Dr. J. FEUERBORN.) Aus THIENEMANN.

Kristallisationskern der Kalkfällung darstellen. Wieso diese eigentlich zustande kommt, ist noch unklar. Diese Kalkschuppen halten flüssiges Wasser an der Körperwand kapillar fest. — 2. Schmutzinkrustationen. Mag auch die Verschmutzung bestimmter *Pericoma*-Arten ursprünglich ein rein zufälliges Zurückgehaltenwerden von Schmutzpartikelchen an den

Retentionsorganen darstellen, so liegt doch bei bestimmten Arten eine obligatorische Ausbildung von Schmutzkrusten vor, die vor allem dadurch zustande kommt, daß eigene Schmutzfängerborsten zur Ausbildung kommen. Die Bedeutung der Schmutzkrusten liegt wiederum in der kapillaren Festhaltung des Wassers. — 3. Bei manchen schon mehr terrestrischen Arten wird eine Umbildung des Chitins beobachtet, die FEUERBORN ebenfalls als Anpassungsmerkmal betrachtet.

Wieder etwas abweichend von dem Milieu, das hier als Heimat von Psychodidenlarven in Betracht kam, ist der wasserdurchtränkte Humusboden am Grund dichter Laubwälder, den man wohl gar nicht mehr dem Arbeitsbereich der Hydrobiologen zurechnen möchte, wenn nicht die Tierwelt desselben in der Zugehörigkeit zu den einzelnen systematischen Kategorien soviele Anklänge an die sonstige Süßwassertierwelt zeigte.

Hierher gehören ferner schattige, vom Grundwasser feucht gehaltene Moosrasen, die in inniger Beziehung zur Quell- und Grundwasserfauna stehen und von Arten bewohnt werden, die eine gleichmäßig niedrige Temperatur lieben. REISINGER, der speziell die Turbellarienfauna solcher Stellen untersucht hat, macht darauf aufmerksam, daß diese Biozönose dadurch ausgezeichnet ist, daß hier Arten auftreten, die in der Reihe der übrigen Turbellarien eine ganz isolierte Stellung einnehmen, wie *Bothrioplana Semperi* und *Rhynchoscolex*, sowie solche, die Beziehungen zu marinen Formengruppen aufweisen, wie das bei dem zu den Graffilliden gehörigen *Haplovortex bryophilus* der Fall ist, der übrigens vielleicht mit der von SEKERA aufgestellten Gattung *Pilgramella* zusammengehört. Von solchen Örtlichkeiten stammt auch der merkwürdige *Parergodrilus Heideri*, der zuerst für einen landbewohnenden Archianneliden angesehen wurde[1].

Einen besonderen Fall der Organismenwelt des Feuchten stellt feuchtes Erdreich dar, das stark durch stickstoffhaltige Substanzen verunreinigt ist und daher einen halbterrestrischen Parallelfall zu dem Kapitel Abwasser darstellt, so Erdreich, das von Jauche durchtränkt ist oder regelmäßig mit Urin befeuchtet wird. Oft sind solche Stellen mit Kolonien des *Porphyridium cruentum* überzogen und erwecken den Anschein, als ob sie mit geronnenem Blut bedeckt wären, an anderen Stellen wieder bedecken gleich geschrumpften grünen Häuten *Prasiola*-Arten den Boden, und ganz besonders oft ist der Boden durch Cyanophyceen blauschwarz bis braunviolett verfärbt. Eine Anzahl von Diatomeen, einige gefärbte und farblose Flagellaten (spez. Chlamydomonadinae, Eugleninae) leben hier in mehr oder weniger wechselnder Gesellschaft.

10. Moosfauna.

Die Organismen, die in *Sphagnum*-Polstern leben oder in den eben erwähnten vom Grundwasser durchfeuchteten Moospolstern schattiger Wälder, nehmen eine Mittelstellung — biologisch natürlich genommen —

---

[1] In einem zwischen Königswart und Marienbad gelegenen Buchenwald erwies sich das Wasser, das das vermodernde Buchenlaub und den Waldhumus durchtränkte, reichlich belebt von *Cyclops bicuspidatus* und *Candona pubescens* KAUFMANN.

ein zwischen den Wasserorganismen und den Vertretern der Moosfauna, der wir gewissermaßen als einem Grenzfall der Fauna des Feuchten noch kurz unsere Aufmerksamkeit zuwenden wollen.

Von all den vielen Typen, die im Feuchten vertreten sind, haben nur wenige die Fähigkeit, auch jene Moospolster zu besiedeln, die längere Zeit trocken liegen können. Die Zeiten der Durchfeuchtung, die ein aktives Leben ermöglichen, sind dabei oft so knapp bemessen, daß die Entwicklung von Ei zu Ei gar nicht durchlaufen werden könnte, weshalb die typischen bryophilen Tiere die Fähigkeit haben müssen, im ausgebildeten Zustand eine Trocken- oder eine Kältestarre durchzumachen, um bei Wiedereintritt geeigneter Lebensbedingungen zu neuem Leben zu erwachen (Anabiose). Es ist dabei ebenso erstaunlich, über wie lange Zeiträume sich diese Starrezustände (Abb. 69) erstrecken können, als auch welche tiefe Temperaturen viele Vertreter der Moosfauna zu ertragen vermögen. Die von SVANTE ARRHENIUS wieder aufgefrischte Panspermielehre, derzufolge lebende Keime ohne Schaden den Weltraum passieren können, nach ARRHENIUS vom Lichtdruck getrieben, hat durch diese Befunde neue Stütze erhalten. RAHM hat solche Fälle experimentell geprüft und Arten gefunden, die ebenso eine Erwärmung auf 150⁰ wie eine Abkühlung im flüssigen Helium auf —272⁰ schadlos überstanden.

Als Vertreter der Moosfauna kommen in erster Linie bdelloide Rädertiere, Tardigraden, Rhizopoden in Betracht, ferner einige Nematoden und wenige Harpacticiden. Wenigstens für unsere Gegenden. Die starken Krallen der Tardigraden, die vielfach an ihrem Körper vorkommenden Anhänge, die merkwürdigen Skulpturen der Tardigradeneier, die Fußdrüsen der bdelloiden Rädertiere werden oft als Anpassungserscheinung gedeutet, indem man annimmt, daß durch diese

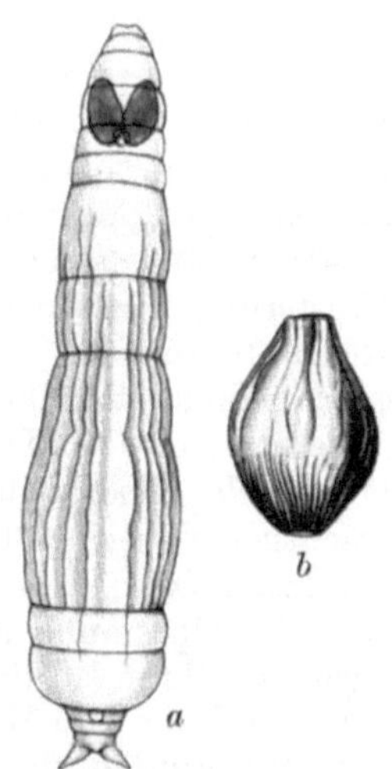

Abb. 69. *Callidina symbiotica* ZEL. *a* ausgestreckt, *b* in Trockenstarre. (Nach ZELINKA.) Vergr. 250 fach.

Einrichtungen das Herausgeschwemmtwerden aus den Moosen verhindert werde. Man wird allerdings nicht übersehen dürfen, daß dieser Schutz nur teilweise wirksam sein wird. Denn die Moosfauna, die in den Moospolstern alter Schindeldächer haust, wird nach jedem stärkeren Regenguß reichlich ausgeschwemmt, wie die in Dachrinnen auffindbaren Tardigraden zeigen. Hat man doch lange Zeit geradezu die Dachrinnen als Heimat dieser Tiere betrachtet, und in einer für C. A. S. SCHULTZE herausgegebenen Festschrift erinnerte ihn ein auch schon im Dienst er-

---

[1] Über die Widerstandsfähigkeit der Tardigraden berichtet MARCUS: „Im trockenstarren, anabiotischen Zustand können die Tiere extreme Kälte (—271⁰ und bis 20 Monate lang —190⁰) und Hitze (6 Stunden lang + 100⁰), Sauerstoffmangel, Luftleere, Röntgen-, Radium- und ultraviolette Lichtstrahlen sowie 1 proz. Lösungen von *Os*, *HgCl₂* und Säuren ertragen, sind jedoch nicht unbegrenzt lange existenzfähig.“

grauter Kollege an die Zeit, da beide als jugendliche Forscher in Greifswald ihre zoologischen Exkursionen auf den Dächern der Greifswalder
Häuser ausführten, um in den Dachrinnen Tardigraden zu suchen.

Es mag nicht überraschen, daß bei der Resistenz der Tardigraden und
auch der anderen hierher gehörigen Formen die Moosfauna in vertikaler
wie in horizontaler Richtung sich der weitesten Verbreitung erfreut, daß
z. B. *Milnesium tardigradum* im Meeresniveau in ebenso lebfrischen
Exemplaren angetroffen wurde wie in den Alpen bei 4000 m Seehöhe.
Trotzdem wäre es verfehlt, die Moosfauna einfach für kosmopolitisch zu
halten. Zwar sagt HESSE in seiner Tiergeographie 1924: „Die Moosfauna
überrascht durch ihre durchaus kosmopolitische Zusammensetzung.“
Aber diesem Satz könnte zweierlei entgegen gehalten werden: 1. Gerade
weil die Mitglieder der Moosfauna zur weltweiten Verbreitung prädestiniert erscheinen (HESSE selbst sagt: „Das verschwindend geringe Gewicht der eingetrockneten Tiere begünstigt eine Verbreitung durch den
Wind, ähnlich wie bei den Sporen der Farne“), müßte es eigentlich überraschen, wenn sie nicht kosmopolitisch wären, und 2. sie sind auch nicht
in dem Grad kosmopolitisch, wie man vielfach anzunehmen scheint.
JAMES MURRAY, einer der besten Kenner der Moosfauna, kommt bei der
Erörterung der von ihm auf der SHACKLETON-Expedition gewonnenen
Resultate zu dem Schluß: „Die Besonderheit der australischen Tardigradenfauna ist größer, als man nach der Zahl der endemischen Arten
annehmen möchte. Denn abgesehen von einem endemischen Genus, nämlich *Oreella*, sind auch die meisten der hier heimischen Spezies ganz beträchtlich abweichend von ihren Verwandten, so z. B. *Echiniscus pulcher,
tessellatus, intermedius*[1].“ — Und daß die Annahme, es gäbe auch innerhalb der Moosfauna Arten mit beschränkter Verbreitung, nicht darauf
zurückzuführen ist, daß man solche Arten mancherorts übersehen habe,
mag durch die von RICHTERS[2] abgebildete *Callidina pinnigera* MURRAY
dargetan werden, die schon mehrfach auf der südlichen Halbkugel zur
Beobachtung gelangte, noch nie aber auf der nördlichen. Daß eine derart
auffallende Form in Europa, wo schon intensive Moosfaunastudien vorgenommen worden sind, übersehen worden wäre, ist wohl undenkbar.

Skizzieren wir noch kurz die systematische Zugehörigkeit der Komponenten der Moosfauna. Die Tardigraden sind, wenn wir von den marinen Gattungen absehen, mit allen Gattungen in der Moosfauna vertreten: *Echiniscus, Oreella, Milnesium, Diphascon* und *Macrobiotus*. Sie
sind ganz typische Moosbewohner. Unter den Rädertieren überwiegen
die Callidinen weitaus die anderen Gattungen der Bdelloiden. Die
Turbellarienfauna der Moose gestattet nach STEINBÖCK noch eine genauere Differenzierung. Während die für durchrieselte Quellmoose typischen Arten *Ascophora elegantissima, Dalyellia microphthalma, Castrella
truncata* noch als Vertreter der Wasserfauna, freilich bereits der Über-
gangszone gelten können, sind die in Bodenmoosen lebenden Arten
Adenoplex paraproxenetes und *Geocentrophora sphyrocephala* und noch

---

[1] Allerdings ist die Gattung *Oreella* inzwischen auch mehrfach in Europa
gefunden worden.

[2] Abh. d. Senckenberg. Ges. *33* (1911).

mehr die in Baummoosen lebenden Arten *Acrochordonopostia conica* und *ophiocephala* bereits reine Vertreter der Landfauna. Unter den Nematoden verdient die durch ihre zahlreichen Hautwarzen sehr auffällige Gattung *Bunonema* besondere Beachtung und unter den Kopepoden sind gewisse *Moraria*-Arten charakteristische Moosbewohner. In den Tropen kommen dazu Vertreter der Harpacticidengattung *Parastenocaris* und *Darwinula*. Die Neigung dieser Gattungen zur Lebensweise im Moos zeigt sich auch bei den wenigen seltenen Vorkommnissen dieser Gattung in Europa. Die Gattung *Parastenocaris* wurde ja von KESSLER im nassen *Sphagnum* entdeckt, und *Darwinula Stevensoni* wurde von MRÁZEK auch im Moos gefunden. Aber während es sich bei uns in diesen Fällen um seltene Erscheinungen handelt, scheinen diese beiden Kleinkrebsgattungen in den Tropen ganz gewöhnliche Leitformen der Moosfauna zu sein. Man vgl. folgende Ergebnisse, die MENZEL bei Untersuchung von Moosen aus drei ganz verschiedenen Gebieten erhielt. Er fand nämlich in Moosen:

1. aus Surinam	2. aus Ostafrika	3. aus Java
Darwinula spec.	*D. Zimmeri*	*D. malayica*
Parastenocaris Staheli	*P. Dammermani*	*P. Leeuweni.*

11. Die periodisch auftretenden Wasseransammlungen.

Verschiedene Biotope (Emersionszone der Seen, Moosfauna) gaben bereits Gelegenheit, die Schwierigkeiten zu erwähnen, die sich den Wasserorganismen entgegenstellen, wenn sie zeitweise das flüssige Wasser entbehren müssen. Die biologische Bedeutung dieser Erscheinung ergibt sich einmal aus der weitgehenden Auslese, die der artenarme Bestand solcher Biozönosen erkennen läßt, und aus dem Umstand, daß der Wechsel zwischen Wasser- und Luftatmung bei den Deuterophlebien, Blepharoceriden und Simuliiden einen eigenartigen Typus von Atmungsorganen notwendig machte.

Jüngst hat SPANDL versucht, eine Einteilung und Übersicht der „vorübergehenden Gewässer" zu bilden. Aber es gibt so viele und verschiedenartige Typen, daß das Gezwungene und Unnatürliche, das jeder solchen Klassifikation anhaftet, sich hier besonders geltend macht, weshalb wir eine zwanglose Vorführung der bekanntesten Beispiele vorziehen:

a) Weihwasserbecken und Felsenschüsseln: In den Weihwasserbehältern, wie man sie an den Grabsteinen auf Tiroler Friedhöfen findet, in den Behältern der im Freien stehenden Taufsteine, in den schüsselförmigen Vertiefungen mächtiger Granitblöcke, wie sie im Fichtelgebirge vorkommen — und hier oft als Opfersteine aus germanischer Vorzeit gedeutet werden —, sammelt sich Regenwasser an, das bei längerem Regenmangel verdunstet, im Winter einfriert. Trotz der Armut an Nährsalzen, die dem Regenwasser natürlich zukommt, und trotz des immer wiederkehrenden Eintrocknens und Ausfrierens sind diese Wasserbecken nicht unbelebt, sondern der Aufenthaltsort einiger weniger für sie sehr bezeichnender Organismen. Die erwähnten Weihwasserbecken werden regelmäßig von *Haematococcus pluvialis* FLOT. (= *Sphaerella pluvialis*) bevölkert, die erwähnten Felsenschüsseln unserer Gebirge von *Stephano-sphaera pluvialis* Cohn (Abb. 70).

b) Baumhöhlenorganismen. Schon in den achtziger Jahren des vorigen Jahrhunderts machte Fritz Müller in Brasilien die Beobachtung, daß die in den Blattrosetten der Bromeliaceen sich bildenden Ansammlungen von Regenwasser eine eigenartige Tierwelt beherbergen, von deren Formenreichtum wir aber erst eine richtige Vorstellung bekamen, als 1913 C. Picado die Bromeliaceenfauna monographisch behandelte. Eine analoge Biozönose wurde später in den Kannen der fleischfressenden *Nepenthes-* und *Sarracenia*-Arten entdeckt, die insofern noch merkwür-

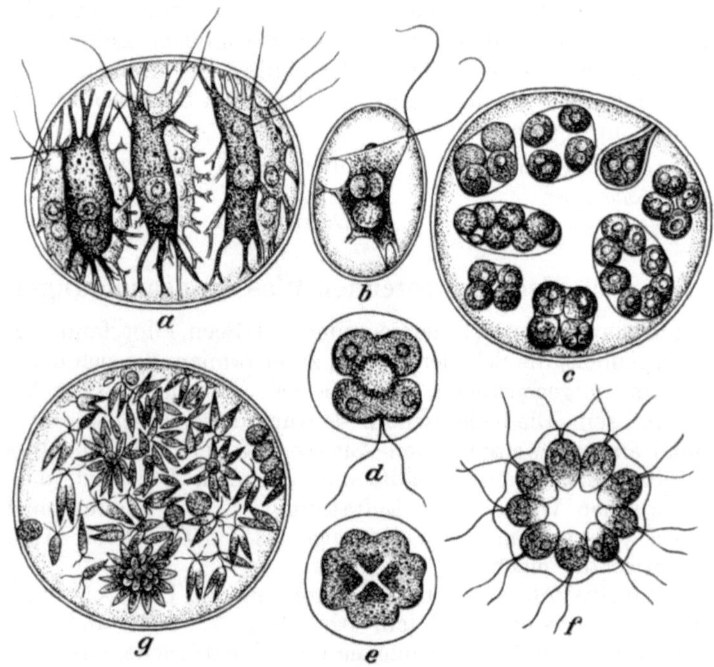

Abb. 70. *Stephanosphaera pluvialis* F. Cohn. *a* Kolonie, *b* einzelne, vorübergehend isoliert lebende Zelle, *c, d, e, f* Bildung der Tochterkolonien, *g* Gametenbildung. (Nach Hieronymus.)

diger war als die Bromeliaceenfauna, weil ja diese Kannen Verdauungsfermente produzieren, so daß die hier lebenden Organismen, etwa die Larven und Puppen der Mücke *Metriocnemus Knabi*, die in diesen Kannen ihre Metamorphose durchläuft, ähnlich wie ein Bandwurm gegenüber diesen Fermenten geschützt sein müssen.

Viel später erst erkannte man, daß auch die europäische Pflanzenwelt etwas Ähnliches aufweist. In alten hohlen Bäumen, besonders in den Stammgabelungen alter Buchen bildet das Regenwasser kleine Aquarien, auf deren charakteristische Bewohnerschaft Thienemann aufmerksam machte. Zwar hatten Galli Valerio und Rochaz de Jongh bereits 1912 bekanntgegeben, daß zwei Mücken, nämlich *Aedes ornatus*

und *Anopheles nigripes*, in solchen Baumlöchern, und zwar nur in solchen,
ihre Entwicklung durchlaufen, und WESENBERG-LUND machte 1920 *Fin-
laya geniculata* als Mitglied dieser Biozönose bekannt, aber erst THIENE-
MANN zeigte, daß auch andere Tiergruppen als diese Dipterenlarven die
Biozönose der Baumhöhlenfauna zusammensetzen. Auch wurde der chemischen Beschaffenheit des Wassers dieser Behälter Beachtung geschenkt
und gezeigt, daß dasselbe einen erheblichen Ammoniakgehalt aufwies.
Ob — wie DOFLEIN für einen ähnlichen Fall annimmt — aus dem Holz
etwa Tetrosen in Lösung gehen, die diese Biozönose zu einem „Zucker-
wassertümpel" machen, bedarf der Nachprüfung.

Neben diesen chemischen Besonderheiten geben die Raumbeschrän-
kung, der oft totale Abschluß vom Licht, der Umstand, daß das Wasser
solcher Baumhöhlen gelegentlich eintrocknet oder im Winter wieder zu
Eisklumpen gefriert, diesem Biotop ein besonderes Gepräge. Aus verschiedenen Teilen Norddeutschlands wurden durch THIENEMANN als
Leitformen dieser Wasseransammlungen ermittelt: die Chironomiden
Metriocnemus Martinii, *Dasyhelea sensualis* und *lignicola*, die zu den
Eristaliden gehörige *Myiatropa florea*, von Käfern der zu den Cyphoniden
gehörige *Prionocyphon serricornis*; an Rädertieren ist *Habrotrocha Thienemanni* bisher nur in solchen Baumlöchern gefunden worden, und zwar in
Südschweden ebensogut wie in Süddeutschland, woraus man den Schluß
gezogen hat, daß die artliche Zusammensetzung dieser Biozönose über
weite Gebiete hin überaus gleichförmig sei. Dem gegenüber sei aber
darauf aufmerksam gemacht, daß Material, das in zwei hohlen Buchen
bei Lunz gesammelt wurde, keine von diesen Leitformen enthielt, wohl
aber große Mengen eines noch unbestimmten, weißen Oligochäten. (Die
mit Wasser gefüllten Baumlöcher befanden sich in diesem Fall 2,5 bzw.
3 m über dem Erdboden!) Der Umstand, daß die Wasserbehälter der
Bromeliaceen charakteristische Ostrakoden enthielten, und daß VAN OYE
in Wasseransammlungen bei Ravenala neue Rhizopoden fand, veranlaßte
eine Durchsicht der Baumhöhlenfauna auch nach dieser Richtung. Es
ergab sich, daß das an Ammoniak und Alkalien reiche Wasser der
Buchenlöcher in Westdeutschland eine eigenartige Rhizopodenfauna enthält. Als besonders kennzeichnend wurde *Pelomyxa paradoxa* PENARD und
eine neue Art, *Cryptodifflugia Voigti* SCHMIDT, bezeichnet (H. SCHMIDT:
Untersuchungen an Rhizopoden aus Buchenhöhlen. Verhandl. naturh.
Ver. Rheinlande 1926).

c) **Rock pools.** Als rock pools werden zeitweise mit Regenwasser
gefüllte, häufig austrocknende Vertiefungen in Felsen an der Meeresküste bezeichnet, die sich von den als erste Gruppe behandelten ephe-
meren Regenwasserbecken dadurch unterscheiden, daß sie bei höherem
Seegang auch mit Meerwasser gefüllt werden, das bei sonnigem Wetter
zu einer konzentrierten Salzlösung eindampfen kann, so daß hier überdies eine außergewöhnliche Euryhalinie Voraussetzung für die Existenz-
fähigkeit eines Organismus ist. Daher fallen diese Kleingewässer mehr
in den Arbeitsbereich des Meeresbiologen.

d) **Almtümpel** (zum Teil = Blutseen). Als „Blutseen" beschrieb
KLAUSENER oberhalb der Baumgrenze gelegene kleine Wasseransamm-

lungen, die ihren Namen der durch *Euglena sanguinea* (oder auch andere *Euglena*-Arten) bedingten Rotfärbung verdanken. Da dieselben meistens Austrocknungsperioden durchmachen und fast ausnahmslos im Winter bis zum Grund ausfrieren, werden sie wohl am besten unter die periodischen Wasseransammlungen eingereiht. Abgesehen von den nebeneinander und nacheinander vorkommenden Temperaturextremen (in einem solchen Almtümpel bei Lunz betrug die Mittagstemperatur 28⁰, obwohl er am Morgen noch mit einer Eiskruste bedeckt war! Ferner wurde in einem Tümpel an einer Stelle 15⁰ gemessen, während gleichzeitig unweit davon im selben Tümpel durch einsickerndes Schneeschmelzwasser das Thermometer nur 0⁰ zeigte) ist für die Bewohner dieser alpinen Tümpel von einschneidender Bedeutung die sich alljährlich durch den Viehauftrieb und durch vorbeiwechselndes Wild bedingte Zufuhr organischer Stoffe. Die zunächst als Regen- oder Schneeschmelzwassertümpel vorhandenen katharoben Gewässer nehmen dadurch sehr schnell einen oft sehr saproben Charakter an, ein physiologischer Szenenwechsel, der durch den Wechsel der physikalischen Bedingungen noch verschärft wird. Trotz all dieser recht veränderlichen Bedingungen scheinen die Almtümpel eine sehr gleichartige Organismenschar zu beherbergen. Denn eine Gegenüberstellung der von KLAUSENER für die Westalpen namhaft gemachten Leitformen und der in den Lunzer Almtümpeln — also am äußersten Ostrand der Alpen — festgestellten charakteristischen Arten ergibt fast völlige Übereinstimmung: KLAUSENER nennt als Leitformen der Schweizer Blutseen:

Euglena sanguinea,	*Daphnia pulex* f. *obtusa,*
Anuraea valga,	*Mesostoma lingua.*
Brachionus urceolaris,	

Für die Lunzer Blutseen sind typisch:

Euglena sanguinea,	*Daphnia pulex* f. *obtusa,*
Anuraea valga,	*Diaptomus tatricus,*
Brachionus sericus,	*Mesostoma lingua.*

Wenn wir von dem auf die Ostalpen beschränkten *Diaptomus tatricus* absehen, ist die Übereinstimmung nahezu durchgreifend, und sie wird es zur Gänze, wenn wir mit der Möglichkeit rechnen, daß von KLAUSENER *Brachionus urceolaris* nicht richtig bestimmt wurde, was um so leichter denkbar ist, als *B. sericus* zur Zeit der Abfassung der Arbeit KLAUSENERS eine fast unbekannte Spezies war.

Mit der Angabe dieser Leitformen ist aber die Charakteristik dieses Gewässertypus nicht erschöpft; vielmehr kommen von Ort zu Ort und mit der Jahreszeit wechselnde Vegetationsfärbungen des Wassers hinzu, die vorzugsweise von Flagellaten und insbesondere von Volvocalen herrühren. So kamen in den Lunzer Almtümpeln förmliche Reinkulturen von *Euglena*, *Gonium* und *Pyramidomonas montana* zur Beobachtung. Auch *Lobomonas ampla* PASCHER und *Coccomonas orbicularis* STEIN treten neben anderen seltenen Flagellatenarten in diesen Almtümpeln oft in einer für diese Gattungen ungewöhnlichen Individuenzahl auf.

Leider ist eine von Pascher in Angriff genommene Untersuchung der Protistenfauna der Lunzer Almtümpel zur Zeit der Niederschrift dieses Buches noch nicht über die erste Mitteilung hinausgediehen, aber schon diese Mitteilung läßt die Eigenart dieser Biozönose deutlich genug hervortreten. Denn in dieser Mitteilung[1] wird nicht nur eine große Zahl neuer Arten und zum Teil auch Gattungen beschrieben, sondern mehrere dieser Organismen stellen ganz unerwartete Fälle dar. So wurden von der bisher für rein marin gehaltenen *Dunaliella* gleich drei neue Süßwasserarten von hier bekannt gemacht. Und durch die Entdeckung der neuen Gattungen *Chloronephris* und *Tetrachloris* wurden Lücken im System ausgefüllt. Daß 22 neue *Chlamydomonas*-Arten gefunden wurden, mag bei dem Formenreichtum dieser Volvocale weniger überraschen. Die Entdeckung neuer Arten aus den noch wenig bekannten Gattungen *Sphaerellopsis* und *Thorakomonas* sowie einer neuen Volvocalengattung *Granulochloris* erwies sich wieder für den Systematiker bedeutsam. Es ist nach diesen Mitteilungen zu erwarten, daß die noch ausstehende Bearbeitung der Chrysomonaden, Dinoflagellaten und Cryptomonaden noch manche Überraschung bringen wird, durch die die Biozönose der Blutseen oder Almtümpel noch schärfer in ihrer Eigenart herausgearbeitet werden kann.

e) Rasenaufgüsse. Die Untersuchung der Biologie der Stechmücken führte Bresslau zum Studium jener vergänglichen Wasseransammlungen, die sich auf Wiesenflächen nach heftigen Regengüssen, beim Steigen des Grundwasserspiegels oder bei Überschwemmungen bilden.

Da dieses Wasser den Rasen auslaugt, kann man es mit den Infusionen der alten Autoren vergleichen, die etwa Heu mit Wasser übergossen, um Infusorien zu erlangen. Mit Recht bezeichnet daher Bresslau diese Wasseransammlungen als Rasenaufgüsse. Da die in der Umgebung Straßburgs vorgenommenen Untersuchungen gleich zur Entdeckung einer sehr merkwürdigen Vorticellide führten, ist anzunehmen, daß auch hier eine durch besondere Organismen ausgezeichnete Biozönose vorliegt. Die eben erwähnte Vorticellide, *Systilis Hoffi*, ist eine bäumchenbildende Art, ähnlich einer Epistylis, von der sie sich aber sofort dadurch unterscheidet, daß an den Enden der Stielchen nicht Einzeltiere sitzen sondern ganze Gruppen, unter denen aber ein oder zwei durch ihre Größe auffallen. Diese verwandeln sich in Zysten, die „die zierlichsten Gebilde darstellen, die man sich denken kann, da sie durch polygonale Rippen sehr schön gefeldert sind. Eine äquatoriale Naht deutet die Trennungslinie an, längs der die Zyste in zwei Hälften auseinanderfällt, wenn sie wieder zu aktivem Leben erwacht". „Die Ausbildung dieser Zysten bedeutet also eine glänzende Anpassung an die Daseinsbedingungen ephemerer Wasseransammlungen."

In Begleitung dieser Art traf Bresslau ziemlich regelmäßig *Cystophrys gemmaeus*, eine ebenfalls neue Art, sowie noch einige andere Ciliaten, vor allem *Bursaria truncatella* O. F. M., *Tillina magna* Gruber,

---

[1] Pascher, A. und Jahoda, R.: Neue Polyblepharidinen und Chlamydomonadinen aus den Almtümpeln um Lunz. Arch. f. Protistenkunde *61*. 1928.

Stichotricha socialis GRUBER, *Maryna socialis* GRUBER und *Oxytricha tubicola* GRUBER.

Derartige Gewässer, wie die von BRESSLAU studierten, sind auch die Wohnstätten vieler Phyllopoden. Durch Grundwasseraustritte im Donautal bei Pöchlarn bildeten sich im „Nibelungenpark" solche Wasserpfützen, die eine reiche Besiedelung mit *Apus cancriformis, Leptestheria dahalacensis, Dunhevedia crassa* und *Moina* aufwiesen. Die Protistenfauna dieser Tümpel blieb leider ununtersucht.

f) Klare, kalte Schmelzwassertümpel im Walde können auch eine eigenartige Phyllopodenfauna aufweisen, die aber aus ganz anderen Arten zusammengesetzt ist. *Chirocephalus Grubii, Lepidurus productus* sind hier Leitformen, in deren Gesellschaft oft *Maraenobiotus* und gewisse *Candona-* und *Canthocamptus*-Arten auftreten. Besonders nach der Schneeschmelze sind diese Kleingewässer bevölkert. Aus Rußland werden als Bewohner von „Schneewasserpfützen" *Diaptomus amblyodon* und *Hemidiaptomus Rylovi* gemeldet.

g) Intermittierende Bäche. Solche besonders in verkarstetem Gebiet vorkommende Rinnsale, die zeitweise den Charakter eines kalten, schäumenden Bergbaches haben, um bald nachher völlig trocken zu liegen, so daß die Moospolster der im Bachbett liegenden Felsblöcke von der Sonne ausgeglüht werden, werden wohl nur von Tardigraden, bdelloiden Rotatorien, einigen Nematoden und Arten der Copepodengattung *Moraria* bewohnt. Bei Bächen hingegen mit starken Niveauschwankungen betrifft die Erscheinung des zeitweisen Austrocknens nur jene Felsstücke, die zwischen dem tiefsten und höchsten Wasserstand liegen. Die an solchen Partien haftende Vegetation unterliegt gleichen Bedingungen, wie in den intermittierenden Bächen; an beiden Stellen kann man beobachten, wie z. B. *Phormidium*-Büschel, die vorerst im Wasser flottierten, ohne Nachteil in violettschwarze Häute verwandelt werden, welche an die Felsunterlage angetrocknet sind. Bewegliche Tiere, die an solchen Stellen leben, können bei sinkendem Wasserspiegel sich in die tieferen, submersen Partien des Bachbettes zurückziehen. In einer eigenartigen Zwangslage befinden sich aber sessile Tierformen in diesem Falle. Beispiele hierfür bieten die bereits erwähnten Puppen bestimmter Dipterenfamilien, der Deuterophlebien, der Simuliiden und der Blepharoceriden. Sie haben sich durch Ausbildung sogenannter Kutikularkiemen, d. h. eines Atmungsapparates, der sowohl aus dem Wasser wie aus der Luft die Sauerstoffaufnahme ermöglicht, den Aufenthalt in dieser Biozönose erzwungen. Vgl. S. 76.

Biologische Charakteristik der Organismen,
die nur periodisch auftretendes Wasser bewohnen.

Die im vorangehenden Abschnitt vereinigten Kapitel behandeln im allgemeinen Biozönosen, deren tierische Bewohner eigentlich Wassertiere sind, die zeitweise ohne Wasser leben müssen; ihnen gegenüber treten hier Landtiere, die zeitweise im Wasser leben müssen, zurück. Wir haben bereits an den Kutikularkiemen gewisser Dipterenlarven eine Einrichtung kennen gelernt, die für diesen Milieuwechsel[1] typisch ist. Eine zweite solche Einrichtung liegt vor in den Dauerkeimen, die bei den Spongilliden als Gemmulae, bei den Bryozoen als Statoblasten bekannt sind, bei den eigenartigen Ephippien der Cladoceren, den

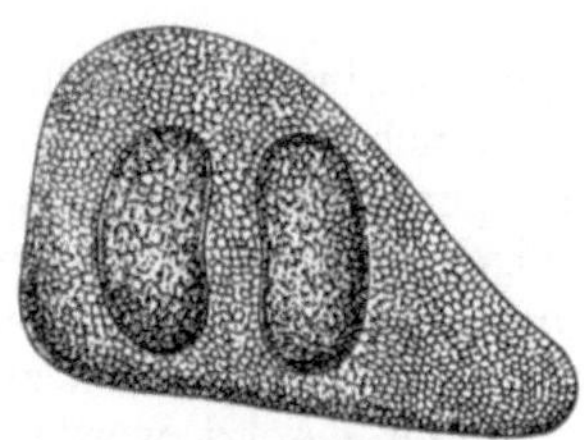

Abb. 71. Ephippium von *Daphnia pulex* mit 2 Dauereiern. (Nach LAUTERBORN.)

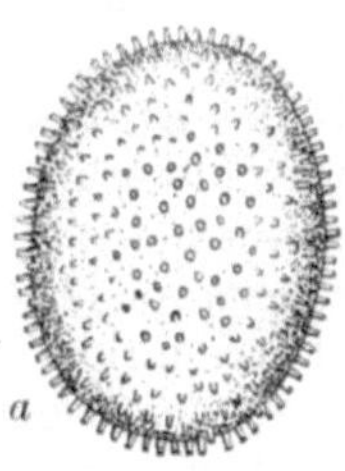

Abb. 72. Dauereier von Rotatorien. *a* von *Polyarthra platyptera*, *b* von *Pedalion mirum*. (Nach LAUTERBORN.)

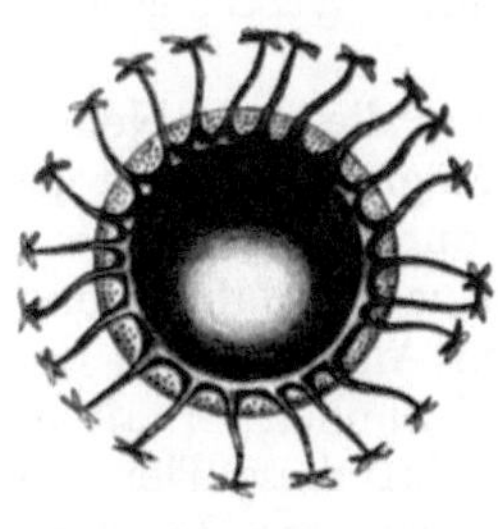
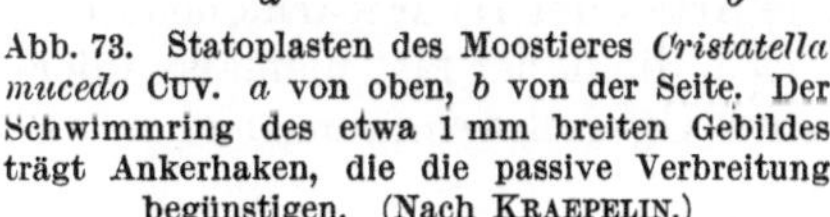

Abb. 73. Statoplasten des Moostieres *Cristatella mucedo* Cuv. *a* von oben, *b* von der Seite. Der Schwimmring des etwa 1 mm breiten Gebildes trägt Ankerhaken, die die passive Verbreitung begünstigen. (Nach KRAEPELIN.)

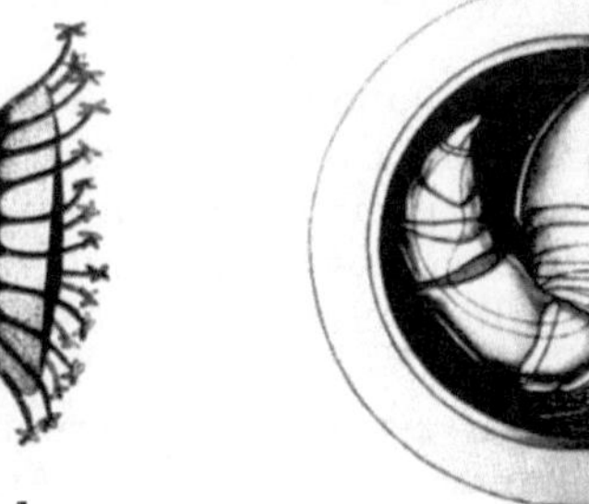

Abb. 74. Schlammcyste des Harpacticiden *Canthocamptus microstaphylinus*. (Sommerruhestadium!) (Nach LAUTERBORN und WOLF.)

Abb. 75. Gemmula des Süßwasserschwammes *Spongilla lacustris* L. mit dornigen Belagnadeln und dem Porus in der Mitte. (Nach W. WELTNER.)

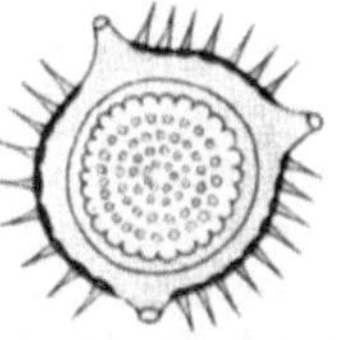

Abb. 76. Cyste der Rhizopodengattung *Microcometes*. (Nach DOFLEIN.)

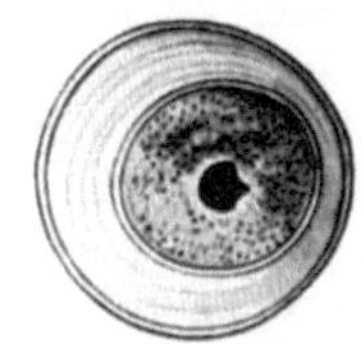

Abb. 77. Cyste des Infusors *Colpoda cucullus*. (Nach DOFLEIN.)

---

[1] Eine biologische Parallele hierzu bieten etwa die „Lungenfische" *Protopterus* und *Lepidosiren*, die sich beim Austrocknen ihrer Wohngewässer in den Boden eingraben und 2—9 Monate in ihrer Erdhöhle verschlafen.

Dauereiern[1] vieler Turbellarien und Euphyllopoden. Alle diese Dauergebilde (vgl. Abb. 71—77) können lange eintrocknen, ohne ihre Keimfähigkeit zu verlieren, ja für manche scheint das Eintrocknen geradezu
eine conditio sine qua non für die spätere Entwicklung zu sein. Ostafrikanische Schlammproben, die 14 Jahre trocken gelegen hatten,
lieferten noch Larven von Euphyllopoden!

Während in diesen Fällen Eizellen oder Komplexe embryonaler Zellen
in eine Schutzhülle eingeschlossen sind, können manche Tiere selbst in
einer von ihnen ausgeschiedenen Hülle Trockenperioden überdauern.
Bei Protozoen als Einzellern mag dies noch weniger überraschen. Aber
wir kennen Fälle, wo Turbellarien, Nematoden, Copepoden in solchen
Sekretumhüllungen trocken liegen können, um in kürzester Frist zu
aktivem Leben zu erwachen, wenn sie unter Wasser gesetzt werden.
CLAUS beobachtete diese Erscheinung zuerst an *Cyclops diaphanus* vom
Laaer Berg bei Wien, und seither sind zahlreiche analoge Beispiele bekannt geworden. In Lunz beobachtete MEIXNER das unvermittelte Auftreten eiertragender Exemplare des großen Turbellars *Mesostomum lingua*
in Almtümpeln, die nach längerem Trockenliegen unter Wasser gesetzt
wurden.

Endlich bietet die Fähigkeit zur „Trockenstarre“, die vielen Nematoden, Rotatorien und Tardigraden zukommt, die Möglichkeit, Biotope
zu bewohnen, die den oben erwähnten Milieuwechsel durchmachen. Nach
verläßlichen Angaben wurde bei Tardigraden noch nach 5 Jahren und
bei einigen Nematoden sogar noch nach 10 Jahren Anabiose aus der
Trockenstarre beobachtet, so daß man wie bei dem sich ähnlich verhaltenden Copepoden *Moraria muscicola* vermuten kann, daß diese Tiere im
Begriffe sind, Landtiere zu werden. Auffallend durch ihre Resistenz
gegen das Austrocknen sind ferner viele Arten der Hydracarinengattung
Thyas (*truncata, barbigera, dirempta* usw.), die daher fast niemals außerhalb winziger Schmelzwassertümpel und Überschwemmungslachen angetroffen werden.

Es ist wohl selbstverständlich, daß die hier behandelten Biozönosen
teilweise gemeinsame Formen besitzen und daß Arten, die besondere
Widerstandsfähigkeit aufweisen, auch mehreren solchen Biozönosen angehören können. Ein sehr auffallendes Beispiel dieser Art ist *Viguierella
coeca* MAUPAS. Nach ihrer Entdeckung in Algier durch MAUPAS fand
sich dieser durch den Besitz eines „pulsatilen Organs“ und durch seinen
Geschlechtsdimorphismus interessante Harpacticide als Höhlenbewohner
in Istrien, als Mitglied der Grundwasser- und Brunnenfauna in der
Schweiz, im Wasser der Bromeliaceenrosetten im Botanischen Garten
von Regentspark in England, in Dachrinnen in Klosterneuburg usw.
(vgl. Abb. 78).

---

[1] Ähnlich wie Trockenheit scheint auch Kälte bei manchen Organismen
Dauereibildung auszulösen. So deutet man das Vorkommen von Dauereiern bei
gewissen nordischen *Diaptomus*-Arten in diesem Sinne. Vor kurzem hat BO
RUTZKY (Zool. Anz. 1929) das Vorkommen eines sehr eigentümlichen Dauereies
bei *Canthocamptus arcticus* nachgewiesen. Dieses Dauerei besitzt mehrere Hüllen,
deren innerste durch konische und borstenförmige Anhänge ausgezeichnet ist.

Die hier erwähnten Eigentümlichkeiten gewisser Süßwasser-Organismen (man beachte, daß Gemmulae, Ephippien, Statoblasten und dergleichen der marinen Fauna fehlen!) werden in der Literatur vielfach als Mittel passiver Verschleppung betrachtet und dazu verwendet, die

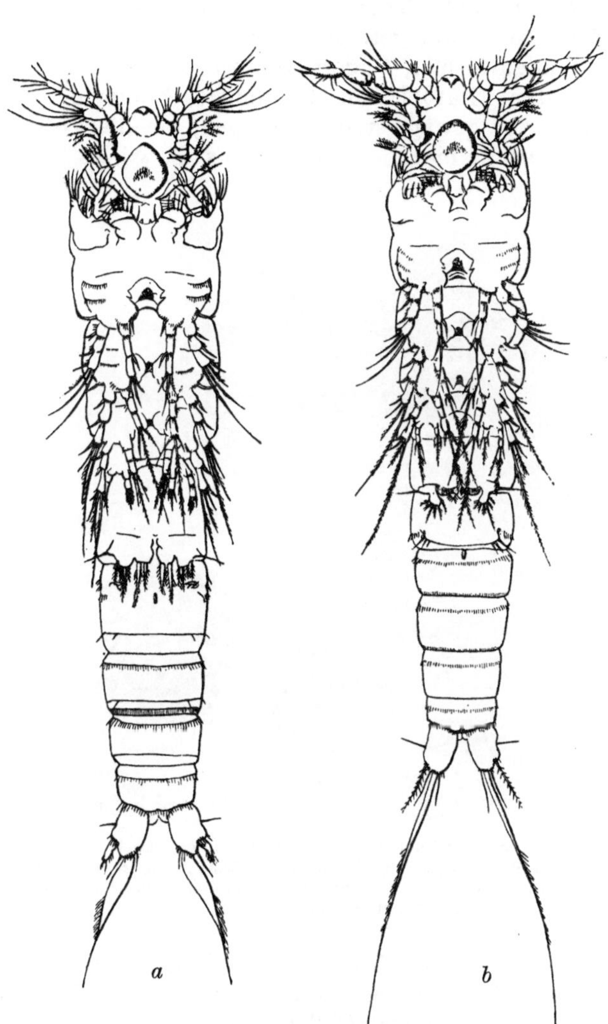

Abb. 78. *Viguierella coeca* MAUPAS. (Nach MAUPAS aus CHAPPUIS.) *a* ♀, *b* ♂. Während hier das ♀ verbreiterte Furkalborsten zeigt, ist es bei *Maraenobiotus Zschokkei* das ♂, welches die Blattform der Furkalborsten als sekundäres Geschlechtsmerkmal aufweist.

kosmopolitische Verbreitung vieler Süßwasserbewohner zu erklären. So dürfte hier — wir kommen im Kapitel „Limnologie und Tiergeographie" nochmals auf diese Dinge zurück — die passende Stelle sein, um einige Bemerkungen über „passive Verschleppung" einzuschalten.

Die „passive Verschleppung".

Der Umstand, daß ein großer Teil der Süßwasserfauna von Kosmopoliten gebildet wird, hat immer wieder zu der Annahme verleitet, daß Süßwasserorganismen ganz besonders zur passiven Verschleppung geeignet seien. Seit DARWINS Tagen wurde immer wieder betont, wie leicht sie durch Zugvögel weiter getragen werden können, sei es als fertige Organismen (Fadenwürmer, Rädertiere), sei es in einem Dauerzustand (Rhizopodenzysten, Statoblasten, Gemmulae, Ephippien usw.). Man verstieg sich zu den gewagtesten Deutungen, um die Verschleppungshypothese plausibel zu machen, indem man z. B., wie es LEVANDER tat,

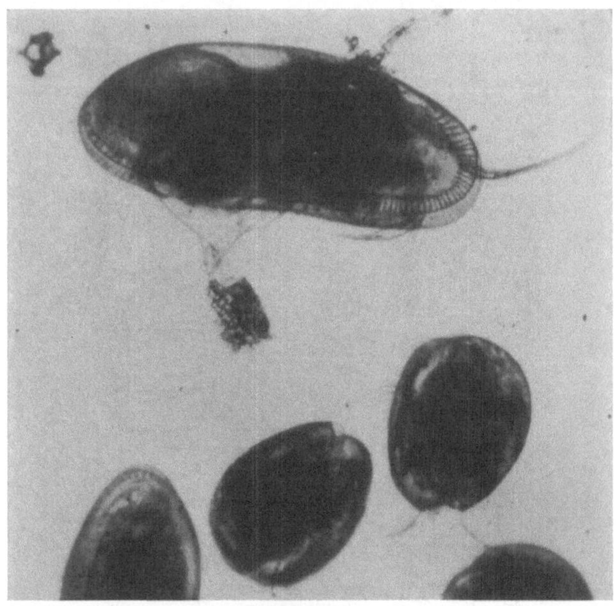

Abb. 79. *Stenocypris Malcolmsoni* und *Cypretta dubiosa* (unten), zwei tropische Ostracoden aus den Warmhausaquarien der Biologischen Station Lunz. Beide Arten erfreuen sich infolge passiver Verschleppung in den Wasserbecken der Warmhäuser der botanischen Gärten allgemeiner Verbreitung. (Phot. Dr. H. KRAWANY.) Vergr. 35 fach.

die Körperfortsätze der Schwebeorganismen als solche Haftvorrichtungen deutete, die der Befestigung am Gefieder oder an den Füßen der Zugvögel dienen sollten, indem man Gallertausscheidungen in eben derselben Weise deutete und schließlich auf bestimmte Einzelfälle verwies, in denen solche Übertragungen tatsächlich beobachtet oder künstlich nachgeahmt wurden. Nur zu häufig wurde dabei übersehen, daß die zuerst genannten, am grünen Tisch ersonnenen Deutungen unhaltbar sind und daß die im Freien oder im Experiment beobachteten Übertragungen in den weitaus meisten Fällen zu keinem praktischen Erfolg führen. Wenn z. B. beobachtet wurde, daß Cladoceren oder Ostrakoden übertragen wurden, so vergaß man, daß solche Exemplare infolge der beim Transport durch die Luft zwischen die Schalenklappen eingedrungenen Luft, beim Absetzen im Wasser am Wasserspiegel adhärieren und zum Untergang bestimmt sind. Auch durch vorschnelle Verallgemeinerungen wurde der Übertragung oft eine weitaus größere Bedeutung zugemessen, als ihr tatsächlich zukommt. Es ist gewiß richtig, daß viele Hydracarinen durch Insekten, an denen sie im Larvenstadium parasitieren, übertragen werden können. Aber daß die Wirksamkeit dieses Vorganges sehr beschränkt ist, zeigt sich schon darin, daß die Verbreitung vieler Hydracarinen gar keine so allgemeine ist, wie man nach dieser Annahme erwarten müßte; und dann kann eben das, was für bestimmte Hydracarinen

Abb. 80. *Pithophora Kewensis.* Diese Alge wurde in den Warmhausbecken des *hortus Kewensis* entdeckt und seither nur noch von GEITLER in den Warmhausbecken der Biologischen Station Lunz beobachtet. Ihre Heimat ist noch unbekannt.
(Phot. Dr. G. IRGANG.) Nach Material von der Biologischen Station Lunz.

gilt, nicht auf alle übertragen werden. Erst kürzlich hat SIG. THOR gezeigt, daß *Hexalobertia complexa* ihr Larvenleben innerhalb der Eimasse verbringt, woraus man schließen kann, daß sie — und vielleicht alle Lebertien — viel ältere Süßwasserbewohner sind als die Hydryphantiden, Eylaiden und Limnochariden und daß die enorme Artenzersplitterung gerade der Lebertien mit deren weitgehenden Isolierung zusammenhängt, die durch den Ausfall einer passiven Verschleppung bedingt ist.

Man wird bei kritischer Einstellung wohl immer mehr zur Überzeugung kommen, daß Übertragung von Süßwasserorganismen für tiergeographische Arbeiten mehr als Ausnahme denn als Regel in Betracht kommt. Gegen eine Überschätzung derselben sprechen vor allem die vielen Fälle nichtkosmopolitischer Organismengruppen im Süßwasser.

Wenn man für eine Form Verschleppbarkeit annimmt, so muß diese Annahme denn doch wohl mindestens durch derartige Kartenunterlagen (oder gleich gewichtige Argumente) unterstützt werden, wie dies kürzlich SPANDL für *Eurytemora velox* versucht hat. Oder der Fall muß so klar liegen wie bei den beiden abgebildeten Tropenorganismen, die anscheinend in europäischen Warmhäusern eine zweite Heimat gefunden haben und demnach wohl auch in den Tropen weiter verbreitet sein werden (Abb. 79 u. 80).

Die erwähnte Karte spricht jedenfalls für die Vermutung SPANDLS, daß diese Art ihre Verbreitung im Binnenland Wasservögeln verdankt, die die Dauereier eventuell an Federn oder Beinen transportieren und so das Zustandekommen von Fundstellen im Binnenland an den „fluviolitoralen Zugstraßen" der Wasservögel vermitteln, so die auf der Karte verzeichneten Funde von Paris, den Havelseen in Deutschland, an der Wolga und unteren Donau. Freilich zur Sicherung dieser Annahme bedürfte es wohl noch der Beantwortung einiger Fragen. Z. B.: Sind die Kolonien an den genannten Stellen dauernd vorhanden oder nur gelegentlich auftretend? Warum kommt die genannte *Eurytemora* nicht auch in Böhmen vor, wo der Hirschberger Teich mit seiner berühmten Mövenbrutstätte auf der Mäuseinsel eine günstige Ansiedelungsstelle wäre?

12. Organismen des Schnees.

Sowohl in den Polarregionen wie im Hochgebirge sind die Schneeflächen oft durch Massenentwicklung bestimmter Organismen gefärbt, eine Tatsache, die schon frühzeitig bemerkt werden und Aufsehen erregen mußte. Eine Farbentafel „Roter Schnee in der Baffinsbai" in dem bekannten „Pflanzenleben" von KERNER machte dieses Phänomen in weiten Kreisen bekannt. Da es sich bei diesen Schneeorganismen meist um Nächstverwandte unserer Planktonalgen handelt, bürgerte sich für sie der gänzlich deplazierte Terminus Kryoplankton ein, den wir hier, abgesehen von seiner ursprünglichen Verfehltheit — denn hier liegt ja kein Schweben vor — auch deswegen vermeiden wollen, weil zu diesen Schneebewohnern auch etliche ausgesprochene Landtiere gehören.

Wohl am längsten bekannt ist die Massenvegetation der *Chlamydomonas nivalis* (häufig noch als *Sphaerella nivalis* bezeichnet), die infolge des Stickstoffmangels starken Hämatochromgehalt aufweist und wohl neben anderen Gattungsgenossen — WILLE beschrieb von norwegischen Schneefeldern eine *Ch. alpina*, LAGERHEIM vom Pinchincha in Ecuador die drei *Chlamydomonas*-Arten *sanguinea*, *asterosperma* und *tingens* — am meisten zur Schneefärbung beitragen dürfte. Außerdem sind als Schneebewohner beschrieben worden: mehrere Arten der Protococcalengattung *Scottiella*, von der zwei Arten in der Antarktis gelben Schnee bilden, eine, *S. nivalis* SHUTTL (Abb. 81), auch in europäischen Firngebieten vorkommt, der zur selben Algenfamilie gehörige *Ankistrodesmus nivalis* CHOD. (in Kärnten grünen Schnee bildend), das zu den Ulotrichaceen gehörige *Rhaphidonema nivale* LAGERH., ferner gewisse kleine Cosmarien, gelbe Bakterien und nach Pascher kleine, sehr blasse Blaualgen. Die *Gloeocapsa sanguinea* Kütz, die allerdings gewöhnlich an feuchten Felsen lebt, kann Schnee rosenrot färben, die Desmidiacee *Ancylonema Nordenskiöldii* färbt in Grönland den Schnee auf weite Strecken hin braunrot, und in neuester Zeit sind auch zwei Fälle beschrieben worden, in denen Peridineen Schneefärbungen verursachten. Suchlandt beschrieb von Davos ein *Glenodinium Pascheri,* das auf Schnee braunrote Streifen erzeugte, und von Kitzbühel in Tirol beschrieb M. Traunsteiner eine Peridinee als Erzeugerin roten Schnees, die sie im Manuskript als *Peridinium cordis Mariae* bezeichnete.

Ärmer an Arten überhaupt und vor allem ärmer an charakteristischen Arten ist im Vergleich zur Schneeflora die Schneefauna. Das als Schneebewohner verzeichnete Rotator *Philodina roseola* stellt wohl ebenso sehr einen Zufallsfund vor wie der Nematode *Aphelenchus nivalis.* Am ehesten kämen als Schneebewohner wohl noch gewisse Insekten in Betracht, wie die Fliege *Chionea araneoides* und viele Collembolen. Von letzteren sagt Handschin: „Es dürften *Isotoma saltans* und vielleicht auch *nivalis* (?) streng auf Schnee und Eis lokalisiert sein, *Proisotoma Schötti* und *crassicauda, Agrenia bidenticulata* (und vielleicht *Isotomurus alticolus*) und *Tetracanthella* auf kleine Schnee- und Gletscherinseln.“

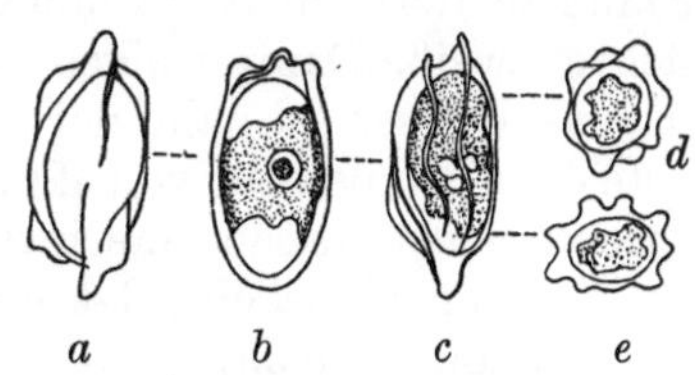

Abb. 81. *Scottiella nivalis:* a—c Zelle von verschiedenen Seiten; d, e Querschnitt der Zelle. (Nach Pascher.)

Zwei Eigentümlichkeiten des Milieus der Schneefauna fordern zur Fragestellung heraus. Wovon nährt sich diese nivale Fauna und wie überdauert sie die strenge Kälte? Pflanzlicher Detritus, der auf die Firnfelder verweht wird, scheint als Nahrungsquelle ausschließlich in Betracht zu kommen, und dabei scheinen sogar gewisse Spezialisationen vorzuliegen. Findet man auf einem Schneefleck in den Alpen eine *Bourletiella lutea,* so kann man überzeugt sein, daß in nächster Nähe *Ranunculus glacialis* blüht, in dessen Blüten dieser Collembole seine eigentliche Heimat hat und von dessen Pollen er sich nährt.

Das Ertragen der tiefen Temperaturen wird wohl am besten durch Bachmetjews Versuche begreiflich gemacht. Nach diesen Versuchen tritt der Tod der Insekten erst bei Erstarrung der Körpersäfte ein und diese erst nach einer bedeutenden Unterkühlung. Die Unterkühlung kann aber um so weiter getrieben werden, je größer die Oberflächenspannung der zu unterkühlenden Flüssigkeit ist. Da die Oberflächenspannung aber um so größer wird, je kleiner der Krümmungsradius wird, so müssen kleine Körper — und die Collembolen sind ja solche — gut gegen die Frostgefahr geschützt sein. Dabei spielt bei diesen Collembolen sicher auch ihr dichtes Haarkleid und die Farbe der Tiere eine Rolle als Kälteschutz. Die direkt auf dem Schnee lebenden Arten *Isotoma saltans, hiemalis, nivalis, Proisotoma Schötti, crassicauda, Tetracanthella alpina* und *afurcata* sind schwarz oder dunkelblau pigmentiert, um möglichst viel der Wärmestrahlen zu absorbieren.

13. Thermalgewässer.

Als ungewöhnlicher Gewässertypus haben Thermen von jeher besondere Aufmerksamkeit verdient, sowohl in hydrographischer wie in biologischer Hinsicht. Aber trotzdem so viel darüber bereits geschrieben wurde, fehlt es dennoch vielfach an verläßlichen biologischen Untersuchungen, und wir müssen leider feststellen, daß fast jede neuere Nachprüfung erkennen läßt, daß die in der Literatur verbreiteten Angaben großenteils falsch bestimmte Arten betreffen und ebenso oft falsche und zwar übertriebene Temperaturangaben verwenden. Selbst die in der Literatur immer wieder zitierten Angaben EHRENBERGS scheinen an diesem Fehler zu kranken. Seine Angabe vom Vorkommen von *Conferva* und *Anguillula* bei 81—85⁰ auf der Insel Ischia konnte nie bestätigt werden, und *Mastigocladus* wächst nicht im Karlsbader Sprudel selbst, sondern in dessen Ausfluß ins Teplbett. Interessant ist, daß dieselbe Blaualge von MOLISCH auf Java unter Umständen beobachtet wurde, die auch zu einer Überschätzung der Temperatur hätten verleiten können. Er fand sie dort am Wege zum Gipfel des Gedeh in Thermen, aus denen mächtige weiße Dampfwolken aufstiegen, so daß man hätte meinen können, das Wasser sei nahe der Siedetemperatur; das Thermometer aber zeigte eine Temperatur von 49⁰ an. Nach MOLISCHS Erfahrungen in dem thermenreichen Japan verschwinden die Grünalgen bei 40⁰; Cyanophyceen kamen noch bei 69⁰, Bakterien bei 77,5⁰ zur Beobachtung (MOLISCH: Pflanzenbiologie in Japan. Jena 1926). Fehlt es doch sogar noch an einer brauchbaren Darstellung der Biozönosen, die in den Karlsbader Thermen leben, obgleich Untersuchungen derselben schon von EHRENBERG und AGARDH, also aus dem Beginn des 19. Jahrhunderts, vorliegen. Wenn Limnologen von Thermalorganismen reden, so wird dabei das Wort Therme nicht streng in dem Sinn verwendet, wie in der Geologie, wo Quellen, deren Temperatur über dem Jahresmittel der Grundwassertemperatur liegt, so bezeichnet werden. Der Hydrobiologe denkt bei Thermalorganismen immer an Warmwasserorganismen. Auch noch eine zweite Ungenauigkeit ist bei vielen Mitteilungen biologischen Inhalts über Thermen bemerkbar. Die meisten Thermen sind gleichzeitig Mineralquellen. Viele Biologen verfallen in den Fehler, bei Thermaluntersuchungen über dem Temperaturfaktor, der ja wohl meist der ausschlaggebende sein wird, die chemische Sonderstellung des Gewässers zu berücksichtigen. Es ist ein wesentliches Desideratum, bei der Aufnahme des Organismenbestandes experimentell zu entscheiden, welche positiven oder negativen Kennzeichen der Artenliste auf thermische und welche auf chemische Faktoren zurückzuführen sind. VOUK hat in neuerer Zeit diese Gesichtspunkte näher verfolgt und mit Recht solche Thermen, bei denen nur der Temperaturfaktor in Frage kommt, da das Wasser derselben chemisch keine abnormen Verhältnisse aufweist (Akratothermen), von den Thiothermen, den heißen Schwefelquellen, gesondert[1]. Derselbe

---

[1] Die chemische Eigenart einer Therme muß nicht gerade Schwefelgehalt sein, wie die von MENZEL bei Kuripan auf Java studierte Therme zeigt, die bei 45⁰ C einen Salzgehalt von 27 vT aufweist, wovon 20 auf *NaCl* kommen. Neben

Autor hat ferner wieder in Erinnerung gebracht, daß das Interesse für Thermalorganismen vielfach auf phylogenetische Ideen zurückgeht. Das Vorkommen vieler Blaualgen in Thermen von hoher Temperatur brachte den bekannten Breslauer Botaniker Ferd. Cohn auf die Vermutung, daß in den ältesten Epochen der Erdgeschichte, da der Kreislauf des Wassers erst begann und die noch nicht so weit abgekühlte Erde nur warme Gewässer aufweisen konnte, solche Blaualgen als erste Lebewesen den Erdball bevölkerten. Vouk erinnert daran, daß dieser Gedanke den Amerikaner Davis zu einem Lobgesang an die Thermalorganismen des Yellowstoneparkes begeisterte, in dem es heißt:

> Children of steam and scalded rock
> What is the story you have to tell?
> Our legends are old, of greater age
> Than the mountains round about.

Mit einiger Reserve wird man der alten Cohnschen Ansicht beipflichten dürfen, wenn man bedenkt, daß gerade die typischen Blaualgen der heißen Quellen: *Mastigocladus laminosus* und *Phormidium laminosum* Kosmopoliten sind, und wenn man ferner berücksichtigt, daß Kosmopolitismus oft ein Hinweis auf hohes phylogenetisches Alter ist (vgl. S. 34ff).

Mag nun die Annahme von dem weit vor das Cambrium zurückreichenden Alter der Blaualgen sehr hypothetisch sein, so können wir schon mit einiger Gewißheit behaupten, daß warme Quellen in kälteren Gegenden geeignet sind, uns Relikte aus jüngeren geologischen Epochen zu erhalten. Als solches Beispiel wird oft das 32⁰ warme Thermenwasser von Püspökfürdö in Ungarn genannt, das geradezu als subtropische Oase bezeichnet werden kann, in der als Tertiärrelikte *Nymphaea lotos* und die beiden Schnecken *Melanopsis Parreysi* und *hungarica* sich erhalten haben.

Einen ganz seltsamen hierher gehörigen Fall hat vor kurzem Monod in Nordafrika entdeckt. In einer bei Tunis gelegenen, 45⁰ heißen, von Blaualgen bewohnten Therme fand sich ein zu den Krebsen gehöriges Tier *Thermosbaena mirabilis* (Abb. 82), das eine ganz isolierte Stellung einnimmt und wohl auch ein Relikt darstellt.

Als regelmäßige Bestandteile der Thermalfauna kommen vor allem Rotatorien und Nematoden und Ciliaten in Betracht. Da aber deren Bestimmung Schwierigkeiten macht, werden sie von den meisten Autoren totgeschwiegen, und man bekommt bei den meisten Mitteilungen den unrichtigen Eindruck, als ob die Thermalfauna nur aus Käfern und Schnecken bestünde. Allerdings scheinen gerade diese beiden Gruppen mehr als andere höhere Tierfamilien im Thermalwasser leben zu können. Es ist doch sehr auffallend, daß z. B. in den Thermen von Valdieri und Vinado in Piemont acht Arten von Schwimmkäfern vorkommen und diese zum Teil sogar in sehr großer Individuenzahl. Dabei handelt es sich vielfach nicht um eigene Spezies, sondern ein Teil dieser Thermal-

---

dem Süßwasserturbellar *Macrostoma Tuba* fanden sich hier zwei Arten von marinem Einschlag, nämlich ein *Halicyclops* und ein zur Gattung *Adoncholaimus* gehöriger Nematode.

fauna rekrutiert sich aus sehr gewöhnlichen, eben außerordentlich eurythermen Arten. Noch mehr als von den Käfern gilt dies vielleicht von
den Schnecken. Es sei auf die Schneckenfauna der Geysirabflüsse Islands
aufmerksam gemacht, in denen bei einer Wassertemperatur von beiläufig 40° die auch bei uns ganz häufigen Arten der Gattung *Limnaea*,
z. B. *truncatula*, leben.

Damit soll nun nicht gesagt sein, daß es an charakteristischen Arten
mangle. So wurde in einer galizischen Schwefeltherme ein Ostracode,
Cypris Nusbaumi, entdeckt, und in Material aus einer 40° warmen Quelle
in China, das HANDEL - MAZZETTI gesammelt hatte, sah Verfasser ebenfalls
Ostracoden. SOKOLOW beschrieb kürzlich sogar eine Thermalhydracarine

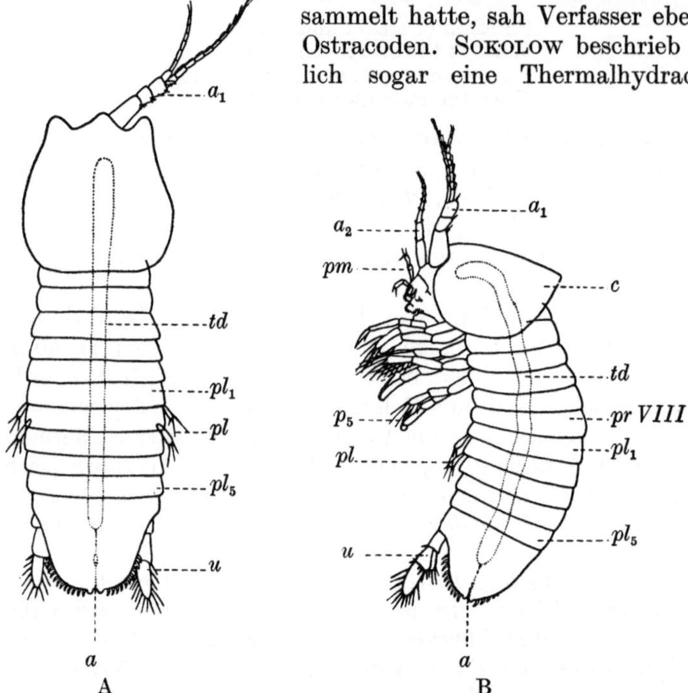

Abb. 82. *Thermosbaena mirabilis* MONOD. Ein 3 mm langer Krebs unsicherer Zugehörigkeit, wahrscheinlich eine eigene Familie repräsentierend, aus dem Thermalfeld El Hamma, einer 48° heißen
Therme in Tunis. A Dorsal-, B Lateralansicht. a_1 und a_2 erste und zweite Antenne; *c* Carapax;
td Darm: *pm* Mandibelpalpus; *pr VIII* achtes Thorakalsegment; pl_1—pl_5 erstes bis fünftes Pleonsegment; p_5 fünfter Perliopode; *pl* Pleopoden; *u* Uropoden; *a* Anus.
(Nach MONOD aus CHAPPUIS, Die Tierwelt der unterirdischen Gewässer.)

Thermacarus thermobius[1], und MENZEL beschrieb aus javanischen Thermen, die 45° C Temperatur und einen Salzgehalt von 27 pro Mille
aufwiesen, eine Fauna, die sich aus einem neuen *Halicyclops*, einem
Adoncholaimus und zahlreichen Exemplaren von *Macrostomum tuba* zusammensetzte. Unter Hinweis auf S. 205 dieses Buches sei hier auf die
seltsame Mischung von Süßwassertypen (*Macrostomum*) mit marinen

---

[1] Eine *Eylais thermalis* wurde aus einer 42° heißen Therme auf Formosa
vor kurzem beschrieben.

(die beiden anderen) aufmerksam gemacht, da Binnensalzwässer keine marinen Arten aufzuweisen pflegen. Vielleicht erklärt der hohe *NaCl*-Gehalt dieser Therme (20 vT) diesen Fall.

Gelegentlich seiner Studien über die Algenflora Böhmens bemerkte HANSGIRG, daß in Abflüssen heißer Fabrikwässer zum Teil dieselben Cyanophyceen auftreten wie in Thermen. Da nun Nematoden in fast allen Thermen vorkommen, schien es wünschenswert zu eruieren, ob nicht die Nematoden eine zoologische Parallele zu diesem botanischen Befund ergäben. A. LIEBERMANN untersuchte zu diesem Zweck die Nematodenfauna der Čakovicer Zuckerfabriksteiche in Böhmen, doch ohne den in dieser Richtung erwarteten Erfolg. Es ergab sich vielmehr: „Im ganz heißen Wasser (etwa 40⁰) wurden trotz regelmäßiger Durchsuchungen überhaupt keine Nematoden vorgefunden. Bei etwa 33⁰ trat *Plectus rhizophilus* in großen Mengen auf." *Plectus rhizophilus* ist aber keine spezifische Thermalart.

14. Salzwässer des Binnenlandes.

„Marine Oasen in der Festlandwüste" hat einmal ein mit den wirklichen Verhältnissen wenig vertrauter Verehrer des Meeres die Biotope bezeichnet, die im folgenden behandelt werden sollen. Es ist vielleicht besonders charakteristisch für die Salzwässer des Binnenlandes, zu zeigen, daß sie keine marinen Oasen, sondern typische, wenn auch aberrante Beispiele der Fauna der Binnengewässer darstellen. Der Laie, der das oben zitierte und ebenfalls von einem Laien geprägte Schlagwort hört, könnte sich versucht fühlen, an solchen Örtlichkeiten nach Seetang zu fahnden und nach Echinodermen oder anderen marinen Organismengruppen. Aber nichts von alledem ist da vorhanden. Weder die Pflanzen-, noch die Tierwelt zeigt da marines Gepräge. Wo uns im Binnenland Vertreter der Braun- und Rotalgen entgegentreten, ist meistens gar keine Beziehung zum Meer nachweisbar, und die zwei einzigen Fälle in Mitteleuropa zeigen gerade durch ihre örtliche Beschränkung die Bedeutungslosigkeit derselben für unsere Frage. So lebt die zu den im Meere so reichlich vertretenen Ectocarpaceen gehörige Braunalge *Pleurocladia lacustris* A. BRAUN nur in norddeutschen Seen, fehlt aber bezeichnenderweise dortselbst gerade den Salzgewässern. Und von den im Meere ebenfalls reichlich vertretenen Ceramiaceen unter den Rotalgen hat einzig allein *Ceramium radiculosum* GRUNOW den Weg ins Süßwasser gefunden, aber auch diese nur in die Mündungsgebiete einiger Flüßchen, die westlich von Triest in die Adria münden. An salzhaltigen Stellen des Binnenlandes kommen von den beiden großen, das Meer beherrschenden Algenstämmen, den Rot- und Braunalgen, eigentlich nur wenige seltene Vertreter der Gattungen *Asterocytis* und *Chroothece* vor, und auch bei diesen sind die Beziehungen zur marinen Flora mehr als fraglich. So mag es denn auch nicht überraschen, wenn die meisten der am Meeresstrand heimischen Blütenpflanzen den Salzlokalitäten des Kontinentes fern geblieben sind.

Statt nun, was ein Leichtes wäre, diese negative Charakteristik der Salzwasserbiozönosen durch zoologische Beispiele zu belegen und zu erweitern, wollen wir die Fauna dieser Örtlichkeiten dazu benutzen, um auch eine positive Charakteristik zu bieten, die übrigens noch seltsamer ist als die zuerst festgestellte negative und die vice versa auch wieder durch botanische Beispiele ergänzt werden könnte, wovon wir aber wegen Raummangel gleichfalls absehen wollen. Es zeigt sich nämlich, daß es in Binnensalzwässern eine ganze Reihe von Salzwasserarten gibt, die nur dort vorkommen und der marinen Fauna völlig fehlen. Es sei nur die Verbreitung des *Diaptomus salinus* und der Gattung *Wolterstorffia* in Erinnerung gebracht.

Man könnte diese eigenartige Erscheinung, daß viele marine Typen den Salzwässern des Binnenlandes fehlen, ebenso wie den umgekehrten Fall dadurch zu erklären versuchen, daß Verschiedenheiten der Konzentration oder qualitative Unterschiede der Salzlösung maßgebend seien. Es läßt sich aber leicht an Beispielen zeigen, daß beide Hypothesen, ganz besonders aber die erste, nur ausnahmsweise in Betracht kommen können. Denn wir kennen Arten, die die größten Konzentrationsschwankungen spielend ertragen oder in qualitativ höchst verschiedenen Lösungen leben und trotz alledem nicht in der Lage waren, beide Lebensbezirke zu besiedeln.

Der Copepode *Tigriopus fulvus* erträgt in den rock-pools Temperaturschwankungen von 0—38° und Salzgehaltsschwankungen vom salzfreien Regenwasser bis zu Salzkonzentrationen, bei denen Salzkristalle abgeschieden werden, und hat trotz dieser Zähigkeit nirgends im Binnenland festen Fuß zu fassen vermocht, sondern ist an den Verlauf der Meeresküste gebunden geblieben, hier allerdings vielleicht ähnlich weltweite Verbreitung genießend wie die merkwürdige Gattung *Schizopera*, die nach ihrer Entdeckung auf den Chathaminseln bei Neuseeland und im Tanganyika durch G. O. SARS, in Holland, dann an der Nordsee und Ostsee und schließlich im Salzsee Birket el Kurun in Nordafrika wiedergefunden wurde.

HIRSCH machte darauf aufmerksam, daß in vielen Fällen nicht die Konzentration als solche, d. h. der ihr entsprechende osmotische Druck, das Fehlen gewisser Arten bedinge, sondern das Vorwiegen bestimmter Ionen, also der qualitative Charakter einer „nicht ausbalancierten Salzlösung". Doch fehlt es bisher an ausreichenden experimentellen und Freilandbeobachtungen, um zu sagen, ob durch die von HIRSCH betonten Gesichtspunkte die Differenzen zwischen der marinen Organismenwelt und der Organismenwelt der Binnensalzwässer verständlich zu machen seien. Im Grunde genommen haben wir ja bisher nur eine Arbeit, die ein Binnensalzwasser in allseitiger Weise behandelt, nämlich die von A. THIENEMANN unter Mitwirkung vieler Spezialisten herausgegebene Abhandlung „Das Salzwasser von Oldesloe". — Ferner ist 1913 in Münster eine Arbeit von ROBERT SCHMIDT „Die Salzwasserfauna Westfalens" erschienen, die aber natürlich als das Arbeitsergebnis eines einzelnen vieles unerörtert läßt, was die Oldesloearbeit bereits eingehend behandelt. Beide behandeln *NaCl*-Gewässer. Nun werden aber als Salzwässer auch solche angeführt, in denen der *NaCl*-Gehalt zurücktritt gegenüber anderen Salzen; ich erinnere an die Eisensulfat und Magnesiumsulfat führenden Gewässer des Franzensbader Moores, an den Alaunsee von Komotau in Böhmen, an die Bitterwässer Ungarns. — Über unterirdische Salzwasserbewohner gibt eine Arbeit von NAMYSLOWSKI Aufschluß, der in den Salzwässern galizischer Salzbergwerke außer einem Pilz, *Oospora salina*, und einer Amöbe einige neue Flagellatengattungen entdeckte, z. B. *Pleurostomum, Triflagellum* usw.

Durch ein vergleichendes Studium solcher Biotope könnte die von HIRSCH geltend gemachte Bedeutung bestimmter Ionen geprüft werden. Aber zu vergleichenden Betrachtungen fehlt noch das nötige Beobachtungsmaterial[1]. Eben aus diesen einleitenden Bemerkungen ergibt sich die Notwendigkeit, die Salzwässer einer eingehenden Untersuchung zu unterziehen, die vor allem drei Leitpunkte im Auge zu behalten hat, nämlich:

1. Zu beachten, daß das Wort Salzwasser sehr verschiedenartige Biozönosen umfaßt, je nach der Art der gelösten Salze. Dabei können qualitativ sehr verschiedenartige Wässer oft in unmittelbarer Nachbarschaft liegen, woraus sich die Notwendigkeit ergibt, von jeder Stelle, an der Material gesammelt wird, auch eine chemische Analyse des Wassers durchzuführen.

2. Diese Forderung gilt aber auch für Gewässer von qualitativ gleicher Zusammensetzung, da die Konzentration unmittelbar benachbarter Tümpel oder Gräben oft außerordentlich verschieden sein kann. Die Notwendigkeit chemischer Analysen mag dabei aus folgendem Fall ersehen werden. Der Verfasser glaubte einmal bei einer Exkursion in das Salzmoor Soos bei Franzensbad sich lediglich an die von *Glaux maritima* umsäumten Gewässer halten zu müssen, um die Salzwasserorganismen des Gebietes zu erfassen. Die so gewonnenen zoologischen Resultate waren aber so unwahrscheinlich, daß eine Nachprüfung vorgenommen wurde, die ergab, daß die Verbreitung der *Glaux* dem Salzgehalt des Bodens durchaus nicht entsprach, da andere Faktoren die Verteilung der *Glaux* störend beeinflußten.

3. Endlich sollen tunlichst alle Organismengruppen berücksichtigt werden, eine Forderung, die wohl in den meisten Fällen notgedrungen ein frommer Wunsch bleiben wird. Denn selbst unter so glücklichen Begleitumständen, wie sie bei den Oldesloer Arbeiten gegeben waren — THIENEMANN hatte nicht weniger als 15 Spezialisten zur Hand — mußte auf die Behandlung der Protozoen verzichtet werden. Darum soll dort, wo dieser dritten Forderung nicht Rechnung getragen werden kann, diese Forderung nicht abschreckend wirken. Auch nur auf eine Gruppe abzielende Arbeiten können schöne Ergebnisse zeitigen, wie z. B. HOFMANNS Untersuchungen über die Bacillariaceen der Soos bei Franzensbad zeigen.

Überblick über die bisher gewonnenen Ergebnisse. Beschränken wir uns zunächst auf die bei uns gemachten Beobachtungen, so fällt

---

[1] Wichtige Beobachtungen und Überlegungen über diesen Punkt enthält die Arbeit „The Freshwater Crustacea of Norfolk" von R. GURNEY (Transact. of the Norfolk Naturalists Society. XII), die leider hier nicht mehr berücksichtigt werden konnte.

auf, daß viele Tiergruppen in Binnensalzwässern fehlen, darunter auch solche, die im Meere reichlich vertreten sind, wie die Coelenteraten, Bryozoen, Spongien. Auffallend ist auch das Verhalten der Hydracarinen, von denen die vorwiegend marinen Halacariden mehrere Gattungen im Süßwasser, aber keine in Binnensalzwässern aufzuweisen haben. Unter den Insekten sind vorwiegend jene Gruppen nicht vertreten, die Kiemenatmung haben, so fehlen Ephemeriden und Perliden, Trichopteren treten auffallend zurück. Chironomiden treten in wenigen Arten auf, und diese zeigen eine auffallende bis zum völligen Schwund führende Reduktion der meist als Atmungsorgane gedeuteten Tubuli (Blutkiemenschläuche) am vorletzten Segment der Larve (vgl. LENZ in der Oldesloearbeit). Auch das Fehlen von Amphibien und das auffällige Zurücktreten von Mollusken und Cladoceren wird von allen Autoren betont.

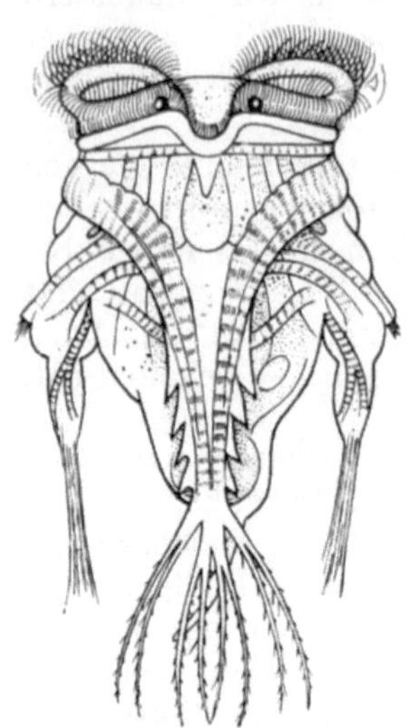

Abb. 83. *Pedalion oxyure* (SERNOV). Ventralansicht. Diese ursprünglich für einen Aralsee-Endemismus gehaltene Art ist in Salzgewässern mehrerer Erdteile heimisch. Vergr. 300 fach:

Unter den im Salzwasser des Binnenlandes vertretenen Tiergruppen finden wir teils eigentliche Süßwasserarten, die in schwach konzentrierten Lösungen noch fortzukommen vermögen (haloxene Arten), dann solche, die eine gewisse Vorliebe fürs Salzwasser zeigen (halophile), und endlich solche Arten, die auf Salzgewässer beschränkt sind und oft geradezu stärkere Konzentrationen bevorzugen: Halobionte.

Halobionte.

Zu diesen Halobionten gehört zunächst eine stattliche Anzahl von Dipterenlarven, nämlich:

1. *Ephydra Scholtzi* BECKER.
2. *Ephydra micans* HALIDAY.
3. *Ephydra breviventris* Lw.
4. *Ephydra riparia* FALL.
5. *Aedes dorsalis* MEIG.
6. *Aedes salinus* FIC.
7. *Dasyhelea longipalpis* KIEFFER.
8. *Dasyhelea diplosis* KIEFFER.
9. *Culicoides punctatidorsum* KIEFFER.
10. *Culicoides salicola* KIEFFER.
11. *Culicoides salinarius* KIEFFER.
12. *Culicoides Riethi* KIEFFER.
13. *Bezzia trilobata* KIEFFER.
14. *Chironomus salinarius* KIEFFER.
15. *Trichocladius halophilus* KIEFFER.
16. *Telmatoscopus similis* TONN.
17. *Telmatoscopus ustulatus* WALK.

Speziell *Culicoides* scheint eine durch viele Salzwasserarten ausgezeichnete Gattung zu sein. Denn abgesehen von den vielen für Deutschland bereits bekannten Fällen liegen auch solche aus Nordamerika vor, und aus dem „alkalischen See" auf der Insel Pantelleria ist ebenfalls eine hierher gehörige Form beschrieben worden.

Von diesen aus Deutschland bisher bekannt gewordenen halobionten Dipteren sind die Arten 1, 2, 5 und 7 den westfälischen und den Oldesloer Salzgewässern gemeinsam. Wie weit diese Arten auch an anderen Salzwasserlokalitäten Mitteleuropas vorkommen, fehlen oder durch vikariierende Arten vertreten sind, wissen wir heute nicht. Doch verdient unter Hinweis auf das eingangs in diesem Kapitel Mitgeteilte vermerkt zu werden, daß nach THIENEMANN nur eine geringe Übereinstimmung zwischen der Chironomidenfauna der Ostsee und der des Binnensalzwassers von Oldesloe festzustellen war, was bei der geringen räumlichen Trennung der beiden Gebiete und bei dem durch die geflügelten Imagines erleichterten Austausch gewiß beachtenswert ist. Und ebenso muß wohl hervorgehoben werden, daß die bis vor kurzem für ausschließlich marin gehaltene Dipterenfamilie der Clunioninen weder in den Salzwässern Westfalens, noch denen von Oldesloe vertreten ist, aber überraschenderweise in einem Alpensee, dem Lunzer Untersee, gefunden wurde.

Die Coleopteren bieten seltsamerweise ein ganz anderes Bild; von 73 Arten, deren namentliche Aufzählung hier wegen Raummangel unterbleiben mag, sind nur fünf Arten spezifische Bewohner der Binnensalzgewässer, hingegen sind 28 beiden Biotopen gemeinsam und 40 auf die Meeresküste beschränkt.

Von Entomostraken betrachtet KLIE bei der Besprechung des Oldesloer Materials als Halobionten:

Cyprinotus salinus BRADY,	*Apsteinia rapiens* SCHMEIL,
Cytheridea torosa BRADY,	*Nitocra simplex* SCHMEIL,
Laophonte Mohammed BLANCH.,	*Schizopera longicauda* G. O. SARS.
Wolterstorffia confluens SCHMEIL,	

und von Rotatorien dürften nach HAUER

Brachionus plicatilis = *Mülleri* und
Pedalion oxyure (Abb. 83)

ausgesprochene Halobionten von Binnengewässern darstellen.

Ob der bei Oldesloe entdeckte Oligochät *Postiodrilus Sonderi* ein typischer Halobiont ist, ist eine noch offene Frage.

Vergleichende Beobachtungen an Salzwasserfaunen. 1. Wie schon oben erwähnt wurde, sind die Binnensalzgewässer nicht scharf von den Süßwässern der Umgebung abgeschnitten, sondern meist durch Gewässertypen mit zwischenliegender Konzentration verbunden. Indem man auch diesen Zwischenstufen Beachtung schenkt, gewinnt man meist schon genügende Anhaltspunkte, um Haloxene, Halophile und Halobionten zu trennen sowie sich davon zu überzeugen, wie die zunehmende Einseitigkeit der Existenzbedingungen die Artenzahl eines Biotopes vermindert. Dies wurde zahlenmäßig sehr deutlich von QUIRMBACH durch seine Untersuchungen im Dortmund-Emskanal gezeigt, und THIENEMANN kommt für sein Untersuchungsgebiet zu dem Resultat:

Salzgehalt	Artenzahl
bis 3 vH	64
3—10 vH	38
10—16 vH	12
16—20 vH	1

2. Ebenfalls bereits Erwähnung fand die Tatsache, daß bei manchen Arten die Konzentration der Lösung sich in morphologischen Änderungen widerspiegelt, so bei den Blutkiemen gewisser Chironomiden-

larven, wobei allerdings keine genaue Parallele vorliegt, indem möglicherweise die Dauer des Aufenthaltes der betreffenden Art im Salzwasser eine Rolle spielt. Wenigstens kennen wir ein Gegenstück hierzu in dem Verhalten der Gattung *Limnocalanus*, deren Kolonien um so mehr vom Typus des marinen *L. Grimaldi* abweichen und dem Süßwassertypus *macrurus* sich nähern, je länger die fragliche Kolonie bereits im Süßwasser lebt (vgl. EKMAN: Studien über die marinen Relikte usw. Int. Rev. 1913—17). Da es sich in diesem Fall um die Zeiträume des Postglazials handelt, liegt es auf der Hand, daß es „wegen Zeitmangels" unmöglich ist, solche Prozesse experimentell zu kontrollieren. Daß aber auch dem Experiment für das Studium der Salzwasserfauna Bedeutung zukommt, zeigen die alten Versuche von SCHMANKEWITSCH, der zeigte, daß *Artemia salina* je nach dem Salzgehalt des Wassers morphologische Veränderungen erleidet, die von SCHMANKEWITSCH als eine Annäherung an die Gattung *Branchipus* bei zunehmender Aussüßung und als ein Übergang in die Art *A. Mühlhausenii* bei zunehmendem Salzgehalt[1] gedeutet wurden. Die Deutung dieser Beobachtungen ist allerdings von späteren, kritischeren Experimentatoren vielfach abgelehnt worden, wodurch die seinerzeit von den Phylogenetikern so hoch eingeschätzten *Artemia*-Versuche ihren Nimbus eingebüßt haben, aber als Beispiel für die Möglichkeit experimentell-morphologischer Arbeiten über Salzwassertiere behalten die Versuche von SCHMANKEWITSCH ihre alte Bedeutung. Ähnliche Erscheinungen liegen bekanntlich auch bei anderen Gruppen, zumal den *Mysideae*, vor, sind aber wohl nur bei *Mysis oculata relicta* und *Potamomysis Pengoi* CZERN als Süßwasserform der *Euxinomysis Meznikowi* CZERN Gegenstand spezieller Untersuchung gewesen. Daß übrigens die experimentelle Behandlung[2] der Frage nach dem Einfluß des Salzgehaltes auf die morphologischen Verhältnisse der Arten besondere Vorsichtsmaßregeln erheischt, zeigt nicht nur der Wechsel der Deutung, den die *Artemia*-Versuche im Verlaufe eines halben Jahrhunderts bei kritischer werdender Einstellung der Versuchsbedingungen erleiden mußten, sondern als warnendes Beispiel die Versuchsreihe von LABBÉ, der durch oberflächliche Experimente den Nachweis geführt zu haben glaubte, es könnten durch Wechsel der Außenbedingungen Harpacticidengenera ineinander übergeführt werden. Die ganz unglaubliche Entgleisung ist wohl darauf zurückzuführen, daß in dem zu diesen Beobachtungen verwendeten Wasser Nauplien verschiedener Gattungen enthalten waren.

3. Nur für solche Organismengruppen, die einer Fossilbildung fähig sind, anwendbar wird ein Gesichtspunkt sein, den C. HOFMANN bei der Behandlung des schon mehrfach erwähnten Salzmoores Soos bei Franzensbad gelegentlich der Untersuchung der Bacillariaceenflora dieses Gebietes angewendet hat. Hier wurden die in den heutigen Salzwässern dieser Lokalität lebenden Kieselalgen mit denen der fossilen Lager ver-

---

[1] In ähnlicher Weise wird auch die im Issyk-Kul entdeckte *Eurytemora composita* KEISER als eine Art gedeutet, die bei dem Salzigwerden dieses ehemaligen Süßwassersees aus *E. lacustris* entstanden wäre.

[2] Über die Beeinflussung der pulsierenden Vakuole vgl. S. 18.

glichen, um über eventuelle Änderungen des Salzgehaltes im Laufe der Zeit Aufschluß zu gewinnen. Gegenüber älteren Annahmen zeigte sich, daß solche nicht stattgefunden haben. Für viele andere Fälle ist hingegen eine Änderung des Salzgehaltes oft in überraschend kurzer Zeit konstatiert worden, ohne daß man bisher die biologischen Begleiterscheinungen näher studiert hätte. Der Alaunsee bei Komotau, der noch vor wenigen Jahrzehnten einen solchen Alaungehalt hatte, daß er zum Baden ungeeignet war, ist heute nahezu ein Süßwasserbecken.

4. Endlich wird jede Untersuchung eines Salzgewässers darauf Bedacht nehmen müssen, die Ergebnisse mit den an anderen Orten gewonnenen zu vergleichen. Schon eine bloße Gegenüberstellung der faunistischen und floristischen Aufnahme kann zu bemerkenswerten Feststellungen führen. Daß nicht allerorts die gleichen Verhältnisse herrschen, zeigt folgendes Beispiel: Wir haben *Pedalion oxyure* als eine Salzwasserart kennengelernt. Es ist daher ganz in der Ordnung, daß SPANDL im Göldjiksee, der ein Süßwasserbecken ist, nicht diese Art, sondern *P. fennicum* vorfand. Hingegen kommt in anderen Seen Kleinasiens *fennicum* in Salzwässern vor. Andererseits leben im Göldjik zwei ausgesprochene marine Typen, *Evadne lacustris* SPANDL und eine *Chaetoceras*-Art. Die in neuester Zeit vorgenommenen Untersuchungen südrussischer Salzseen (Elton- und Baskuntschaksee) zeigen, daß hier neben weit verbreiteten Arten, wie *Asteromonas gracilis*, *Dunaliella salina*, *Brachionus Mülleri*, *Artemia salina*, *Nitocra simplex* und *Wolterstorffia Blanchardi*, auch Arten mit beschränkter Verbreitung auftreten, welche wie *Diaptomus asiaticus* und *Hemidiaptomus* asiatischen Einschlag verraten.

Gegenüber diesen Feststellungen sei zum Schluß dieses Kapitels noch darauf verwiesen, daß bestimmte Halobien sich einer außerordentlich weiten Verbreitung erfreuen, dann aber auch hinsichtlich ihrer Anpassungsfähigkeit oft ganz ungewohnte Verhältnisse darbieten.

Artemia salina, die THIENEMANN allerdings in Westfalen vermißte (doch „ließ sie sich mit Leichtigkeit in einem Salzteich einer westfälischen Saline einbürgern"), ist in Afrika und Nordamerika ebenso heimisch, wie in den vom Meere so weit entfernten Salzgewässern Siebenbürgens.

Auf die enorme Anpassungsbreite der *Ephydra*-Larven wurde bereits hingewiesen. Vertreter dieser Gattung finden wir daher unter ganz abnormen Verhältnissen oft in großer Individuenzahl. Amerika bietet hierfür zwei besonders drastische Beispiele.

WILLISTON berichtet, daß in Nevada in einem Salzsee, der sehr viel *NaCl* und Glaubersalz, sowie im Lake Mono, der überdies Borsäure und Natriumborat enthält, *Ephydra*-Larven in solcher Menge vorkommen, daß die Wasseroberfläche von ihnen bedeckt wird und die von den Wellen ausgeworfene Masse sich am Strand zu Wällen häuft. Die Larven dieser *Ephydra californica* PACKARD werden von Indianern gebacken als Nahrung verwendet. Um die Anpassungsmöglichkeiten dieser Gruppe noch deutlicher zu machen, sei schließlich erwähnt, daß die Larve der hierher gehörigen *Psilopa petrolei* COQU. in Kalifornien in Petroleumtümpeln lebt!

15. Schwefelorganismen.

Als Schwefelorganismen werden gewöhnlich solche bezeichnet, die für H_2S-haltige Wässer charakteristisch sind. Sie können daher in größeren Seetiefen mit Faulschlamm angetroffen werden, ebenso in Seichtwässern, in denen starke Pflanzenfäulnis stattfindet; hier kann besonders in alten Charabeständen reichlich H_2S entstehen, obgleich das übrige Wasser ein typisches Reinwasser ist. Ferner treten diese Formen in Quellen und Thermen auf, die — sei es durch vulkanischen Einfluß, sei es durch Zerfall organischer Substanz — H_2S-haltig sind.

Als Leitformen solcher H_2S-Wässer kommen besonders in Betracht *Beggiatoa* und andere farblose Schwefelbakterien, wie *Thiothrix*; erstere meist „kreidigweiße, spinnwebartige Filze" bildend, letztere Pflanzenteile oder selbst lebende Tiere mit schneeweißen Rasen überziehend; dann Purpurbakterien, wie *Chromatium Okenii*, dann die zu den Cyanophyceen gehörigen gelbgrünen Organismen, die von LAUTERBORN als Chlorobacteriaceen eingeführt wurden.

Ob diesem reichen pflanzlichen Bestand von Schwefelorganismen auch tierische Vertreter anzureihen sind, ist fraglich. Wohl hat GROCHMALICKY aus einer galizischen Schwefelquelle einen neuen Ostracoden *Cypris Nusbaumi* beschrieben. Aber solange nicht noch andere Fundorte dieser Spezies bekannt werden, ist es schwer zu entscheiden, ob *Cypris Nusbaumi* ein auf Schwefelwässer beschränkter Organismus ist.

THIENEMANN, der auf Rügen zwei H_2S-haltige Quellen untersuchte, fand keine an solche Biotope gebundene Tierformen, sondern fand in diesen Quellen „ein schönes Beispiel für die auslesende Wirkung eines einseitig charakteristischen Milieus". Denn in den dichten *Beggiatoa*-Rasen dieser Quellen konnte eine Massenentfaltung von *Ptychoptera albimana* und *Dyscamptocladius setiger* festgestellt werden.

C. Limnologie und Tiergeographie.

Die räumliche Verteilung der Organismen ist teils durch gegenwärtig wirkende Faktoren bedingt, teils durch solche, die der Vergangenheit angehören, wobei diese historischen Faktoren teils dem Milieu angehören können, teils im Organismus gelegen sein können (phyletische Potenzen). Dieser für alle Organismen geltende Tatbestand gilt natürlich auch für die Süßwasserorganismen. Daß wir nicht erwarten dürfen, die charakteristischen Elemente der Organismenwelt der großen afrikanischen Seen in unseren europäischen Seen anzutreffen, mag durch den Hinweis auf die ungleichen Temperaturverhältnisse hinlänglich plausibel gemacht werden, aber daß von den ganzen nordamerikanischen Diaptomiden nicht ein einziger in unseren Seen vorkommt, kann auf ökologischer Grundlage nicht eingesehen werden, denn die Milieuverhältnisse der amerikanischen Seen kehren bei unseren Seen wieder, und das unfreiwillige Experiment der *Elodea*-Übertragung zeigt zur Genüge, daß ein vorher rein amerikanischer Organismus in europäischen Gewässern recht gut gedeihen kann, wenn — er den Weg dahin gefunden hat. Zudem dürfte der Fall *Elodea* mit einem zoologischen Fall gekoppelt sein, denn das seltsame Rotator *Apsilus vorax* ist bei uns bisher immer an *Elodea* sitzend gefunden worden, so daß der Schluß naheliegt, es sei mit *Elodea* zu uns gekommen. Und diesem unfreiwilligen Experiment könnten noch manche freiwillige — kalifornischer Bachsaibling, *Azolla* usw. — an die Seite gestellt werden. Hier liegt die Ursache der Faunenverschiedenheit offenbar nicht in Milieuverschiedenheiten, sondern in der Unmöglichkeit, das nicht besiedelte Gebiet zu erreichen, und diese Verbreitungsmöglichkeiten und Verbreitungsschranken sind gegeben durch Vorgänge, die der geologischen Vergangenheit angehören.

Demnach haben wir bei dem Studium der geographischen Verbreitung wohl auseinanderzuhalten: 1. Beziehungen zwischen Verbreitungsbild und Milieu. Es mag nur an die Seetypenlehre erinnert werden, um Belegbeispiele für die Studienobjekte der ökologischen Tiergeographie vorzuführen. — 2. Beziehungen zwischen Verbreitungsbild und historischen Faktoren. Diese Beziehungen bilden den Inhalt der historischen Tiergeographie, und das Verhältnis dieser zur Limnologie soll im folgenden noch kurz erörtert werden. Hat eine Art alle ihr ökologisch zusagenden Gebiete besetzt, so kommt man, wenn nicht Fälle diskontinuierlicher Verbreitung vorliegen, mit der ökologischen Tiergeographie aus, um das Zustandekommen dieses Falles zu begreifen. Liegen aber Diskontinuitäten von Arten vor, die keine passive Verschleppung hervorgebracht haben kann, oder hat eine Art nur von einem Teil jenes Wohngebietes Besitz ergriffen, das ihr geeignete Lebensmöglichkeiten bietet, dann sind wir gezwungen, die historische Betrachtungsweise anzuwenden.

In diese Lage kommt der Limnologe, sobald er bei der faunistischen oder floristischen Aufnahme irgendeines Gewässers Vergleiche mit anderen Gewässern zieht, die zur Erklärung des Fehlens oder Vorkommens irgendeiner Art in seinem Untersuchungsgebiet herausfordern.

Zunächst werden sich da Fragen nach der Herkunft der einzelnen Arten aufdrängen, und zwar die Frage, woher und auf welchen Wegen ist die Art in dieses bestimmte Gewässer gekommen und woher stammt die Art als solche.

Ein Beispiel der ersten Fragestellung führte zur Lehre der nordischen Herkunft vieler Organismen unserer mitteleuropäischen Gewässer. EKMAN (Lit.) hat kürzlich in übersichtlicher und kritischer Weise die Entwicklung dieser Lehre dargestellt, und die Mitteilungen SVEN EKMANS seien hier kurz wiedergegeben, da sie zugleich eindringlich zeigen, wie wohl alle Theorien zuerst infolge vorschneller Verallgemeinerungen übers Ziel hinausschießen, um dann durch eine Jahrzehnte umfassende Polemik auf das rechte Maß zurückgeschraubt zu werden.

Zur Zeit, als STEUER seine Abhandlung über die Entomostraken der alten Donau schrieb, also um 1900, galt noch ein Großteil des mitteleuropäischen Planktons als seiner Herkunft nach nordisch. Verschiedene Argumente wurden dafür ins Treffen geführt, so der Umstand, daß die Exemplare der nordischen Kolonien größer sind als die der südlichen Kolonien, daß in den südlichen Kolonien die sexuelle Fortpflanzung mehr und mehr durch Parthenogenese eingeengt wurde, und daß die Zahl der produzierten Eier hier wesentlich geringer sei; also lauter Momente, die dafür zu sprechen schienen, daß diese Tiere bei uns in unnatürlichen Verhältnissen leben, während die nordischen Kolonien derselben Tiere das „normale Bild“ boten. (Die Methodik der Tiergeographie des Süßwassers. Abt. IX des Handbuchs der biologischen Arbeitsmethoden 1927.)

Ferner wurde die Verlegung der Sexualperiode in die kalte Jahreszeit sowie überhaupt die Beschränkung einer Art auf Örtlichkeiten, die durch ständig kaltes Wasser ausgezeichnet sind (Seetiefen, Hochgebirgsseen, Gebirgsbäche, Quellen), als Hinweis auf die nordische Herkunft der fraglichen Arten gedeutet. Alle diese Argumente, deren Beweiskraft in einigen Fällen bereits von WESENBERG-LUND angezweifelt wurde, werden von EKMAN als unzulänglich abgelehnt. Es sei, gestützt auf die von EKMAN geübte Kritik, auf einige Fälle, die uns in der limnologischen Literatur oft begegnen, näher eingegangen.

Die klimatischen Verhältnisse im Norden bringen es mit sich, daß der dystrophe Typus der Humusgewässer dort vorherrschend ist, so daß es von vornherein wahrscheinlich ist, daß die Mehrzahl der wirklich nordischen Einwanderer gerade dieser ökologischen Kategorie von Organismen angehört. Diese Beobachtung verleitete nun viele Hydrobiologen in einem Accidens etwas Wesentliches zu sehen und in Verbindung mit einer weiteren, nur bedingt geltenden Annahme, der Annahme nämlich, daß Moorgewässer eo ipso ein geeignetes Refugium für Kaltwasserarten bildeten, in Moorbewohnern überhaupt nordische Formen zu sehen. Wahrscheinlich ist aber der Sachverhalt folgendermaßen: Früher war auch in Mitteleuropa der dystrophe Gewässertypus vorherrschend, mußte aber mit zunehmender Kultivierung des Bodens immer mehr dem eutrophen Typus weichen. Es sind also die isolierten Kolonien von Organismen dieser Kategorie nicht Überreste eines Vorstoßes nordischer Stammkolonien, sondern Überreste einer früher allgemein bei uns verbreiteten Organismengesellschaft.

Der Schluß, daß ein Tier, das bei uns Winterlaicher, im Norden aber Sommerlaicher ist, aus dem Norden stammen müsse und seine Laichzeit bei uns in die kalte Jahreszeit verlegt habe, läßt sich, wie EKMAN richtig bemerkt, auch umkehren, indem man sagt: „Ein aus mittel- oder südborealen Gegenden stammendes Kaltwassertier, das in diesen Gegenden wegen seines Kältebedürfnisses die Fortpflanzung in den Winter verlegt hat, muß, wenn es ins arktische oder hochalpine Gebiet sich verbreitet, dieselbe in den Sommer verlegen, weil es den langen Winter in einem Dauerzustand durchmachen muß.“

Es fehlt aber keineswegs an Erscheinungen, die auch bei kritischer Einstellung als Argumente zugunsten der nordischen Herkunft gewertet werden dürfen. So pflegen in den temperierten Seen Mitteleuropas perennierende Kolonien des *Diaptomus denticornis* und des *D. laciniatus* Dauereier zu bilden. Wenn diese Arten im Norden Dauereier bilden, wo ihre Wohngewässer bis zum Boden ausfrieren, ist dies ganz verständlich; bei perennierenden Kolonien aber kann diese ganz sinnlose Dauereibildung wohl nur als Reminiszenz an die ursprüngliche Fortpflanzungsweise gedeutet werden. Ekmans eigene Untersuchungen in Skandinavien zeigten, daß der dort vorhandene zyklische Verlauf der Fortpflanzung der Cladoceren *Polyphemus* und *Bythotrephes* sich so abspielt, daß er schwerlich als sekundäre Anpassung von den in Mitteleuropa herrschenden Verhältnissen aus gedeutet werden kann. Und dies um so weniger, als auch morphologische Momente, nämlich die morphologischen Verhältnisse des Auges und der Extremitäten, bei *Bythotrephes longimanus* die nordischen Kolonien dieser interessanten Cladocere als die ursprünglichen erkennen lassen. Man hat auch die Vorliebe des *Bythotrephes* für tiefe Wasserschichten als ein Argument für seine nordische Herkunft in Anspruch genommen, da er im Norden selbst seichte Tümpel bewohnt. Wenn dieses Argument, wie eben im Falle *Bythotrephes*, durch andere unterstützt wird, wird man es wohl gelten lassen können. Man vergleiche die in Norddeutschland ebenfalls auf größere Seetiefen beschränkten Wassermilben *Arrenurus nobilis* und *Piona paucipora*, die im Norden der Uferfauna angehören.

Daß auch rein faunistisch Fingerzeige über die Herkunft einzelner Arten erhalten werden können, hat Verfasser 1911 bei einem Versuch einer zoogeographischen Analyse der Fauna der Alpenseen zu zeigen versucht, ein Weg, der später auch von Fehlmann, Schmassmann und Walter beschritten wurde, der aber, wie Lundblad neuerdings betonte, auch gewisse Vorsichtsmaßregeln erfordert, bei deren Beachtung aber immerhin gangbar ist, wie derselbe Autor in einer neueren Arbeit gezeigt hat. Es sei daher auch diese Betrachtungsweise hier kurz gestreift. Nimmt man an, daß das Überschreiten des Hauptkammes der Alpen im allgemeinen für einen See- oder Bachbewohner unmöglich ist — an dieser Annahme setzt die gleich zu berührende Kritik Lundblads ein —, so können wir annehmen, daß Arten, die heute einerseits im Norden, andererseits in den Alpen, hier aber nur nördlich vom Hauptkamm vorkommen, ursprünglich nordisch waren, während der Vereisung ins eisfreie Mitteleuropa gedrängt wurden und beim Rückzug der Gletscher „durch die rücksaugende Wirkung der sich zurückziehenden Eismassen" (Zschokke) auch das Nordgehänge der Alpen oder wenigstens dessen Vorland zu besiedeln vermochten. Beispiele dieser Art wären *Moraria Duthiei*, welche ursprünglich nur aus dem hohen Norden bekannt, auch als Bodenseebewohner nachgewiesen werden konnte, *Canthocamptus rhaeticus*, *Hexalebertia Theodorae* usw. Diese Überlegungen erfuhren eine Erweiterung durch Steinböck, der richtig bemerkt: „Es wird sich vielleicht einmal zeigen, daß es Formen gibt, die nur in den Alpen und im arktischen Europa vorkommen. Diese könnten mit einiger Wahrscheinlichkeit als ursprünglich rein alpine Tiere angesehen werden.

Es wirkt zunächst befremdend, daß solche Beispiele aus den Karpathen und Ostalpen in besonders auffälligen Beispielen vorliegen. Aber, wie Ekman an einem dieser Beispiele, nämlich an *Branchinecta paludosa* (Abb. 84), gezeigt hat, kann gerade hier die Bedeutung historischer Faktoren leicht klargemacht werden. Ein Blick auf die Karte der eiszeitlichen Vergletscherung zeigt, daß das Karpatheneis dem nordischen

Inlandeis so nahe lag, daß durch die Kommunikation der beiden Schmelzwassersysteme ein Austausch solcher Arten möglich wurde, die als extrem kaltstenotherme Formen an die Nähe des Eisrandes gebunden waren.

Pflichtet man diesem Gedankengang bei, so wird man annehmen dürfen, daß Organismen, die im Norden leben und überdies im norddeutschen Tiefland und in dessen angrenzenden Gebieten, hier aber nur unter streng kaltstenothermen Bedingungen, auch jener Kategorie von Organismen angehören, die während der Eiszeit sich nicht weit vom Südrand des nordischen Inlandeises entfernen konnten. Hierher gehören die beiden als Tiefentiere norddeutscher Seen bekannten Hydracarinen *Huitfeldtia rectipes*, *Piona paucipora*, sowie der ebenda die Zone der toten Muscheln kennzeichnende *Arrenurus nobilis*.

Gegenüber solchen Versuchen einer tiergeographischen Beurteilung einer Art auf Grund faunistischer Erhebungen macht nun LUNDBLAD geltend, daß eine solche erst dann verläßlich ist, wenn die Verbreitungsmöglichkeiten und die ökologischen Ansprüche der betreffenden Form genauer bekannt sind. Als ökologische Schwierigkeit wird die Möglichkeit erwogen, ob nicht eine Art ihren ökologischen Charakter geändert haben könnte, ohne sich gleichzeitig auch morphologisch geändert zu haben, daß z. B. manche unserer stenothermen Arten erst durch die Eiszeit stenotherm geworden wären, so daß aus ihrer Stenothermie gezogene Schlüsse auf ihre frühere Verbreitung unstatthaft wären.

Es mag sein, daß die Tatsache, daß wir unter den Protozoen, Gallwespen, Rostpilzen, also unter ganz verschiedenen Vertretern des Organismenreiches auf „biologische Rassen" oder „biologische Arten" stoßen, die morphologisch nicht unterscheidbar sind, aber sich biologisch scharf trennen lassen, diesem ökologischen Einwand mehr Gewicht verliehen hat, als ihm tatsächlich zukommt.

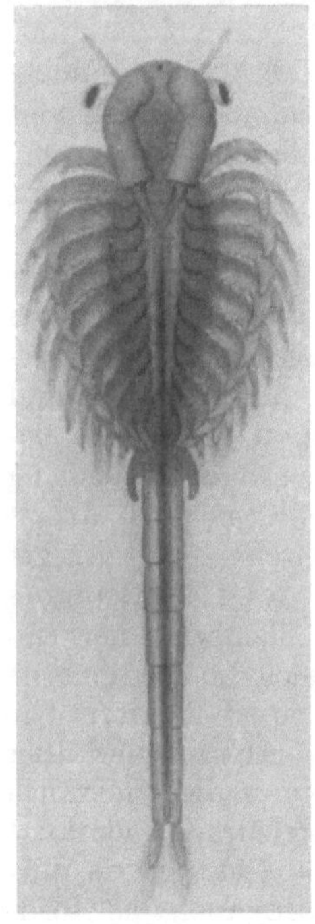

Abb. 84. *Branchinecta paludosa* MÜLLER. Glazialrelikt aus der Tatra, das sonst nur circumpolar vorkommt. (Nach SPANDL.)

Bei ruhigem Zusehen dürfte dieser Einwand, dessen Verallgemeinerung ja auch für die Paläoklimatologie verhängnisvoll werden müßte, wohl nur akademischer Natur sein. Hingegen ist die Frage nach der Verbreitungsfähigkeit von gewiß viel größerer Bedeutung, um Autoimmigranten von Relikten zu unterscheiden, was für die Frage nach der Herkunft nicht ohne Bedeutung ist. Immerhin scheint auch hier das bloße Verbreitungsbild hinlänglich beweisend zu sein. LUNDBLAD betont z. B. bei der Diskussion, ob *Lebertia stigmatifera* im Tiefland ein Glazialrelikt sei, den Nachweis, daß die Larve derselben nicht parasitiert und in gewissen Fällen sogar die Eikruste nicht verläßt. Sie ist also jedenfalls eine wenig verbreitungsfähige Form. Aber auch, wenn ihre Entwicklung und damit ihre geringe Verbreitungsfähigkeit nicht direkt bekannt geworden wären, könnte man sie wohl aus ihren Verbreitungsverhältnissen erschließen. Sie wäre dann gewiß über ein größeres Gebiet und an einer größeren Zahl von Fundorten verbreitet, wenn sie leicht verschleppt werden könnte. LUNDBLAD engt übrigens die Tragweite dieser These selber ein, indem er auf den merkwürdigen Fall der *Limnesia undulata* verweist, die keine parasitierenden, also keine durch Insekten verschleppbare Larven besitzt und trotzdem nahezu Kosmopolit ist.

Gerade bei den hier angeschnittenen Fragen nach der Herkunft und den Einwanderungswegen der Organismen unserer Binnengewässer hat auch die Reliktenfrage eine große Rolle gespielt und einen ähnlichen kritischen Wandel durchgemacht wie die Behandlung des Themas der nordischen Einwanderung. Da die Reliktenfrage genetisch ganz verschiedene Fälle betrifft, ist es nötig, erst einmal eine Scheidung der ganz ungleichartigen Fälle vorzunehmen. Ursprünglich, wohl im Anschluß an die auf S. 37 erwähnten marinen Krebsrelikte schwedischer Seen, verstand man unter Relikten Vertreter mariner Typen im Süßwasser. Aber deren gibt es sehr verschiedenartige, die nur zum kleinsten Teil als Relikte bezeichnet werden können.

Im Jahre 1861 entdeckte S. LOVÉN in den großen Seen Südschwedens Vertreter von Krebsgattungen, die sonst nur marin bekannt waren und daher den Gedanken nahelegen mußten, daß in den betreffenden Seen Überbleibsel, „Relikte", einer marinen Fauna sich erhalten hätten. Seit jenen Tagen, da SVEN LOVÉN diese merkwürdige Tiergesellschaft entdeckte, wurde den Vorkommnissen dieser Arten und allen geologischen Begleiterscheinungen, welche deren Auftreten verständlich machen konnten, von vielen Biologen so viel Aufmerksamkeit geschenkt, daß wir heute über das Zustandekommen dieses eigenartigen Faunenbildes genügend gut orientiert sind, um es einmal als Beispiel des Reliktenbegriffes einzuführen und dann daran anknüpfend über Reliktorganismen überhaupt zu referieren.

Es handelt sich bei diesen baltischen Relikten um einige in etlichen rings um die Ostsee gelegenen Seen vorkommende Kleinkrebse, nämlich *Mysis relicta, Pontoporeia affinis, Pallasea quadrispinosa, Limnocalanus macrurus.*

Da die Schicksale der einzelnen Arten nicht völlig gleich waren, sei zunächst an einem Beispiel, der *Mysis relicta*, das Entstehen dieser Reliktkolonien dargestellt. *Mysis relicta* LOVÉN steht der in arktischen Meeren verbreiteten *Mysis oculata* FABR. so nahe, daß an der Abkunft derselben von der marinen Stammform nicht zu zweifeln ist. Die Süßwasserart, also *relicta*, lebt heute in den nur schwach brackischen nordöstlichen Teilen der Ostsee, das ist im bottnischen und finnischen Meerbusen, ferner in 42 schwedischen und 15 finnischen Seen, im Fursee in Dänemark und in einigen Seen des norddeutschen Tieflandes, wenn wir vorläufig im Interesse einer kurzen Darstellung von außerbaltischen Kolonien absehen. Um das Zustandekommen dieser Vorkommnisse zu erklären, ist es nötig, die geologische Geschichte des Gebietes, in dem diese marinen Relikte vorkommen, zu Rate zu ziehen.

Die ausklingende Eiszeit (Ende der Würmvergletscherung) findet die Ostsee als Teil des arktischen Meeres, da Skandinavien damals, von der Last des auf ihm wuchtenden Eises gedrückt, 200 m tiefer lag als heute.

Die Funde des Leitfossils der Ablagerungen dieses Meeres, der Muschel *Yoldia arctica*, lassen den gegenüber den heutigen Verhältnissen um 200 m höher gelegenen Strand dieses *Yoldia*-Meeres rekonstruieren. Mit der Abnahme des auf ihm lastenden Eises tauchte Skandinavien etwa um 7000 v. Chr. wieder empor, und durch die infolgedessen eingetretene negative Verschiebung der Strandlinie verlor das Ostseebecken seinen Zusammenhang mit dem Meer. Die gerade damals in stärkerem Maße in dieses Becken fließenden Schmelzwässer süßten die ehemalige *Yoldia*-See rasch aus, und an ihrer Stelle finden wir jetzt eine weit kleinere Wassermasse, die infolge der eingetretenen Aussüßung Süßwasserorganismen zum Aufenthalte diente, vor allem dem als Leitfossil dieses Zeitabschnittes verwendeten *Ancylus fluviatilis*. Etwas mehr als 2000 Jahre dürfte dieser *Ancylus*-See existiert haben, da erfolgte eine abermalige Landsenkung, durch die eine Verbindung des *Ancylus*-Sees mit der Nordsee hergestellt wurde. Dieses Ereignis bedingte eine Umwandlung des Süßwassersees in eine Meeresbucht der Nordsee, von der aus marine Organismen in die so entstandene Ostsee eindrangen, vor allem *Litorina litorea*, die als Leitfossil die Ablagerungen des *Litorina*-Meeres kennzeichnet und den Nachweis gestattet, wie weit dieses *Litorina*-Meer über die Grenzen der heutigen Ostsee landeinwärts hinüberreichte.

Wenn wir vorläufig von den norddeutschen Kolonien unserer Reliktkrebse absehen, so ergibt sich an der Hand der mitgeteilten geologischen Daten ein ganz klares Bild von der Herkunft der Reliktkolonien. Die Stammart *Mysis oculata* besiedelte während der *Yoldia*-Periode vom arktischen Meer aus die mit diesem in Zusammenhang stehende *Yoldia*-See. Bei der nun folgenden Hebung bildeten sich im Küstenbereich zahlreiche Seen, in denen die mitgenommene *Mysis oculata* zurückblieb und durch die nun folgende Aussüßung dieser Becken in die *M. relicta* umgewandelt wurde. Was hier nebeneinander in vielen Einzelfällen geschah, wiederholte sich in größerem Maßstabe im Ostseebecken selber. Mit der Umwandlung der *Yoldia*-See in das Süßwasserbecken des *Ancylus*-Sees erlitten auch die dort vorhandenen *Mysis*-Exemplare eine Umwandlung in die *relicta*-Form.

Das Eindringen des Salzwassers während der *Litorina*-Zeit zwang die ans Süßwasserleben angepaßten Formen zum Rückzug in die fast süß gebliebenen fernen Buchten, den finnischen und bottnischen Meerbusen.

Dieser für das Ostseebecken und die fennoskandischen Seen sichergestellte Vorgang kann sich aber nicht im Bereich der norddeutschen Seen abgespielt haben, da dieses Gebiet nie von einer postglazialen Meerestransgression betroffen wurde. Solange man nur die im Umkreis der Ostsee gelegenen Kolonien kannte, konnte man sich mit WELTNER diese so entstanden denken, daß beim Salzigwerden des *Ancylus*-Sees am Beginn der *Litorina*-Zeit die *relicta*-Kolonien nicht nur in die süß gebliebenen östlichsten Teile der Ostsee sich zurückzogen, sondern auch in einige von der Ostsee aus durch Flußmündungen erreichbare Seen. Als aber Seen bekannt wurden, die mit der Ostsee in gar keinem Zusammenhang stehen und doch von solchen Reliktenkrebsen bewohnt werden, mußte man nach einer anderen Erklärung suchen und dies um so mehr, als die WELTNERsche Annahme, diese *Mysis*-Kolonien wären durch eine stromaufwärts gerichtete Einwanderung entstanden, auch mit der Tatsache in Widerspruch steht, daß noch niemals *Mysis relicta* in einem Strom schwimmend angetroffen wurde. Die Lösung dieser Frage erfolgte von einem ganz entfernten Gebiet aus, nämlich durch die Arbeit HÖGBOMS „Über die arktischen Elemente in der aralokaspischen Fauna". Wir werden den HÖGBOMSCHEN Gedankengang gleich auf den vorliegenden Fall anwenden und erst später ihn in seiner primären Fassung darstellen.

Die umstehende Karte (Abb. 85) zeigt uns den Verlauf der Endmoränen des nordischen Inlandeises während der sogenannten baltischen Vereisung am Ende der Eiszeit. Die Wirkung einer derartigen Eismauer, wie sie durch diesen Endmoränenzug nachweisbar ist, führt KEILHACK in seinem Bericht über „Die Stillstandlagen des letzten Inlandeises" in den Jahrbüchern der kgl. preuß. Geolog. Landesanstalt 1908 anschaulich vor Augen: „Wenn ein Inlandeis bei seiner Vorwärtsbewegung auf Landerhebungen stößt, deren Entwässerung in einer der Bewegung des Eises entgegengesetzten Richtung erfolgt, so werden solche Gewässer aufgestaut und bilden mit den Schmelzwässern des Eises einen See, dessen Wasserspiegel so lange steigt, bis er die tiefste Stelle der Umwallung erreicht. Dieselbe Erscheinung wiederholt sich natürlich, wenn der Rand des zurückweichenden Eises wieder an diese Stelle zu liegen kommt; die Wirkungen aber müssen beide Male von verschiedener Art sein: Das vorrückende Eis wird nur einen kurz andauernden Stau erzeugen, und die Sedimente des Stausees werden beim weiteren Vorrücken des Eises größtenteils wieder zerstört werden. Ferner müssen die am höchsten gelegenen Ablagerungen die jüngsten sein. Dagegen bleiben die Ablagerungen solcher Stauseen, die vor dem langsam zurückweichenden Eise entstehen, ungestört an Ort und Stelle liegen, und es müssen in diesem Falle die höchstgelegenen die ältesten sein."

Es wurde dieser Vorgänge so eingehend gedacht, einmal, weil sie eine sehr auffallende Erscheinung der deutschen Fauna erklären, und dann auch, weil sie weit mehr als etwa nur lokale Bedeutung haben.

Das Vorkommen der baltischen Reliktenkrebse wird nun ohne weiteres klar: „Das südwärts vordringende Eis — so referiert W. EFFENBERGER über die THIENEMANNschen Untersuchungen — schnitt die am südlichen Gestade des Meeres gelegenen Buchten ab, in denen sich *Mysis oculata* mit zunehmender Aussüßung in die var. *relicta* umbildete. Indem das Eis weiter nach Süden vorstieß, wurden die aus den Buchten hervorgehenden Stauseen weiter südwärts geschoben und mit ihnen die heutigen Reliktenkrebse. Stellenweise wurden die Stauseen über die Wasserscheide hinweggeschoben und schufen so die Voraussetzung zur Bildung von Seen südlich der großen Endmoräne, in denen, wie z. B. im Dratzigsee,

die Krebse als Reliktenkrebse nach dem Rückgang des Eises zurückblieben. Wie aus der beigefügten Karte ersichtlich ist, liegen die meisten
Reliktenseen dicht südlich oder nördlich der großen baltischen Endmoräne, so auch die zur Elbe abwässernden Feldbergseen und der Schaalsee.“

So sehen wir hier in unmittelbarer Nachbarschaft zwei ganz verschiedene erdgeschichtliche Ereignisse zu einem gleichen Resultat führen.
Diese Erscheinung, die unwillkürlich an das von W. Roux freilich für
ganz andere Vorgänge geprägte Wort „Die Natur ist in ihren Endprodukten konstanter als in den Wegen, welche zu diesen führen“ erinnert,
bedingt die Schwierigkeit vieler Probleme der historischen Tiergeographie und ganz besonders gerade solcher, welche limnologischer Natur
sind, was mit der Vergänglichkeit der Süßwasserlebensbezirke zusammenhängt. Gerade unser Beispiel *Mysis relicta* kann dafür als weiterer Beleg dienen, denn diese Art hat außer ihrem zirkumbaltischen Verbreitungsgebiet noch andere, deren Entstehungsgeschichte wiederum erst
durch die nacheiszeitlichen Vorgänge in diesen Gebieten geklärt werden
kann. So lebt *Mysis* im Lough Neagh in Irland, vielleicht von der Irish
Sea aus dorthin gelangt, die für viele in ihrem Umkreis vorkommende
Tierformen eine ähnliche Rolle gespielt haben mag wie das Ostseebecken.

Bevor wir weitere Fälle von Süßwasserkolonien der Gattung *Mysis*
betrachten, mag noch eine andere Frage aufgeworfen werden, die sich
jedem aufdrängt, der die kartographische Darstellung der *Mysis*-Fundorte im baltischen Gebiet betrachtet. Wir haben — vgl. Abb. 85 —
gesehen, daß ganz den Überlegungen Högboms und Thienemanns entsprechend die norddeutschen *Mysis*-Kolonien völlig im Bereich der
großen baltischen Endmoräne liegen. Warum aber lebt sie nicht in allen
Seen dieses Gebietes? In diesem Fall werden eben, wie Thienemann
gezeigt hat, historisch bedingte Verhältnisse von ökologisch bedingten
durchkreuzt, eine neuerliche Erschwerung des ganzen Problems. Die
ursprüngliche Annahme, daß *Mysis relicta* als ein Tier arktischer Herkunft auf die Seen mit kaltem Wasser beschränkt sei, erwies sich nicht
als zutreffend. Vielmehr zeigte sich, daß *Mysis* nur in jenen Seen lebt,
in denen das Sommertiefenwasser sauerstoffreicher ist als in den Seen,
in denen sie fehlt.

Alle diese Erörterungen setzen voraus, daß *Mysis relicta* keiner aktiven Wanderung flußaufwärts fähig ist, was übrigens, abgesehen davon,
daß noch nie ein in einem Fluß schwimmendes Exemplar dieser Art angetroffen wurde, auch daraus erhellt, daß die Fundorte nicht über das von
der Theorie zugestandene Wohngebiet hinausgreifen. Und überdies
haben wir vielleicht noch einen weiteren Beleg hierfür in der Verbreitung
zweier weiterer *Mysis*-Arten, der *M. microphthalma* und der *M. caspia*.

Diese beiden Arten sind nach Ekman der nordischen *M. oculata* so
nahestehend, daß an der Abkunft der beiden genannten Arten aus dem
Kaspisee von der genannten nordischen Art als Stammform kaum zu
zweifeln ist, und zwar um so weniger, als ja das kaspische Gebiet eine
ganze Reihe von Organismen aus dem Eismeer bezogen hat, die nach
Högbom in eben derselben Weise durch Stauseen über Rußland hinweg-

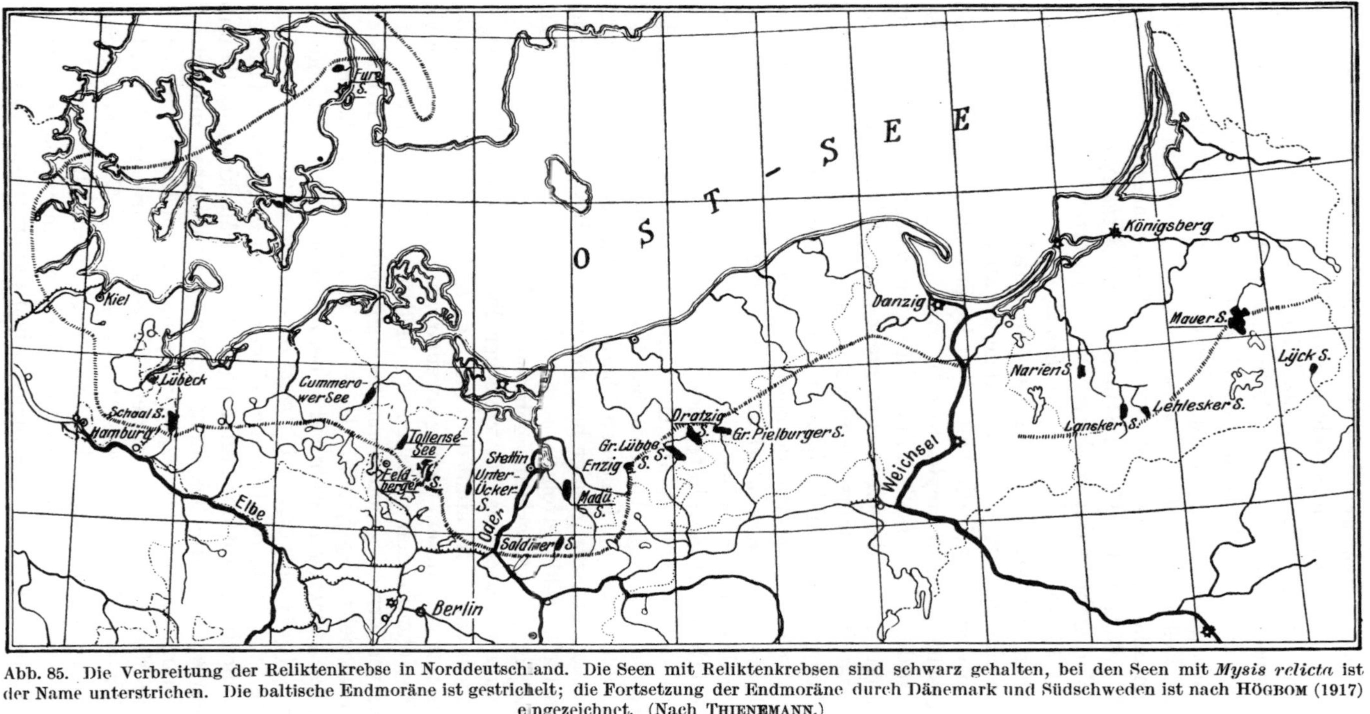

Abb. 85. Die Verbreitung der Reliktenkrebse in Norddeutschland. Die Seen mit Reliktenkrebsen sind schwarz gehalten, bei den Seen mit *Mysis relicta* ist der Name unterstrichen. Die baltische Endmoräne ist gestrichelt; die Fortsetzung der Endmoräne durch Dänemark und Südschweden ist nach HÖGBOM (1917) eingezeichnet. (Nach THIENEMANN.)

transportiert worden sind, wie die *Mysis relicta* in die Seen Norddeutschlands. So hat die nordische *Mysis* wohl den Weg ins kaspische Meer finden können, aber von dort nicht flußaufwärts sich ausbreiten können. Ihre beiden Abkömmlinge sind daher nicht mehr ins Wolgagebiet vorgedrungen und unterscheiden sich dadurch wesentlich von anderen Mysidaceen, von denen z. B. *Metamysis Strauchi* sogar das aralokaspische Transgressionsgebiet überschreitend bis ins Kamagebiet vorgedrungen ist. Dieses Beispiel aus dem kaspischen Gebiet ist kein vereinzeltes; auch im Unterlauf der Donau stoßen wir auf Mysidaceen, die im Gegensatz zur *M. relicta* und in Übereinstimmung mit *Metamysis Strauchi* ihre heutigen Wohngebiete durch aktives Wandern erreicht haben müssen, so *Diamysis Pengoi* und *Limnomysis Benedeni*.

Wir haben hier wiederholt von baltischen Relikten gesprochen, aber immer nur eine Art derselben im Auge gehabt, die *Mysis relicta*. Es war dies notwendig, weil die baltischen Relikte hinsichtlich ihrer Entstehungsgeschichte sehr ungleichwertig sind. So z. B. zeigte sich bald nach der Entdeckung derselben durch Lovén in den großen schwedischen Seen, daß nur einige derselben, wie *Pontoporeia affinis* und *Pallasiella quadrispinosa*, in Norddeutschland vorkommen, andere aber nicht. So fehlen in Norddeutschland die in Fennoskandien verbreiteten Arten *Chiridothea entomon*, *Gammaracanthus loricatus* und *Limnocalanus macrurus*. Dieses Verhalten erklärt Thienemann durch die Annahme, daß diese Arten das Eismeer, über das der Gletscher der baltischen Eiszeit vorstieß, noch nicht bewohnten, sondern erst in das postglaziale *Yoldia*-Meer einwanderten, von wo aus ein Vordringen in die deutschen Seen nicht mehr möglich war. Und wie bei *Mysis* gestalten sich auch da die Schicksale der einzelnen Kolonien überaus verschieden, wie Ekman an *Limnocalanus macrurus* gezeigt hat, an welchem Beispiel wir abermals das wechselvolle Bild verfolgen wollen, das durch die historische Tiergeographie der Süßwasserfauna geboten wird.

Limnocalanus macrurus, ein typischer Panktonkopepode des Hypolimnions nordischer Seen, steht dem marinen *L. Grimaldi* so nahe, daß an seiner Abkunft von diesem nicht gezweifelt werden kann, um so weniger, als auch Zwischenformen zwischen den beiden existieren. Wenn wir die beiden Extremformen gegenüberstellen, so finden wir die Kopfkontur bei *macrurus* mehr ausgebaucht, das letzte Thoraxsegment bei *Grimaldi* in eine Spitze ausgezogen, während es bei *macrurus* mehr abgerundet ist, die Antenne (recte antennula) bei *macrurus* länger als bei *Grimaldi* und endlich die Furkaläste bei *Grimaldi* länger als bei *macrurus*. Man sieht, die Unterscheidung fußt auf lauter quantitativen Merkmalen, die unter Umständen eine scharfe Trennung schwer durchführbar machen. In Europa kommt *Limnocalanus macrurus* nur in solchen Seen vor, die vom *Yoldia*-Meer abgetrennt wurden. Nirgends wurde er oberhalb der obersten Wasserstandmarke dieses Meeres gefunden. Nun sind die Seen, in denen heute *Limnocalanus* lebt, von ungleichem Alter, und Ekman konnte zeigen, daß *Limnocalanus* um so mehr einem extremen *macrurus* gleicht, je länger sein Süßwasserleben schon dauert, und daß er um so mehr *Grimaldi*-Charaktere aufweist, je kürzer der Aufenthalt im Süß-

wasser ist, so daß hier tiergeographische Fragen mit solchen der Artbildung in Zusammenhang zu stehen scheinen und EKMAN direkt von
einer „akkumulativen Fernwirkung einer Milieuveränderung" spricht.
Während nun im fennoskandischen Gebiet die Dinge ganz klar liegen,
haben wir an anderen Stellen *Limnocalanus*-Kolonien im Süßwasser,
die nicht ohne weiteres nach der gleichen Schablone erklärt werden
können, nämlich die Kolonie aus dem Ennerdalesee in Irland und die
Kolonien aus dem Bereich der großen kanadischen Seen. GURNEY,
der 1923 (The Crustacean Plankton of the English Lake District,
Linnean Soc. *35*) gelegentlich der Entdeckung der Ennerdalekolonie
diese Vorkommnisse diskutierte, kam zu dem Ergebnis, daß diese
Kolonien in Seen leben, die nicht als abgetrennte Meeresteile betrachtet werden können, so daß sie flußaufwärts wandernd ihre heutigen
Wohnplätze erreicht haben müßten, und das zum Teil auf sehr kom-
plizierten Wegen, da z. B. bei den kanadischen Seen der direkte Weg
wegen des Niagara ausgeschlossen ist. Dieser aktiven Besiedelung widersprechen aber alle im fennoskandischen Gebiet gemachten Beobachtungen, so daß man annehmen müßte, daß sich *Limnocalanus* im britischen und amerikanischen Gebiet biologisch durchwegs anders verhalten
habe, was mehr als unwahrscheinlich ist. Sind ja auch die morphologischen Reaktionen gegenüber dem Milieuwechsel bei allen diesen zum Teil
räumlich so weit getrennten Kolonien überraschend gleichförmig. So
wird wohl auch hier die HÖGBOMsche Erklärung der einzige mögliche
Ausweg sein.

Wir wollen den Fall *Limnocalanus* nicht verlassen, ohne zweier anderer hierher gehöriger Beispiele zu gedenken, die — ähnlich den verschiedenen oben erwähnten *Mysis*-Beispielen — davor warnen, an einer
Art gemachte Feststellungen auf verwandte Arten zu übertragen.

Die soeben erwähnte Gleichartigkeit der Reaktionen auf den eingetretenen Milieuwechsel erfährt nämlich zwei bemerkenswerte Ausnahmen, eine innerhalb derselben Gattung und eine innerhalb einer nächst-
verwandten Gattung. Während auf dem europäischen Kontinent, dem
britischen Inselgebiet und im nordöstlichen Amerika immer bei Aussüßung des Wohngewässers aus *Grimaldi L. macrurus* entstanden ist,
entdeckte MARSH in einem kleinen Tundrasee in Alaska eine zweite Art,
L. Johanseni. Da nun bisher aus dem Eismeer kein anderer *Limnocalanus* bekannt ist, der als Stammform in Betracht käme, als *Grimaldi*,
so wird man, solange nicht Beweise für das Gegenteil vorliegen, annehmen müssen, daß hier der Übergang ins Süßwasser zu einer abweichenden Form geführt hat.

Noch dunkler liegen die Verhältnisse bei der Gattung *Sinocalanus*
BURCKH. Der am längsten bekannte Verteter dieser Gattung, der früher
auch für einen *Limnocalanus* gehalten und als *L. sinensis* beschrieben
wurde, wurde von BURCKHARDT als Vertreter einer zwar mit *Limnocalanus* verwandten, aber doch deutlich getrennten neuen Gattung erkannt, für die BURCKHARDT den Namen *Sinocalanus* vorschlug. Gleichzeitig zeigte BURCKHARDT, daß zu dieser Gattung außer einem vom Verfasser dieses Buches beschriebenen *S. Dörri* noch eine ganze Reihe ver-

wandter Arten aus dem Unterlauf der chinesischen Ströme gehöre, und dem Verfasser gelang es, eine weitere neue Art, *S. solstitialis*, aus der Umgebung von Kanton, also aus der geographischen Breite des Wendekreises, bekannt zu machen. Was diese Gattung nun in Gegensatz zu *Limnocalanus* stellt, ist folgendes: 1. Wir kennen keine marine Stammform zu *Sinocalanus*. 2. Die Anpassung an das Süßwasser erfolgte hier im Gegensatz zu dem nordischen *Limnocalanus* in gemäßigter bzw. subtropischer Zone und 3. fast im selben Gebiet unter anscheinend ganz gleichen Milieuverhältnissen erfolgte eine Aufsplitterung in viele Arten.

Es wäre müßig, in einer „Einführung" in die Limnologie Möglichkeiten zu erörtern, die das gegensätzliche Verhalten des *Limnocalanus* und *Sinocalanus* verständlich machen sollen. Wir wollen lieber nochmals zu der Högbomschen Lehre von den Stauseen zurückkehren, um deren Anwendung auf ein anscheinend ganz abseits liegendes tiergeographisches Problem darzutun und dabei eigentlich ihre ursprüngliche Aufgabe zu beleuchten. Der Titel der Arbeit, in der sie publiziert wurde, nämlich „Über die arktischen Elemente in der aralokaspischen Fauna, ein tiergeographisches Problem", macht uns bereits mit einer Frage bekannt, die seit langem die Tiergeographen beschäftigte. Seit langem war es aufgefallen, daß im Kaspisee eine Reihe von Tieren lebt, die mit Arten des nördlichen Eismeeres oder auch der nordischen Süßwasserfauna nahe verwandt oder sogar identisch sind. Der kaspischen Abkömmlinge der nordischen *Mysis* haben wir bereits gedacht; so sei noch verwiesen auf das Vorkommen des *Limnocalanus Grimaldi* in diesem isolierten Becken, auf *Chiridothea entomon*, *Pontoporeia* und *Gammaracanthus*-Formen, auf die mit der vorwiegend baltischen *Heterocope* verwandte *Heterocope caspia* und den oft zitierten Seehund *Phoca hispida*.

Daß der Kaspisee etwa durch einen Meeresarm mit dem nördlichen Eismeer in Verbindung stand, ist geologisch unannehmbar. Erst Högboms Nachweis, daß vom großen nordeuropäischen Inlandeis aufgestaute und bis über die betreffende Wasserscheide vorgeschobene Seen die Überwanderung vom Norden her in das südrussische Gebiet ermöglicht haben, machte die tiergeographischen Beziehungen zur arktischen Fauna verständlich und erklärte zugleich die vielen in neuester Zeit entdeckten arktischen Relikte tief im südlichen Rußland. Der Entdeckung der *Limnosida frontosa* folgte die des *Ophryoxus gracilis* und dieser wieder die des *Canthocamptus arcticus* und *C. Nordenskiöldii* so fern der eigentlichen Heimat dieser Tiere. Auch die Fortsetzung der baltischen Endmoräne, deren Bedeutung für die Tiergeographie Deutschlands oben gezeigt wurde, konnte in Rußland nachgewiesen werden und in deren Bereich ein Gebiet von Reliktenseen analog dem in Deutschland, von welchen Seen auch gegenwärtig einer, der Seliger-See, mit *Pallasea* bereits zum Kaspi abwässert.

Wäre die Entstehung der arktischen Relikte der Kaspifauna nicht so jungen Datums, daß man auf geologischer Grundlage — eben durch Högboms Theorie der Stauseen — das Zustandekommen dieser seltsamen Erscheinung verständlich machen konnte, so stände man wohl vor einem großen Rätsel, wenn man einmal bedenkt, welcher Zwischenraum

zwischen den beiden Wohngebieten klafft und wie groß die Milieu-
differenzen sind. Kommen doch in der Kaspifauna, wenn auch natürlich
nicht in derselben Biozönose wie die arktischen Relikte ausgesprochene
Vertreter der subtropischen und tropischen Zone vor, wie *Brachionus
forficula* und *Daphnia Lumholtzi*.

In der Lage aber, in der wir uns befänden, wenn die Besiedelung des
Kaspigebietes mit nordischen Zuwanderern in einer entlegenen geologischen Epoche erfolgt wäre, die keine Anhaltspunkte mehr böte, wie sie
zur Entwicklung der HÖGBOMschen Anschauungen notwendig waren, in
dieser Lage befinden wir uns bei jenen seltsamen Faunen, wie sie z. B.
der Baikal oder der Tanganyika uns zeigen. Beide Seen beherbergen
eine Reihe von Tieren, die mariner Abkunft zu sein scheinen. Bei beiden
hat man, wie ja auch früher beim Kaspisee, an einen direkten Zusammenhang mit dem Meer gedacht, aber bei beiden stehen dieser Annahme von
geologischer Seite schwere Argumente entgegen.

Die Baikalfauna.

Wir stoßen überall dort auf eine ungewöhnliche Zusammensetzung der Süßwasserfauna, wo diese ein höheres geologisches Alter besitzt. (Man vergleiche
z. B. die eigenartige Organismenwelt des „adriatischen Winkels" mit seinen alten
Seen gegenüber den jungen Seen des übrigen Europa[1].) So mag auch das hohe
geologische Alter des Baikal seine Eigenart begreiflicher machen, wiewohl gerade
die vielen anscheinend marinen Elemente deswegen ebenso rätselhaft bleiben,
wie vorher, nur der Endemismus wird uns verständlich, dessen Zustandekommen
auch durch die enorme Tiefe begünstigt wird; der Baikalsee ist nicht nur der
klarste See der Erde (maximale Sichttiefe 40,6 m, während der gewöhnlich in
der Literatur als klarster See erwähnte Tahoe-See in Nordamerika nur 36 m
maximale Sichttiefe aufweist), sondern er ist auch bei 1522 m Tiefe der tiefste
Süßwassersee. An Mineralarmut (68 mg im Liter) wird er nur vom Lake
Superior (51 mg) unterboten. Wenden wir kurz unser Augenmerk auf die
marinen Typen dieses Gewässers, so können wir sagen:

Als ein solcher wurde bislang das Sabellidengenus *Manajunkia* betrachtet,
das in der Literatur allgemein unter dem Namen *Dybowskyella* zitiert wird und
außer der Baikalart *baicalensis* noch durch eine Art *speciosa* in Amerika und eine
weitere *aestuarina* im Brackwasser der Nordsee vertreten ist. Schon diese Zer-
splitterung des Areales deutet auf hohes Alter. Verwandt ist *Caobangia Billeti*
von Tongking. Der neueste Bearbeiter dieser Gruppe (ZENKEVITCH in: Süß-
wasserpolychäten des Baikalsees. Zool. Jahrb. 1925) hält diese Gruppe für uralte Süßwasserformen, deren Stammformen im Eocän die süßen Binnenmeere
bevölkerten, die damals nach WEGENERS Theorie statt des heutigen nördlichen
Atlantik vorhanden waren. Da *Manayunkia* keine Metamorphose durchläuft —
ein weiterer Beweis für das hohe Alter dieser Gattung im Süßwasser (vgl. S. 44) —
können die von DYBOWSKY im Aprilplankton unter dem Eis gefangenen *Trocho-
phora*-Larven — entgegen vielen Angaben in der Literatur — nicht zu *Manajunkia* gehören, sondern zu einem noch unbekannten Wurm des Baikal, falls
DYBOWSKY kein Irrtum unterlaufen ist.

Auch in der neuesten tiergeographischen Literatur spielen die marinen Mollusken des Baikal eine große Rolle. Nun hat aber jüngst LINDHOLM gezeigt, daß
die zwei Hauptbeweisstücke für das Vorkommen mariner Mollusken im Baikal

---

[1] KOMAREK zeigte, daß der seit langem von keiner Meerestransgression be-
troffene Westen der Balkanhalbinsel viele Tertiärrelikte in seiner Turbellarienfauna aufweist, insbesondere in den alten Seen, von denen der Ochridasee schon
früher durch seine altertümliche Fauna auffiel (Zool. Jahrb. Abt. f. System. *53.*
1927).

hinfällig sind. Es handelt sich da um die zwei vielzitierten Nacktschnecken, von denen die eine *Phenomenalina baicalensis* mit *Clio borealis* verwandt sein sollte, während die andere, *Ancylodoris baicalensis*, an *Doris* erinnern sollte. LINDHOLM zeigte, daß die erste Form auf ein mißverstandenes Turbellar zurückzuführen ist, während die zweite sehr wahrscheinlich gar nicht dem Baikal entstammt und nur durch eine Materialverwechslung irrtümlich als im Baikal heimisch angesehen wurde, während sie wirklich wahrscheinlich im Meer lebt.

Ferner finden wir die meist den Makrelen zugerechneten, aus der Tiefe des Baikal stammenden Comephoriden und die Cottocomephoriden häufig als marine Reliktfische zitiert; doch wollen wir gleich hier erwähnen, daß neuere Untersucher diese Fische für Produkte des Baikal selber halten und der Meinung sind, es handle sich um sehr alte und daher sehr isolierte Formen, deren Ähnlichkeit mit marinen Fischen darauf zurückzuführen ist, daß sie als Tiefenfische gewisse Konvergenzerscheinungen mit marinen Tiefenfischen aufzuweisen haben. Unter den Crustaceen könnte *Harpacticella inopinata* als marines Relikt gedeutet werden, aber auch hier wollen wir gleich zu bedenken geben, daß in einem See des Inneren Chinas, der noch viel weniger als der Baikal einen Zuasmmenhang mit dem Meer besessen haben kann, nämlich im Talifu in Yünnan (über 2000 m Seehöhe!), auch ein Harpacticide von ganz marinem Habitus lebt, die *Handeliella paradoxa*. Erwähnen wir noch die Riesenspongien, die gewöhnlich als zur Gattung *Lubomirskia* gehörig genannt werden (aber besser zur Gattung *Veluspa* zu stellen sind) und die auch im Beringsmeer leben, so haben wir die als marine Relikte der Baikalfauna gedeuteten Formen wohl erschöpft. Und wiederum müssen wir bei unserem letzten Beispiel den einschränkenden Zusatz machen, daß der letzte Bearbeiter dieser Tiere in *Veluspia* einen uralten Süßwasserschwamm sieht und daß die Vorkommnisse im Beringsmeer nicht deren primäre Heimat wären, sondern im Gegenteil aus dem Baikal ausgewanderte Kolonien darstellen sollen. Wir sehen, wie beim Tanganyika treten dem Beobachter zuerst eine ganze Reihe anscheinend mariner Formen entgegen, deren marine Herkunft bei näherem Zusehen immer mehr an Wahrscheinlichkeit verliert. Wir haben sie daher gleich vorweg genommen, damit sie bei der weiteren Besprechung ausscheiden können, um das Bild nicht störend zu beeinflussen.

Überblicken wir nunmehr die einzelnen im Baikal vertretenen Tiergruppen in systematischer Reihenfolge.

Die Spongien sind außer durch *Veluspa* durch *Carterias* und *Spongilla* vertreten, bieten also weiter nichts Besonderes. Von Rädertieren ist *Albertia Woronkowi* als Oligochätenparasit beschrieben worden, sowie einige Planktonarten, von denen später die Rede sein wird. Über die Tricladen berichtet LANG, daß uralte Tricladenformen vorhanden wären, die den Übergang zwischen Tricladen und Polycladen bilden sollen. *Dicotylus pulvinar* (= *Rimacephalus baicalensis*) ist nebst einer zweiten Art dieser Gattung der Vertreter einer im Baikal endemischen Familie. Durch sehr viele endemische Arten ist *Sorocelis* vertreten, wohl ein „Überrest der obertertiären, subtropischen Süßwasserfauna von Ost- und Zentralasien". Durch ihre Größe fallen (vgl. die Amphipoden!) zwei Arten der sonst amerikanischen Gattung *Procotylus* auf, von denen die in 1000 m Tiefe gefangene Art *magnus* 90 mm lang ist, während die aus 600 m Tiefe stammende Art *validus* gar 103 mm erreicht[1]. Die Nemertinen weisen wieder ein streng endemisches Genus *Baicalonemertes* auf. Auch die Oligochäten haben mehrere endemische Gattungen und bei solchen Gattungen, die nicht selber endemisch sind, wie *Lamprodrilus*, viele endemische Arten; bei der genannten Gattung 13. Wie bei anderen Gruppen, erweisen sich auch hier manche Formen als Kollektivtypen, so *Agriodrilus*, von dem MICHAELSEN sagt, er sei ein Bindeglied zwischen Oligochäten und Hirudineen. Die Hirudineen haben als merkwürdigsten Vertreter die Gattung *Toris* aufzuweisen, merkwürdig wegen ihrer geographischen Verbreitung. Neben *T. baicalensis* gibt es noch einen *T. mirus*, der in Tongking auf *Melania* entdeckt wurde, und einen *T. cotylifer*, der bei Shanghai an einer

---

[1] Vor kurzem wurde in großen Tiefen der erste nicht triklade Strudelwurm des Baikal entdeckt, die 4 cm lange allöököle *Baicalarctica gulo*, die Vertreterin einer eigenen neuen Familie.

Schildkröte lebt. Wir kommen auf diese Beziehungen zur indochinesischen Fauna noch zurück und erwähnen hier noch, daß auch unter den Bryozoen ein solches Beispiel vorliegt, denn das früher für einen Baikalendemismus gehaltene Bryozoengenus *Echinella* ist synonym mit der indischen Gattung *Hislopia*.

Seit langem bekannt ist der ungeheure Reichtum dieses Sees an Amphipoden. Während alle europäischen Seen zusammen in ihrer Tiefe keine zehn typischen Amphipoden beherbergen, leben im Baikal deren mehr als 300, darunter Riesenformen, wie der 90 mm lange *Brachyurops Grewingki*, und andererseits wieder biologisch so interessante Arten wie der Planktonamphipode *Macrohectopus Branickii*.

Ohne Zweifel erweist sich der Baikal für die Amphipoden nicht nur als eine Stelle für die Erhaltung vieler sonst ausgestorbener Typen, sondern auch als ein Schöpfungszentrum ersten Ranges. Und als Schöpfungszentrum muß er seltsamer Weise auch für die mit diesen Amphipoden als Kommensalen lebenden Protisten gelten, und es hat ganz den Anschein, als ob die Artzersplitterung, die hier viele Amphipoden mitgemacht haben, sich auf ihre Kommensalen übertragen hätte, eine jedenfalls ebenso merkwürdige wie unverständliche Erscheinung. Während nach den Untersuchungen von ROSSOLIMO die freilebenden Protisten auch hier ihren kosmopolitischen Charakter verraten, indem sie durch gar keine besonderen Typen vertreten sind, zeigte SWARCZEWSKY in einer Reihe von Abhandlungen, die 1928 im Archiv für Protistenkunde erschienen sind, daß von den Dendrosomiden, von denen bisher im ganzen acht Gattungen bekannt waren, auf den Baikalamphipoden vier neue Gattungen: *Baikalophrya*, *Stylophrya*, *Baikalodendron* und *Gorgonosoma* vorkommen, daß die bisher nur durch zwei Gattungen mit je einer Art vertretene Gruppe der Dendrocometiden nicht nur durch fünf neue Arten der bisher monotypen Gattung *Dendrocometes* vertreten sind, sondern auch noch durch drei weitere neue Gattungen: *Dendrocometides*, *Discosoma* und *Cometodendron*. Die letztgenannte Gattung allein war durch zwölf neue Arten vertreten und bot so ein gutes Beispiel für die oben erwähnte Artzersplitterung gewisser Tierformen im Baikal. Und das gleiche zeigten schließlich auch die Acinetiden, unter denen *Acineta vulgata* zum Ausgangspunkt zahlreicher neuer Arten geworden ist, die neben den neuen Gattungen *Tokophryopsis* und *Acinetides* im Baikal entdeckt wurden.

Da in vielen tiergeographischen Arbeiten über das Vorkommen von *Gammaracanthus* und *Pallasea* im Baikal berichtet wird und an diese angeblichen Vorkommnisse gewöhnlich Spekulationen angeknüpft werden, sei hier erwähnt, daß die Angaben über das Vorkommen dieser beiden Krebsgattungen wahrscheinlich auf einem Irrtum beruhen. Die Isopoden bieten weniger Interesse. Neben der Tiefseeform *Asellus Dybowskyi* wären nur zwei andere *Asellus*-Arten, *baicalensis* und *angarensis*, bemerkenswert, einmal wegen ihres primitiven Baues und dann, weil sie den amerikanischen Aselliden nahestehen. Daß aber der von einem früheren Autor geprägte Satz „Der Baikal repräsentiert gleichsam ein zoologischpaläontologisches Museum" zu Recht besteht, zeigen uns wieder die aus diesem See bekannt gewordenen Mollusken. Von den 90 bisher bekannt gewordenen Arten sind 80, also rund 90 vH endemisch. Dabei fehlen dem See die in Nordasien so verbreiteten Gattungen *Limnaea*, *Physa*, *Planorbis* und, was wohl am merkwürdigsten ist, überhaupt alle Muscheln! Die Gattung *Choanomphalus* ist wohl mit der aus dem Ochridasee beschriebenen, bisher fälschlich als *Planorbis paradoxus* bezeichneten Art verwandt und gehört somit zu einem Kreis fossiler Formen, die im Miocän in Europa verbreitet waren. Die *Benedictiidae* stehen ganz isoliert, denn die zu dieser Gruppe gehörige *Kobeltocochlea* ist nicht mit der amerikanischen *Fluminicola* verwandt, wie die ersten Untersucher glaubten, sondern bloß formkonvergent. *Baicalia* ist ebenfalls endemisch und wiederum mit fossilen Formen aus dem südosteuropäischen Tertiär so verwandt, daß schon HOERNES sich äußerte, der Baikal sei ein Rest des sarmatischen Meeres. Und das gleiche gilt von den durch ihre Größe auffallenden *Valvata*-Arten des Sees.

Das Plankton des Sees weist verhältnismäßig wenig spezifische Züge auf. Es wird von einem überraschend formenarmen Kaltwasserplankton gebildet. Dies ist natürlich, wenn man bedenkt, daß das Wasser im Sommer bis 4 m Tiefe nur 5° besitzt und im Winter von einer bis zu $1^1/_2$ m mächtigen Eisdecke über-

spannt wird, die es erlaubt, Eisenbahnzüge über den See zu führen. Im zentralen
Teil des Sees setzt sich das Plankton zusammen aus *Melosira islandica, Cyclotella* spec., *Triarthra longiseta, Notholca longispina, N. striata* und *Epischura baicalensis.* Im östlichen Teil des Sees war die Ausbeute etwas reicher, da hier die
Arten *Conochilus unicornis, Anuraea cochlearis* und *aculeata, Ploesoma Hudsoni,
Daphnia galeata, Bosmina longirostris, Leptodora hyalina, Cyclops strenuus* und
Diaptomus graciloides hinzukommen, sowie vier neue *Notholca*-Arten, *N. baicalensis, olchonensis, Jasnitzkii* und *thriarthroides* (vgl. Abb. 86—88), von denen
die zweite allerdings auch noch im Ladogasee und in Nordamerika gefunden
wurde. Kürzlich wurden noch zwei Planktonkomponenten entdeckt darunter
ein ganz neues Diaptomidengenus *Kuznetzovia.*

Resumieren wir nun diese Angaben, indem wir uns noch vor Augen halten,
daß der Baikal seit dem Kambrium nicht mehr vom Meer bedeckt oder mit dem

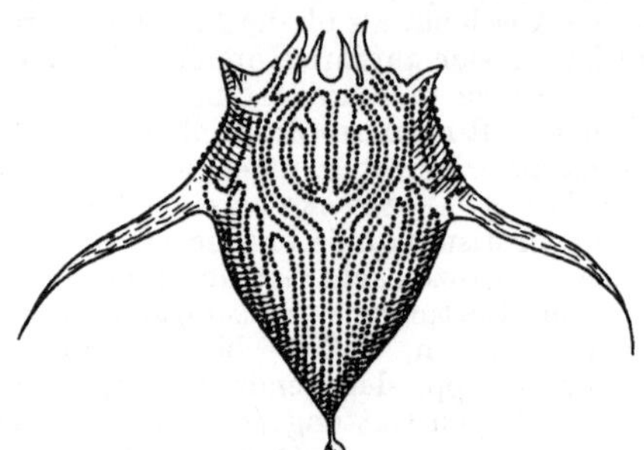

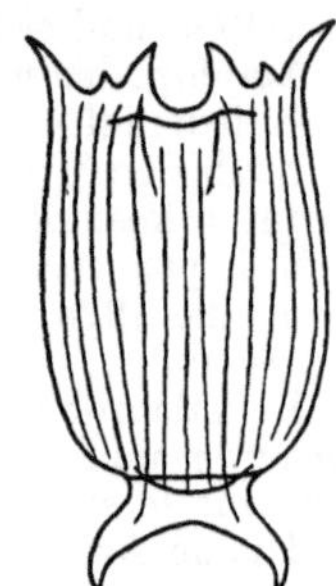

Abb. 86. *N. olchonensis* TIKOMIZOV.   Abb. 87. *N. lyrata* TIKOMIZOV.

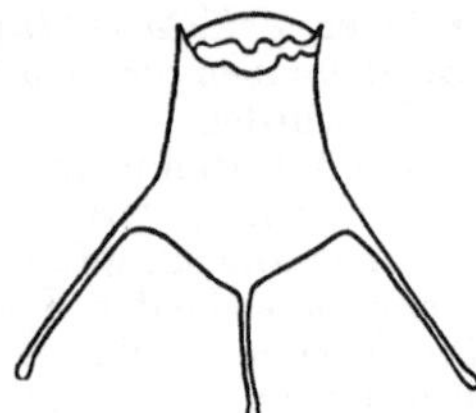

Abb. 88. *N. baicalensis* JASCHNOV.

Abb. 86—88. Die das Baikalplankton kennzeichnenden *Notholca*-Arten. Dazu kommen noch die an
wenigen Stellen auch außerhalb des Baikal (Ladoga) angetroffene *N. triarthroides* und die neu
entdeckte *Jasnitzkii.* Nach Skizzen, die Dr. RYLOW, Leningrad, zur Verfügung stellte.

Meer in Verbindung war und daß das tiefe Becken, wie es uns heute vorliegt
und in dieser Form ökologisch so von Bedeutung ist, erst im Tertiär entstanden
ist. Damit fallen alle Hypothesen, die im Baikal ein abgetrenntes Stück vom Eismeer oder vom sarmatischen Meer sehen wollten.

Wohl aber steht fest, daß heute noch eine Reihe von Seen, wie der Tali in
Yünnan, Überreste einer Fauna aufweisen, die für die obertertiären Ablagerungen
Südosteuropas charakteristisch sind. Übrigens enthält ja auch der Ochridasee
auf der Balkanhalbinsel noch solche Elemente, und die Auffindung einer *Teleus-
colex*-Art, sowie des *Lamprodrilus Michaelseni* in Mazedonien, d. h. Angehöriger
zweier Oligochaetengattungen, die vorher für Baikalendemismen gehalten wurden,
bezeugt das Vorhandensein einer alten eurasiatischen Süßwasserfauna, von der
uns der Baikal viele Relikte erhalten hat. Es waren jedenfalls in der Plio-
zänzeit, von Südosteuropa bis nach China reichend, eine große Anzahl von Süßwasserseen vorhanden, von deren Fauna sich in einzelnen Seen, und der Baikal
gehört in erster Linie zu diesen, Reste bis heute erhalten haben. Diese Relikte

einer obertertiären subtropischen Süßwasserfauna Sibiriens und Zentralasiens stellt einen wesentlichen Teil der Endemismen des Baikal dar, weil diese Fauna des Angarakontinents durch die Eiszeit fast ganz vernichtet wurde. Der Baikal aber bildete dank seiner zu dieser Zeit bereits vorhandenen großen Tiefe ein geeignetes Refugium. Zu dieser Kategorie gehören wohl alle oben genannten Formen, die Beziehungen zum osteuropäischen Tertiär und zur Fauna des Kaspisees aufweisen, wie dies bei der Robbe, einigen Gammariden und vielleicht der Gattung *Baicalia* der Fall ist. Auffallend groß ist die Zahl der mit Amerika gemeinsamen Elemente, aber es scheint, daß diese nicht gleichen Alters sind. Bei *Protocotylus* und *Torix* haben wir auf das vermutlich hohe Alter hingewiesen, bei *Epischura* und etlichen Aselliden ist jüngeres Alter wahrscheinlicher. Wo sich Beziehungen zur amerikanischen Fauna mit solchen zur indischen decken, wie bei *Torix*, *Manajunkia* und vielleicht (?) *Hislopia*, liegen wohl immer ältere Formen vor. Erschwert wird die Beurteilung solcher Formen durch die oft weitgehende Umbildung, die viele Tiertypen im Baikal erlitten haben, wodurch uns dieser See geradezu als ein Schöpfungszentrum erscheint. Als Beispiel der eigenartigen Entwicklung, die manche Familien hier eingeschlagen haben, sei auf die im Baikal endemische Trichopterenfamilie der *Baicalinini* verwiesen, deren Imagines eine schwimmende Lebensweise angenommen haben.

Der Frage, ob auch die Algenflora des Baikal Reliktendemismen aufwiese, ist R. Meyer nachgegangen und dabei (Über die Algen des nördlichen Baikalsees. Russkij archiv protistologii 6) zu dem Ergebnis gekommen, daß diese Frage zu bejahen sei. Er konnte eine Reihe neuer Grünalgen, wie *Ireksokonia*, *Tetrasporopsis reticulata* usw. beschreiben, die der hohen Transparenz des Wassers dieses Sees entsprechend auffallend weit in die Tiefe gehen; so ist die genannte *Tetrasporopsis* bei 15 m Tiefe reichlich entwickelt. Es wäre interessant, die Tiefenflora der Felswände im See zu erforschen und mit den auf S. 101 mitgeteilten Feststellungen zu vergleichen.

Der Tanganyika.

Während der Baikal auch gegenwärtig ein recht isoliertes Seebecken darstellt, das schon durch die geomorphologischen Verhältnisse zur Heimstätte vieler Endemismen bestimmt erscheint, liegt der Tanganyika in freier Landschaft in der Nachbarschaft vieler anderer großer Seen. Um so mehr muß es überraschen, daß er von diesen so grundverschieden in der Zusammensetzung seiner Organismenwelt ist, daß seit deren Entdeckung das „Tanganyika-Problem" ein besonderes Kapitel der Tiergeographie darstellt, das manchen Wechsel der Meinung erkennen läßt und ähnlich, wie die Frage nach der Entstehung der Baikalfauna, noch weit von seiner Lösung entfernt ist, in beiden Fällen wohl hauptsächlich, weil die Geschichte der Lebewelt dieser Seebecken besonders weit in die geologische Vergangenheit zurückreicht.

Hat uns beim Baikal das Fehlen vieler sonst in Sibirien allgemein verbreiteter Schneckengattungen sowie aller Muscheln überrascht, so bildet es wieder eine Eigentümlichkeit des Tanganyika, daß ihm alle Cladoceren fehlen, sowie die Gattung *Canthocamptus*. Und doch sind diese in seinen Zuflüssen reichlich vertreten — Gurney meldet z. B. aus dem in die Südwestecke des Sees mündenden Lofu River die Gattungen *Pseudosida*, *Macrothrix* und *Chydorus* —, so daß man annehmen muß, daß die aus den Zuflüssen in den See getragenen Arten dort zugrunde gehen, was Cunnington auf den Magnesiumgehalt des Seewassers zurückführen zu müssen glaubte. Andererseits — und dadurch erinnert der Tanganyika wieder sehr an den Baikal — fällt die enorme Artenzersplitterung gewisser Gattungen, wie *Ergasilodes*, *Schizopera* und gewisser *Cyclops*-Sektionen auf.

Wir bekommen wohl am besten ein Bild von der ganzen Angelegenheit, wenn wir das Tanganyika-Problem in seiner historischen Entwicklung verfolgen.

Im Jahre 1883 entdeckte der deutsche Zoologe Böhm im Tanganyika die erste Süßwassermeduse, *Limnocnida Tanganyicae*, was sofort Veranlassung gab, in diesem See den Überrest eines Meeres zu sehen. Diese Meinung wurde noch sicherer, als man Nachrichten von dem Vorkommen mariner Mollusken im Tanganyika erhielt. Da viele von diesen auffallend an Kreide- und Jurafossilien erinnerten, so *Paramelania* SMITH an die fossile *Pyrgulifera* und *Syrnolepsis* an die fossile *Fascinella*, schloß man, der Tanganyikasee sei ein Teil des Jurameeres; und da die 1895 von MOORE unternommene erste Tanganyikaexpedition neben solchen vorwiegend im Tiefenwasser des Sees lebenden Formen von marinem Typus auch rezente Süßwasssertypen im See fand, gewann man den Eindruck, daß hier zwei Faunen gemischt seien: eine aus der Jurazeit stammende marinen Charakters, die von MOORE als halolimnische bezeichnet wurde, und eine jüngeren Datums, die von typischen Süßwasserformen gebildet wird. Die halolimnische sollte durch einen über den Kiwu, Albert Eduard- und Albert-Nyansa reichenden Meeresarm in den Tanganyika gekommen sein.

Der Nachweis der Relikte dieses hypothetischen Meeresarmes bildete das Programm der zweiten Tanganyikaexpedition. Er mißlang vollständig! Nirgends in den nördlich vom Tanganyika gelegenen Seen fand sich eine halolimnische Fauna. Vom Kiwusee, der mit dem Tanganyika den wohl einzig auf der Erde dastehenden Cladocerenmangel aufweist, konnte gezeigt werden, daß er ursprünglich zum Nil gehörte und erst durch junge vulkanische Vorgänge dem Tanganyikagebiet angegliedert wurde. Die Zurückführung der halolimnischen Faunenelemente auf eine jurassische marine Fauna war unmöglich geworden, die zoogeographischen Verhältnisse des Sees blieben ungeklärt.

Darum unternahm 1904 CUNNINGTON die dritte Tanganyikaexpedition. Sie brachte uns neue Rätsel. Im See, der keine Cladoceren enthält, leben nicht weniger als 29 Kopepoden; sie verteilen sich auf die Gattungen *Ergasiloides*, *Cyclops* und *Schizopera*. Das Harpacticidengenus *Schizopera* erregte dabei deswegen Interesse, weil es durch sieben neue Arten vertreten war, während vorher nur ein Vertreter dieser Gattung von den Chathaminseln bekannt war. „Man könnte da zunächst an einen Zufall denken, aber der Fall ist nicht vereinzelt. SARS entdeckte im Tanganyika zwölf Arten der Ostracodengattung *Paracypria*, die ebenfalls nur noch an einer Stelle auf der Erde bekannt ist, von den Chathaminseln!"— Fast ein Jahrzehnt nach der Entdeckung dieser Kleinkrebse durch die CUNNINGTON-Expedition wurde dieser Satz niedergeschrieben, und zwei Jahrzehnte nach der Entdeckung kam die große Überraschung: Die tiergeographisch so seltsam anmutende Übereinstimmung zwischen Tanganyika und Chathaminseln war doch purer Zufall, allerdings ein sehr seltsamer Zufall. Denn die Gattung *Schizopera* erwies sich als eine im europäischen Brackwasser, noch dazu besonders im Küstengebiet der Nordsee und Ostsee weitverbreitete Art. (Sie war von hier als *Amphiascus clandestinus* beschrieben gewesen[1].)

Übrigens war auch eine von der CUNNINGTON-Expedition mitgebrachte Peridinee, die als *Peridinium Cunningtoni* beschrieben wurde, kein Tanganyika-Endemismus. Sie war bereits vorher vom Verfasser im Tiersee bei Kufstein in Tirol beobachtet worden und erfreut sich, wie wir heute wissen, einer weiten Verbreitung. Ein zweites Beispiel, das zur Vorsicht mahnt.

Doch wenn auch — wie im Falle *Schizopera* — der eine oder der andere Fund aus dem Tanganyika die ihm anfänglich zugeschriebene Besonderheit einbüßte, ein hochgradiger Endemismus steht außer Frage, und daß hier mehrere Faunen, deren Herkunft dunkel ist, vereinigt sind, ist mindestens sehr wahrscheinlich.

Erwähnen wir noch, daß von 146 im Tanganyika lebenden Fischarten 121 endemisch sind (73 Fische gehören zur Familie der Cichliden, die in diesem See 15 endemische Gattungen aufweist) und daß von den 402 bisher aus dem Tanganyika beschriebenen Tieren fast 300 nur von hier bekannt sind, so wird sich von

---

[1] Dieses Beispiel mag zugleich für den Limnologen ein Hinweis darauf sein, wie leicht bei tiergeographischen Spekulationen ein fehlerhafter Tatbestand unterlegt werden kann. So können Beziehungen im Sinne der historischen Tiergeographie vorgetäuscht werden, wo bloß Übereinstimmungen im Milieu vorliegen, wie es wohl bei *Schizopera* sein dürfte. In anderen Fällen wiederum werden solche Beziehungen vorgetäuscht durch verfehlte systematische Bewertungen. Wie hoffnungslos mußte dem Tiergeographen die Verteilung der Gattung *Daphniopsis* — eine Art in Tibet und eine auf den Kerguelen! — erscheinen, solange man nicht erkannte, daß die ganze Gattung *Daphniopsis* nicht haltbar ist.

selbst die Überzeugung einstellen, daß der Tanganyika trotz seiner geringeren Isolierung dem Baikal an Eigenart nicht viel nachgibt. Zugleich lehren beide Beispiele, daß hohes geologisches Alter für die Sonderstellung eines Gewässers ausschlaggebend ist. Wir sehen ja auch in Europa, daß die albanischen Seen infolge ihres höheren Alters nicht nur von den alpinen Seen, sondern sogar von den Seen des benachbarten Italien wesentlich abweichen.

Aber wir müssen eines noch bedenken. Wir sind gewohnt, Neuseeland als das Land altertümlichster Formen zu betrachten, in zweiter Linie etwa Australien und Madagaskar. Die diesen Gebieten — und noch einigen anderen — unzweifelhaft zukommende Sonderstellung stützt sich in erster Linie auf Wirbeltiere und Blütenpflanzen. Diese sind aber viel jünger als die Hauptmasse der Süßwasserorganismen, und daher dürfen wir gar nicht erwarten, daß die tiergeographische Gliederung des Süßwassers sich mit der üblichen zoogeographischen Gliederung, die großenteils von der Verteilung phylogenetisch junger Formen abgeleitet wurde, sich völlig decken wird. Die Süßwasserfauna Neuseelands z. B. zeigt nicht jenen hochgradigen Endemismus wie der Baikal oder Tanganyikasee, wohl aber auffällige Beziehungen zu Südamerika, die uns auf die Bedeutung der Antarctica für die Tiergeographie verweisen. So hat Australien mit Südamerika die Kopepodenfamilie der Boeckelliden gemeinsam, auch die Harpacticiden zeigen gemeinsame Züge, und besonders auffallend ist eine gemeinsame *Bosmina*-Art, *B. Hagmanni*. In Südafrika fehlen diese gemeinsamen Formen oder Gruppen.

D. Hinweise auf geeignete Arbeitsgebiete.

Bei der Übernahme der Abfassung vorliegenden Buches äußerte der Herausgeber gegenüber dem Verfasser den Wunsch, es möchten auch Anregungen und Anleitungen gegeben werden, die den angehenden Limnologen auf Gebiete verweisen, deren Bearbeitung erfolgversprechend wäre. Wenn der Verfasser entgegen seiner ursprünglichen Absicht, solche Hinweise jeweils im Text einzufügen, wo sich dazu Gelegenheit böte, hier nur einen kurzen, sehr allgemein gehaltenen Abriß über diese Angelegenheit zum Abdruck bringt, so geschieht dies weniger wegen der damit verbundenen Raumersparnis als vielmehr aus folgenden Gründen:

Was am erfolgreichsten bearbeitet werden kann und wo sich dazu am besten Gelegenheit bietet, hängt zu sehr von der Individualität des betreffenden angehenden Limnologen ab, sowie von den äußeren Verhältnissen, unter denen der Betreffende arbeiten kann, als daß man allgemein geltende Richtlinien kurz entwickeln könnte. Und noch ein Faktor spielt eine große Rolle. Die Weiterentwicklung der Limnologie hat in den letzten zwei Jahrzehnten derartige Fortschritte gemacht, die zum Teil mit einer völligen Umgestaltung der leitenden Ideen verknüpft waren, so daß Ideen, deren weiterer Ausbau jemandem nahegelegt werden könnte, vielleicht im Zeitpunkt, da dieses Manuskript die Presse verläßt, bereits ganz anderen, wertvolleren weichen mußten.

Derjenige, der der Führung nicht bedarf, wird ohne Anleitung seine eigenen Wege gehen, und der, der einem vorgezeichneten Arbeitsplan folgen will, wird dies nur dann mit Erfolg tun können, wenn er Fühlung mit jenen Kreisen hat, die auf dem Gebiet, wenn ich so sagen darf, auf dem Laufenden sind. Dazu bietet sich heute aber reichlich Gelegenheit durch die von verschiedenen biologischen Anstalten abgehaltenen Kurse. Die Teilnahme an einem solchen Kurs wird wohl auch deswegen eine unbedingte Voraussetzung sein, weil das Handhaben der hydrographischen, chemischen und physikalischen Apparate schwerlich nach der Anleitung in einem Buch so erlernt werden kann, daß der Betreffende einwandfreie Resultate erhält. Schon die Sammeltechnik des Floristen oder Faunisten weist so viele Vorteile und Kniffe auf, die man erst im persönlichen Verkehr kennen lernen kann, wieviel mehr erst die weit kompliziertere Apparatur des Limnologen, der die chemischen und physikalischen Verhältnisse seines Studienobjektes feststellen will. Auf einen Nachteil, an dem selbst das Arbeiten vieler Fachleute krankt, machte kürzlich PASCHER aufmerksam (Arch. f. Protistenkunde, *52*, S. 493). Er klagt darüber, daß man so wenig über die Chrysophyceen weiß. Und warum? „Daß man von ihnen so wenig weiß, hängt großenteils mit der Art und Weise zusammen, in der Süßwasserorganismen studiert werden. Schönwetter, gute Jahreszeit, womöglich nicht vor Mai und nicht nach September, sind Vorbedingung der üblichen Süßwasserstudien." Die Erfolge winterlicher Untersuchungen zeigt SCHILLERS Arbeit über das Plankton der Donaualtwässer im Winter (vgl. S. 12). Einen trefflichen Beleg für die Richtigkeit der PASCHERschen Worte bildet die eben geglückte Entdeckung eines neuen Rädertiertypus, *Paradicranophorus limosus*, bei Warschau, weil dieses Tier nur von Januar bis März gefunden werden konnte.

Bevor wir diesen Kursen unsere Aufmerksamkeit schenken, sei auf noch zwei Gelegenheiten hingewiesen, die bisher zum Schaden der Limnologie zu wenig ausgenutzt worden sind. Es ist dies einmal die da oder dort gebotene Gelegenheit, sich in schwierigere Tier- oder Pflanzengruppen einzuarbeiten, und dann die Gelegenheit, ein interessantes Gewässer, das einem zur Hand liegt, als Studienobjekt zu wählen. Zum ersten Punkt möchte ich folgendes bemerken. Wenn heute jemand Interesse daran gewinnt, die Organismenwelt unserer Gewässer kennen zu lernen, so wird er in 100 Fällen 99mal die Crustaceen, wenn er zoologisch orientiert ist, oder die Diatomeen oder Desmidiaceen, wenn er botanische Absichten verfolgt, zu seinem speziellen Studienobjekt wählen. Nicht nur deswegen, weil diese Gruppen bequemer zu bearbeiten sind als andere, sondern oft wohl auch deswegen, weil zur Einarbeitung in andere schwierigere Gruppen die Anleitung fehlt. Wenn daher gerade zur Einführung in solche vernachlässigte Gruppen sich irgendwo Gelegenheit findet, möge man die größere Mühe, die mit der Bearbeitung solcher Gruppen verknüpft ist, nicht scheuen, sie verspricht mehr Erfolg als die Beschäftigung mit einer schon tausendmal abgegrasten Gruppe. Man denke nur an die Oligochäten oder Turbellarien, über die wir aus ganzen großen Gebieten fast gar nichts wissen. Wer daher Gelegenheit hat, sich von einem Spezialisten in eine schwierigere Tier- oder Pflanzengruppe einführen zu lassen, möge dies nicht versäumen. Über manche Gruppen liegen wieder aus manchen Gegenden deswegen keine Nachrichten vor, weil deren Untersuchung lebendes Material voraussetzt. Wenn also nicht gerade ein günstiger Zufall einen Hydrobiologen an das fragliche Gewässer setzt, so wird man von diesem Gewässer eventuell genügenden Aufschluß über solche Formen erlangen, die nach konserviertem Material bestimmt werden können, nicht aber über die anderen. Und damit berühren wir den zweiten Punkt, die örtlichen Beziehungen des Untersuchers zu seinem Untersuchungsobjekt. Ist es nicht verwunderlich, daß z. B. größere interessante Seen, etwa der Königssee bei Salzburg, in der Nähe einer größeren Stadt, die selber eine ganze Anzahl naturwissenschaftlich interessierter Leute aufweist und überdies während der Sommerszeit wenigstens von so vielen Naturwissenschaftlern besucht wird, zu den hydrobiologisch fast unerforschten Gewässern zählen. Es mag sein, daß mancher, der bereit gewesen wäre, sich dieser Aufgabe zu widmen, sich von dem Gedanken abschrecken ließ, daß bereits so viele monographische Arbeiten über Seen vorliegen, daß die geplante neue Arbeit nichts Neues zu bringen vermöchte. Dabei wird aber, abgesehen von manchem anderen Einwand, vor allem übersehen, daß jeder See eine Individualität darstellt und daß demnach, wenn wir nochmals beim Beispiel des schon genannten Königssees bleiben wollen, die Untersuchung dieses Sees gewiß keine überflüssige Arbeit darstellt, weil schon so und so viele Arbeiten über Seen vom subalpinen bzw. oligotrophen Typus erschienen sind. Denn abgesehen davon, daß jede neue solche Untersuchung mit den seit früheren analogen Arbeiten gewonnenen neuen Methoden und Gesichtspunkten einsetzen kann und sich schon dadurch von ihren Vorgängerarbeiten unterscheidet, kommt eben vor allem in Betracht, daß gerade die vergleichende Untersuchung möglichst vieler Seen vom selben Typus erst ein genaueres Herausarbeiten der gemeinsamen Züge gestattet und andererseits eine Differenzierung des Typus in individuelle Einzelheiten, deren kausales Verständnis auch nur durch ein entsprechend umfangreiches Vergleichsmaterial ermöglicht wird. Aber nicht nur die Untersuchung von Seen eines bereits bekannten Typus kann demnach lohnend sein, sondern auch eine Nachuntersuchung eines Objektes, das bereits einmal Gegenstand einer wissenschaftlichen Arbeit war.

Und zwar aus zwei Gründen: 1. Ändert sich ja der Charakter eines Gewässers im Lauf der Zeit. Man war früher zu sehr in dem Wahn befangen, daß Seen — wenigstens innerhalb nicht zu langer Zeiträume — etwas Konstantes darstellten. Man glaubte durch eine einmalige, über ein Jahr sich erstreckende Untersuchung zu einem abschließenden Resultat gekommen zu sein. Es hat sich in den letzten Jahren wiederholt gezeigt, daß dies ein Irrtum ist. So konnte durch die über einen Zeitraum von mehreren Jahren sich erstreckenden Untersuchungen am Lunzer Untersee ermittelt werden, daß das Bild der quantitativen Zusammensetzung und jahreszeitlichen Verteilung des Planktons keineswegs von Jahr zu Jahr sich schablonenmäßig wiederholt, sondern daß hier Veränderungen sich einstellen, die augenscheinlich im Organismus selbst begründet noch ihrer physiologischen Aufklärung harren. Daß der Wechsel der Trophiestufen, also etwa die Umwandlung eines oligotrophen Sees in einen eutrophen sich sozusagen vor unseren Augen vollziehen kann, besonders wenn Kultureinflüsse sich geltend machen, konnte am Züricher See, über den auch Beobachtungen vorliegen, die eine größere Zeitspanne umfassen, demonstriert werden. Und endlich machen ja die Fortschritte der Limnologie erneute Untersuchungen eines bereits untersuchten Objektes nötig. Damit, daß der Verfasser dieses Buches vor einem Vierteljahrhundert das Plankton des Achensees untersuchte, ist eine abermalige Untersuchung desselben keineswegs überflüssig geworden. Denn abgesehen von den eben erwähnten möglichen Veränderungen des Bildes, die eine Neuuntersuchung ergeben könnte, muß vor allem bedacht werden, daß seither die Planktologie ungeahnte Fortschritte gemacht hat, so daß dasselbe Thema, heute mit den jetzt zur Verfügung stehenden Apparaten in Angriff genommen und den inzwischen zur Geltung gekommenen Gesichtspunkten Rechnung tragend, ganz andere Ergebnisse liefern könnte, als jene erstmalige, heute veraltete Untersuchung.

Die zu solchen Untersuchungen nötige Praxis wird sich wohl, wie erwähnt, nur durch persönliche Fühlungnahme mit einem auf diesem Gebiet Eingearbeiteten gewinnen lassen, wo eine solche Möglichkeit nicht unmittelbar geboten ist, durch Teilnahme an einem der oben erwähnten Kurse. Solche werden zur Zeit innerhalb des deutschen Sprachgebietes abgehalten in Langenargen und Mooslachen am Bodensee, am Vierwaldstättersee in der Schweiz und an der Biologischen Station Lunz.

Das Prinzip der Arbeitsteilung wird wohl jeden, der ein Gewässer als Individuum behandeln will, zwingen, Mitarbeiter zu suchen. Es wäre sehr unökonomisch, in einem Gewässer nur das Material zu nehmen, für das man sich selber interessiert und alles andere achtlos beiseite zu werfen, besonders dann, wenn wenig Wahrscheinlichkeit besteht, daß dieses Gewässer auch von anderweitig orientierten Biologen besucht werden kann. Es wird sich in solchen Fällen empfehlen, das gewonnene Material tunlichst auszunutzen, indem man es Spezialisten für die einzelnen Gruppen zugänglich macht. Freilich darf dabei nicht übersehen werden, daß die Massenkonservierung mit Alkohol oder Formaldehyd manche Organismen nicht so erhält, daß sie zur Bearbeitung geeignet sind. Solche Formen wird man eben am besten gleich aus dem lebenden Fang heraus mit einer Pipette entnehmen und gesondert konservieren, und zwar Oligochäten und Turbellarien mit heißer Sublimatlösung (nachheriges Auswaschen mit Jod-Alkohol nicht vergessen!), Hydracarinen mit dem bekannten WALTERschen Gemisch: 5 Volumteile Glyzerin, 2 Eisessig, 3 destilliertes Wasser. — Bei Rädertieren ist eine entsprechende Konservierung im Massenbetrieb wohl nicht zu erreichen. Wohl aber ist zu beachten, daß die moosbewohnenden bdelloiden Rädertiere am besten in den getrockneten Moosproben lebend versendet werden. Sie verweilen im Zustand der Trockenstarre sehr lange lebend in solchen Moosproben und können vom Bearbeiter der betreffenden Probe durch Zusatz von Wasser wieder aktiv und damit der mikroskopischen Untersuchung zugänglich gemacht werden. Über die Notwendigkeit, sich die Mitarbeit von Spezialisten zu sichern, hat sich jüngst DAMPF sehr richtig geäußert, der in seiner Arbeit „Zur Kenntnis der estländischen Hochmoorfauna" (Beiträge zur Kunde Estlands *10*. 1924) sagt: „Über die Hauptsache, die wissenschaftliche Verwertung des gesammelten Materials, lassen sich keine Anweisungen geben, nur muß aufs dringendste davor

gewarnt werden, selbst an der Hand der Literatur seine Ausbeute bestimmen
zu wollen, wenn man nicht gerade Spezialist für die betreffende Gruppe ist. Die
wissenschaftliche Systematik der Tiere hat in den letzten 50 Jahren eine
solche Vertiefung erfahren, nicht zum wenigsten durch die Berücksichtigung
des zoogeographischen Momentes, daß heute nur der Fachmann sein Spezial-
gebiet beherrschen kann. Wir verfügen indes glücklicherweise in den Kultur-
staaten der Erde über einen so großen Stab von Spezialisten für einzelne Tiergruppen, daß es bei ausreichenden persönlichen Beziehungen und bei Unter-
stützung eines größeren zoologischen Institutes oder Museums immer möglich
sein wird, das gesammelte Material den betreffenden Autoritäten zu unter-
breiten. Erst dann können die Ergebnisse auf wissenschaftliche Verläßlichkeit
Anspruch erheben.“

Literatur.

Physik und Chemie der Binnengewässer.

AUFSESS, FREIHERR VON: Die physikalischen Eigenschaften der Seen. Braunschweig- Vieweg 1905.

BIRGE, E. A. and JUDAY, CH.: The Inland Lakes of Wisconsin: The dissolved Gases of the water and their biological significance. Wisconsin and Natural Hist. Surv. Bull. *22*. Madison 1911. — Ders.: A Limnological Study of the Finger Lakes of New York. Bull. of the Bureau of Fisheries *32*. 1912.

BREEST, FR.: Eine interferometrische Untersuchung des Bodensees. Internat. Rev. d. ges. Hydrobiol. u. Hydrogr. *11*. 1923.

BRESSLAU, E.: Ein einfacher Apparat zur Messung der Wasserstoffionenkonzentration. Arch. f. Hydrobiol. *15*. 1925. Verhandl. d. internat. Ver. f. Limnologie 1926. — Ders.: Die Bedeutung der Wasserstoffionenkonzentration für die Hydrobiologie.

BRÖNSTEDT, J. N. und WESENBERG-LUND, C.: Chemisch-physikalische Untersuchungen der dänischen Gewässer. Internat. Rev. d. ges. Hydrobiol. u. Hydrogr. *4*. 1921.

DOMOGALLA, B. P., JUDAY, CH. and PETERSON, W. H.: The Forms of Nitrogen in certain Lake-Waters. Journ. of Biol. Chem. *63*. 1925.

FOREL, F. A.: Le Léman. Lausanne 1892—1904.

HALBFASS, W.: Grundzüge einer vergleichenden Seenkunde. Berlin: Bornträger 1923.

HARNISCH, O.: Die Bedeutung der Wasserstoffionenkonzentration für die Eigenart der Moorfauna. Verhandl. d. dtsch. zool. Ges. 1924.

JENTZSCH, A.: Beiträge zur Chemie des Wassers norddeutscher Binnenseen. Abh. d. kgl. preuß. geol. Landesanst. N. F. H. 51. 1912.

JUDAY, C., FRED, E. B. and WILSON, FR.: The Hydrogen Ion Konzentration of certain Wisconsin Lake Waters. Transact. of the Americ. Microsc. Soc. 1924.

KINDLE, E. M.: The bottom deposits of Lake Ontario. Transact. of the Roy. Soc. of Canada *19*. 1925.

MERZ, A.: Die Oberflächentemperatur der Gewässer, Methoden und Ergebnisse. Veröff. d. Inst. f. Meereskunde 1920.

MINDER, L.: Über biogene Entkalkung im Zürichsee. Verhandl. d. internat. Ver. f. theoret. u. angew. Limnologie 1923. — Ders.: Studien über den Sauerstoffgehalt des Zürichsees. Arch. f. Hydrobiol. Suppl. *3*. 1924.

PETERSON, FRED and DOMOGALLA: The occurence of Amino Acids and other organic Nitrogen Compounds in Lake Water. Journ. of Biol. Chem. *63*. 1925.

RUTTNER, F.: Das elektrolytische Leitvermögen des Wassers der Lunzer Seen. Internat. Rev. d. ges. Hydrobiol. u. Hydrogr. 1915. — Ders.: Eine biologische Methode zur Untersuchung des Lichtklimas im Wasser. Naturwissenschaften 1924.

THIENEMANN, A.: Physikalische und chemische Untersuchungen in den Maaren der Eifel. Verhand. d. naturh. Ver. d. preuß. Rheinlande *70*. 1913 u. 1915. — Ders.: Untersuchungen über die Beziehungen zwischen dem Sauerstoffgehalt des Wassers und die Zusammensetzung der Fauna in norddeutschen Seen. Arch. f. Hydrobiol. *12*. 1918.

WEHRLE, EMIL: Studien über Wasserstoffionenkonzentrationsverhältnisse und Besiedelung in Algenstandorten. Zeitschr. f. Botanik *19*. 1927.

Die unterirdischen Gewässer.

Über die Fauna der unterirdischen Gewässer sind kurz vor der Abfassung dieses Buches zwei erschöpfende Darstellungen erschienen, die wohl die ganze einschlägige Literatur verarbeitet haben, so daß deren Benutzung die hier mitgeteilte Literaturauswahl eigentlich überflüssig macht. Nur der Gleichförmigkeit des Literaturverzeichnisses zuliebe seien hier die wichtigsten Werke mitgeteilt und in allem übrigen sei auf diese beiden, auch durch die reichliche Illustrierung ausgezeichneten Abhandlungen verwiesen, nämlich:

SPANDL, H.: Die Tierwelt der unteriridischen Gewässer. Speläologische Monographien *11*. Wien 1926.

CHAPPUIS, P.: Die Tierwelt der unterirdischen Gewässer. Bd. *3* der von THIENEMANN herausgegebenen Sammlung „Die Binnengewässer". Stuttgart: Schweizerbart 1927.

ABSOLON, K.: Z vyzkumnych cest po krasech Balkanu. Zlata Praha. Prag 1916. — Ders.: Bericht über höhlenbewohnende Staphyliniden der dinarischen und angrenzenden Karstgebiete. Coleopterol. Rundschau *4*. 1916.

ARNDT, W.: Untersuchungen an Bachtricladen. Ein Beitrag zur Kenntnis der Paludicolen Korsikas, Rumäniens und Sibiriens. Zeitschr. f. wiss. Zool. *120*. 1922.

BRAUN, M.: Beiträge zur Kenntnis der Fauna Baltica. Über Dorpater Brunnenplanarien. Arch. f. Naturkunde Liv-, Est- und Kurlands *9*. 1881.

CARL, J.: Materialien zur Höhlenfauna der Krim. Zool. Anz. *28*. 1904.

CHAPPUIS, P. A.: Über die systematische Stellung der *Bathynella natans* VEYD. Zool. Jahrb., Abt. f. System. *40*. 1915. — Ders.: *Viguierella coeca* MAUPAS. Rev. suisse de zool. *24*. 1916. — Ders.: Die Fauna der unterirdischen Gewässer der Umgebung von Basel. Arch. f. Hydrobiol. *14*. 1922. — Ders.: Sur les Copepodes et les Syncarides des eaux souterraines de Cluj et des Monts Bihar. Bull. de la soc. sc. Cluj. 1925. — Ders.: *Parabathynella stygia* n. g. n. sp. Nouveau crustacé cavernicole de la Serbie orientale. Ebenda *3*. 1926.

CHEVREUX, E.: *Amphipodes* des eaux souterraines de France et d'Algerie. Bull. de la soc. zool. France *26*. 1901.

DELACHAUX, TH.: *Bathynella Chappuisi* n. sp. une nouvelle espece de crustace cavernicole. Bull. de la soc. Neuchatelloise sc. nat. *44*. 1921. — Ders.: Un Polychete d'eau douce cavernicole *Troglochaetus Beranecki*. Ebenda *45*. 1921.

DORMITZER, M.: *Troglocaris Schmidti*. Lotos *3*. Prag 1853.

DUDICH, E.: Über *Prototelsonia hungarica* MEHELY. Zool. Anz. *40*. 1924.

ENSLIN, E.: Die Höhlenfauna des fränkischen Jura. Mitt. d. kgl. Naturalienkabinetts zu Nürnberg *16*. 1906.

GRAETER, E.: Die zoologische Erforschung der Höhlengewässer seit dem Jahre 1900 mit Ausschluß der Vertebraten. Internat. Rev. d. ges. Hydrobiol. u. Hydrogr. *2*. 1909. — Ders.: Die Copepoden der unterirdischen Gewässer. Arch. f. Hydrobiol. *6*. 1910.

HAMANN, O.: Europäische Höhlenfauna. Jena: Costenoble 1896.

HARTMANN, O.: Über eine Brunnenplanarie (*Polycladodes subterranea* n. sp.). Zool. Jahrb., Abt. f. System. *44*. 1922.

KIEFER, F.: Über einen neuen Fundort von *Bathynella*. Zool. Anz. *64*. 1925. — Ders.: Beiträge zur Copepodenkunde; *Cyclops Kieferi*, ein weiteres neues Glied der deutschen Grundwasserfauna. Ebenda *66*. 1928. — Ders.: *Nitocrella Chappuisi* n. sp., eine neue Harpacticidenform aus dem Grundwasser. Ebenda *66*. 1926. — Ders.: Zur Kenntnis der Entomostraken von Brunnengewässern. Ebenda *71*. 1927.

KOMAREK, J.: Über höhlenbewohnende Tricladen des balkanischen Karstes. Arch. f. Hydrobiol. *12*. 1918.

MICHAELSEN, W.: Ein Süßwasser-Höhlenoligochät aus Bulgarien. Mitt. d. zool. Mus. Hamburg. Jahrg. 41. 1925.

MONOD, TH.: Sur une type nouveau de Malacostrace: *Thermosbaena mirabilis* n. g. n. sp. Bull. de la soc. zool. France *49*. 1924.

MORTON, FR. und GAMS, H.: Pflanzliche Höhlenkunde. Ber. d. Bundeshöhlenkommission. Wien 1921.

MRAZEK, A.: Einige Bemerkungen über *Dina Absoloni*. Zool. Anz. *43*. 1914.

RACOVITZA, E. G.: Seit 1905 zahlreiche auf *Crustacea* bezügliche Arbeiten in den Zeitschriften: Bull. de la soc. zool. France und Biospeologica.

SCHNEIDER, R.: Amphibisches Leben in den Rhizomorphen bei Burgk. Sitzungsber. d. Akad. d. Wiss. Berlin *39*. 1886.

SCHNITTER, H. und CHAPPUIS, P. A.: *Parastenocaris fontinalis*, ein neuer Süßwasserharpacticide. Zool. Anz. *45*. 1915.

SPANDL, H.: Studien über Süßwasseramphipoden. Sitzungsber. d. Akad. Wien, Mathem.-naturw. Kl. *133*. 1924.

STEINMANN, P.: Die polypharyngealen Planarienformen und ihre Bedeutung für Deszendenztheorie, Zoogeographie und Biologie. Internat. Rev. d. ges. Hydrobiol. u. Hydrogr. *1*. 1908. — Ders.: Eine neue Gattung der paludicolen Tricladen aus der Umgebung von Basel. Verhandl. d. naturforsch. Ges. Basel *21*. 1910.

THIENEMANN, A.: Über das Vorkommen echter Höhlen- und Grundwassertiere in oberirdischen Gewässern. Arch. f. Hydrobiol. *4*. 1908.

VEJDOVSKY, F.: Über *Phreatothrix*, eine neue Gattung der Oligochäten. Zeitschr. f. wiss. Zool. *27*. 1876. — Ders.: Tierische Organismen der Brunnenwässer von Prag. Prag 1882. — Ders.: Über einige Süßwasseramphipoden. Sitzungsber. d. kgl. böhm. Ges. d. Wiss. Prag 1896. 1900. 1905.

WOLF, J. P.: Die Ostracoden der Umgebung von Basel. Inaug.-Diss. Berlin: Nicolai 1920.

Quellen.

BENICK, L.: Beiträge zur Kenntnis der Tierwelt norddeutscher Quellgebiete. Arch. f. Naturgesch. *85*. 1920. — Ders.: Zur Kenntnis der Tierwelt norddeutscher Quellgebiete. Zeitschr. f. wiss. Insektenbiol. *16*. 1920.

BLOS, W.: Die Quellen der fränkischen Schweiz. Inaug.-Diss. Erlangen 1903.

BORNHAUSER, K.: Die Tierwelt der Quellen in der Umgebung von Basel. Internat. Rev. d. ges. Hydrobiol. u. Hydrogr., Biol. Suppl. *5*. 1912.

BREHM, V.: Charakteristik der Fauna des Lunzer Mittersees. Ebenda *1*. 1908. — Ders.: Die Entomostraken der Quellen Holsteins. Festschrift für ZSCHOKKE *18*. 1920. — Ders.: Die Biozönosen der Lunzer Gewässer. Internat. Rev. d. ges. Hydrobiol. u. Hydrogr. *16*. 1926.

FEUERBORN, H. J.: Die Larven der Psychodiden. Ein Beitrag zur Ökologie des „Feuchten". Verhandl. d. internat. Ver. f. Limnologie *1*. 1923.

GEYER, D.: Die Lartetien des süddeutschen Jura- und Muschelkalkgebietes. Zool. Jahrb., Abt. f. System. *26*. 1908.

HANDSCHIN, E.: Beiträge zur Kenntnis der Tierwelt norddeutscher Quellgebiete. *Collembola*. Dtsch. entomol. Zeitschr. 1925.

JAWORSKI, A.: Neue Arten der Brunnenfauna von Krakau und Lemberg. Arch. f. Naturgesch. *61*. 1895.

KLIE, W.: Entomostraken aus Quellen. Arch. f. Hydrobiol. *16*. 1925. — Ders.: Über das Vorkommen von *Polycelis cornuta* im Gebiete der Niederweser. Jahrb. d. Ver. f. Naturkunde a. d. Unterweser. 1926.

LAUTERBORN, R.: Faunistische Beobachtungen aus dem Gebiete des Oberrheins. Mitt. d. bad. Landesver. f. Naturkunde. 1921.

LENZ, F.: Stratiomyidenlarven aus Quellen. Arch. f. Naturgesch. *89*. 1923. — Ders.: Quellkreide im Großen Plöner See. Verhandl. d. internat. Ver. f. Limnologie *2*. 1924.

LINNANIEMI, W. M.: Die Apterygotenfauna Finnlands. Acta soc. pro fauna et flora Fennica *40*. 1912.

SACK, P.: Beitrag zur Entwicklung einiger Syrphiden. Senckenbergiana *3*. 1921.

SCHERMER, E.: Die Mollusken einiger norddeutscher Quellgebiete. Arch. f. Molluskenkunde. 1922.

SCHNEIDER, W.: Beiträge zur Kenntnis der Nematodenfauna holsteinischer Quellen. Arch. f. Hydrobiol. *14*. 1923.

SCHUSTER, O.: Postglaziale Quellkalke Schleswig-Holsteins und ihre Molluskenfauna in Beziehung zu den Veränderungen des Klimas und der Gewässer. Ebenda *16*. 1925.

SCHWEIZER, J.: Beiträge zur Kenntnis der Tierwelt norddeutscher Quellgebiete. (*Acarina*.) Ebenda *15*. 1924.

SPÄRCK, R.: Beiträge zur Kenntnis der Chironomidenmetamorphose. Entomologiske Meddelelser *14*. 1922.

STEFFEN, H.: Zur weiteren Kenntnis der Quellmoore des preußischen Landrückens mit hauptsächlicher Berücksichtigung ihrer Vegetation. Botan. Arch. *1*. 1922.

THIENEMANN, A.: *Planaria alpina* auf Rügen und die Eiszeit. 10. Jahresber. d. Geogr. Ges. zu Greifswald. 1906. — Ders.: *Orphnephila testacea*. Ein Beitrag zur Kenntnis der Fauna hygropetrica. Ann. d. Biol. Lacustre *5*. 1909. — Ders.: Hydrobiologische Untersuchungen an Quellen. Arch. f. Hydrobiol. *14*. 1922. — Ders.: Hydrobiologische Untersuchungen an Quellen. *Polycelis cornuta* in Norddeutschland. Zool. Jahrb., Abt. f. System. *46*. 1922. — Ders.: Hydrobiologische Untersuchungen an Quellen. Die Trichopterenfauna der Quellen Holsteins. Zeitschr. f. wiss. Insektenbiol. *18*. 1923. — Ders.: Hydrobiologische Untersuchungen an Quellen. Insekten aus norddeutschen Quellen mit besonderer Berücksichtigung der Dipteren. Dtsch. entomol. Zeitschr. 1926. — Ders.: Kalktuffe auf Jasmund. Der Naturforscher. 1925. — Ders.: Hydrobiologische Untersuchungen an den kalten Bächen und Quellen der Halbinsel Jasmund auf Rügen. Arch. f. Hydrobiol. *17*. 1926.

VANDEL, A.: Sur la faune des sources. Bull. de la soc. zool. France *45*. 1920.

VIETS, K.: Hydracarinen aus Quellen. Arch. f. Hydrobiol. Suppl. *3*. 1923. — Ders.: Beiträge zur Kenntnis der Hydracarinen aus Quellen Mitteleuropas. Zool. Jahrb. *50*. 1925.

WALTER, CH.: Die Hydracarinen der Alpengewässer. Denkschr. d. Schweiz. naturforsch. Ges. *58*. 1922.

WILLMANN, C.: Oribatiden aus Quellmoosen. Arch. f. Hydrobiol. *14*. 1923.

WOLF, J. P.: Die Ostracoden der Umgebung von Basel. Inaug.-Diss. Basel 1920.

WOLOSZYNSKA, J.: Winterflora der Moränenquellen des Wigrysees. Kosmos *47*. 1922.

Das fließende Wasser.

BEHNING, A.: Einige Ergebnisse qualitativer und quantitativer Untersuchungen der Bodenfauna der Wolga. Verhandl. d. internat. Ver. f. Limnologie. Innsbruck 1924. — Ders.: Das Leben der Wolga. Ebenda *3*. 1927.

FUCHSIG, H.: Die im Wasser lebenden Moose des Lunzer Seengebietes. Internat. Rev. d. ges. Hydrobiol. u. Hydrogr. *12*. 1924.

GEITLER, L.: Über Vegetationsfärbungen in Bächen. Biologia generalis *3*. 1927.

HARNISCH, O.: Hydrobiologische Studien im Odergebiet. Schriften f. Süßwasser u. Meereskunde. 1924.

HENTSCHEL, E.: Die Untersuchung von Strömen. Abderhaldens Handb. d. biol. Arbeitsmethoden. 115. Lief. 1923. — Ders.: Biologische Wirkungen der Gezeiten im Süßwasser der Niederelbe. Verhandl. d. internat. Ver. f. Limnologie. 1923.

KABURAKI, T.: On some Japanese Freshwater Triclads; with a note on the Parallelism in their distribution in Europe and Japan. Journ. of the Coll. of Science Tokio Imp. Univ. *44*. 1922.

LAUTERBORN, R.: Die geographische und biologische Gliederung des Rheinstromes. Sitzungsber. d. Heidelberg. Akad. d. Wiss., Mathem.-naturw. Kl. B. 1916—1918.

MARTINI, E.: Zwei bemerkenswerte Culiciden von einem eigenartigen Biotop. Internat. Rev. d. ges. Hydrobiol. u. Hydrogr. *12*. 1925.

PULIKOVSKY, N.: Die respiratorischen Anpassungserscheinungen bei den Puppen der Simuliiden. Zeitschr. f. Morphol. u. Ökol. d. Tiere *7*. 1927.

SCHOENEMUND, E.: Beiträge zur Biologie der Plecopterenlarven, mit besonderer Berücksichtigung der Atmung. Arch. f. Hydrobiol. *15*. 1924.

STEINMANN, P.: Die Tierwelt der Gebirgsbäche. Ann. de Biol. Lacustre *2*. 1907.

STOCKMAYER, S.: Das Leben des Baches. Ber. d. dtsch. botan. Ges. 1894.

THIENEMANN, A.: Die Tierwelt der Bäche des Sauerlandes. 40. Jahresber. d. westfäl. Provinzialver. f. Wiss. u. Kunst. Münster 1911/12.

Plankton.

APSTEIN, C.: Das Süßwasserplankton. Kiel 1896.

BACHMANN, H.: Charakterisierung der Planktonvegetation des Vierwaldstättersees mittels Netzfängen und Zentrifugenproben. Verhandl. d. naturforsch. Ges. Basel *35*. 1923.

BLANCHARD: Sur une carotine d'origine animale constituant le pigment rouge de *Diaptomus*. Mem. de la soc. zool. France *3*. 1890.

BREHM, V.: Zusammensetzung, Verteilung und Periodizität des Zooplanktons im Achensee. Zeitschr. d. Ferdinandeums in Innsbruck. H. 46. 1902.

BURCKHARDT, G.: Quantitative Studien über das Zooplankton des Vierwaldstätter Sees. Mitt. d. naturforsch. Ges. Luzern 1900.

COLDITZ, F. V.: Beiträge zur Biologie des Mansfelder Sees mit besonderen Studien über das Zentrifugenplankton und seine Beziehungen zum Netzplankton. Zeitschr. f. wiss. Zool. *108*. 1914.

DIEFFENBACH, H. und SACHSE, R.: Biologische Untersuchungen an Rädertieren in Teichgewässern. Internat. Rev. d. ges. Hydrobiol. u. Hydrogr. *3*. 1912.

EKMAN, S.: Die Phyllopoden, Cladoceren und freilebenden Copepoden der nordschwedischen Hochgebirge. Zool. Jahrb., Abt. f. System. *21*. 1904. — Ders.: Artbildung bei der Copepodengattung *Limnocalanus* durch akkumulative Fernwirkung einer Milieuveränderung. Zeitschr. f. indukt. Abstammungs- u. Vererbungslehre. 1913.

EWALD, W. F.: Über Orientierung ,Lokomotion und Lichtreaktion einiger Cladoceren. Biol. Zentralbl. 1910.

FREIDENFELT, T.: Zur Biologie von *Daphnia longiremis* und *D. cristata*. Internat. Rev. d. ges. Hydrobiol. u. Hydrogr. *6*. 1913.

FRISCH, K. VON und KUPELWIESER, H.: Über den Einfluß der Lichtfarbe auf die phototaktischen Reaktionen niederer Krebse. Biol. Zentralbl. *33*. 1913.

FUHRMANN, O.: Beitrag zur Biologie des Neuenburger Sees. Ebenda *20*. 1900.

GRUBER, K.: Studien an *Scapholeberis mucronata*. Zeitschr. f. indukt. Abstammungs- u. Vererbungslehre *9*. 1913. — Ders.: Das Problem der Temporal- und Lokalvariation der Cladoceren. Biol. Zentralbl. *33*. 1913.

HARTMANN, O.: Studien über die Zyklomorphose bei Cladoceren. Arch. f. Hydrobiol. *10*. 1915. — Ders.: Studien über den Polymorphismus der Rotatorien, mit besonderer Berücksichtigung von *Anuraea aculeata*. Ebenda *12*. 1920.

KRETSCHMAR, H.: Über den Polymorphismus von *Anuraea aculeata*. Internat. Rev. d. ges. Hydrobiol. u. Hydrogr. *1*. 1908. — Ders.: Neue Untersuchungen über den Polymorphismus der *Anuraea aculeata*. Ebenda *6*. 1913.

KÜHL, F.: Untersuchungen über das Zentrifugenplankton und das Netzplankton des Walchensees und des Kochelsees. Arch. f. Hydrobiol. Suppl. *6*. 1928.

LANGHANS, V.: Planktonprobleme. Lotos *57*. Prag 1909.

LANZSCH, K.: Studien über das Nannoplankton des Zuger Sees und seine Beziehung zum Zooplankton. Zeitschr. f. wiss. Zool. *108*. 1914.

LAUTERBORN, R.: Der Formenkreis von *Anuraea cochlearis*. Verhandl. d. nat.-med. Ver. Heidelberg *6, 7*. 1900.

LOHMANN, H.: Über das Nannoplankton und die Zentrifugierung kleinster Wasserproben. Internat. Rev. d. ges. Hydrobiol. u. Hydrogr. *4*. 1911.

LOZERON, H.: Sur la repartition verticale du plancton dans le lac de Zürich. Vierteljahrsschr. d. naturforsch. Ges. in Zürich *47*. 1902.

LUNTZ, A.: Über die Sinkgeschwindigkeit einiger Rädertiere. Zool. Jahrb. Abt. Allg. Zool. *44*. 1928.

MURRAY, J.: On the distribution of the pelagic organisms in Scottish lakes. Proc. of the Roy. Phys. Soc. of Edinburgh *16*. 1905.

NAUMAN, EINAR: Beiträge zur Kenntnis des Teichnannoplanktons. Biol. Zentralbl. *34*. 1914. — Ders.: Spezielle Untersuchungen über die Ernährungsbiologie des tierischen Limnoplanktons. Lunds Universitets Aarsskrift 1921 u. 1923.

NORDQUIST, O.: Über das Eindringen des Lichtes in von Eis und Schnee bedeckten Seen. Internat. Rev. d. ges. Hydrobiol. u. Hydrogr. *3*. 1910.

OSTENFELD, C. und WESENBERG-LUND, C.: A regular fortnightly exploration of the plankton of the two Icelandic lakes *Thingvallavatn* and *Myvatn*. Proc. of the Roy. Phys. Soc. of Edinburgh *25*. 1906.

OSTWALD, W.: Zur Theorie des Planktons. Biol. Zentralbl. *22*. 1902. — Ders.: Theoretische Planktonstudien. Zool. Jahrb., Abt. f. System. *18*. 1903. — Ders.: Experimentelle Untersuchungen über den Saisonpolymorphismus bei Daphniden. Arch. f. Entwicklungsmech. d. Organismen *18*. 1904.

RÜHE, F. E.: Monographie des Genus *Bosmina*. Zoologica *25*. 1912.

RUTTNER, F.: Über das Verhalten des Oberflächenplanktons zu verschiedenen Tageszeiten usw. Forschungsber. *12*. Plön 1905. — Ders.: Über tägliche Tiefenwanderung von Planktontieren unter dem Eise und ihre Abhängigkeit vom Lichte. Internat. Rev. d. ges. Hydrobiol. u. Hydrogr. *2*. 1909. — Ders.: Bemerkungen zur Frage der vertikalen Planktonwanderung. Ebenda *1*. 1914. — Ders.: Uferflucht des Planktons und ihr Einfluß auf die Ernährung der Salmonidenbrut. Ebenda, Biol. Suppl. *6*. 1914. — Ders.: Die Verteilung des Planktons in Süßwasserseen. Abderhalden, Fortschr. d. naturwiss. Forsch. *10* 1914. — Ders.: Das Plankton des Lunzer Untersees. Internat. Rev. d. ges. Hydrobiol. u. Hydrogr. *23*. 1930.

SCHÄDEL, A.: Produzenten und Konsumenten im Teichplankton. Arch. f. Hydrobiol. *11*. 1916.

SCHEFFELT, E.: Die Copepoden und Cladoceren des südlichen Schwarzwaldes. Ebenda *4*. 1908.

SCOURFIELD, D. J.: The Entomostraca and the surface film of water. Journ. of the Quekett. Micr. Club. London 1900.

SUCHLAND, O.: Beobachtungen über das Phytoplankton des Davoser Sees. Davos 1917.

THIENEMANN, A.: *Holopedium gibberum* in Holstein. Zeitschr. f. Morphol. u. Ökol. *5*. 1926.

WAGLER, E.: Faunistische und biologische Studien an freischwimmenden Cladoceren Sachsens. Zoologica *67*. 1912. — Ders.: Über die Systematik, die geographische Verbreitung und die Abhängigkeit der *Daphnia cucullata* von physikalischen und chemischen Einflüssen des Milieus. Internat. Rev. d. ges. Hydrobiol. u. Hydrogr. 1923.

WESENBERG-LUND, C.: Von dem Abhängigkeitsverhältnis zwischen dem Bau der Planktonorganismen und dem spezifischen Gewicht des Süßwassers. Biol. Zentralbl. *20*. 1900. — Ders.: Plankton-Investigations of the Danish lakes. Kopenhagen 1904—1908. — Ders.: *Culex, Mochlonyx, Corethra*, eine Anpassungsreihe. Internat. Rev. d. ges. Hydrobiol. u. Hydrogr. *1*. 1908. — Ders.: Grundzüge der Biologie und Geographie des Süßwasserplanktons. Ebenda, Biol. Suppl. *1*. 1910. — Ders.: Contributions to the Biology and Morphology of the genus *Daphnia*. Kgl. Danske Vidensk. Selsk. 1926.

WOLTERECK, R.: Die natürliche Nahrung pelagischer Cladoceren und die Rolle des Zentrifugenplanktons. Internat. Rev. d. ges. Hydrobiol. u. Hydrogr. *1*. 1908. — Ders.: Plankton und Seeausfluß. Ebenda. — Ders.: Über Funktion, Herkunft und Entstehungsursachen der sogenannten Schwebefortsätze pelagischer Cladoceren. Zoologica *67*. 1913. — Ders.: Über die Spezifität des Lebensraumes, der Nahrung und der Körperform bei pelagischen Cladoceren und über „ökologische Gestaltsysteme". Biol. Zentralbl. *48*. 1928.

ZACHARIAS, O.: Über die wechselnde Quantität des Planktons im Großen Plöner See. Plöner Forschungsber. *3*. 1895.

Flora und Fauna der Seen mit Ausschluß des Planktons.

ALM, G.: Die quantitative Untersuchung der Bodenfauna usw. Verhandl. d. internat. Ver. f. Limnologie *2*. 1924.

ANNANDALE, N.: The macroscopic Fauna of Lake Biwa. Annotationes Zool. Japonenses *10*. 1922.

BAUMANN, E.: Die Vegetation des Untersees (Bodensee). Arch. f. Hydrobiol. Suppl. *1*. 1911.

BORNER, L.: Die Bodenfauna des St. Moritzer Sees. Ebenda *13*. 1917.

BREHM, V.: Die Fauna der Lunzer Seen, verglichen mit der der anderen Alpenseen. Internat. Rev. d. ges. Hydrobiol. u. Hydrogr. 1914. — Ders. und RUTTNER, F.: Die Biozönosen der Lunzer Gewässer. Ebenda *16*. 1926.

DECKSBACH, N. K.: Der Boden der Seen zu Kossino. Moskau 1925.

DEMEL, K.: Le groupement ethologique de la macrofauna dans la region littorale du lac de Wigry. Travaux de l'Inst. M. Nencki. 1923.

EKMAN, SVEN: Allgemeine Bemerkungen über die Tiefenfauna der Binnenseen. Internat. Rev. d. ges. Hydrobiol. u. Hydrogr. *8*. 1917.

GAMS, H.: Einige Gewässertypen des Alpengebietes. Verhandl. d. internat. Ver. f. Limnologie 1923.

GASCHOTT, O.: Die Mollusken des Litorals im Gebiete der Ostalpen. Internat. Rev. d. ges. Hydrobiol. u. Hydrogr. *17*. 1927.

GEITLER, L.: Die Mikrophytenbiozönose der *Fontinalis*-Bestände des Lunzer Untersees und ihre Abhängigkeit vom Licht. Ebenda *10*. 1922.

HAEMPEL, O.: Zur Kenntnis einiger Alpenseen. I. Hallstätter See. II. Grundlsee. Internat. Rev. d. ges. Hydrobiol. u. Hydrogr. *8, 10*. III. Millstätter See. Arch. f. Hydrobiol. *14*. 1923. IV. Attersee. Internat. Rev. d. ges. Hydro-biol. u. Hydrogr. *16*. 1926.

HARNISCH, O.: Einige Gesichtspunkte zum Verständnis der Fauna der Humusgewässer. Verhandl. d. internat. Ver. f. Limnologie *2*. 1924.

LAUTERBORN, R.: Die Kalksinterbildungen an den unterseeischen Felswänden des Bodensees und ihre Biologie. Mitt. d. bad. Landesver. f. Naturkunde 1922.

LASTOTSCHKIN, D.: Biosoziologische Studien in der Litoralregion einiger russischer Seen. Verhandl. d. internat. Ver. f. Limnologie *3*. 1927.

LENZ, F.: Quellkreide im Großen Plöner See. Ebenda *2*. 1924. — Ders.: Die Vertikalverteilung der Chironomiden im eutrophen See. Ebenda *1*. Kiel 1923.

LUNDBECK, J.: Die Bodentierwelt norddeutscher Seen. Arch. f. Hydrobiol. Suppl. *7*. 1926.

MICOLETZKY, H.: Zur Kenntnis des Faistenauer Hintersees bei Salzburg. Internat. Rev. d. ges. Hydrobiol. u. Hydrogr. *3*. 1910.

MUTTKOWSKI, R.: The fauna of lake Mendota. Transact. of the Wisconsin Acad. *19*. 1918.

OBERMAYER, H.: Beiträge zur Kenntnis der Litoralfauna des Vierwaldstätter Sees. Zeitschr. f. Hydrobiol. *2*. 1922.

PASCHER, A.: Über das regionale Auftreten roter Organismen in Süßwasserseen. Botan. Arch. *3*. 1923.

PESTA, O.: Hydrobiologische Studien über Ostalpenseen. Arch. f. Hydrobiol. 1923.

SCHNEIDER, W.: Freilebende Süßwassernematoden aus ostholsteinischen Seen. Ebenda *13*. 1922.

STADLER, H.: Vorarbeiten zu einer Limnologie Unterfrankens. Verhandl. d. internat. Ver. f. Limnologie *2*. 1924.

THIEBAUD, M.: Contribution a la biologie des Lac du Saint Blaise. Ann. de biol. Lacustre *3*. 1908.

THIENEMANN, A.: Untersuchungen über die Beziehungen zwischen dem Sauerstoffgehalt des Wassers und der Fauna in norddeutschen Seen. Arch. f. Hydrobiol. *12*. 1918. — Ders.: Die Besiedelung der Talsperren. Naturwissenschaften 1913.

WEISMANN, A.: Das Tierleben im Bodensee. Lindau 1877. — Ders.: Ein hydrobiologische Einleitung. Internat. Rev. d. ges. Hydrobiol. u. Hydrogr. *1*. 1908.

WESENBERG-LUND, C.: Sur l'existence d'une faune relicte dans le lac de Furescö. Bull. Acad. Scienc. Danemark. 1902. — Ders.: Die litoralen Tiergesellscaften unserer größeren Seen. Internat. Rev. d. ges. Hydrobiol. u. Hydrogr. *1*. 1908. — Ders.: Über Temperaturverhältnisse in der Litoralregion der baltischen Seen. Ebenda *5*. 1912.

ZSCHOKKE, F.: Tierwelt der Umgebung von Basel. Basel 1911.

Tiefenfauna.

ANNANDALE: The Macroscopic Fauna of Lake Biwa. Annotationes Zool. Japonenses *10*. 1922.

ASPER, G.: Beiträge zur Kenntnis der Tiefseefauna der Schweizer Seen. Zool. Anz. *3*. 1880.

BORNER, L.: Die Bodenfauna des St. Moritzer Sees. Stuttgart: Schweizerbart 1917.

BREHM, V.: Über die Tiefenfauna japanischer Seen. Arch. f. Hydrobiol. *18*. 1927. — Ders. und RUTTNER, F.: Die Biozönosen der Lunzer Gewässer. Internat. Rev. d. ges. Hydrobiol. u. Hydrogr. *16*. 1927.

EKMAN, SV.: Die Bodenfauna des Vättern. Ebenda 1915. — Ders.: Allgemeine Bemerkungen über die Tiefenfauna der Binnenseen. Ebenda *8*. 1917.

FEHLMANN, W.: Die Tiefenfauna des Luganer Sees. Ebenda, Biol. Suppl., Ser. 4. 1912. — Ders. und MINDER, L.: Beitrag zum Problem der Sedimentbildung und Besiedelung im Zürichsee. Festschrift f. ZSCHOKKE, Nr. 11. 1920.

FOREL, F. A.: La faune profonde des lacs suisses. — Ders.: Le Leman. Lausanne. *1*. 1892. *2*, 1895. *3*. 1904.

HOFSTEN, N. VON: Zur Kenntnis der Tiefenfauna des Brienzer und des Thuner Sees. Arch. f. Hydrobiol. *7*. 1911.

GEITLER, L.: Die Mikrophytenbiozönose der *Fontinalis*-Bestände des Lunzer Untersees. Internat. Rev. d. ges. Hydrobiol. u. Hydrogr. *10*. 1922.

LENZ, F.: Chironomiden und Seetypenlehre. Naturwissenschaften *13*. 1925.

JÄRNEFELDT, H.: Zur Limnologie einiger Gewässer Finnlands. Ann. soc. zool. bot. Fenn. *2*. Helsinski 1925.

JUDAY, CH.: Observations on the larvae of *Corethra punctipennis*. Biol. Bull. of the Marine Biol. Laborat. Woods-Hole 1921. Referat von ZAVREL im Arch. f. Hydrobiol. 1913. — Ders.: Quantitative studies on the Bottom Fauna of the Deeper Waters of Lake Mendota. Transact. of the Wisconsin Acad. *20*. 1922.

KOPPE, F.: Die Schlammflora der ostholsteinischen Seen und des Bodensees. Arch. f. Hydrobiol. *24*. 1924.

LENZ, F.: *Didiamesa miriforceps* KIEFF. Eine neue Chironomide aus der Tiefe der Binnenseen. Zeitschr. f. wiss. Insektenbiol. *3*. 1925. — Ders.: *Didiamesa* aus Japan. Arch. f. Hydrobiol. *18*. 1927.

LUNDBECK, J.: Die Bodentierwelt norddeutscher Seen. Ebenda Suppl. *7*. 1926.

MONARD, A.: La Faune profonde du Lac de Neuchatel. Bull. de la soc. Neuchateloise des sciences naturelles *44*. 1919.

MUTKOWSKI, R. A.: The Fauna of Lake Mendota. Transact. of the Wisconsin Acad. *19*. 1918.

NIPKOW, F.: Vorläufige Mitteilungen über Untersuchungen des Schlammabsatzes im Zürichsee. Zeitschr. f. Hydrologie *1*. 1920.

PENARD, E.: Les Rhizopodes de la faune profonde dans le lac Leman. Rev. Suisse de zool. *7*. 1900.

PIAGET, J.: Nouveaux dragages malacoliques dans la faune profonde du Leman. Zool. Anz. *42*. 1913. — Ders.: Les mollusques sublittoraux du Leman. Ebenda 1913.

ROSZKOWSKI, W.: A propos de Limnees de la faune profonde du lac Leman. Ebenda 1913.

SCHNEIDER, W.: Freilebende Süßwassernematoden aus ostholsteinischen Seen. Arch. f. Hydrobiol. *13*. 1922.

Scourfield, D. J.: The Biological Work of the Scottish Lake Survey. Internat. Rev. d. ges. Hydrobiol. u. Hydrogr. *1*. 1908.

THIENEMANN, A.: Physikalische und chemische Untersuchungen an den Maaren der Eifel. Verhandl. d. naturhist. Ver. d. preuß. Rheinlande *70*. 1913. — Ders.: *Prodiamesa bathyphila*, eine Chironomide aus der Tiefe der norddeutschen Seen. Zeitschr. f. wiss. Insektenbiol. *14*. 1918. — Ders.: Untersuchungen über die Beziehungen zwischen dem Sauerstoffgehalt des Wassers und der Zusammensetzung der Fauna in norddeutschen Seen. Arch. f. Hydrobiol. *12*. 1918. — Ders.: *Mysis relicta*. Zeitschr. f. Morphol. u. Ökol. *3*. 1925.

— Ders.: Die Binnengewässer Mitteleuropas. Bd. *1* der Sammlung „Die Binnengewässer". Stuttgart: Schweizerbart 1925. — Ders.: Hydrobiologische Untersuchungen an den kalten Quellen und Bächen der Halbinsel Jasmund. Arch. f. Hydrobiol. *17*. 1926.

Viets, K.: Die Hydracarinen der norddeutschen Seen. Arch. f. Hydrobiol. Suppl. *4*. 1924.

Wasmund, E.: Biozönose und Thanatozönose. Ebenda *17*. 1926.

Weltner, W.: Über den Tiefenschlamm, das Seeerz und über Kalksteinaushöhlungen im Madüsee. Arch. f. Naturgesch., Jahrg. 71. 1905.

Wesenberg-Lund, C.: Studier over Sökalk, Bönnemalm og Sögytje i danske Insöer. Meddel. Dansk. Geol. Foren. Kopenhagen 1901. Mit engl. Resümee. — Ders.: Sur l'existence d'une faune relicte dans le lac de Furesö. Overs. K. Danske Vid. Selsk. forhandl. Kopenhagen 1902. — Ders.: A comparative Study of the Lakes of Scotland and Denmark. Proc. of the Roy. Soc. of Edinburgh *25*. 1905. — Ders.: Furesöstudier. Kgl. Danske Vidensk. Selsk. Skrift. Nat. og Math. Afd. *8*, R. 3. 1917.

Zacharias, O.: Über einen Monotus des süßen Wassers. Zool. Anz. *7*. 1884.

Zschokke, F.: Die Tiefenfauna hochalpiner Wasserbecken. Verhandl. d. naturforsch. Ges. Basel *21*. 1910. — Ders.: Die Tiefseefauna der Seen Mitteleuropas. Leipzig: Werner Klinckhardt 1911. — Ders.: Leben in der Tiefe der subalpinen Seen, Überreste der eiszeitlichen Mischfauna usw. Arch. f. Hydrobiol. *8*. 1912.

Hochgebirgsseen.

Im Jahre 1900 veröffentlichte F. Zschokke in den Denkschriften der schweiz. Ges. f. Naturwiss. seine preisgekrönte Arbeit „Die Tierwelt der Hochgebirgsseen", in der wohl die ganze bis dahin erschienene Literatur verarbeitet und verzeichnet ist. Im 1. Bd. der Internat. Rev. d. ges. Hydrobiol. u. Hydrogr. (1908) faßte derselbe Autor „Die Resultate der zoologischen Erforschung hochalpiner Wasserbecken seit dem Jahre 1900" unter abermaliger erschöpfender Literaturangabe zusammen, so daß es genügt, hier der wichtigeren seither erschienenen Arbeiten zu gedenken.

Baumann, F.: Beiträge zur Biologie der Stockhornseen. Rev. Suisse *18*. 1910.

Kreis: Die Seen im Aela- und Tinzenhorngebiet. Jahrb. d. naturforsch. Ges. in Graubündten 1925.

Huber-Pestalozzi: Die Schwebeflora der alpinen und nivalen Stufe in Schroeter, C.: Das Pflanzenleben der Alpen. Zürich 1926.

Pesta, O.: Hydrobiologische Studien über Ostalpenseen. Arch. f. Hydrobiol. Suppl. *3*. 1923/24. — Ders.: Hydrobiologische Untersuchungen über Hochgebirgsseen der Ostalpen. Zeitschr. d. deutsch-österr. Alpenver. 1927.

Steiner, G.: Biologische Studien-Seen der Faulhornkette. Internat. Rev. d. ges. Hydrobiol. u. Hydrogr. 1911. Suppl.

Stirnimann: Faunistisch-biologische Studien an den Seen des Grimselüberganges. Ebenda *16*.

Moorgewässer.

Beier, M.: Die Milben in den Biocönosen der Lunzer Hochmoore. Zeitschr. f. Morph. u. Ökologie der Tiere *11*. 1928.

Brehm, V.: Ergebnisse einiger ins Franzensbader Moor unternommener Exkursionen. Arch. f. Hydrobiol. *11*. 1917. — Ders.: Ergebnisse einiger ins Marienbader Moorgebiet unternommener Exkursionen. Ebenda *12*. 1920.

Dampf, A.: Die faunistische Erforschung der Moore Ostpreußens. Schrift. d. phys.-ökonom. Ges. *54*. Königsberg 1914. — Ders.: Zur Kenntnis der Estländischen Hochmoorfauna. Sitzungsber. d. nat. Ges. Dorpat *33*. 1927.

Erdtmann, G.: Pollenanalytische Untersuchungen von Torfmooren in Südwest-Schweden. Arkiv Botan. *17*. 1921.

Häberli, A.: Biologische Untersuchungen im Löhrmoos. Rev. Suisse de zool. *26*. 1918.

Harnisch, O.: Studien zur Ökologie und Tiergeographie der Moore. Zool. Jahrb., Abt. f. System. *51*. 1926.

Hermann, Reitter und Lüttschwager: Die Seefelder bei Reinerz. Beitr. z. Naturdenkmalpflege *6*. Berlin 1920.

Kleiber: Die Tierwelt des Moorgebietes Jungholz. Arch. f. Naturgesch. Suppl. 1911.

Lühe, M.: Faunistische Untersuchung der Moore Ostpreußens. Schrift. d. phys.-ökonom. Ges. Königsberg *54*. 1913.

Scheffelt, P.: Die Fauna der Chiemseemoore. Zool. Anz. *52*. 1921.

Schlenker, G.: Mikroorganismen des Federseeriedes. Beitr. z. Naturdenkmalpflege *7*. 1923.

Schmidt, H.: Beitrag zur Ökologie und Biologie der Moorgewässer. Zool. Jahrb. *45*. 1928. Hesse-Festschrift.

Schreiber, H.: Moorkunde. Berlin. Verlag Parey 1927.

Skadowsky, S. N.: Hydrophysiologische und hydrobiologische Beobachtungen über die Bedeutung des Mediums für die Süßwasserorganismen. Verhandl. d. internat. Ver. f. Limnologie. Kiel 1923.

Sitensky, F.: Über die Torfmoore Böhmens. Arch. d. naturwiss. Landesdurchforsch. Böhmens *6*. 1891.

Steinecke, F.: Die beschalten Wurzelfüßer des Zehlaubruches. Schrift. d. phys.-ökonom. Ges. Königsberg *54*. 1913. — Ders.: Die Algen des Zehlaubruches. Ebenda *56*. 1916. — Ders.: Die Rotatorien und Gastrotrichen des Zehlaubruches. Ebenda *57*. 1917.

Zacharias, O.: Ergebnisse einer zoologischen Exkursion in das Glatzer, Iser- und Riesengebirge. Zeitschr. f. wiss. Zool. *43*. 1886.

Pollenanalyse.

Bertsch, K.: Blütenstaubuntersuchungen in südwestdeutschen Mooren. Aus der Heimat. Stuttgart 1927.

Erdtman, G.: Beitrag zur Kenntnis der Mikrofossilien in Torf und Sedimenten. Arkiv f. Botanik *18*. 1923.

Firbas, F.: Pollenanalytische Untersuchungen einiger Moore der Ostalpen. Lotos *71*. Prag 1924.

Gams, H.: Die Ergebnisse der pollenanalytischen Forschung bzw. die Geschichte der Vegetation und des Klimas von Europa. Zeitschr. f. Gletscherkunde 1927. — Ders.: Die Geschichte der Lunzer Seen, Moore und Wälder. Internat. Rev. d. ges. Hydrobiol. u. Hydrogr. *18*. 1927. — Ders. und Nordhagen: Postglaziale Klimaänderungen und Erdkrustenbewegungen in Mitteleuropa. München 1923.

Koppe, F.: Über die rezente und subfossile Flora des Sandkatener Moores bei Plön. Ber. d. dtsch. botan. Ges. 1926.

Lundquist, G.: Methoden zur Untersuchung der Entwicklungsgeschichte der Seen. Abderhaldens Handb. d. biol. Arbeitsmethoden. Lief. 173. 1925.

Paul, H. und Ruoff, S.: Pollenstatistische und stratigraphische Mooruntersuchungen im südlichen Bayern. I. Ber. d. bayer. botan. Ges. 1927.

Post, L. von: Om skogsträdspollen i sydsvenska torfmosselagerföljder. Geol. Fören. Förh. *38*. 1916. — Ders.: Ur de sydsvenska skogarnas regionala historia under postarktisk tid. Ebenda *46*. 1924. — Ders.: Einige Aufgaben der regionalen Moorforschung. Sveriges Geol. Unders. Ser. C, Nr. 337. 1926.

Rudolph, K.: Die bisherigen Ergebnisse der botanischen Mooruntersuchungen in Böhmen. Beih. z. Botan. Zentralbl. *45*. 1928. — Ders. und Firbas, F.: Die Hochmoore des Erzgebirges. Ebenda *41*. 1924. — Dieselben: Pollenanalytische Untersuchung subalpiner Moore des Riesengebirges. Ber. d. dtsch. botan. Ges. *44*. 1926.

Steinecke, F.: Leitformen und Leitfossilien des Zehlaubruches. Botan. Arch. *19*. 1927.

Walter, H.: Einführung in die allgemeine Pflanzengeographie Deutschlands. Jena: G. Fischer 1927.

Salzgewässer des Binnenlandes.

Behning, A. und Medwedewa: Über die Mikrofauna der Gewässer der Umgebung des Elton- und Baskuntschahsees. Ber. d. wiss. Inst. f. Heimatkunde an der unteren Wolga *1*. 1926.

BENICK, L.: Die Käfer der Oldesloer Salzstellen. Die Wanzen der Oldesloer Salzgebiete. Das Salzwasser von Oldesloe[1].

DECKSBACH, N.: Die Salzwassertierwelt Mittelrußlands. Arch. f. Hydrobiol. *14.* 1922. — Ders.: Seen und Flüsse des Turgaigebietes. Verhandl. d. internat. Ver. f. Limnologie 1924.

FEUERBORN, H. J.: Halobionte Psychodiden. Das Salzwasser von Oldesloe[1].

HAUER, J.: Rotatorien aus den Salzgewässern von Oldesloe. Ebenda[1].

HIRSCH, E.: Vorläufige Mitteilung über die Ergebnisse einer biologischen Untersuchung des versalzenen Flußgebietes der Wipper. Arch. f. Hydrobiol. *12.* 1918. — Ders.: Die Bacillariaceen der Soos. 8. Jahresber. d. Realschule im 8. Bez. v. Wien 1913.

HUSTEDT, F.: Bazillariales aus den Salzgewässern bei Oldesloe[1].

KLIE, W.: Die Entomostraken der Salzgewässer von Oldesloe[1].

KOPPE, F.: Vegetationsverhältnisse der Oldesloer Salzstellen[1].

LENZ, F.: Salzwasser *Chinonomus*[1]. — Ders.: Stratiomyidenlarven aus dem Salzwasser[1].

SCHMIDT, R.: Die Salzwasserfauna Westfalens. Münster 1913.

SCHNEIDER, W.: Nematoden der Salzstellen von Oldesloe.

THIENEMANN, A.: Die Salzwassertierwelt Westphalens. Verhandl. d. dtsch. zool. Ges. 1913. — Ders.: Zur Kenntnis der Salzwasser-Chironomiden. Arch. f. Hydrobiol. Suppl. *2.* 1915. — Ders.: Dipteren aus den Salzgewässern von Oldesloe[1]. — Ders.: Ergänzende Notizen zur Salzwasserfauna von Oldesloe[1].

ZACHARIAS, O.: Zur Kenntnis der Fauna des Süßen und Salzigen Sees bei Halle. Zeitschr. f. wiss. Zool. *46.* 1888.

Periodische und Kleingewässer.

ALPATOFF, W.: Epiphytengewässer und deren Fauna. Russ. hydrobiol. Zeitschr. *1.* 1922.

BREHM, V.: Hängende Aquarien in der Pflanzenwelt. Mikrokosmos *19.* 1925.

BRESSLAU, E.: Über Protozoen aus Rasenaufgüssen. Verhandl. d. dtsch. zool. Ges. *27.* 1922.

GOETGHEBUER, M.: Notes biologiques et morphologiques sur *Dasyhelea bilineata* GOETGH. Encyclop. Entomolog. *Diptera 1.* 1925.

KLAUSENER, C.: Die Blutseen der Hochalpen. Internat. Rev. d. ges. Hydrobiol. u. Hydrogr. *1.* 1908.

MRÁZEK, A.: Über das Vorkommen einer Süßwasser-Nemertine, *Stichostemma graecense*, in Böhmen. Sitzungsber. d. kgl. böhm. Ges. d. Wiss. 1900.

MÜLLER, R.: Der Eichener See. Rev. Suisse de zool. *26.* 1918.

REISINGER, E.: Ein landbewohnender Archiannelide. Zeitschr. f. Morphol. u. Ökol. *3.* 1925.

SPANDL, H.: Die Tierwelt vorübergehender Gewässer. Arch. f. Hydrobiol. *16.* 1925.

ZACHARIAS, O.: Über die mikroskopische Fauna und Flora eines im Freien stehenden Taufbeckens. Ebenda *2.* 1906.

Bestimmungsliteratur für Süßwasserorganismen.

Zur Bestimmung der bei limnologischen Arbeiten unterkommenden Organismen wurde von BRAUER die Süßwasserfauna Deutschlands herausgegeben, der alsbald die Süßwasserflora von PASCHER folgte. Das Erscheinen dieser Werke macht im allgemeinen ein eigenes Literaturverzeichnis, das die nötigen Behelfe bekannt macht, überflüssig. Die Flora von PASCHER ist zwar zur Zeit der Niederschrift dieser Zeilen noch nicht vollständig erschienen, aber die Herausgabe der noch fehlenden Bände steht unmittelbar bevor, so daß von der Mitteilung bota-

---

[1] Dieses Sammelwerk ist erschienen in den Mitt. d. geogr. Ges. u. d. naturhist. Museums in Lübeck. H. 30/31. 1925/26. In diesen Arbeiten findet sich ausreichend weitere Literatur zitiert.

nischer Bestimmungswerke hier abgesehen werden kann. Dies um so mehr, als in diesem Werk bei den zum Kosmopolitismus neigenden Gruppen nicht nur die mitteleuropäischen Arten behandelt wurden, sondern Vollständigkeit angestrebt und wohl auch erreicht wurde.

Hingegen leidet die BRAUERsche Fauna an zwei sehr empfindlichen Übelständen, deren Beseitigung nicht in absehbarer Zeit zu erwarten ist und die daher hier ein kleines ergänzendes Literaturregister wünschenswert erscheinen lassen.

Der erste Übelstand ist der, daß zwei so wichtige Gruppen, wie die Protozoen und die Chironomiden keine Bearbeiter gefunden haben, der zweite liegt darin, daß die Bearbeiter sich oft sklavisch an die politischen Grenzen Deutschlands gehalten haben, so daß bei der Auswahl der aufzunehmenden Arten vor allem das alpine Faunengebiet ausgeschaltet blieb und auch sonst so manche hydrobiologische Form unberücksichtigt blieb. Überdies wurden in manchen Tiergruppen seit dem Erscheinen der BRAUERschen Fauna so viele Neuentdeckungen auch in Mitteleuropa gemacht, daß nach dem gegenwärtigen Stand unserer Kenntnisse, bei gar manchen Gruppen nur die Hälfte der bei uns lebenden Arten in der „Fauna" aufgenommen erscheint. Diesen Übelständen abzuhelfen, werden im folgenden jene größeren Arbeiten namhaft gemacht, durch deren Benutzung die Lückenhaftigkeit der BRAUERschen Fauna wenigstens einigermaßen überbrückt werden kann.

Protozoa.

ANDRE, E.: Cataloque des Invertebres de la Suisse. Fasc. 6. Infusoires. Geneve 1912.

BLOCHMANN, FR.: Die mikroskopische Tierwelt des Süßwassers. Braunschweig 1805.

BRONN, H. G.: Klassen und Ordnungen des Tierreiches. *Protozoa. 1.* Leipzig 1889.

KEISER, A.: Die sessilen peritrichen Infusorien und Suctorien.

LAUTERBORN, R.: Protozoenstudien. Zeitschr. f. wiss. Zool. 1908.

PENARD, E.: Les Heliozoaires d'eau douce. Genf 1904. — Ders.: Etudes sur les Infusoires d'eau douce. Genf 1922.

ROUSSEAU, E.: Les Acinetiens d'eau douce. Ann. de biol. Lacustre *2.* 1907/08. — Ders.: Revision des Acinetes d'eau douce. Ebenda *5.* 1912.

ROUX, J.: Faune Infusorienne des eaux . . . de Geneve. Genf 1901.

SCHOENICHEN, W.: Eyferths einfachste Lebensformen des Tier- und Pflanzenreichs. Berlin-Lichterfelde 1925.

WETZEL, A.: Der Faulschlamm und seine ziliaten Leitformen. Zeitschr. f. Morph. u. Ökol. der Tiere *13.* 1928.

Turbellaria.

ARNDT, W.: Weitere Untersuchungen über die Verbreitung der Bachtricladen. Arch. f. Hydrobiol. *15.* 1924.

HOFSTEN, N. VON: Neue Beobachtungen über die Rhabdocölen und Allöocölen der Schweiz. Zool. Beitr. Uppsala 1911.

LUTHER, A.: Untersuchungen an rhabdozölen Turbellarien. Acta soc. pro fauna et flora Fennica 1921.

MEIXNER, J.: Zur Turbellarienfauna der Ostalpen, insonderheit des Lunzer Seengebietes. Zool. Jahrb. *36.* 1915.

REISINGER, E.: Zur Turbellarienfauna der Ostalpen. Ebenda *49.* 1925.

SEKERA, E.: Studien über Turbellarien. Sitzungsber. d. böhm. Ges. d. Wiss. Prag 1911. — Ders.: Über die grünen Dallyelliden. Zool. Anz. 1912.

STEINBÖCK, O.: Zur Ökologie der alpinen Turbellarien. Zeitschr. f. Morph. u. Ökol. der Tiere *5.* 1926.

Rotatoria.

BRYCE, D.: On a new classification of the *Bdelloid Rotifera.* Journ. of Queckett Micr. Club. *11.* 1910.

BUDDE, E.: Die parasitischen Rädertiere. Zeitschr. f. Morphol. u. Ökol. *3.* 1925.

DOBERS, E.: Biologie der *Bdelloidea.* Internat. Rev. d. ges. Hydrobiol. u. Hydrographie, Biol. Suppl. *15.*

CORI, C. I.: Zur Morphologie und Biologie von *Apsilus vorax*. Zeitschr. f. wiss. Zool. *125*. 1925.

GREUTER, A.: Beiträge zur Systematik der Gastrotrichen in der Schweiz. Rev. Suisse de zool. *25*.

GRÜNSPAN, TH.: Die Süßwasser-Gastrotrichen Europas. Ann. de biol. Lacustre *4*. 1909—11.

HARRING, H. K.: Synopsis of the *Rotifera*. Smithson Institution. U.S. Nat. Mus. Bull. *81*. 1913. — Ders.: The Rotifer Fauna of Wisconsin. Transact. of the Wisconsin Acad. Sc. Arts, Lett. *22*. 1924—1926 u. folg.

HAUER, J.: Rädertiere aus dem Gebiete der oberen Donau. Mitt. d. Ver. f. Naturkunde in Freiburg i. Br. 1921. — Ders.: Neue Rotatorien des Süßwassers. Arch. f. Hydrobiol. *13*. 1923. — Ders.: Zur Kenntnis des Rotatoriengenus *Colurella*. Zool. Anz. *59*. 1924. — Ders.: Rotatorien aus dem „Wuhrholz" im Ried bei Donaueschingen. Schrift. d. Ver. f. Gesch. u. Naturgesch. Donaueschingen 1926.

MURRAY, J.: A new family and 12 new species of *Rotifera*. Transact. of the Roy. Soc. of Edinburgh *41*. 1905.

SACHSE, R.: Zur Rotatorienfauna Deutschlands. Arch. f. Hydrobiol. *9*. 1914.

Oligochaeta.

BRETSCHER, K.: Beobachtungen über Oligochäten der Schweiz. Rev. Suisse de zool. 1903—1905.

MICHAELSEN, W.: Oligochäten der Wolga. Arb. d. biol. Wolgastation *7*. 1923. — Ders.: Die Verbreitung der Oligochäten im Lichte der WEGENERschen Theorie der Kontinentenverschiebung. Verhandl. d. naturwiss. Ver. Hamburg *29*. 1922.

MRÁZEK, A.: Enzystierung bei einem Süßwasseroligochäten. Biol. Zentralbl. *33*. 1913.

POINTNER, H.: Beiträge zur Kenntnis der Oligochätenfauna der Gewässer von Graz. Zeitschr. f. wiss. Zool. *98*. 1911. — Ders.: Über einige neue Oligochäten der Lunzer Seen. Arch. f. Hydrobiol. *9*. 1914. — Ders.: Über Oligochätenbefunde der Lunzer Seen. Ebenda *10*. 1914.

SCHUSTER, W.: Studien an Naiden in Sachsen und Böhmen. Internat. Rev. d. ges. Hydrobiol. u. Hydrogr., Biol. Suppl. 1915.

Hirudineen.

JOHANSSON, L.: Zur Kenntnis der Herpobdelliden Deutschlands. Zool. Anz. *35*. 1910.

MICHAELSEN, W.: Über die Beziehungen der Hirudineen zu den Oligochäten. Jahrb. d. Hamburg. wiss. Anstalten *36*. 1918.

Nematodes.

MICOLETZKY, H.: Freilebende Süßwassernematoden der Ostalpen. Zool. Jahrb., Abt. f. System. *36*. 1914. *38*. 1915. — Ders.: Freie Nematoden aus dem Grundschlamm norddeutscher Seen. Arch. f. Hydrobiol. *13*. 1922. — Ders.: Zur Nematodenfauna des Bodensees. Internat. Rev. d. ges. Hydrobiol. u. Hydrographie *10*. 1922. — Ders.: Die freilebenden Süßwasser- und Moornematoden Dänemarks. Kgl. Danske Vidensk. Selsk. Skrifter. Kopenhagen 1925.

SCHNEIDER, W.: Freilebende Nematoden aus Ostholstein. Arch. f. Hydrobiol. *13*. 1922.

STEFANSKI: Die Nematoden des Inn. Zool. Anz. *46*. 1916.

STEINER, G.: Freilebende Nematoden aus der Schweiz. Arch. f. Hydrobiol. *9*. 1914. — Ders.: Nematoden der Tiefenfauna des Neuenburger Sees. Soc. Nat. Neuchatel *43*. 1918.

Copepoda.

Brehm, V.: Ergänzungen zum 11. Heft der Brauerschen Süßwasserfauna. Mikrokosmos. Stuttgart 1926.

Chappuis, P. A.: Die Fauna der unterirdischen Gewässer von Basel. Arch. f. Hydrobiol. *14.* 1920. — Ders.: Tableaux dichotomiques des genres et espèces d'Harpacticoides des eaux douces d'Europe. Arch. Zool. Expériment. et générale. *67.* 1928.

Gräter, E.: Die Copepoden der unterirdischen Gewässer. Ebenda *6.* 1910.

Kessler, E.: *Parastenocaris brevipes* n. g. n. sp. Zool. Anz. *42.* 1913. — Ders.: Über Harpacticiden des Riesengebirges. Ebenda *42.* 1913.

Kiefer, F.: Über Morphologie und Systematik der Süßwasser-Cyclopiden. Zool. Jahrb. Abt. f. System. *54.* 1928. — Außerdem zahlreiche in den letzten Jahren im Zool. Anz. unter dem Titel „Beiträge zur Copepodenkunde" erschienene Arbeiten.

Mrázek, A. L.: Beitrag zur Kenntnis der Harpacticidenfauna des Süßwassers. Zool. Jahrb., Abt. f. System. *7.* 1893.

Schnitter und Chappuis, P. A.: *Parastenocaris fontinalis* usw. Zool. Anz. *45.* 1915.

Ostracoda.

Alm, Gunnar: Monographie der schwedischen Süßwasserostracoden. Zool. Beitr. aus Uppsala *4.* 1915.

Kaufmann, A.: Cypriden und Darwinuliden der Schweiz. Rev. Suisse de zool. *8.* 1900.

Klie, W.: Zweiter Beitrag zur Kenntnis der Süßwasser-Ostracoden Rußlands. Arb. d. biol. Wolgastation *9.* 1926.

Müller, G. W.: *Ostracoda.* Tierreich. 31. Lief. Berlin: Friedländer 1912.

Wohlgemuth, R.: Beobachtungen und Untersuchungen über die Biologie der Süßwasser - Ostracoden. Internat. Rev. d. ges. Hydrobiol. u. Hydrogr., Biol. Suppl. *6.* 1914.

Wolf, J. P.: Ostracoden der Umgebung von Basel. Arch. f. Naturgesch. 1920.

Tardigrada.[1]

Alle bisher veröffentlichten Bestimmungswerke für Süßwasserfauna gehen über die biologisch so interessante Gruppe — ganz ähnlich auch über die in ihrer Gesellschaft lebenden bdelloiden Rädertiere — sehr kursorisch hinweg, da ja allerdings nur sehr wenige Süßwasserbewohner im strengen Sinn des Wortes darunter sind — aber vielleicht doch mehr, als man gewöhnlich glaubt. (Vgl. Murray: „*Tardigrada*" in British Antarctic Expedition 1907—1909. London 1910). Jedenfalls wird jeder, der in kälteren Gebieten arbeitet (Norden, Hochgebirge) oder über die Biozönosen, in denen Moose eine Rolle spielen (Bachläufe, Sphagnumkalke), mit den Tardigraden rechnen müssen, weshalb hier die im allgemeinen wenig bekannte einschlägige Literatur zitiert sei. Ein weit vollständigeres Literaturregister enthält die an erster Stelle angeführte Arbeit von Murray, die zugleich einen Bestimmungsschlüssel für die Gattungen enthält, sowie einen Überblick aller bis dahin bekannten Spezies, die überdies nach systematischen Merkmalen gruppiert sind:

1. Murray, James: Water bears or *Tardigrada.* Journ. of the Quekett Microsc. Club. 1911.
2. Heinis, Fr.: Tardigraden der Schweiz. Zool. Anz. *32.* 1908.
3. Murray, James: The *Tardigrada* of the Scottish Lochs. Transact. of the Roy. Soc. of Edinburgh *41.* 1905.
4. Ders.: Scottish *Tardigrada*, coll. by the Lake Survey. Ebenda *45.* 1907.

---

[1] Während der Drucklegung wurde der oben erwähnte Übelstand behoben durch das Erscheinen zweier Werke: Rahm, G.: Tardigrada in Schulze, P.: Biologie der Tiere Deutschlands. Lief. 26. Teil 22 und Marcus, E.: Bärtierchen, 4. Teil des Bandes „Spinnen" in „Die Tierwelt Deutschlands". Jena, G. Fischer 1928.

5. Murray, James: Arctic *Tardigrada*, coll. by W. S. Bruce. Ebenda *45*. 1907.
6. Plate, L.: Naturgeschichte der Tardigraden. Zool. Jahrb., Abt. f. System. *3*. 1888.
7. Richters, F.: Nordische Tardigraden. Zool. Anz. *27*. 1903.
8. Ders.: Verbreitung der Tardigraden. Ebenda *28*. 1904.
9. Ders.: Tardigraden aus den Karpathen. Ebenda *36*. 1910.
10. Ders.: Tardigradenstudien. Abh. d. Senckenberg. Ges. 1909.

Hydracarina.

Lundblad, O.: Süßwasseracarinen aus Dänemark. Kgl. Danske Vid. 1920. — Ders.: Die Hydracarinen Schwedens. Zoologiska Bidrag fran Uppsala *11*. 1927. — Ders.: Zur Kenntnis der Quellhydracarinen auf Moens Klint. Kgl. Danske Vid. Selskal *6*. 1926.

Motas, C.: Contribution à la Connaissance des Hydracariens français. Travaux du Labor. d'Hydrobiol. de l'Université de Grenoble. 1928.

Soar, C. D. und Williamson, W.: The British *Hydracarina*. London 1925—1927.

Thor, S.: Über das glaziale Relikt *Hygrobates albinus* Sig. Thor und die Zeit der Verbreitung dieses Tieres. Arch. f. Hydrobiol. *16*. 1926. — Ders.: Vorläufige Revision der Gattung *Hygrobates*. Norsk. Entom. Tidskrift *2*.

Viets, K.: Hydracarinen aus norddeutschen und schwedischen Quellen. Arch. f. Hydrobiol. *12*. 1920. — Ders.: Hydracarinen aus der Diemel. Ebenda *13*. 1921. — Ders.: Hydracarinen aus Rügener Quellen. Ebenda *14*. 1923. — Ders.: Beiträge zur Kenntnis der Hydracarinen aus Quellen Mitteleuropas. Zool. Jahrb., Abt. f. System. 1925.

Walter, Ch.: Hydracarinen aus den Alpen. Rev. Suisse de zool. *29*. 1922. — Ders.: Die Hydracarinen der Alpengewässer. Denkschr. d. Schweiz. naturforsch. Ges. Basel *58*. 1922. — Ders.: Neue Wassermilben aus Unterfranken. Zool. Anz. *64*. 1925.

Diptera.

Eine bis 1922 nahezu vollständige Übersicht mit einem überaus instruktiven historischen Kommentar über die Chironomiden-Literatur bietet R. Spärck im 14. Bd. der Entomolog. Meddelelser Kopenhagen 1922.

Albrecht, O.: Die Chironomidenlarven des Mittersees bei Lunz. Verhandl. d. internat. Ver. f. Limnologie *2*. 1924.

Bause, E.: Die Metamorphose der Gattung *Tanytarsus*. Arch. f. Hydrobiol., Suppl. *2*. 1914.

Bischoff, W.: Die Biologie der Blepharoceriden. Verhandl. d. internat. Ver. f. Limnologie *2*. 1923.

Feuerborn, H. J.: Die Larven der Psychodiden. Ebenda *1*. 1923.

Goetghebuer, M.: Observations sur les larves de quelques Chironomides de Belgique. Ann. de biol. Lacustre *9*. 1919. — Ders.: Chironomidae Tanypodinae. Heft 15 der „Faune de France" 1927.

Gripekoven, H.: Minierende Tendipediden. Arch. f. Hydrobiol., Suppl. *2*. 1914.

Harnisch, O.: Metamorphose und System der Gattung *Cryptochironomus*. Zool. Jahrb., Abt. f. System. *23*.

Kieffer, J. J.: Zahlreiche Einzelarbeiten in französichen Zeitschriften, die Imagines betreffend.

Komárek, J.: The larvae of the european Blepharoceridae. Ann. de biol. lacustre *11*. 1922.

Kraatz, W.: Chironomidenmetamorphosen. Inaug.-Diss. Münster 1911.

Lenz, F.: Metamorphose der Cylindrotomiden. Arch. f. Naturgesch. *85*. 1919. — Ders.: Stratiomyidenlarven aus Quellen. Ebenda *89*. 1923. — Ders.: Konvergenzerscheinungen beim Gehäusebau der Chironomiden- und Trichopterenlarven. Zool. Anz. *60*. 1924. — Ders.: Die Vertikalverteilung der Chironomiden in eutrophen Seen. Verhandl. d. internat. Ver. f. Limnologie *1*. 1923. — Ders.: Die Metamorphose der *Chironomus*-Gruppe. Diss. Altenburg Separatum, 1921.

Martini, E.: Über Stechmücken. Leipzig. A. Barth. 1920.

POTTHAST, A.: Über die Metamorphose der *Orthocladius*-Gruppe. Arch. f. Hydrobiol., Suppl. *2*. 1915.

RHODE, N.: Über Tendipediden und deren Beziehungen zum Chemismus des Wassers. Dtsch. entomol. Zeitschr. 1912.

RIETH, J. TH.: Die Metamorphose der Culicoidinen. Arch. f. Hydrobiol., Suppl. *2*. 1915.

SCHULZ und SCHÄFERNA, K.: O epoikickych a parasitickych larvach Chironomidu. Brünn 1924.

THIENEMANN, A.: Metamorphose der Gattungen *Camptocladius*, *Dyscamptocladius* und *Phaenocladius*. Arch. f. Hydrobiol., Suppl. 1921. — Ders.: Schwedische Chironomiden. Ebenda 1916. — Ders.: *Orphnephila testacea*. Ann. de biol. lacustre *5*. 1909/10. — Ders.: Über die Chironomidengattung *Lundströmia* usw. Zool. Anz. *58*. 1924. — Ders.: Hydrobiologische Untersuchungen an Quellen. VII. Insekten. Dtsch. entomol. Zeitschr. 1926. — Ders. und ZÁVŘEL, J.: Metamorphose der Tanypinen. I. Arch. f. Hydrobiol., Suppl. 1916.

WEISMANN, A.: Die Metamorphose der *Corethra plumicornis*. Zeitschr. f. wiss. Zool. *16*.

WOLFF, B.: Schlammsinnesorgane bei Limnobiinenlarven. Jenaische Zeitschr. f. Naturgesch. *58*. 1921.

ZÁVŘEL, J.: *Tanytarsus connectens*. Spisy vyd. Přirod. Masaryk Univers. Brünn 1926. — Ders.: Chironomidy Jeziora Wigierskiego. Arch. d'Hydrobiol. Suwalki 1926. — Ders.: Metamorphosa nekolika novych Chironomidu. Acta soc. scient. nat. moravicae *3*. 1926. — Ders. und THIENEMANN: Die Metamorphose der Tanypinen. 2. Teil. Arch. f. Hydrobiol., Suppl. 1919.

Trichoptera.

ALM, G.: Beiträge zur Kenntnis der netzspinnenden Trichopterenlarven in Schweden. Internat. Rev. d. ges. Hydrobiol. u. Hydrogr. *14*. 1925.

KRAWANY, H.: Trichopterenstudien im Gebiet der Lunzer Seen. Internat. Rev. d. ges. Hydrobiol. u. Hydrogr. *20*. 1928.

THIENEMANN, A.: Trichopterenfauna der Quellen Holsteins. Zeitschr. f. wiss. Insektenbiol. *18*. 1923.

WESENBERG-LUND, C.: Über die Biologie der *Phryganea grandis*. Internat. Rev. d. ges. Hydrobiol. u. Hydrogr. *4*. 1911. — Ders.: Biologische Studien über netzspinnende Trichopterenlarven. Ebenda, Biol. Suppl. *3*. 1911.

Ephemerida und Plecoptera.

Eine erschöpfende Darstellung liegt vor in dem Werk: ROUSSEAU: Les Larves aquatiques des insectes d'Europe 1917.

LESTAGE, J. A.: Études sur la Biologie des Plécoptères. Ann. de biol. lacustre 1923.

MERTENS, H.: Biologische und morphologische Untersuchungen an Plecopteren. Arch. f. Naturgesch. Jg. 89. 1923.

NEERACHER, F.: Die Insektenfauna des Rheins bei Basel. Rev. Suisse de zool. *18*. 1910.

RIS, F.: Die schweizerischen Arten der Perlidengattung *Nemura*. Mitt. d. Schweiz. entomol. Ges. *10*.

SCHOENEMUND, E.: Zur Biologie und Morphologie einiger *Perla*-Arten. Zool. Jahrb., Abt. f. Anat. *34*. 1912. — Ders.: *Plecoptera* in SCHULZES Biologie der Tiere Deutschlands. Berlin 1924. — Ders.: Beiträge zur Biologie der Plecopterenlarven. Arch. f. Hydrobiol. *15*. 1924. — Ders.: Die Larven der deutschen *Perla*-Arten. Entomol. Mitt. *14*. 1925.

Ergänzungen zur Botanischen Literatur.

Im Gegensatz zu den BRAUER-Bändchen liegen die Bändchen der PASCHERschen Flora fast vollständig vor. Nur die Desmidiaceen und Wasserpilze sind noch nicht erschienen und für einige Bändchen sind Supplemente vorgesehen, da seit dem Erscheinen derselben eine besondere Fülle neuer Entdeckungen gemacht wurde und auch gewisse neue Gesichtspunkte systematischer oder biologischer Natur sich inzwischen geltend gemacht haben. Dies gilt besonders für die Flagellaten, sowie deren Untergruppe, die Peridineen. Im nachstehenden sollen einerseits einige Werke und Abhandlungen biologischer Richtung dem Leser bekannt gemacht werden, sowie einige Erscheinungen systematischer Richtung, die inzwischen, solange die PASCHERsche Flora nicht komplett ist, Ergänzungen für deren Benutzung bieten sollen. Zur leichteren Übersicht mögen diese Hinweise in drei Abteilungen gebracht werden: Desmidiaceen, Peridineen; Weitere Ergänzungen; Allgemeines.

Desmidiacea.

DONAT, A.: Die Vegetation unserer Seen und die „biologischen Seentypen“. Ber. d. dtsch. botan. Ges. 1926. — Ders.: Über die geographische Verbreitung der Süßwasseralgen in Europa. Repertor. spec. nov. regni-vegetabilis *46*. 1926.

GISTL, R.: Beiträge zur Kenntnis der Desmidiaceenflora der bayerischen Hochmoore. Diss. München 1914.

GRÖNBLAD, R.: New Desmids from Finland. Acta soc. pro fauna et flora Fennica *49*. 1921.

HEIMERL, A.: *Desmidiaceae alpinae.* Zool. botan. Ges. Wien 1891.

HUSTEDT, F.: *Desmidiaceae* aus Tirol. Arch. f. Hydrobiol. 1911.

LÜTKEMÜLLER, J.: Desmidiaceen aus der Umgebung des Millstätter Sees. Verhandl. d. zool.-botan. Ges. Wien. *50*. 1900. — Ders.: Desmidiaceen aus der Umgebung des Attersees. — Ders.: Zur Kenntnis der Desmidiaceen Böhmens. Verhandl. d. zool.-botan. Ges. Wien. 1910.

STANGE, B.: *Micrasterias*-Formen. Arch. f. Hydrobiol. *3*. 1908.

WEST, W. und G.: A monograph of British Desmidieae. *1—6*. 1904—1927.

WOLOSZYNSKA, J.: Beitrag zur Algenflora Litauens. Bull. Acad. Science Krakau 1917.

Peridinea.

Seit der Bearbeitung der Peridineen in PASCHERS Süßwasserflora durch SCHILLING hat die allgemeine Beurteilung dieser Gruppe durch PASCHERS Arbeiten und die Systematik durch die Studien LINDEMANNS solche Umgestaltungen erfahren, daß ein Hinweis auf die seit SCHILLING erschienene Literatur dringend geboten erscheint.

GEITLER, L.: Zwei neue Dinophyceenarten. Arch. f. Protistenkunde 1928.

JOLLOS, V.: Dinoflagellatenstudien. Ebenda *19*. 1910.

KLEBS, G.: Über Flagellaten- und algenähnliche Peridineen. Verhandl. d. med.-naturhist. Ver. Heidelberg *11*. 1912.

KILLIAN, CH.: Le cycle evolutif du *Gloeodinium montanum*. Arch. f. Protistenkunde *50*. 1924.

LINDEMANN, E.: *Peridinium güstrowiense.* Arch. f. Hydrobiol. *11*. 1916. — Ders.: Untersuchungen über Süßwasserperidineen. Arch. f. Naturgesch. Jahrg. 84. 1918. — Ders.: Peridineenbestimmungen. Mikrokosmos *19*. 1925. — Ders.: Mitteilungen über nicht genügend bekannte Peridineen. Arch. f. Protistenkunde *47*. 1924. — Ders.: Peridineen des Oberrheins. Botan. Arch. *11*. — Ders.: Peridineen des Alpenrandgebietes. Ebenda *8*. — Ders.: Peridineen aus dem Alpengebiete. Schriften für Süßwasser- u. Meereskunde. 1924. — Ders.: Peridineen einiger Seen Süddeutschlands. Ebenda 1923. — Ders.: Neue von G. J. PLAYFAIR beschriebene Süßwasserperidineen. Arch. f. Protistenkunde *47*. 1923.

PASCHER, A.: Über eine neue Amöbe mit dinoflagellatenähnlichen Schwärmern. Ebenda *36*. 1925. — Ders.: Die braune Algenreihe aus der Verwandtschaft der Dinoflagellaten. Ebenda *58*. 1927. — Ders.: Von einer neuen Dinococcale. Ebenda *63*. 1928.

WOLOSZYNSKA, J.: Polnische Süßwasserperidineen. Bull. Acad. Scienc. Cracovie 1916.

Ergänzungen zu den bereits erschienenen Bändchen der Flora von PASCHER.

BACHMANN, H.: *Merismopedia Trolleri.* Zeitschr. f. Hydrologie. 1921.

CONRAD, W.: Contribution à l'étude de Chrysomonad. Bull. acad. roy. Belgique 1920. — Ders.: Sur les Coccolithophoracees d'eau douce. Arch. f. Protistenkunde *63.* 1928. — Ders.: Recherches sur les Flagellates de nos eaux saumâtres. Arch. f. Protistenkunde *56.* 1926.

DOFLEIN, J.: Untersuchungen über Chrysomonaden. Ebenda *46.* 1923.

ELENKIN, A.: Die Fortschritte der floristischen Algologie in U.S.S.R. Verhandl. d. internat. Ver. f. Limnologie *3.* 1927.

GAMS, H.: Zur Geschichte einiger Wassermoose. Ebenda *3.* 1927.

GEITLER, L.: Über einige wenig bekannte Süßwasserorganismen mit roten oder blaugrünen Chromatophoren. Rev. Algologique 1924. — Ders.: Neue Gattungen und Arten von Dinophyceen, Heteroconten und Chrysophyceen. Arch. f. Protistenkunde *63.* 1928. — Ders.: *Gymnodinium amphidinoides,* eine neue blaugrüne Peridinee. Botan. Arch. 1923. — Ders.: Die Mikrophytenbiozönose der *Fontinalis*-Bestände des Lunzer Untersees. Internat. Rev. d. ges. Hydrobiol. u. Hydrogr. 1922. — Ders.: Der Zellbau von *Glaucocystis Nostochinearum* und Glöochäte *Wittrockiana* und die Chromatophoren-Symbiosetheorie von MERESCHKOVSKY. Arch. f. Protistenkunde 1923. — Ders.: Die Schwärmer und Kieselzysten von *Phaeodermatium rivulare.* Ebenda *58.* 1927. — Ders.: Zwei neue Chrysophyceen und eine neue Syncyanose aus dem Lunzer Untersee. Ebenda *56.* 1926. — Ders.: Über *Acanthosphaera Zachariasi* und *Calyptrobaetron indutum,* zwei planktonische Protococcaceen. Österr. botan. Zeitschr. 1924. — Ders.: Die Entwicklungsgeschichte von *Sorastrum spinulosum.* Arch. f. Protistenkunde 1923. — Ders.: *Rhodospora sordida,* eine neue Bangiacee des Süßwassers. Österr. botan. Zeitschr. *76.* 1927.

HOFMANN, K.: Die Bacillariaceen der Kieselgur und der Abwässer der Kaiserquelle in der Soos. 8. Jahresber. d. Realschule im 8. Bez. von Wien. 1913.

HUSTEDT, F.: Bacillariaceen des Lunzer Seengebietes. Internat. Rev. d. ges. Hydrobiol. u. Hydrogr. *10.* 1922.

KAMPTNER, E.: Über eine Coccolithophoride aus der alten Donau bei Wien. Arch. f. Protistenkunde *61.* 1928. — Ders.: Über das System und die Phylogenie der Kalkflagellaten. Archiv f. Protistenkunde *64.* 1928.

KORSCHIKOW, A.: On two new Spondylomoraceae *Pascheriella* and *Chlamydobotrys squarrosa.* Ebenda *61.* 1928.

MAINX, F.: Über eine Zygnemacee mit rotem Zellsaftfarbstoff. Lotos 1923.

PASCHER, A.: Studien über rhizopodiale Entwicklung der Flagellaten. — Ders.: Die braune Algenreihe aus der Verwandtschaft der Dinoflagellaten. Arch. f. Protistenkunde *58.* 1927. — Ders.: Über eine neue Amöbe (*Dinamoeba varians*) mit dinoflagellatenartigen Schwärmern. Ebenda *36.* 1925. — Ders.: Die braune Algenreihe der Chrysophyceen. Ebenda *52.* 1925. — Ders.: Über die morphologische Entwicklung der Flagellaten zu Algen. Ber. d. dtsch. botan. Ges. *42.* 1924. — Ders.: Rhizopodialnetze bei einer Chrysomonade. Arch. f. Protistenkunde *37.* 1916. — Ders.: Fusionsplasmodien bei Flagellaten. Ebenda. — Ders.: Flagellaten und Rhizopoden in ihren gegenseitigen Beziehungen. Ebenda *38.* 1917. — Ders.: Eine eigenartige rhizopodiale Flagellate. Ebenda *63.* 1928. — Ders. und JAHODA, R.: Neue Polyblepharidinen und Chlamydomonadinen aus den Almtümpeln um Lunz. Ebenda *61.* 1928.

SCHERFFEL, A.: Beitrag zur Kenntnis der Chrysomonaden. Ebenda *22.* 1921.

SCHILLER, J.: Über Bau und Entwicklung der neuen volvokalen Gattung *Chloroceras.* Österr. botan. Zeitschr. 1927.

SKUJA, H.: Eine neue Süßwasserbangiacee, *Kyliniella latvica.* Acta Horti Bot. Univ. Latv. *1.* 1926.

Botanische Werke und Abhandlungen allgemeineren, besonders
biologischen Inhalts.

BACHMANN, H.: Das Phytoplankton des Süßwassers. Jena 1911.

BAUMANN: Die Vegetation des Untersees (Bodensee). Arch. f. Hydrobiol., Suppl.
1. 1911.

BENECKE, W.: Über die Ursachen der Periodizität im Auftreten der Algen usw.
Internat. Rev. d. ges. Hydrobiol. u. Hydrogr. *1*. 1908.

BORESCH, K.: Die komplementäre chromatische Adaptation. Arch. f. Protistenkunde 1921.

BRAND, F.: Über die Vegetationsverhältnisse des Würmsees. Botan. Zentralbl.
45. 1896.

CHODAT, R.: Algues vertes de la Suisse. Bern 1902.

ENGELMANN, TH. W.: Über die Vererbung künstlich erzeugter Farbenänderungen
von Oscillatorien. Verhandl. d. physiol. Ges. Berlin. 1902/03.

GAIDUKOW, N.: Über den Einfluß farbigen Lichtes auf die Färbung lebender
Oscillarien. Abh. d. Akad. d. Wiss.

GEITLER, L.: Biozönose der *Fontinalis*-Bestände des Lunzer Untersees. Internat.
Rev. d. ges. Hydrobiol. u. Hydrogr. *10*. 1922. — Ders.: *Chroomonas caudata*
n. sp. Österr. botan. Zeitschr. 1924. — Ders.: Studien über das Hämatochrom
Ebenda 1923.

GICKLHORN, J.: Über eine neue Euglenacee (*Amphitropis*). Ebenda 1920. —
Ders.: Notizen über einen Eisenflagellaten. Arch. f. Protistenkunde *41*.
1920.

GLÜCK, H.: Biologische und morphologische Untersuchungen über Wasser- und
Sumpfgewächse. Jena: G. Fischer. 1914ff.

HIERONYMUS, G.: Zur Kenntnis von *Chlamydomyxa labyrinthoides*. Hedwigia *37*.
1898.

HEINRICHER, E.: Zur Kenntnis der Algengattung *Sphaeroplea*. Ber. d. dtsch.
botan. Ges. 1883.

HUBER und NIPKOW: Experimentelle Untersuchungen über Entwicklung und
Form von *Ceratium*. Flora *116*. 1923.

HUSTEDT, F.: Bacillariaceen des Lunzer Seengebietes. Internat. Rev. d. ges.
Hydrobiol. u. Hydrogr. *10*. — Ders.: Bericht über einige Bacillariaceenproben
des Achensees. Arch. f. Hydrobiol. *7*. 1912.

JOLLOS, V.: Dinoflagellatenstudien. Arch. f. Protistenkunde *19*. 1910.

KLEBAHN, H.: Bericht über einige Versuche betreffend die Gasvakuolen bei
Gloeotrichia echinulata. Forschungsber. Plön *5*. 1897.

KLEBS, G.: Über flagellaten- und algenähnliche Peridineen. Verhandl. d. med.-
naturhist. Ver. Heidelberg *11*. 1912.

KOLKWITZ, K.: Pflanzenphysiologie usw. einschließlich Hydrobiologie und Planktonkunde. Jena: G. Fischer 1914. — Ders. und MARSSON: Ökologie der
pflanzlichen Saprobien. Ber. d. dtsch. botan. Ges. 1908.

LAUTERBORN, R.: Die sapropelische Lebewelt. Verhandl. d. naturhist.-med.Ver.
Heidelberg *13*. 1915. — Ders.: Die Kalksinterbildungen an den unterseeischen
Felswänden des Bodensees. Mitt. d. Landesver. f. Naturkunde in Freiburg
i. B. 1922.

LEMMERMANN, E.: Über das Vorkommen von Süßwasserformen im Phytoplankton des Meeres. Arch. f. Hydrobiol. *1*.

MARSSON, M.: Die Abwasserflora einiger Kläranlagen bei Berlin. Mitt. d. kgl.
Prüfungsanstalt f. Wasserversorgung. 1904.

MOLISCH, H.: Die sogenannten Gasvakuolen und das Schweben gewisser Phyco-
chromaceen. Botan. Zeitschr. *61*. 1903. —Ders.: Zwei neue Purpurbakterien
mit Schwebekörperchen. Ebenda *64*. 1906.

OLTMANNS, V.: Morphologie und Biologie der Algen. Jena: G. Fischer.

PASCHER, A.: Vgl. Literaturnachweis, S. 252, ferner: Amöboide Stadien bei
einer Protococcale. Ber. d. dtsch. botan. Ges. *36*. 1918. — Ders.: Doppelzellige
Flagellaten und Parallelentwicklungen zwischen Flagellaten und Algen-

schwärmern. Arch. f. Protistenkunde *68*. 1929. — Ders.: Studien über Symbiosen: Über einige Endosymbiosen von Blaualgen in Einzellern. Jahrb. f. wissensch. Bot. *71*. 1929.

POTONIÉ, H.: Die Nahrung der Hochmoorpflanzen. Nat. Wochenschr. *6*. 1907.

RUTTNER, F.: Die Mikroflora der Prager Wasserleitung. Arch. d. naturwiss. Landesdurchforsch. Böhmens 1906.

SCHIFFNER, V.: Über tierfangende Lebermoose. Ebenda, N. F. *6*. 1907.

SCHILLER, J.: Der thermische Einfluß und die Wirkung des Eises auf die planktische Herbstvegetation in den Altwässern der Donau bei Wien. Arch. f. Protistenkunde *56*. 1926.

SCHORLER, B.: Beiträge zur Lebensgeschichte der *Mallomonas*-Arten und zur komplementären Anpassung. Arch. f. Hydrobiol. *3*. 1907.

SCHRÖDER, BRUNO: Beiträge zur Kenntnis des Phytoplanktons im Kochel- und Walchensee. Ber. d. dtsch. botan. Ges. *35*. 1917. — Ders.: Über Planktonepibionten. Biol. Zentralbl. *34*. 1914.

STEINECKE, F.: Formationsbiologie der Algen des Zehlaubruches. Arch. f. Hydrobiol. *11*. 1916. — Ders.: Die Gipskristalle der Closterien als Statolithen. Bot. Archiv 1926.

TEILING, EINAR: Schwedens Planktonalgen: *Tetrallantos* nov. gen. Svensk. Botan. Tidskr. 1916.

WINOGRADSKY, S.: Beiträge zur Morphologie und Physiologie der Bakterien. 1888.

Verzeichnis der Gattungen.

Die kursiv gesetzten Zahlen verweisen auf Abbildungen.